21世纪高等学校计算机专业
核心课程规划教材

无线网络技术导论

（第3版）

◎ 汪涛 汪双顶 主编

清華大学出版社
北京

内容简介

本书全面介绍了当前各种主流的无线网络技术。全书分为理论篇和实训篇，理论篇包括5个部分：计算机网络及无线网络发展概况、网络原理基本概念；无线传输技术；无线局域网、无线个域网、无线城域网、无线广域网与移动 Ad Hoc 网络；无线传感器网络、无线 Mesh 网络；无线网络与物联网、移动互联网与“互联网＋”。每章均设置了习题，便于教学使用。实训篇为无线局域网实训内容。

本书内容丰富、新颖，语言简洁、易懂，层次结构合理、明晰，涵盖了当前无线网络领域的各种最新技术和主要研究成果，为使读者能够快速对无线网络技术有全面系统的认识，且避免过度深陷于烦琐的技术细节之中，本书引导读者从宏观上、从顶层去认识现有的无线网络技术。

本书可作为通信和计算机网络领域的研发人员、工程技术人员、高等学校计算机科学与技术专业、网络工程专业及其他相关专业的本科生和研究生的参考书，对于有一定网络基础而对无线网络有浓厚兴趣的初学者，本书也是一本不错的入门书籍。

图书在版编目（CIP）数据

无线网络技术导论/汪涛，汪双顶主编. —3 版. —北京：清华大学出版社，2018（2025.2重印）
（21 世纪高等学校计算机专业核心课程规划教材）
ISBN 978-7-302-48670-1

Ⅰ. ①无… Ⅱ. ①汪… ②汪… Ⅲ. ①无线网－高等学校－教材 Ⅳ. ①TN92

中国版本图书馆 CIP 数据核字（2017）第 270410 号

责任编辑：闫红梅　常建丽
封面设计：刘　键
责任校对：焦丽丽
责任印制：沈　露

出版发行：清华大学出版社
网　　址：https://www.tup.com.cn，https://www.wqxuetang.com
地　　址：北京清华大学学研大厦 A 座　　**邮　　编**：100084
社 总 机：010-83470000　　**邮　　购**：010-62786544
投稿与读者服务：010-62776969，c-service@tup.tsinghua.edu.cn
质量反馈：010-62772015，zhiliang@tup.tsinghua.edu.cn
课件下载：https://www.tup.com.cn，010-83470236
印 装 者：三河市铭诚印务有限公司
经　　销：全国新华书店
开　　本：185mm×260mm　　**印　　张**：21.25　　**字　　数**：511 千字
版　　次：2008 年 2 月第 1 版　2018 年 3 月第 3 版　　**印　　次**：2025 年 2 月第 11 次印刷
印　　数：57001～58000
定　　价：49.00 元

产品编号：077150-01

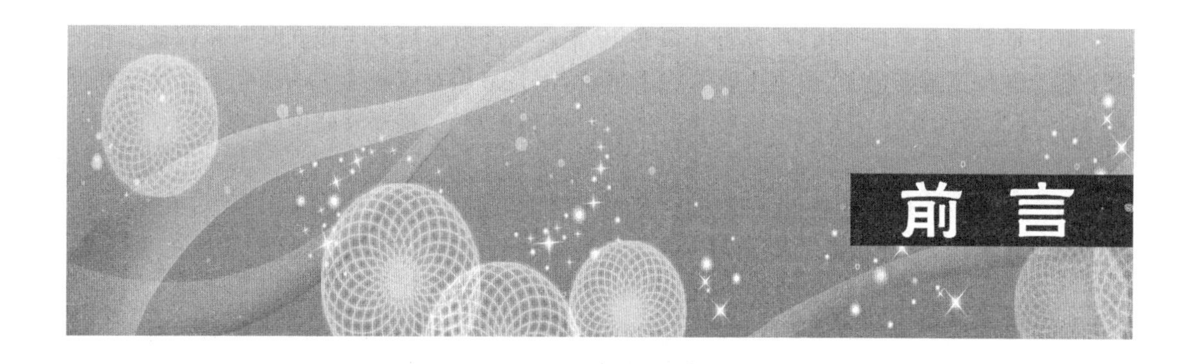

前言

无线网络技术发展之快，使我们已经完全处于移动互联网时代，移动支付、O2O(线上到线下)、手机红包、自媒体、共享单车等许多新生事物早已渗透到我们的日常生活中。一本书或一本教材永远都跟不上技术快速发展、更新的步伐，本书第1版到第2版的间隔是5年，而第3版的修订工作不到4年就被责任编辑推上日程，其实我也曾考虑过，只是从2015年11月开始启动的史上最大规模的军队改革，牵扯了我太多精力，当时个人、单位下一步何去何从都无定数，使我无法静下心进行修订工作。基于各种考虑，2016年3月，我最终决定结束21年的军旅生涯，退出现役，在转到地方工作之前，时间上有了较长的一段空档儿，经过一段时间的准备，加上前期较长时间的酝酿，为修订工作的展开创造了有利条件，某一天就在不知不觉中悄然开始了这件事情。但2016年下半年又因为培训与工作分配耽误了大部分时间，修订工作又暂时搁置起来。2017年2月底，责任编辑又一次催促修订工作，由于工作已经确定，所以我又继续进行第3版修订工作。不过，这时我的身份已经发生了变化，在我退出现役的同时，我也不再是一名高校教师，自己感觉似乎不太有把握做好这项工作，属于跨界，但不管怎样，觉得应该尽力去做，让其作为我专业的延续。

在得知我要修订本书后，锐捷网络大学教师的汪双顶提出希望代表锐捷网络大学与我合作，扩展教材的无线局域网实训内容，他告诉我，无线局域网作为锐捷网络这几年的重要市场战略方向，一直在全国攻城略地，目前拥有国内第三大市场用户群。的确，在众多无线网络技术中，以Wi-Fi为代表的无线局域网和以LTE(长期演进)为代表的无线广域网这几年发展最迅速、应用最普及，对于高校相关课程的实验设置，无线局域网也是最具可行性和可操作性的。前两版的相关实验太偏基础，已经不能顺应技术迅猛发展的潮流，非常有必要进行扩充升级。于是，我欣然接受合作，决定将此纳入修订范围。

有了第1版和第2版为基础，在第3版中，核心内容的框架基本保持不变，指导思想同样也保持不变，即这是一本关于无线网络技术综述的书，面向初学者，当然一定程度上也可以作为相关专业技术人员的一本参考书；这本书不涉及过深的技术细节，这不是它的首要目的，但是它又应该让读者知道存在这些技术，知道这些技术是干什么的，有什么技术优势和缺陷；本书应该对种类繁多的无线网络技术进行一个科学的分类整理，理出一条或多条技术主线去把它们串起来，把自己的一点理解、一点思想容纳进去。

具体的增删、修改说明如下：

全书总体架构略作调整，分为理论篇和实训篇，主体部分改称理论篇(第1～11章)，由于扩展了实践内容，附录部分改称实训篇。

第1章绪论是基础性内容,没有太多变化,但在1.2节最后对无线互联网和移动互联网两个概念进行了重新说明,本书中认为二者等价,而且最后对应新增了一章关于移动互联网的内容,因为最近几年在无线网络技术的加速推进和普及下,移动互联网已经成为互联网的重要组成部分。

第2章无线传输技术基础,是基础性理论内容,经过第2版的修订基本到位,没有改变。

第3章无线局域网,第五代Wi-Fi结合其最新进展进行了更新,介绍了最新技术标准,另外增加了3.9节LiFi技术的介绍,它是Wi-Fi的一个强有力的竞争对手。

第4章无线个域网增加了4.3.9节蓝牙标准1.0～5.0的技术历程,对从1.1到5.0的蓝牙标准进行了全面总结,增加了在移动互联网时代被广泛应用到智能手机中的NFC(近距离无线通信)技术。

第5章无线城域网做了大幅删减。围绕IEEE 802.16标准,简要介绍无线城域网的协议体系。原因在于这几年面对Wi-Fi技术的强大竞争,很多“无线城市”相关建设方案并没有采用IEEE 802.16,考虑到理论和技术体系的完整性,本章依然保留。

第6章无线广域网增加了移动通信系统5G技术的介绍,对4G技术的应用现状进行了扩充和评价,并简要介绍了VoLTE。

第7章移动Ad Hoc网络内容本身侧重基础理论;第8章无线传感器网络和第9章无线Mesh网络属于应用型网络,主要依托其他无线网络技术组网,例如,当前在无线Mesh网络中应用最多的是IEEE 802.11无线局域网技术;第10章无线网络与物联网也是侧重讨论应用问题,同样是依托其他无线网络技术,这几章没有进行修改。

新增了第11章,关于移动互联网和“互联网+”的介绍,因为无线网络技术促成传统互联网向移动互联网演变,传统互联网中的B2B、B2C、C2C等商业模式发生改变,新的商业模式O2O应运而生,全新的概念“互联网+”横空出世。本章讨论移动互联网与O2O模式、“互联网+”概念之间的关系。

对前两版的附录部分进行了大幅修改,调整为实训篇,因为以前的实验较为简单,已经不能适应无线局域网广泛普及的现状,在锐捷网络大学的支持下,引入了体系较为完整的无线局域网实验内容,另外还特别增加了一个非常实用的小实验Wi-Fi共享上网。当然,如果读者需要更加完整的实训内容,可以联系锐捷网络大学索取完整的培训教材。有条件的学校如果建立了锐捷网络实验室,相关实训项目则更容易展开。

在此,依然要和前两版一样,对许多被我参考的书籍的作者表示由衷感谢,我只是做了一个总结性的工作,书中对他们的作品进行了大量引用,这些都在每章末尾的参考文献中列出,也便于读者进一步查阅。尽管自己没有做过多的原创性工作,但这本书融会了很多自己的思想,包含了自己对无线网络技术的理解,也算起到抛砖引玉的作用。各位老师在使用本书教学的过程中,完全可以以此书为框架,尽情发挥拓展,充实内容,密切跟踪技术前沿。

本书第3版也得到了清华大学出版社闫红梅编辑的大力支持,这才使改版工作得以有条不紊地进行。

另外,特别对很多读者、同行的来信和建议表示衷心感谢,是你们促成我不断进步,让我有信心不断完善本书。特别需要说的是,由于我已不再从事高等教育工作,尽管也经常告诫自己今后的工作中不要丢弃、荒废自己的专业,但人的精力毕竟有限,我恐怕不可能像以前那样及时追踪、把握无线网络技术前沿，而由于技术的突飞猛进，几年之后本书的修订工作肯定会又一次被提上日程，那时我想我真的难以拿出像样的作品了，这样也是对出版社、对读者不负责任，所以那时真诚希望有老师合作继续这项工作，以您为主，我来协助您。

由于本人水平有限，书中难免有不妥之处，敬请读者批评指正，非常乐意与您交流，以不断提高自己，完善本书，我的 E-mail：wanderbj@126.com。

汪 涛

2017 年 7 月

于合肥

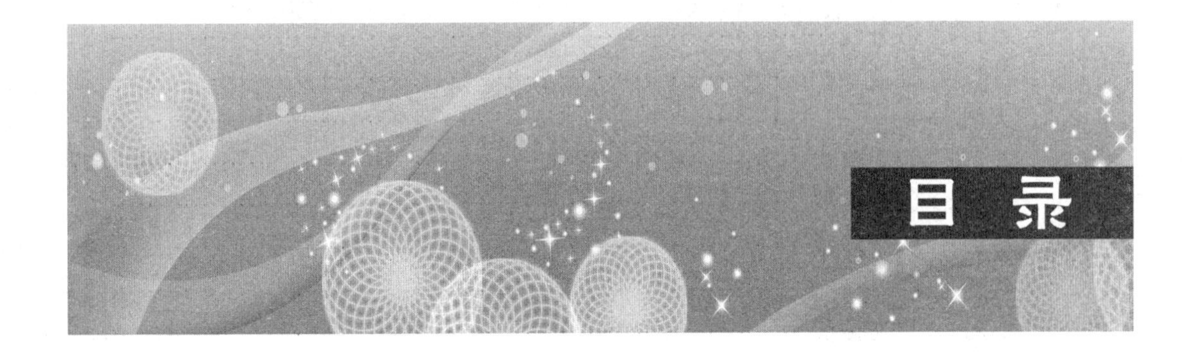

理 论 篇

第1章 绪论 …… 3

1.1 计算机网络的发展历程 …… 3
1.2 无线网络的兴起 …… 6
1.3 网络体系结构 …… 9
1.3.1 协议分层 …… 10
1.3.2 层次设计问题 …… 11
1.3.3 面向连接与无连接的服务 …… 11
1.3.4 协议和服务的关系 …… 12
1.4 协议参考模型 …… 13
1.4.1 OSI参考模型 …… 13
1.4.2 TCP/IP参考模型 …… 14
1.4.3 OSI参考模型和TCP/IP参考模型比较 …… 14
1.4.4 无线网络的协议模型 …… 15
1.5 与网络相关的标准化组织 …… 16
1.5.1 电信领域中最有影响的组织 …… 16
1.5.2 国际标准领域中最有影响的组织 …… 17
1.5.3 Internet标准领域中最有影响的组织 …… 19
1.6 本书结构 …… 20
习题 …… 20
参考文献 …… 22

第2章 无线传输技术基础 …… 23

2.1 无线传输媒体 …… 23
2.1.1 地面微波 …… 24
2.1.2 卫星微波 …… 25
2.1.3 广播无线电波 …… 26

2.1.4 红外线 …… 26
2.1.5 光波 …… 27
2.2 天线 …… 27
2.2.1 辐射模式 …… 27
2.2.2 天线类型 …… 28
2.2.3 天线增益 …… 29
2.3 传播方式 …… 30
2.3.1 地波传播 …… 31
2.3.2 天波传播 …… 31
2.3.3 直线传播 …… 32
2.4 直线传输系统中的损伤 …… 33
2.4.1 衰减 …… 33
2.4.2 自由空间损耗 …… 34
2.4.3 噪声 …… 35
2.4.4 大气吸收 …… 36
2.4.5 多径 …… 36
2.4.6 折射 …… 37
2.5 移动环境中的衰退 …… 37
2.5.1 多径传播 …… 37
2.5.2 衰退类型 …… 38
2.5.3 差错补偿机制 …… 39
2.6 多普勒效应 …… 39
2.7 信号编码技术 …… 40
2.7.1 数据、信号和传输的模拟与数字之分 …… 40
2.7.2 信号编码准则 …… 43
2.7.3 数字数据与模拟信号 …… 45
2.7.4 模拟数据与模拟信号 …… 45
2.7.5 模拟数据与数字信号 …… 46
2.8 扩频技术 …… 46
2.8.1 扩频技术的基本原理 …… 46
2.8.2 扩频技术的分类 …… 47
2.9 差错控制技术 …… 49
习题 …… 49
参考文献 …… 52

第3章 无线局域网 …… 53

3.1 概述 …… 53
3.1.1 无线局域网的覆盖范围 …… 53

3.1.2 无线局域网的特点 …… 54
3.1.3 无线局域网的发展历程与相关标准化活动 …… 56
3.1.4 无线局域网的分类与应用 …… 59
3.2 无线局域网的体系结构与服务 …… 61
3.2.1 无线局域网的组成结构 …… 61
3.2.2 无线局域网的拓扑结构 …… 63
3.2.3 无线局域网的服务 …… 66
3.3 无线局域网的协议体系 …… 68
3.4 IEEE 802.11 物理层 …… 71
3.4.1 初始的 IEEE 802.11 物理层 …… 72
3.4.2 IEEE 802.11a …… 72
3.4.3 IEEE 802.11b …… 74
3.4.4 IEEE 802.11g …… 75
3.4.5 IEEE 802.11n …… 76
3.5 IEEE 802.11 媒体访问控制层 …… 77
3.5.1 可靠的数据传送 …… 78
3.5.2 接入控制 …… 78
3.5.3 MAC 帧 …… 81
3.6 其他 IEEE 802.11 标准 …… 84
3.7 无线局域网安全 …… 86
3.7.1 安全威胁 War-Xing …… 86
3.7.2 IEEE 802.11 安全标准 …… 87
3.7.3 WAPI …… 89
3.8 5G Wi-Fi …… 89
3.9 Li-Fi …… 90
习题 …… 92
参考文献 …… 98

第 4 章 无线个域网 …… 99

4.1 概述 …… 99
4.2 IEEE 802.15 标准 …… 100
4.2.1 标准构成 …… 100
4.2.2 IEEE 802.15.3 …… 102
4.2.3 IEEE 802.15.3a …… 103
4.2.4 IEEE 802.15.4 …… 103
4.3 蓝牙技术 …… 103
4.3.1 蓝牙技术的诞生与发展 …… 103

4.3.2 蓝牙技术介绍 …… 104
4.3.3 蓝牙标准文档构成 …… 105
4.3.4 蓝牙协议体系结构 …… 105
4.3.5 应用模型 …… 107
4.3.6 蓝牙应用 …… 108
4.3.7 微微网和散布式网络 …… 109
4.3.8 蓝牙规范的5层核心协议 …… 110
4.3.9 蓝牙标准1.0～5.0的技术历程 …… 112
4.4 ZigBee技术 …… 114
4.4.1 ZigBee的特点 …… 115
4.4.2 ZigBee标准体系 …… 115
4.4.3 ZigBee网络的结构 …… 116
4.4.4 ZigBee协议架构 …… 117
4.4.5 ZigBee网络节点类型 …… 118
4.4.6 ZigBee技术应用 …… 118
4.5 近场通信技术 …… 119
4.5.1 简介 …… 119
4.5.2 与其他个域网技术的区别 …… 120
4.5.3 应用实例 …… 121
习题 …… 122
参考文献 …… 123

第5章 无线城域网 …… 124

5.1 无线城域网概况 …… 124
5.1.1 无线城域网技术的形成 …… 124
5.1.2 WiMAX论坛 …… 125
5.2 IEEE 802.16协议体系 …… 126
5.2.1 概述 …… 126
5.2.2 标准化进程 …… 127
5.2.3 IEEE 802.16d协议及系统概述 …… 129
5.3 WiMAX与其他技术的竞争 …… 131
5.3.1 WiMAX技术与Wi-Fi技术的竞争 …… 131
5.3.2 WiMAX技术与3G/4G/5G技术的竞争 …… 131
习题 …… 132
参考文献 …… 133

第6章 无线广域网 …… 134

6.1 概述 …… 134

6.2 3G/4G/5G 技术 …… 136
6.2.1 3G 技术 …… 136
6.2.2 4G 技术 …… 137
6.2.3 5G 技术 …… 140
6.3 卫星通信系统 …… 142
6.3.1 卫星通信系统的概念 …… 142
6.3.2 卫星通信系统的分类 …… 142
6.3.3 卫星通信系统的特点 …… 143
6.3.4 卫星移动通信系统成功案例 …… 144
6.4 IEEE 802.20 技术 …… 145
6.4.1 技术特性 …… 145
6.4.2 IEEE 802.20 与其他技术间的关系 …… 147
6.4.3 IEEE 802.20 展望 …… 149
习题 …… 149
参考文献 …… 149

第 7 章 移动 Ad Hoc 网络 …… 151

7.1 概述 …… 151
7.1.1 移动 Ad Hoc 网络产生的需求背景 …… 151
7.1.2 移动 Ad Hoc 网络发展简述 …… 152
7.1.3 移动 Ad Hoc 网络的定义 …… 155
7.1.4 移动 Ad Hoc 网络的特点 …… 158
7.1.5 移动 Ad Hoc 网络中的问题 …… 160
7.2 移动 Ad Hoc 网络的 MAC 层 …… 162
7.2.1 Ad Hoc MAC 协议分类 …… 162
7.2.2 竞争类 MAC 协议 …… 163
7.2.3 分配类协议 …… 167
7.2.4 混合类协议 …… 169
7.3 移动 Ad Hoc 网络的网络层 …… 172
7.3.1 Ad Hoc 路由协议分类 …… 172
7.3.2 主动式路由协议 …… 173
7.3.3 按需路由协议 …… 174
7.3.4 混合路由协议 …… 176
7.3.5 多径路由技术 …… 177
7.3.6 多目标路由协议 …… 178
7.3.7 路由协议的性能分析与评价 …… 180
7.4 移动 Ad Hoc 网络的 IP 地址分配技术 …… 182

7.5 移动 Ad Hoc 网络的功率控制 …… 184
7.5.1 功率消耗源 …… 185
7.5.2 功率控制 …… 185
7.5.3 通用节能途径 …… 186
7.6 移动 Ad Hoc 网络的 QoS 问题 …… 187
7.6.1 服务质量参数 …… 188
7.6.2 移动 Ad Hoc 网络提供 QoS 支持所面临的问题与困难 …… 188
7.6.3 折中原理 …… 189
7.6.4 处理方法 …… 189
7.7 移动 Ad Hoc 网络的安全问题 …… 189
7.7.1 移动 Ad Hoc 网络面临的安全威胁 …… 189
7.7.2 安全目标 …… 190
7.8 移动 Ad Hoc 网络的应用 …… 190
习题 …… 192
参考文献 …… 193

第8章 无线传感器网络 …… 194

8.1 无线传感器网络概述 …… 194
8.2 无线传感器网络的体系结构 …… 194
8.3 无线传感器网络的特点 …… 197
8.4 无线传感器网络的应用 …… 198
8.5 无线传感器网络的 MAC 协议 …… 201
8.6 无线传感器网络的路由协议 …… 202
8.7 无线传感器网络的拓扑控制 …… 204
8.8 无线传感器网络的定位技术 …… 206
8.9 无线传感器网络的时间同步机制 …… 207
8.10 无线传感器网络的安全技术 …… 208
8.11 无线传感器网络的数据管理 …… 208
8.12 无线传感器网络的数据融合 …… 209
习题 …… 209
参考文献 …… 210

第9章 无线 Mesh 网络 …… 211

9.1 概述 …… 211
9.1.1 无线 Mesh 网络的起源 …… 211
9.1.2 移动 Ad Hoc 网络向无线 Mesh 网络的演进 …… 213
9.1.3 无线 Mesh 网络与其他无线网络的主要区别 …… 217

9.1.4 无线 Mesh 网络的主要优缺点 …… 218
9.2 无线 Mesh 网络的结构 …… 219
9.2.1 无线 Mesh 网络结构的分类 …… 219
9.2.2 IEEE 802 标准簇对 Mesh 结构的支持 …… 222
9.3 无线 Mesh 网络 MAC 协议 …… 229
9.3.1 速率自适应多跳网 MAC 协议 …… 229
9.3.2 多信道 Mesh 网 MAC 协议 …… 231
9.4 无线 Mesh 网络路由协议 …… 235
9.4.1 无线 Mesh 网络路由协议分类 …… 236
9.4.2 多射频链路质量源路由协议 …… 237
9.4.3 可预测的无线路由协议 …… 238
9.4.4 单收发器多信道路由协议 …… 238
9.4.5 高吞吐率路由协议 …… 239
9.4.6 射频感知路由协议 …… 239
9.5 无线 Mesh 网络的应用模式 …… 240
9.5.1 WISP 模式 …… 240
9.5.2 因特网延伸模式 …… 242
9.5.3 行业应用模式 …… 244
习题 …… 245
参考文献 …… 246

第 10 章 无线网络与物联网 …… 247

10.1 互联网到物联网的演变 …… 247
10.2 物联网技术概述 …… 248
10.2.1 物联网的概念 …… 248
10.2.2 技术架构 …… 249
10.3 物联网中的无线网络技术 …… 249
10.3.1 物联网感知层中的无线网络技术 …… 249
10.3.2 物联网网络层中的无线网络技术 …… 252
10.4 无线城市与物联网 …… 253
10.4.1 概念剖析 …… 253
10.4.2 发展模式分析 …… 253
习题 …… 256
参考文献 …… 256

第 11 章 移动互联网与“互联网+” …… 257

11.1 传统互联网到移动互联网的演变 …… 257

11.2 移动互联网的特点 …… 258
11.3 移动互联网的发展趋势 …… 259
11.4 移动互联网下的O2O模式 …… 261
11.5 “互联网＋” …… 262
习题 …… 263
参考文献 …… 264

实 训 篇

第12章 WLAN项目实践 …… 267

12.1 组建Ad Hoc模式无线局域网 …… 267
12.2 组建Infrastructure模式无线局域网 …… 274
12.3 组建交换机直连AP无线办公网 …… 277
12.4 组建FIT AP＋AC模式无线局域网 …… 280
12.5 组建WEP加密无线局域网络 …… 285
12.6 在无线局域网中实施WPA2 PSK认证＋AES数据加密 …… 291
12.7 组建本地转发FIT AP无线局域网 …… 297
12.8 组建跨AP二层漫游无线局域网 …… 304
12.9 组建不同网段FAT AP桥接无线局域网 …… 310
12.10 在无线局域网实施AP负载均衡 …… 314
12.11 Wi-Fi共享上网 …… 322

理 论 篇

第1章 绪　论

本章的目的是简要介绍计算机网络，特别是无线网络技术的发展概况，并带领读者回顾一下计算机网络中最基本的一些概念，以便后续章节的阅读。对计算机网络基本原理比较了解的读者可以快速阅读或者跳过本章。

1.1 计算机网络的发展历程

相比其他产业，计算机产业非常年轻，从1946年第一台计算机诞生至今，也仅仅只有七十余年的历史。然而，计算机技术却在很短的时间内有了惊人的进展，其应用已经渗透到人们工作、学习和生活的各个领域，成为信息时代人类社会发展不可或缺的成分。

伴随计算机产业的发展，计算机网络也慢慢登上了历史舞台，并成为信息社会的命脉和发展经济的重要基础。计算机网络最通俗的说法就是计算机的集合，它是计算机技术和通信技术日益紧密结合的产物。

在计算机诞生之初的20年间，计算机系统是高度集中化的，通常位于一个很大的房间中。该房间通常配有玻璃墙，参观的人透过玻璃墙可以欣赏到里边伟大的电子奇迹。中等规模的公司或者大学可能会有一台或者两台计算机，而大型的研究机构最多也就几十台计算机。要在20年内生产出大量同样功能，但是体积比邮票还小的计算机，在当时的人们看来纯属科学幻想，更谈不上去构建计算机网络。

然而，计算机和通信的结合对于计算机系统的组织方式产生了深远的影响。把一台大型的计算机放在一个单独的房间中，然后用户带着他们的处理任务去房间里上机，这种"计算机中心"的概念现在已经完全过时了。由一台计算机来处理整个组织中所有的计算需求，这种老式的模型已经被新的模型所取代，在新的模型下，由大量独立但相互连接起来的计算机来共同完成计算任务，这就是计算机网络。计算机逐步向小型化、微型化发展，导致了计算机的普及，与之对立的资源的分散，也促成了计算机网络的产生与发展。

一般认为，计算机网络的发展大致经历了4个阶段。

第一阶段：诞生阶段。

早期的计算机系统是高度集中的，所有的设备都安装在单独的大房间中，后来出现了批处理和分时系统，分时系统所连接的多个终端必须紧接着主计算机。20世纪50年代中后期，许多系统都将地理上分散的多个终端通过通信线路连接到一台中心计算机上，这样就出现了第一代计算机网络。一直到20世纪60年代中期，第一代计算机网络都是以单个计算机为中心的远程联机系统。典型应用是由一台计算机和全美国范围内2000多台终端组成的飞机订票系统。终端是一台计算机的外部设备,包括显示器和键盘,无CPU和内存。其示意图如图1.1所示。

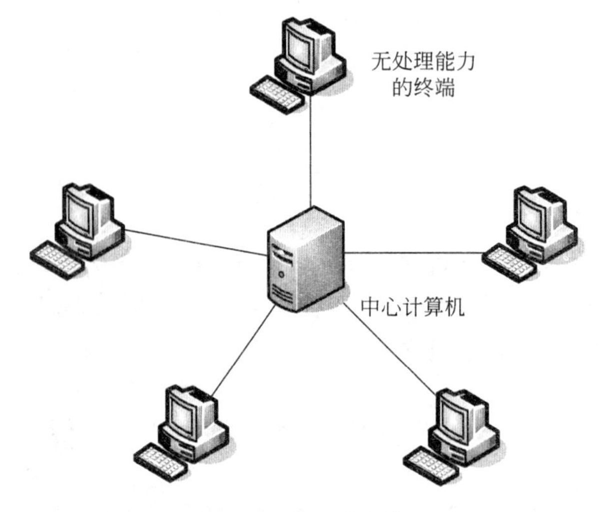

图1.1 第一代网络

随着远程终端的增多,主机前增加了前端机(FEP)。当时,人们把计算机网络定义为"以传输信息为目的而连接起来,实现远程信息处理或进一步达到资源共享的系统"。可见,这时所谓的计算机网络还不是严格的现代意义上的计算机网络,但这样的通信系统已具备了网络的雏形。

第二阶段:形成阶段。

20世纪60年代中期至70年代的第二代计算机网络(图1.2)是以多个主机通过通信线路互连起来的,为用户提供服务,兴起于60年代后期,典型代表是美国国防部高级研究计划局协助开发的ARPANET。主机之间不是直接用线路相连,而是由接口报文处理机(IMP)转接后互连的。IMP和它们之间互连的通信线路一起负责主机间的通信任务,构成了通信子网。通信子网互连的主机负责运行程序,提供资源共享,组成了资源子网。

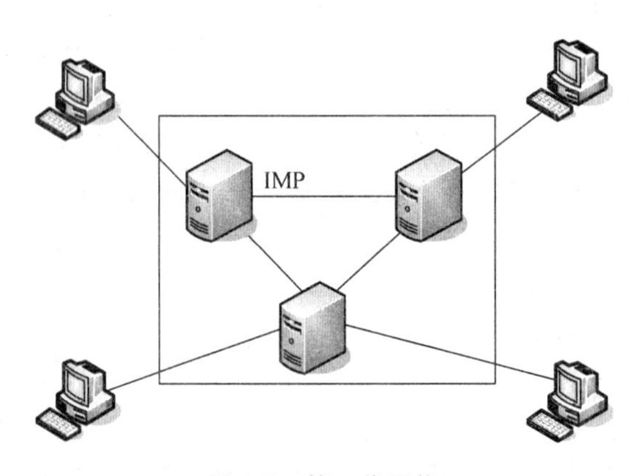

图1.2 第二代网络

两个主机间通信时对传送信息内容的理解、信息表示形式以及各种情况下的应答信号都必须遵守一个共同的约定,这个约定称为协议。在ARPA网中,将协议按功能分成若干层次，如何分层，以及各层中具体采用的协议的总和，称为网络协议体系结构。体系结构是一个抽象的概念，其具体实现是通过特定的硬件和软件来完成。

第二代网络以通信子网为中心，而且采用了具有划时代意义的分组交换技术，这也是支持现代计算机网络的最核心的灵魂技术。这个时期，网络概念发展为“以能够相互共享资源为目的互连起来的具有独立功能的计算机之集合体”，形成了现代意义上的计算机网络的基本概念。

第三阶段：互连互通阶段。

20世纪70年代末至90年代的第三代计算机网络(图1.3)是具有统一的网络体系结构，并遵循国际标准的开放式和标准化的网络。ARPANET兴起后，计算机网络发展迅猛，各大计算机公司相继推出自己的网络体系结构及实现这些结构的软硬件产品。由于没有统一的标准，不同厂商的产品之间互连很困难，人们迫切需要一种开放性的标准化实用网络环境，这样应运而生了两种国际通用的、最重要的体系结构，即TCP/IP体系结构和国际标准化组织的OSI体系结构。

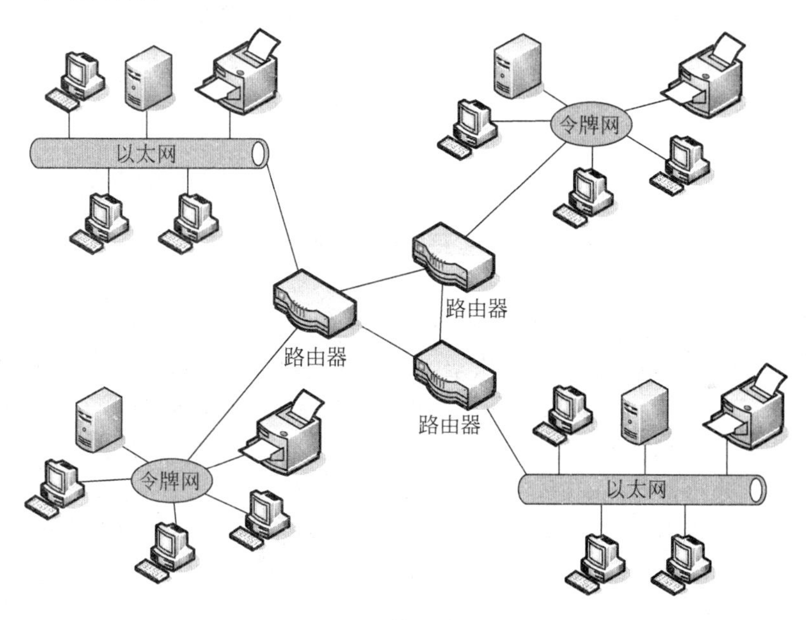

图1.3 第三代网络

ISO在1984年颁布了OSI/RM，该模型分为七个层次，也称为OSI七层模型，公认为新一代计算机网络体系结构的基础，为普及局域网奠定了基础。20世纪70年代后，由于大规模集成电路出现，局域网因为投资少、方便灵活而得到广泛的应用和迅猛的发展，与广域网相比有共性，如分层的体系结构，又有不同的特性，如局域网为节省费用而不采用存储转发的方式，而是由单个的广播信道来连接网上计算机。

第四阶段：高速网络技术阶段。

20世纪90年代末至今的第四代计算机网络(图1.4)，由于局域网技术发展成熟，出现了光纤及高速网络技术、多媒体网络、智能网络，整个网络就像一个对用户透明的大的计算机系统，发展为以Internet为代表的互联网。

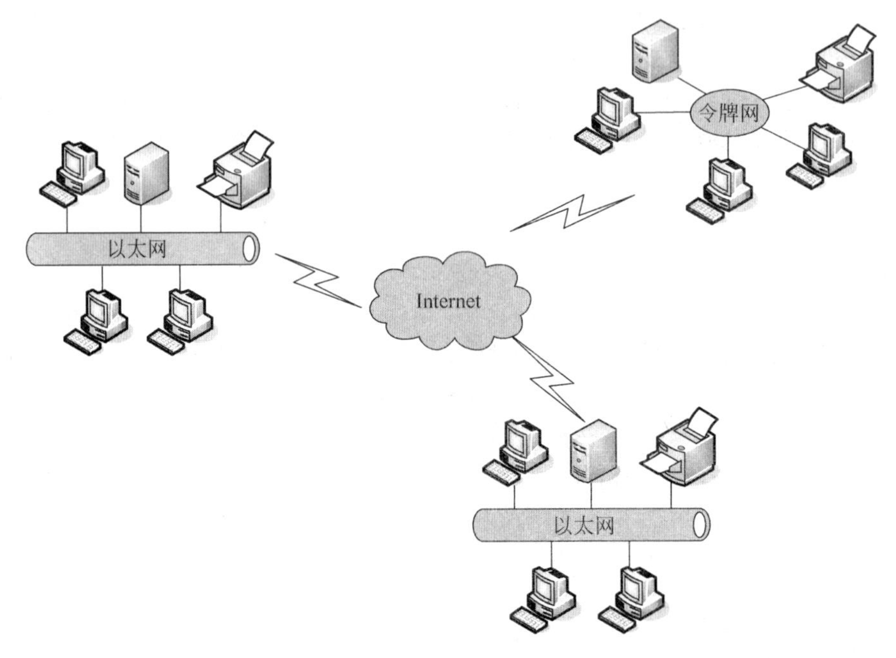

图1.4 第四代网络

1.2 无线网络的兴起

无线网络是计算机网络的一种，与之对应的是有线网络。无线网络的最大优点是可以让人们摆脱有线的束缚，更便捷、更自由地沟通。其实，我们平时经常接触到无线网络，从概念上理解，红外线传输也可以认为是一种无线网络技术，只不过红外线多进行数据传输，很少用于网络传输。此外，射频无线鼠标和键盘、无线教鞭、WAP手机上网等都具有无线网络的特征。数字无线通信并不是一种新的概念，早在1901年的时候，意大利物理学家Guglielmo Marconi就演示了从轮船向海岸发送无线电报的试验，在试验中他使用了Morse Code(莫尔斯编码，用点和划来表示二进制数字)。现代的数字无线系统的性能更好，但是基本原理并没有变化。

无线网络的历史起源可以追溯到20世纪40年代的第二次世界大战期间，当时美国陆军采用无线电信号进行资料传输。他们研发出了一套无线电传输技术，并且采用强度相当高的加密技术，得到美军和盟军的广泛使用。这项技术让许多学者得到了一些灵感，1971年，夏威夷大学的研究员创造了第一个基于封包式技术的无线电通信网络。这种被称作ALOHANET的网络，可以算是相当早期的无线局域网络(WLAN)，包括7台计算机，它们采用双向星形拓扑横跨4座夏威夷的岛屿，中心计算机放置在瓦胡岛上。从这时开始，无线网络可以说是正式诞生了。ALOHANET的出现也源于夏威夷大学的特定需求，因为夏威夷大学的几个校区分布在夏威夷群岛的4个主要岛屿上，在这样的自然条件下，以当时的有线网络技术实现几个校区计算机的联网和数据共享很不现实，这也充分说明了无线网络较有线网络的优越性，最早的无线网络产生于此丝毫不奇怪，可谓天时地利人和。

虽然目前大多数网络依然是有线的架构，但是近年来无线网络的应用日渐增加。在学术界、医疗界、制造业、仓储业等，无线网络扮演着越来越重要的角色。特别是当无线网络技术与 Internet 相结合时，其迸发出的能力是无法估量的。

大致上，无线网络按覆盖范围可以分成以下三大类：

(1) 系统内部互联/无线个域网。

(2) 无线局域网。

(3) 无线城域网/广域网。

系统内部互联是指通过短距离的无线电，将一台计算机的各个部件连接起来。几乎所有的计算机都有一个监视器、键盘、鼠标和打印机，它们通过电缆连接到主机上。所以，许多新的用户刚开始的时候都很难将所有这些电缆连接到正确的插口上(尽管这些插口有彩色的标志)。因此，有些公司联合起来，设计了一种称为蓝牙(Blue Tooth)的短距离无线网络，将这些部件以无线的方式连接起来。通过蓝牙也可以将手机、数码相机、耳机、扫描仪和其他设备连接到计算机上，只要保证它们在一定的距离范围内即可。不需要电缆，也不需要安装驱动程序，只要把它们放到一起，然后打开开关，它们就可以工作了。对于许多人而言，如此简单的操作自然再合适不过了。此外，传统的红外无线传输技术、家庭射频 HomeRF、ZigBee、超宽带无线技术 UWB 都可以用于无线系统内部互联，还可以构建无线个域网、无线体域网等。

在最简单的形式下，系统内部互联网络使用主-从模式。系统单元往往是主部分，从部分是鼠标、键盘等，主部分与从部分进行通话。主部分告诉从部分：应该使用什么地址，什么时候它们可以广播，它们可以传送多长时间，它们可以使用哪个频段，等等。

无线网络现在发展最热的应该是无线局域网(WLAN)，主要采用 IEEE 802.11 标准。无线局域网可分为两大类：第一类是有固定基础设施的；第二类是无固定基础设施的。所谓“固定基础设施”，是指预先建立起来的、能够覆盖一定地理范围的一批固定基站。大家经常使用的蜂窝移动电话就是利用电信公司预先建立的、覆盖全国的大量固定基站来接通用户手机拨打的电话。

对于第一类有固定基础设施的无线局域网，IEEE 802.11 标准规定无线局域网的最小构件是基本服务集(Basic Service Set，BSS)，一个 BSS 包括一个基站和若干个移动站，所有的站在本 BSS 以内都可以直接通信，但在和本 BSS 以外的站通信时都必须通过本 BSS 的基站。一个 BSS 所覆盖的地理范围叫做一个基本服务区(Basic Service Area，BSA)。BSA 和无线移动通信的蜂窝小区相似。在无线局域网中，一个 BSA 的范围可以有几十米的直径。第 3 章将详细讨论这种无线局域网。

另一类无线局域网是无固定基础设施的无线局域网，又称自组网络(Ad Hoc network)。这种自组网络没有上述基本服务集中的接入点(AP)，而是一些处于平等状态的移动站之间相互通信组成的临时网络。由于自组网络没有预先建好的网络固定基础设施(基站)，因此自组网络的服务范围通常是受限的，而且自组网络一般也不和外界的其他网络相连接。

移动 Ad Hoc 网络在军用和民用领域都有很好的应用前景。在军事领域中，由于战场上往往没有预先建好的固定接入点，但携带了移动站的战士就可以利用临时建立的移动自组网络进行通信。这种组网方式也能够应用到作战的地面车辆群和坦克群，以及海上的舰艇群、空中的机群。由于每一个移动设备都具有路由器的转发分组的功能，因此分布式的移动自组网络的生存性非常好。在民用领域,开会时持有笔记本电脑的人可以利用这种移动自组网络方便地交换信息,而不受笔记本电脑附近没有电话线插头的限制。当出现自然灾害时,在抢险救灾时利用移动自组网络及时通信往往也是很有效的,因为这时事先已建好的固定网络基础设施(基站)可能已经都被破坏了。

移动 Ad Hoc 网络也叫移动分组无线网络或移动自组织网络。第 7 章将详细讨论移动 Ad Hoc 网络。

第三种无线网络用于城域/广域系统中。蜂窝电话使用的无线电网络就是一个低带宽无线系统的例子。该系统已经经历了三代革新。第一代是模拟的,只能传送话音;第二代是数字的,也只能传送话音;第三代是数字的,不仅可以传送话音,还可以传送数据。从某种意义上讲,蜂窝无线网络就如同无线 LAN 一样,只不过覆盖的距离更大,位传输速率低一些而已。无线 LAN 的工作速率可以达到几十兆比特每秒甚至几百兆比特每秒,跨越距离可以到几十米或者更远。蜂窝系统的速率则大多低于 1Mb/s,但是基站与计算机或者电话之间的距离可以用千米来度量,而不是用米来度量。

除了这些低速网络以外,高带宽广域无线网络也正在迅速发展。最初的关注点是,允许家庭或者商业部门通过无线方式高速接入 Internet,绕过电话系统。相应的标准有的已经开发出来,如 IEEE 802.16,有的正在制订完善中,如 IEEE 802.20。第 6 章中将讨论该标准。

从无线网络的应用角度看,还可以划分出无线传感器网络、无线 Mesh 网络、无线穿戴网络、无线体域网等,这些网络一般是基于已有的无线网络技术,针对具体的应用而构建的无线网络。

无线传感器网络(Wireless Sensor Networks,WSN)是当前在国际上备受关注的、涉及多学科高度交叉、知识高度集成的前沿热点研究领域。它综合了传感器技术、嵌入式计算技术、现代网络及无线通信技术、分布式信息处理技术等,能够通过各类集成化的微型传感器协作地实时监测、感知和采集各种环境或监测对象的信息,这些信息通过无线方式被发送,并以自组多跳的网络方式传送到用户终端,从而实现物理世界、计算世界以及人类社会三元世界的连通。

WSN 以最少的成本和最大的灵活性,连接任何有通信需求的终端设备,采集数据,发送指令。若把 WSN 的各个传感器或执行单元设备视为"豆子",将一把"豆子"(可能 100 粒,甚至上千粒)任意抛撒开,经过有限的"种植时间",就可从某一粒"豆子"那里得到其他任何"豆子"的信息。作为无线自组双向通信网络,传感网络能以最大的灵活性自动完成不规则分布的各种传感器与控制节点的组网,同时具有一定的移动能力和动态调整能力。

无线 Mesh 网络(无线网状网络)也称为"多跳(multi-hop)"网络,是一种与传统无线网络完全不同的新型无线网络,是由移动 Ad Hoc 网络顺应人们无处不在的 Internet 接入需求演变而来的。在传统的无线局域网(WLAN)中,每个客户端均通过一条与 AP 相连的无线链路来访问网络,用户如果要进行相互通信,必须首先访问一个固定的接入点(AP),这种网络结构被称为单跳网络。而在无线 Mesh 网络中,任何无线设备节点都可以同时作为 AP 和路由器,网络中的每个节点都可以发送和接收信号,每个节点都可以与一个或者多个对等节点进行直接通信。这种结构的最大好处在于:如果最近的 AP 由于流量过大而导致拥塞,那么数据可以自动重新路由到一个通信流量较小的邻近节点进行传输。以此类推,数据包还可以根据网络的情况，继续路由到与之最近的下一个节点进行传输，直到到达最终目的地为止。

其实，人们熟知的 Internet 就是一个 Mesh 网络的典型例子。例如，当发送一份 E-mail 时，电子邮件并不是直接到达收件人的信箱中，而是通过路由器从一个服务器转发到另外一个服务器，最后经过多次路由转发，才到达用户的信箱。在转发的过程中，路由器一般会选择效率最高的传输路径，以便使电子邮件能够尽快到达用户的信箱。因此，无线 Mesh 网络也被形象地称为无线版本的 Internet。

与传统的交换式网络相比，无线 Mesh 网络去掉了节点之间的布线需求，但仍具有分布式网络提供的冗余机制和重新路由功能。在无线 Mesh 网络里，如果要添加新的设备，只需要简单地接上电源就可以了，它可以自动进行自我配置，并确定最佳的多跳传输路径。添加或移动设备时，网络能够自动发现拓扑变化，并自动调整通信路由，以获取最有效的传输路径。

无线穿戴网络是指基于短距离无线通信技术（如蓝牙和 ZigBee 技术等）与可穿戴式计算机（wearcomp）技术、穿戴在人体上、具有智能收集人体和周围环境信息的一种新型个域网（PAN）。可穿戴计算机为可穿戴网络提供核心计算技术，有 Ad Hoc 性能的蓝牙和 ZigBee 等短距离无线通信技术作为其底层传输手段，结合各自优势组建一个无线、高度灵活、自组织，甚至是隐蔽的微型 PAN。可穿戴网络具有移动性、持续性和交互性等特点。

通过远程医疗监护系统提供及时现场护理（POC）服务是提升健康护理手段的有效途径。无线体域网（BAN）是由依附于身体的各种传感器构成的网络。在远程健康监护中，将 BAN 作为信息采集和 POC 的网络环境，可以取得良好的效果，赋予家庭网络以新的内涵。借助 BAN，家庭网络可以为远程医疗监护系统及时有效地采集监护信息；可以对医疗监护信息预读，发现问题，直接通知家庭其他成员，达到及时救护的目的。

无线网络的大规模发展，促使互联网的形态发生了变化，无线互联网的概念应运而生。无线互联网是建立在无线网络基础上的互联网，这里的无线网络就包括了各种提供互联网接入服务的网络，典型的如中国移动、中国联通、中国电信提供的没有硬线路的网络，也包括本书介绍的各种无线网络，当然主要指移动运营商的网络。

作为互联网的重要组成部分，无线互联网处在高速发展阶段，在互联网络基础设施完善以及 3G/4G、无线寻址技术等技术成熟的推动下，无线互联网不断迎来发展高潮。另一方面，智能手机的高度普及也大力推进了无线互联网的发展。智能手机已经具备了很多普通计算的特点，基于 PC 的传统互联网渐渐让位于基于智能手机的无线互联网。

其实，无线互联网现在更通行的一个名称是移动互联网。移动互联网这个名称中融入了更多的商业元素，在本书中认为这两个概念是等价的，第 11 章将对移动互联网对商业模式的影响进行讨论。

1.3 网络体系结构

网络体系结构是计算机网络原理中一个非常重要的概念。众所周知，计算机分为硬件和软件两部分，二者缺一不可。一个真正能为人们服务的计算机系统一定是硬件系统和软件系统的统一体。不管是有线网络，还是无线网络，和计算机系统的构成一样，作为计算机集合的计算机网络也是由这两部分构成,没有网络软件支持的网络硬件无法真正成为能够向人们提供服务的计算机网络。最初的计算机网络设计重要考虑的是硬件,其次考虑的才是软件,这种策略现在是行不通的,现在的网络软件都是高度结构化的,计算机网络的体系结构就是从网络软件的角度研究计算机网络。协议分层的网络体系结构是计算机网络的所有基本概念中最基本的。下面对这种网络体系结构进行简单回顾与阐述,以便大家对后续章节内容的理解。

1.3.1 协议分层

计算机网络是一个非常复杂的系统。为了说明这一点,可以设想一个最简单的情况:连接在网络上的两台计算机要互相传送文件。

显然,这两台计算机之间必须有一条传送数据的通路,但这还远远不够,至少还有以下几件工作需要去完成:

(1) 发起通信的计算机必须将数据通信的通路进行激活(active)。所谓"激活",就是要发出一些信令,保证要传送的计算机数据能在这条通路上正确发送和接收。

(2) 要告诉网络如何识别接收数据的计算机。

(3) 发起通信的计算机必须查明对方的计算机是否已准备好接收数据。

(4) 发起通信的计算机必须弄清楚,在对方计算机中的文件管理程序是否已做好文件接收和存储文件的准备工作。

(5) 若计算机的文件格式不兼容,则至少其中的一个计算机应完成格式转换功能。

(6) 对出现的各种差错和意外事故,如数据传送错误、重复或丢失,网络中某个节点交换机出故障等,应当有可靠的措施保证对方计算机最终能够收到正确的文件。

还可以举出一些要做的其他工作。由此可见,相互通信的两个计算机系统必须高度协调工作才行,而这种"协调"是相当复杂的。为了降低网络设计的复杂性,绝大多数网络采用了分层的思想,网络软件被组织成一堆相互叠加的层(layer 或者 level),每一层都建立在其下一层的基础之上。"分层"可将庞大而复杂的问题转化为若干较小的局部问题,而这些较小的局部问题就比较易于研究和处理。

不同的网络,其层的数目、各层的名字、内容和功能也不尽相同。每一层的目的都是向上一层提供特定的服务,而把如何实现这些服务的细节对上一层加以屏蔽。从某种意义上讲,每一层都是一种虚拟机,它向上一层提供特定的服务。

这个概念实际上并不陌生,它被广泛应用于计算机科学领域中,有些地方也称之为信息隐藏、抽象数据类型、数据封装以及面向对象程序设计。基本的思想是,一段(或块)专门的软件(或者硬件)向用户提供一种服务,但是将内部状态和算法的细节隐藏起来。

一台机器上的第 n 层与另一台机器上的第 n 层进行对话。在对话中用到的规则和习惯合起来称为第 n 层协议。其实,所谓协议(protocol),是指通信双方关于如何进行通信的一种约定。图 1.5 显示了一个 5 层网络。不同机器上包含对应层的实体称为对等体(peer)。这些对等体可能是进程或者硬件设备,甚至可能是人。换句话说,正是这些对等体在使用协议进行通信。

实际上,数据并不是从一台机器的第 n 层直接传递到另一台机器的第 n 层,而是每一层都将数据和控制信息传递给它的下一层,这样一直传递到最底下的层。第 1 层下面是物理

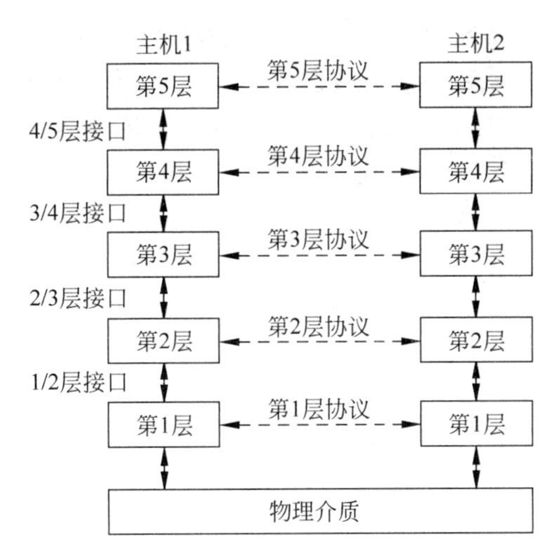

图 1.5 层、协议和接口

介质(physical medium),通过它进行实际的通信。在图 1.5 中,点线表示虚拟通信,实线表示物理通信。在每一对相邻层之间是接口(interface),接口定义了下层向上层提供哪些原语操作和服务。

层和协议的集合称为网络体系结构(network architecture)。网络体系结构的规范必须包含足够的信息,以便实现者可以为每一层编写程序或者设计硬件,使之遵守有关的协议。实现的细节和接口的规范并不属于网络体系结构的内容,因为它们被隐藏在机器内部,在外界是不可见的。甚至,一个网络中所有机器上的接口也不必都是一样的。实际上,每台机器只要能够正确地使用所有的协议即可。一个特定的系统所使用的一组协议(每一层一个协议)称为协议栈(protocol stack)。

1.3.2 层次设计问题

分层时应注意使每一层的功能非常明确。若层数太少,就会使每一层的协议太复杂。但层数太多又会在描述和综合各层功能的系统工程任务时遇到较多的困难。分层当然也有一些缺点,例如,有些功能会在不同的层次中重复出现,因而产生了额外开销。

1.3.3 面向连接与无连接的服务

从通信的角度看,各层所提供的服务可分为两大类,即面向连接的(connection-oriented)与无连接的(connectionless)。

1. 面向连接服务

所谓连接,就是两个对等实体为进行数据通信而进行的一种结合。

面向连接服务具有连接建立、数据传输和连接释放这 3 个阶段。面向连接服务是在数据交换之前必须先建立连接。当数据交换结束后,则必须终止这个连接。在传送数据时是按序传送的。面间连接服务比较适合于在一定期间内要向同一目的地发送许多报文的情况。对于发送很短的零星报文,面向连接服务的开销就显得过大了。

2. 无连接服务

在无连接服务的情况下,两个实体之间的通信不需要先建立好一个连接,因此其下层的有关资源不需要事先进行预定保留,这些资源将在数据传输时动态地进行分配。

无连接服务的另一特征是它不需要通信的两个实体同时是活跃的(active)。当发送端的实体正在进行发送时,它才必须是活跃的。这时,接收端的实体并不一定必须是活跃的,只有当接收端的实体正在进行接收时,它才必须是活跃的。

无连接服务的优点是灵活方便和比较迅速。但无连接服务不能防止报文丢失、重复或失序。

无连接服务的特点是不需要接收端做任何响应,因而是一种不可靠的服务。这种服务常被描述为"尽最大努力交付"(best effort delivery)或"尽力而为"。

1.3.4 协议和服务的关系

要充分理解网络体系结构,必须搞清协议和服务的关系。首先应该明确的是实体的概念。当研究在开放系统中进行交换信息时,发送或接收信息的是一个进程、是一个文件,还是一个终端,都没有实质上的影响。为此,可以用实体(entity)这一较为抽象的名词表示任何可发送或接收信息的硬件或软件进程。在许多情况下,实体就是一个特定的软件模块。

协议是控制两个对等实体进行通信的规则的集合。协议的语法方面的规则定义了所交换的信息的格式,而协议的语义方面的规则定义了发送者或接收者所要完成的操作,例如,在何种条件下数据必须重发或丢弃。

在协议的控制下,两个对等实体间的通信使得本层能够向上一层提供服务。要实现本层协议,还需要使用下面一层提供的服务。

一定要注意,协议和服务在概念上是很不一样的。

首先,协议的实现保证了能够向上一层提供服务。本层的服务用户只能看见服务,而无法看见下面的协议。下面的协议对上面的服务用户是透明的。

其次,协议是"水平的",即协议是控制对等实体之间通信的规则。但服务是"垂直的",即服务是由下层向上层通过层间接口提供的。另外,并非在一个层内完成的全部功能都称为服务。只有那些能够被高一层看得见的功能才能称之为"服务"。上层使用下层所提供的服务必须通过与下层交换一些命令,这些命令在OSI模型(将在下一节介绍)中称为服务原语。

在同一系统中相邻两层的实体进行交互(即交换信息)的地方,即层间接口,OSI中通常称之为服务访问点(Service Access Point,SAP)。SAP是一个抽象的概念,它实际上是一个逻辑接口,有些像邮政信箱,但和通常所说的两个设备之间的硬件并行接口或串行接口很不一样。

这样,在任何相邻两层之间的关系可概括为图1.6所示的样子。这里要注意的是,某一

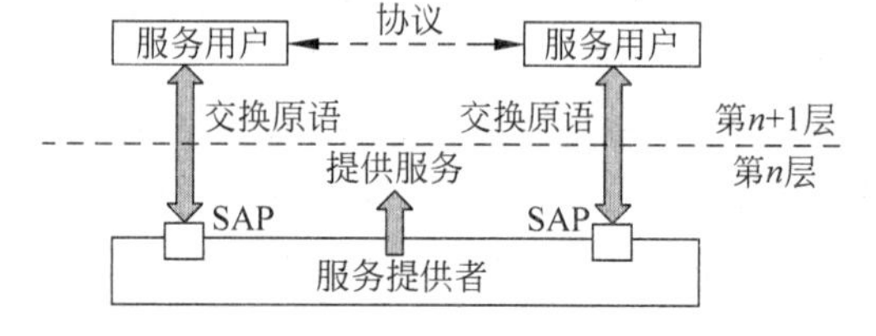

图1.6 相邻两层之间的关系

层向上一层所提供的服务实际上已包括了在它以下各层所提供的服务。所有这些对上一层来说就相当于一个服务提供者。在服务提供者的上一层的实体，也就是"服务用户"，它使用服务提供者所提供的服务。图 1.6 中两个对等实体(服务用户)通过协议进行通信，为的是可以向上提供服务。

1.4 协议参考模型

上一节抽象地讨论了分层的网络体系结构，现在来看两个具体的分层模型实例：OSI 参考模型和 TCP/IP 参考模型。尽管与 OSI 模型相关的协议已经很少再使用，但是，该模型本身非常通用，并且仍然有效，在每一层上讨论到的特性也仍然非常重要。TCP/IP 模型有不同的特点：模型本身并不非常有用，但是协议却被广泛使用开了。OSI 参考模型可以算是一个法规标准，而 TCP/IP 参考模型却是一个事实标准。

1.4.1 OSI 参考模型

OSI 参考模型如图 1.7 所示(省略了物理介质)。该模型是以国际标准化组织(International Standards Organization，ISO)的一份提案为基础的，它为各层所使用的协议的国际标准化迈出了第一步，并且于 1995 年进行了修订。该模型称为"ISO OSI(Open Systems Interconnection) Reference Model"，因为它涉及如何将开放的系统(也就是那些为了与其他系统相互通信而开放的系统)连接起来。

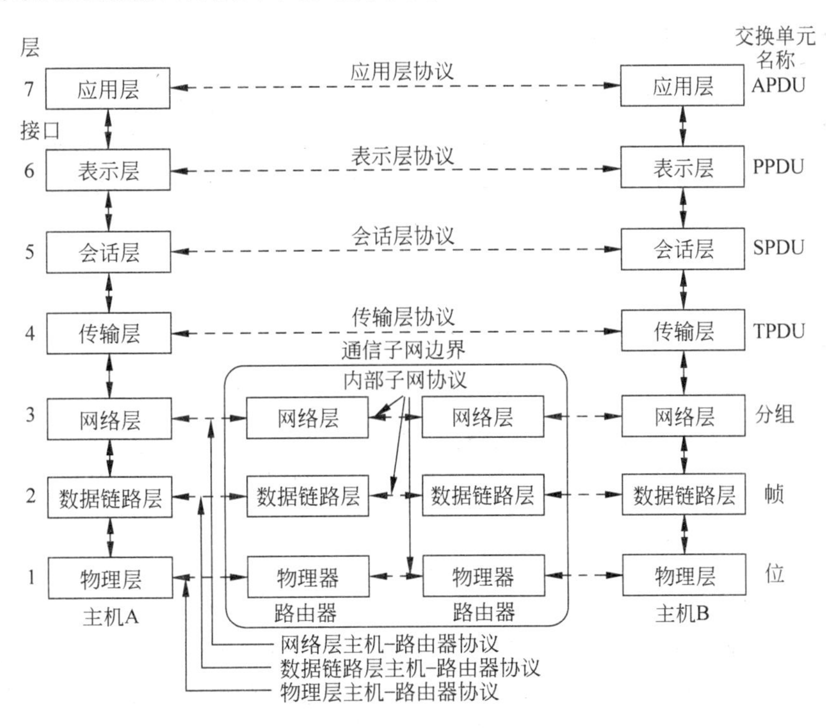

图 1.7 OSI 参考模型

1.4.2 TCP/IP 参考模型

TCP/IP 参考模型不仅被所有广域计算机网络的鼻祖 ARPANET 所使用,也被 ARPANET 的继承者(即全球范围内的 Internet)所使用。ARPANET 是由 DoD(美国国防部)资助的一个研究性网络。它通过租用的电话线,将几百所大学和政府部门的计算机设备连接起来。后来,卫星和无线电网络也加入进来,原来的协议在与它们互联的时候遇到了问题,所以需要一种新的参考体系结构。因此,能够以无缝的方式将多个网络连接起来,这是从一开始就面临的设计目标之一。在经过了两个基本的协议之后,这个体系结构后来演变成 TCP/IP 参考模型,如图 1.8 所示,显示了它和 OSI 参考模型的对应关系。

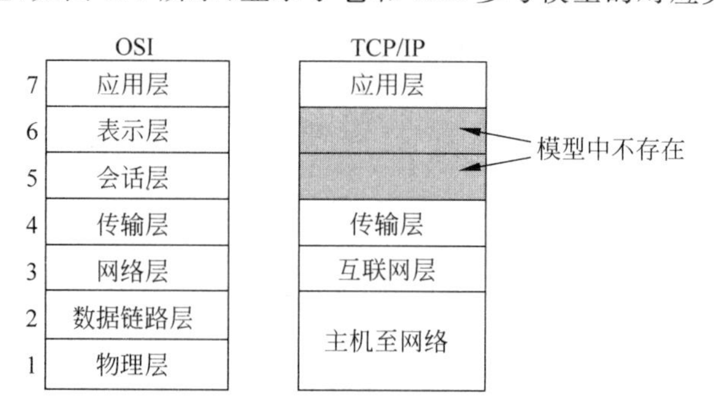

图 1.8 TCP/IP 参考模型

1.4.3 OSI 参考模型和 TCP/IP 参考模型比较

OSI 和 TCP/IP 参考模型有很多共同点。两者都以协议栈的概念为基础,并且协议栈中的协议彼此相互独立。而且,两个模型中各个层的功能也大体相似。例如,在两个模型中,传输层以及传输层以上的各层都为希望进行通信的进程提供了一种端到端的、与网络无关的服务。这些层形成了传输提供方。另外,在这两个模型中,传输层之上的各层也都是传输服务的用户,并且是面向应用的用户。

除了这些基本的相似之处以外,两个模型也有许多不同的地方。

对于 OSI 模型,有 3 个概念是它的核心:①服务;②接口;③协议。

最初,TCP/IP 模型并没有明确地区分服务、接口和协议三者之间的差异,但是在它成型之后,人们已经努力对它做了改进,以便更加接近于 OSI。例如,互联网层提供的真正服务只有发送 IP 分组(SEND IP PACKET)和接收 IP 分组(RECEIVE IP PACKET)。

因此,OSI 模型中的协议比 TCP/IP 模型中的协议有更好的隐蔽性,当技术发生变化的时候,OSI 模型中的协议相对更加容易被替换为新的协议。最初采用分层协议的主要目的之一就是能够做这样的替换。

OSI 在协议发明之前就已经产生了。这种顺序关系意味着 OSI 模型不会偏向于任何某一组特定的协议,因而该模型更加具有通用性。这种做法的缺点是,设计者在这方面没有太多的经验可以参考,因此不知道哪些功能应该放在哪一层上。

例如,数据链路层最初只处理点到点网络。当广播式网络出现以后,必须在模型中嵌入一个新的子层。当人们使用 OSI 模型和已有的协议建立实际的网络时,才发现这些网络并不能很好地匹配所要求的服务规范，因此不得不在模型中加入一些子层，以便提供足够的空间来弥补这些差异。还有，标准委员会最初期望每一个国家都将有一个由政府来运行的网络并使用OSI协议，所以根本不考虑网络互联的问题。总而言之，事情并不是像预期的那样。

而TCP/IP却正好相反：协议先出现，TCP/IP模型只是这些已有协议的一个描述而已。所以，协议一定会符合模型，这肯定没有问题。而且两者确实吻合得很好。唯一的问题在于，TCP/IP模型并不适合任何其他的协议栈，因此，要想描述其他非TCP/IP网络，该模型并不很有用。

现在从两个模型的基本思想转到更为具体的方面上来，它们之间一个很显然的区别是层的数目：OSI模型有7层，而TCP/IP只有4层。它们都有网络层(或者是互联网层)、传输层和应用层，但是其他的层并不相同。

另一个区别在于无连接的和面向连接的通信范围有所不同。OSI模型的网络层同时支持无连接和面向连接的通信，但是传输层上只支持面向连接的通信，这是由该层的特点所决定的(因为传输服务对于用户是可见的)。TCP/IP模型的网络层上只有一种模式(即无连接通信)，但是在传输层上同时支持两种通信模式，这样可以给用户一个选择的机会。这种选择机会对于简单的请求-应答协议特别重要。

1.4.4 无线网络的协议模型

无线网络的协议模型显然也是基于分层体系结构的，但是对于不同类型的无线网络所重点关注的协议层次是不一样的。例如，对于无线局域网、无线个域网和无线城域网，一般不存在路由的问题，所以它们没有制定网络层的协议，主要采用传统的网络层的IP。由于无线网络存在共享访问介质的问题，所以和传统的有线局域网一样，MAC协议是所有无线网络协议的重点。另外，无线频谱管理的复杂性，导致无线网络物理层协议也是一个重点，从后续章节的内容介绍读者可以发现，物理层和MAC层都是我们讨论的主要内容。再如，对于无线广域网、移动Ad Hoc网络、无线传感器网络和无线Mesh网络来说，它们总存在路由的问题，所以对于这些网络，不仅要关注物理层和MAC层，网络层也是协议制定的主要组成部分。

对于传输层协议来说，理论上应该独立于下面网络层所使用的技术。尤其是，TCP不应该关心IP到底是运行在光纤上，还是通过无线电波来传输。在实践中，这却是一个问题，因为大多数TCP实现都已经小心地做了优化，而优化的基础是一些假设条件，这些假设条件对于有线网络是成立的，但对于无线网络却不成立。忽略无线传输的特性将会导致一个逻辑上正确但是性能奇差的TCP实现。一个性能奇差的传输层显然无法向应用层提供一个好的服务质量。

其中一个基本的问题就是拥塞控制算法。现在，几乎所有的TCP实现都假设超时是由于拥塞引起的，而不是由于丢失的分组而引起的。因此，当定时器到期的时候，TCP减慢速度，发送少量的数据(例如Jacobson的慢启动算法)。这种做法背后的思想是减少网络的负载，从而缓解拥塞。

不幸的是，无线传输链路是高度不可靠的。它们总是丢失分组。处理丢失分组的正确办法是再次发送这些分组，而且要尽可能快速地重发。减慢速度只会使事情更糟。例如，如果20%的分组丢失,那么,当发送方每秒传输100个分组的时候,总吞吐量是每秒80个分组。如果发送方减慢到每秒50个分组,则吞吐量下降到每秒40个分组。

事实上,当有线网络上丢失了一个分组以后,发送方应该减慢速度;而当无线网络上丢失了一个分组以后,发送方应该更加努力地重试发送。当发送方不知道底层网络的类型时,它很难做出正确的决定。因此,对于许多无线网络来说,特别是多跳无线网络,必须对传统的传输层协议进行必要的改进,这也是移动Ad Hoc网络研究的一个重要问题。本书暂不对此做深入探讨,有兴趣的读者可参阅相关文献。

因为无线网络的最终目的是期望像有线网络一样为人们提供服务,所以对于应用层的协议并不是无线网络的重点,只要支持传统的应用层协议就可以了。当然,对于一些特殊的网络和特殊应用,也可以对其进行一定的规范化,例如用于构建无线个域网的蓝牙协议就有一个较为完备的5层协议模型,第4章将对此进行介绍。

1.5 与网络相关的标准化组织

许多网络生产商和供应商都有自己的做事思路和方法,如果没有协调,事情就会变得一团糟,用户也会无所适从,唯一摆脱这种局面的办法是让大家都遵守一些网络标准。

所有的标准可以分为两大类:事实标准和法定标准。事实(De facto,拉丁语"from the fact(从事实而来的)")的标准是指那些已经发生了,但是并没有任何正式计划的标准。IBM PC及其后继产品是小型办公和家庭计算机的事实标准,因为很多生产商都选择了仿制IBM的机器。类似地,UNIX是大学计算机科学系中操作系统的事实标准。

相反,法定(De jure,拉丁语"by law(依据法律)")的标准是指由某个权威的标准化组织采纳的、正式的、合法的标准。国际性的标准化权威组织通常可以分成两类:国家政府之间通过条约建立起来的标准化组织,以及自愿的、非条约的组织。当然,标准化组织中也不乏一些国家自己的标准化组织。在和计算机网络以及无线网络标准相关的标准化组织中,有各种类型的标准化组织,下面分别进行介绍,这对于读者了解网络,特别是无线网络标准的制定非常有帮助,比如IEEE是一个和无线网络的相关标准关系非常大的组织,几乎涵盖了各种覆盖范围的无线网络的标准。

1.5.1 电信领域中最有影响的组织

各个国家的电话公司的法律地位有很大的差异,而且大多数国家所有的通信都由国家政府完全垄断,其中包括邮件、电报、电话,常常还包括电台和电视。在有些情况下,电信权威是一个国家公司;在其他一些情况下,电信权威只是政府的一个分支部门,通常称为邮电部(Post,Telegraph and Telephone administration,PTT)。在全球范围内,总体趋势是朝着自由、竞争的方向发展,而避免政府垄断。大多数欧洲国家已经将他们的PTT进行了私有化改造,或者已经部分私有化,但是在其他地方,这个进程仍然非常缓慢。

由于有了这么多不同的服务供应商,所以,很显然有必要提供全球范围内的兼容性,以保证一个国家的个人(或计算机)可以呼叫另一个国家中的个人或者计算机。实际上,这种需求很早以前就存在了。在1865年,欧洲许多政府的代表聚集在一起,形成一个标准化组织,这就是今天的国际电信联盟(International Telecommunication Union,ITU)的前身。它的任务是对国际电信进行标准化。在当时而言，所谓国际电信是指电报。即使在当时的情况下，有一点也是很明显的：如果一半的国家使用莫尔斯编码，另一半国家使用其他的编码，则问题就来了。当电话也变成一种国际服务的时候，ITU又承担了电话标准化的工作。1947年，ITU成为联合国的一个分支机构。

ITU有3个主要部门：①无线通信部门(ITU-R)；②电信标准化部门(ITU-T)；③开发部门(ITU-D)。

ITU-R关注全球范围内的无线电频率分配事宜，它将频段分配给有利益竞争的组织。ITU-T主要关注电话和数据通信系统。从1953年到1993年，ITU-T也称为CCITT，这是法文Comité Consultatif International Télégraphique et Téléphonique的首字母缩写。

ITU-T有4类成员：①政府部门；②部门成员(sector members)；③合作成员(associate members)；④管理代理(regulatory agencies)。

ITU-T有将近200个政府成员，几乎包括联合国的每一个成员。在ITU-T中大约有500个部门成员，包括电话公司(如AT&T、Vodafone、WorldCom)、电信设备制造商(如Cisco、Nokia、Nortel)、计算机厂商(如Compaq、Sun、Toshiba)、芯片制造商(如Intel、Motorola、TI)、媒体公司(如AOL Time Warner、CBS、Sony)，以及其他一些感兴趣的公司(如Boeing、Samsung、Xerox)。各种非营利性的科学组织和工业界社团也是部门成员(如IFIP和IATA)。合作成员是一些小一点的组织，它们对ITU-T中个别的研究组(Study Group)的工作比较感兴趣。管理代理是一些民间团体，它们非常关注电信业务，如美国联邦通信委员会。

ITU-T的任务是对电话、电报和数据通信接口提供一些技术性的建议。ITU-T的建议仅仅是技术性的建议，政府可以按照自己的意愿采用或者忽略这些建议。

ITU-T的实际工作是通过它的14个研究组来完成的，每个研究组通常有400人。当前共有14个研究组，覆盖了各方面的主题，从电话计费一直到多媒体服务。为了尽可能地完成自己的任务，研究组又分成工作组(Working Party)，工作组又进一步分为专家组(Expert Team)，专家组再分为特别组(Ad Hoc group)。

1.5.2 国际标准领域中最有影响的组织

国际标准是由ISO(International Standards Organization，或International Organization for Standardization)制定和发布的。ISO是1946年成立的一个自愿的、非条约性质的组织。它的成员是89个成员国的国家标准组织。这些成员包括ANSI(美国)、BSI(英国)、AFNOR(法国)、DIN(德国)，以及其他85个成员。

ISO为大量的学科制定标准，从螺钉和螺帽，一直到电话架的外形。目前已经发布了13 000多个标准，其中包括OSI标准。ISO有将近200个技术委员会(Technical Committee，TC)，这些技术委员会按照创建的顺序进行编号，每个技术委员会处理一个专门的主题。TC1处理螺钉和螺帽(对螺丝钉的螺纹和斜度进行标准化)。TC97处理计算机和信息处理技术。每个技术委员会有一些分委员会(SC)，分委员会又分成工作组(WG)。

WG的实际工作大部分是由全球超过100 000个志愿者完成的。很多“志愿者”被其雇主指定为ISO工作，因为这些雇主们的产品正在进行标准化。其他的“志愿者”是政府官员，他们期望自己国家的一些做事方法变成国际标准。学术领域中的专家在许多WG中也很活跃。在电信标准方面,ISO 和 ITU-T 通常联合起来,以避免出现两个正式的但相互不兼容的国际标准(ISO 是 ITU-T 的一个成员)。

美国在 ISO 中的代表是 ANSI(American National Standards Institute,美国国家标准协会),尽管它有这样一个名字,但实际上它是一个私有的、非政府的、非营利性的组织。它的成员有制造商、公共承运商和其他感兴趣的团体。ANSI 标准常常被 ISO 采纳为国际标准。

ISO 采纳国际标准的程序是经过精心设计的,以便尽可能获得广泛的同意和支持。当某一个国家标准组织感觉到在某一个领域中需要一个国际标准的时候,这个程序就开始了。然后形成一个工作组,由工作组提出一个 CD(Committee Draft,委员会草案)。然后,该 CD 被传送给所有的成员体,他们有 6 个月的时间来评价这份草案。如果绝大多数成员都同意,则再生成一份修订文档,称为 DIS(Draft International Standard,国际标准草案)。然后散发给成员征求意见,并进行投票表决。在这一轮结果的基础上,国际标准的最后文本就可以准备出来,在获得认可之后可以发布。在有较大争议的领域,CD 或者 DIS 可能需要经过几次修订,才能获得足够的票数,整个过程可能要持续几年。

在标准领域中,另一个很大,也很有影响的组织是电气和电子工程师协会(Institute of Electrical and Electronics Engineers,IEEE)。除了每年发行大量的杂志和召开几百次会议以外,IEEE 也有一个标准化组,该标准化组专门开发电气工程和计算领域中的标准。

IEEE 802 又称为 LMSC(LAN /MAN Standards Committee,局域网/城域网标准委员会),致力于研究局域网和城域网的物理层和 MAC 层规范,对应 OSI 参考模型的下两层。该委员会在计算机网络协议标准化中的作用可以说是举足轻重的。LMSC 执行委员会(Executive Committee)下设工作组(Working Group)、研究组(Study Group)、技术顾问组(Technical Advisory Group),实际的工作是由许多工作组来完成的,见表 1.1。

表 1.1 802 工作组

序 号	主 题
IEEE 802.1	LAN 的总体介绍和体系结构
IEEE 802.2↓	逻辑链路控制
IEEE 802.3*	以太网
IEEE 802.4↓	令牌总线(在制造业暂时用过一段时间)
IEEE 802.5	令牌环(IBM 进入 LAN 领域的一项技术)
IEEE 802.6↓	双队列双总线(早期的城域网)
IEEE 802.7↓	关于宽带技术的技术咨询组
IEEE 802.8†	关于光纤技术的技术咨询组
IEEE 802.9↓	同步 LAN(针对实时应用)
IEEE 802.10↓	虚拟 LAN 和安全性
IEEE 802.11*	无线 LAN
IEEE 802.12↓	需求的优先级(Hewlett-Packard 的 AnyLAN)
IEEE 802.13	未使用
IEEE 802.14↓	有线调制解调器(已废除:一个工业社团首先用过这个标准)
IEEE 802.15*	个人区域网络(蓝牙)

续表

序　号	主　题
IEEE 802.16*	宽带无线
IEEE 802.17	弹性的分组环
IEEE 802.18	无线管制
IEEE 802.19	标准共存问题
IEEE 802.20	移动宽带无线接入
IEEE 802.21	媒体无关切换,异构网络交接/互操作
IEEE 802.22	无线区域网络

注意,其中比较重要的工作组被标记为*,标记为↓的已经停顿了,标记为†的已经被放弃,或者自行解散了。

IEEE 802 各个工作组的成功率并不高,有 IEEE 802.x 这样的数字标识并不保证会成功,但成功之后的影响(特别是 IEEE 802.3 和 IEEE 802.11)却是非常巨大的。目前,可以说 IEEE 802 委员会对无线网络标准的贡献是最大的,后续章节谈到的很多无线网络标准都和 IEEE 802 有关。

1.5.3　Internet 标准领域中最有影响的组织

Internet 当然也有它自己的标准化机制,与 ITU-T 和 ISO 的标准化机制截然不同。当 ARPANET 刚刚建立起来的时候,美国国防部创建了一个非正式的委员会来监督它。1983 年,该委员会更名为 IAB(Internet Activities Board,Internet 活动委员会),并赋予了更多的任务,使有关 ARPANET 和 Internet 的研究人员或多或少地朝着同一个方向前进。缩写词"IAB"后来被改为 Internet Architecture Board(Internet 体系结构委员会)。

IAB 大约每 10 个成员牵头从事某一个重要方面的研究工作。IAB 每年开几次会议,以讨论研究的结果,并且给美国国防部和 NSF 提供反馈信息,因为当时美国国防部和 NSF 提供了大部分的经费。当需要一个新的标准(如一个新的路由算法)时,IAB 成员就会研究出新的标准,然后宣布新标准带来的变化,于是,研究生作为软件领域的中坚力量,就可以实现该标准。这里的交流过程是通过一系列技术报告(Request For Comments,RFC)来完成的。RFC 被在线存储起来,任何感兴趣的人都可以从 http://www.ietf.org/rfc 访问它们。所有的 RFC 都按照创建的时间顺序编号,现在已经超过 8000 个 RFC 了。

到了 1989 年的时候,Internet 增长得如此之快,以至于这种极端非正式的风格无法再适应快速的变化了。那时候许多厂商已经提供 TCP/IP 产品了,它们不想仅仅因为 10 个研究人员有了更好的思路,就改变这些产品。于是,在 1989 年夏季,IAB 又被再次重组。这些研究人员被移到 Internet 研究任务组(Internet Research Task Force,IRTF)中,IRTF 连同 Internet 工程任务组(Internet Engineering Task Force,IETF)一起成为 IAB 的附属机构。IAB 又接纳了更多的人参与进来,他们代表了更为广泛的组织,而不仅仅代表研究群体。IAB 是一个自身永存的组,其中的成员每次服务两年,新成员由老成员指定。后来,Internet Society(Internet 协会)建立起来了,它由许多对 Internet 感兴趣的人组成。因此,从某种意义上讲,Internet 协会可以与 ACM 或者 IEEE 相提并论。它由选举出来的理事会管理,理事会指定 IAB 成员。

这种组织分离的思路是,让 IRTF 更加专注于长期的研究,而 IETF 处理短期的工程事项。IETF被分成很多工作组,每个组解决某一个特定的问题。初期的时候,这些工作组的主席集合起来组成指导委员会,以指导整个工程组的工作。工作组的主题包括新的应用、用户信息、与OSI的集成、路由与编址、安全、网络管理以及标准。后来,工作组如此之多(超过70多个),以至于只好再按照领域来划分,每个领域的主席合起来组成指导委员会。

而且,IAB还按照ISO的模式,采纳了一个更加正式的标准化过程。为了将一个基本的思想变成一个标准提案(Proposed Standard),首先要在RFC中完整地描述整个思想,并且在Internet群体中引起足够的兴趣,以保证它的实际意义。为了进一步推进到标准草案(Draft Standard)阶段,必须有一个可正常工作的实现,经过至少两个独立的站点、至少4个月的严格测试才可以。如果IAB确信这个想法是合理的,并且软件也可以工作,那么它可以声明该RFC成为Internet标准。有些Internet标准已经成为美国国防部标准(MIL-STD),使它们成为美国国防部供应商的强制标准。

1.6 本书结构

本书较为全面地介绍了当前主流的无线网络技术,并对较为相关、相近的技术进行了比较,指明各种无线网络技术的适用环境。许多地方给出了实际的例子,以便读者更准确地了解这些繁杂的无线网络技术的应用定位。

全书分为理论篇和实训篇,主体部分为理论篇(第1～11章)。理论篇包括5个部分:

第1章绪论为第1部分,介绍计算机网络、无线网络的发展概况,简单回顾计算机网络原理中协议分层的体系结构和参考模型等一些最基本的概念。

第2章为第2部分,介绍和无线网络相关的各种无线传输技术,这对读者理解后续章节具体的各种无线网络协议是非常有帮助的。

第3～7章为第3部分,主要从无线网络覆盖范围的角度,介绍了无线个域网、无线局域网、无线城域网、无线广域网,并介绍了一种特殊类型的可以归到无线局域网范畴的网络——移动Ad Hoc网络。

第8～9章为第4部分,主要从无线网络应用的角度,介绍了无线传感器网络、无线Mesh网络,这两种类型的网络中很多基本技术来源于第3部分介绍的技术,但由于具体应用的特殊性,又有自己的独特之处。

第10～11章为第5部分,介绍了无线网络与物联网的关系、传统互联网向移动互联网的演变,以及“互联网+”等概念。

第12章为实训篇,以锐捷网络实验室为环境,介绍了体系较为完整的无线局域网实验内容。

习题

填空题

1. 计算机网络按网络的作用范围可分为________、________和________3种。

2. 局域网的英文缩写为________,城域网的英文缩写为________,广域网的英文缩写为________。

3. 现代意义计算机网络现成的标志是________。

4. OSI 参考模型,开放系统互联参考模型(Open System Interconnection Reference Model),分七层:物理层、________、________、传输层、会话层、表示层、应用层。

5. 无线网络的起源可以追溯到 20 世纪 70 年代夏威夷大学的________研究项目。

6. 无线网络最大的优点是可以________。

7. 计算机网络体系结构是________。

8. 管理计算机通信的规则称为________。

9. OSI 参考模型从高到低各层依次是________。

10. TCP/IP 参考模型从高到低各层依次是________。

11. 无线局域网的协议栈重点在________。

单选题

1. 以下(　　)与其他不属于相同的网络分类标准。

A. 无线 Mesh 网　　B. 无线传感器网络

C. 无线穿戴网　　D. 无线局域网

2. RFC 文档是(　　)标准的工作文件。

A. ISO　　B. ITU　　C. IETF　　D. IEEE

3. (　　)工业协会开发、发布和修订无线网络标准。

A. FCC　　B. IEEE　　C. ISM　　D. UNII

多选题

1. (　　)按照地理位置标准分类的网络。

A. 局域网　　B. 广播式网络　　C. 广域网　　D. 光纤网

2. (　　)网络是依据相同的标准分类的。

A. WLAN　　B. WMAN　　C. WPAN　　D. WSN

判断题

1. 无线网络最大的优点是可以摆脱有线的束缚。(　　)

2. 无线网络最大的优点是带宽大大超过有线网络。(　　)

3. OSI 中,链路层和传输层都是面向连接的,但链路层建立的是点到点的连接,传输层建立的是端到端的连接。(　　)

4. 无线网络中的传输层协议可以使用和有线网络完全相同的传输层协议,效果非常好。(　　)

名词解释

1. 无线体域网

2. 无线穿戴网

3. TCP/IP

4. OSI RM

简答题

1. 简述计算机网络发展的过程。

2. 无线网络按覆盖范围划分可以分成哪些类?适当举例说明。

3. 从应用的角度看,无线网络有哪些?举例说明。

4. 现在主流的无线网络种类有哪些?

5. 什么是协议?举例说明。

6. 与网络相关的标准化有哪些?

7. 无线网络的协议模型有哪些特点?

参考文献

[1] 谢希仁.计算机网络[M].4版.北京:电子工业出版社,2003.
[2] Andrew S,Tanenbaum. Computer Networks(fourth edition)[M].北京:清华大学出版社,2004.
[3] Andrew S,Tanenbaum.计算机网络[M].4版.潘爱民,译.北京:清华大学出版社,2004.
[4] Andrew S,Tanenbaum.计算机网络[M].3版.熊桂喜,王小虎,译.北京:清华大学出版社,1998.
[5] John R,Vacca.无线宽带网络手册——3G、LMDS与无线Internet[M].北京:人民邮电出版社,2004.
[6] 刘玉军.现代网络系统原理与技术[M].北京:清华大学出版社,2007.
[7] 高传善,毛迪林,曹袖.数据通信与计算机网络[M].2版.北京:高等教育出版社,2005.
[8] 刘东飞,李春林.计算机网络[M].北京:清华大学出版社,2007.
[9] Jamalipour A.无线移动因特网:体系结构、协议及业务[M].北京:机械工业出版社,2005.
[10] 周武旸,姚顺铨,文莉.无线Internet技术[M].北京:人民邮电出版社,2006.
[11] 黎连业,郭春芳,向东明.无线网络及其应用技术[M].北京:清华大学出版社,2004.

第2章

无线传输技术基础

本章主要向读者全面但较为简单地介绍无线传输所涉及的各种技术，这些技术是支撑无线网络最基础的技术，了解了这些内容，可以更加顺利地学习本书后面的内容。有兴趣的读者如果想要更加深入地了解这些无线传输技术，请参见相关无线通信技术的书籍。

2.1 无线传输媒体

传输媒体(transmission medium)指的是数据传输系统中发送器和接收器之间的物理路径。传输媒体可分为导向的(guided)和非导向的(unguided)两类。在这两种情况下，通信都是以电磁波的形式进行的。对导向媒体而言，电磁波被引导沿某一固定媒体前进，如双绞线、同轴电缆和光纤。非导向媒体的例子是大气和外层空间，它们提供了传输电磁波信号的手段，但不引导电磁波信号的传播方向，这种传输形式通常称为无线传播(wireless transmission)。

数据传输的特性以及传输质量取决于传输媒体的性质和传输信号的特性。对于导向媒体，传输受到的限制主要取决于媒体自身的性质。对于非导向传输媒体，在决定传输特性方面，发送天线生成的信号带宽比媒体更为重要。天线发射的信号有一个重要属性是方向性。通常，低频信号是全向的。也就是说，信号从天线发射后会向所有方向传播。当频率较高时，信号才有可能被聚集成为有向波束。

图2.1描绘了电磁波的频谱，并指出各种导向媒体和非导向传输技术的工作频率范围。这里将对和无线传输直接相关的非导向媒体进行简单描述。

对于非导向媒体，发送和接收都是通过天线实现的。发送时，天线将电磁能量发射到媒体中(通常是空气)，而接收时，天线从周围的媒体中获取电磁波。无线传输有两种基本的构造类型：定向的和全向的。在定向的结构中，发送天线将电磁波聚集成波束后发射出去，因此，发射和接收天线必须精确校准。在全向的情况下，发送信号向所有方向传播，并能够被多数天线接收到。

无线电频率，简称射频(RF)。无线电通信是绝大部分无线网络的核心，其原理类似于熟知的电台广播和电视广播。RF频段是指9kHz～300GHz之间的电磁频谱，不同的频段用来传输不同的业务。在对无线传输的研究和应用中，人们感兴趣的频率范围主要有3个。频率范围为1～100GHz，称为微波频率(microwave frequencies)。在这个频率范围内，高方向性的波束是可实现的，而且微波非常适用于点对点的传输，它也可用于卫星通信。在30MHz～1GHz之间的频率范围适用于全向应用，这一范围通常称为无线电广播频段。另外还有一种对本地应用重要的频率范围是红外线频谱段，它覆盖的频率范围大致为3×10^{11}～

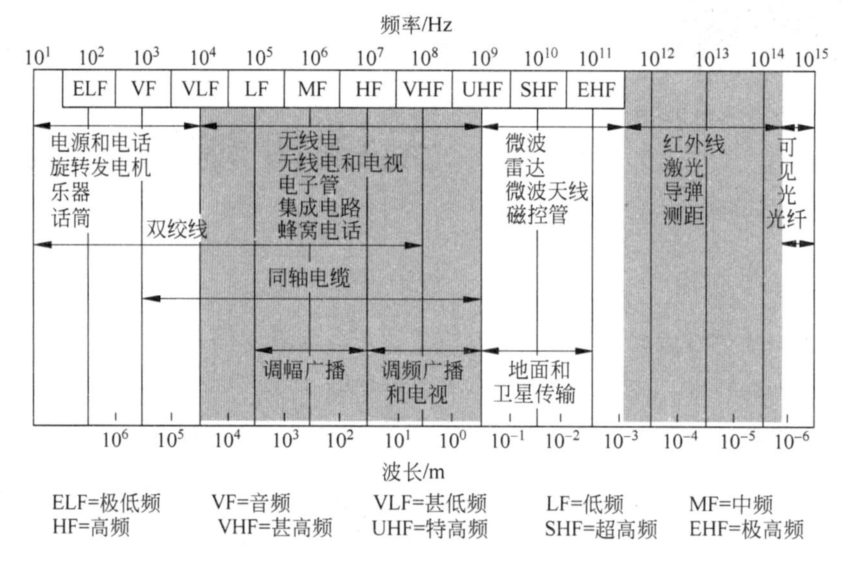

图 2.1 电信用的电磁波频谱

2×10^{14} Hz,红外线在有限的区域(如一个房间)内对于局部的点对点及多点应用非常有用。

2.1.1 地面微波

微波天线最常见的类型是呈抛物面的“碟形”天线,其典型尺寸约为直径3m。这种天线被牢牢固定,并且将电磁波聚集成波束,以实现对接收天线的视距信号传输。微波天线通常被安装在高出地面很多的地方,这样做是为了扩展天线之间的范围,并且能够越过位于天线之间的障碍物。为了实现长距离传输,需要使用一组微波中继塔台,在所要求的距离上点对点的微波链路被串联在一起。

地面微波系统主要用于长途电信服务,可以代替同轴电缆和光纤。在传输距离相等的条件下,微波设备需要的放大器或中继器比同轴电缆要少得多,但是它要求视线距离传输。微波常用于话音和电视传播。

微波的另一种越来越常见的应用是用于建筑物之间的点对点线路。这种方式可用于闭路电视或用作局域网之间的数据链路。短距离微波也可用于所谓的旁路应用。一个商业公司可直接与本市长途电信设备建立微波链路,从而绕过本地的电话公司。蜂窝系统和固定无线接入等系统也是微波的重要应用。

微波传输覆盖了电磁波频谱中的很大一部分。常见的用于传输的频率范围为2~40GHz。使用的频率越高,可能的带宽就越宽,因此可能的数据传输速率也就越高。表2.1列出了某些典型系统的带宽和数据率。

表 2.1 典型的数字微波性能

波段/GHz	带宽/MHz	数据率/(Mb/s)
2	7	12
6	30	90
11	40	135
18	220	274

像其他传输系统的情况一样，微波传输的主要损耗来源于衰减。对于微波（以及无线电广播频段），其损耗可表示如下：

$$L = 10\lg\left(\frac{4\pi d}{\lambda}\right)^2 \text{dB} \tag{2.1}$$

其中，d 是距离，λ 是波长，这两个参数的单位是一样的。因而，微波的损耗随距离的变化而变化。与此不同，双绞线和同轴电缆的损耗距离呈指数（用分贝表示则为线性）变化。因此，对微波系统来说，中继器或放大器可以放置在相距很远的地方——典型情况下为 10～100km。在下雨的情况下，衰减会增大，下雨所带来的衰减对高于 10GHz 的频段来说，影响尤其明显。损伤的另一个原因是干扰，随着微波应用的不断增多，传输区域重叠，干扰始终是一个威胁。因此，频段的分配需要严格控制。

长途电信系统最常用的频段位于 4～6GHz 的频率范围内。由于该频段变得越来越拥挤，目前已经开始使用 11GHz 的频段。12GHz 的频段用作有线电视系统的组成部分。使用微波线路向本地有线电视（CATV）设备提供电视信号，然后这些信号通过同轴电缆被分配到各个有线电视用户。频率更高的微波用于建筑物之间点对点的短线路，它通常使用的频段在 22GHz。由于频率越高，衰减越大，所以较高的微波频率对长途传输没有什么用处，但却非常适用于近距离传输。另外，频率越高，使用的天线就越小、价格越便宜。

2.1.2 卫星微波

一个通信卫星实际上是一个微波接力站，用于将两个或多个称为地球站或地面站的地面微波发送器/接收器连接起来。卫星接收一个频段（上行）上的传输信号，放大或再生信号后，再在另一个频段（下行）上将其发送出去。一个轨道卫星可以在多个频段上工作，这些频段被称为转发器信道（transponder channel），或者简称为转发器（transponder）。

通信卫星的出现是跟光纤同等重要的通信技术革命。其中最重要的卫星应用有电视广播、长途电话传输和个人用商业网络。

由于通信卫星的广播特性，它非常适用于电视广播，因而在世界各国，它被广泛应用于这一目的。在其传统的应用中，一个网络提供来自中心地点的节目。节目被发送到卫星上，然后，将节目广播到一些电视台，并由这些电视台将节目分配给每位电视观众。公众广播服务（PBS）网络几乎全部使用卫星信道来分配它的电视节目。其他商业网络也大量使用了通信卫星，有线电视系统中来自卫星的节目所占比重也越来越大。卫星技术在电视分配系统中的最新应用是直接广播卫星（DBS）。这时，卫星上的视频信号被直接发送到家庭用户。费用的不断降低和接收天线尺寸的不断缩小，使 DBS 变得非常经济实用，现在已是一种很普遍的服务。

卫星传输也用于公用电话网中电话交换局之间点对点的干线。对使用率很高的国际干线而言，它是最佳的媒体，对众多长途国际线路来说，它与地面微波系统不相上下。

最后，卫星也有许多商业数据应用。卫星供应商可将总传输容量划分成许多信道，并将这些信道出租给个体商业用户。在一些站点上安装了天线的用户可以将一个卫星信道用作一个专用网络。以前，这样的应用费用相当昂贵，并且只限于具有大量通信需求的大型机构。

卫星传输的最佳频率范围为 1～10GHz。低于 1GHz，存在着必须注意的来自天然源的噪声，包括银河星系、太阳和大气中的噪声，以及来自各种电子设备的人为干扰。高于

10GHz,大气的吸收和降雨使信号的衰减更严重。

目前,大多数卫星提供的点对点服务使用的频段范围为:从地球向卫星传输时(上行)为5.925~6.425GHz,从卫星向地球传输时(下行)为3.7~4.2GHz。这两个频段结合起来称为4/6GHz频段。注意,上行线和下行线的频率并不相同。在进行没有干扰的连续工作时,卫星无法用同样的频率进行发送和接收。因此,来自地面站的信号以某一频率被卫星接收,卫星必须用另一个频率将信号发送回地面。

4/6GHz频段位于1~10GHz的最佳频率范围内,但这个频段已经趋于饱和。由于干扰的存在,通常来自地面微波的干扰,使这个频率范围内的其他频率无法使用。因此出现了12/14GHz频段(上行线为14~12.20GHz,下行线为11.7~12.2GHz)。在这个频段内必须克服衰减问题。不过,地面站可以使用比较小且比较便宜的接收器。预计这个频段也将饱和,于是人们计划使用20/30GHz(上行线为27.5~30.0GHz,下行线为17.7~20.2GHz)。在这个频段内会遇到更为严重的信号衰减问题,不过它允许更大的带宽(2500MHz与500MHz),并且接收器更小、更便宜。

卫星通信还有几个特点应当注意。首先,由于所涉及的距离很远,所以,一个地面站发送到另一个地面站接收,中间大约有1/4s的传播延迟。在普通的电话通话中,这个延时是很显著的。在差错控制和流量控制方面,它也会带来一系列问题。其次,卫星微波本身就是一个广播设施,许多站点可以向卫星发送信息,同时从卫星上传送下来的信息也会被众多站点接收。

2.1.3 广播无线电波

广播无线电波与微波之间的主要区别在于前者是全向性的,而后者是方向性的。因此,广播无线电波不要求使用碟形天线,而且天线也无须严格地安装到一个精确的校准位置上。

无线电波(Radio)是一个笼统的术语,它包括的频率范围为3kHz~300GHz。可以使用另一个非正式术语——广播无线电波(broadcast radio),它包括VHF频段和部分的UHF频段:30MHz~1GHz。这个范围不仅覆盖了FM无线电频段,还包括UHF和VHF电视频段。一些数据网络应用也使用了这一频率范围。

30MHz~1GHz的频率范围是广播通信的有效频段。与低频电磁波不同,电离层对高于30MHz的无线电波是透明的。因此,无线电波的传输局限于视距范围,而相距很远的发送器不会因大气层的发射而互相干扰。与高频处的微波区也不同,下雨对无线电波的衰减影响不大。

正如微波的情况一样,由于传输距离给无线电波带来的衰减服从式(2.1),即$L=10\lg\left(\frac{4\pi d}{\lambda}\right)^2$,又由于电波的波长较长,所以它所受到的衰减也相对要小。

广播无线电波损伤的一个主要来源是多路径干扰。来自地面、水域和自然的或人造的物体的反射会在天线之间产生多条传输路径。多径干扰对接收的影响常常是很明显的。例如,当一架飞机从上空飞过,电视接收就会出现重影。

2.1.4 红外线

使用发送器/接收器(收发器)调制出不相干的红外线,就可以实现红外线通信。无论是直接传输,还是经由一个浅色表面如一个房间天花板的发射,收发器与收发器之间的距离都

不能超过视线范围。

红外线传输与微波传输的一个重要区分是前者无法穿透墙体。因此,微波系统中遇到的安全性和干扰问题在红外线传输中都不存在。而且,因为不再需要许可,所以红外线不存在频率分配的许可。

2.1.5　光波

频率更高的光波主要指非导向光波,不是指用于光纤的导向光波。无导向的光信号其实已经被使用几个世纪了。一个比较现代一点的应用是,将两个建筑物内的 LAN 通过屋顶上安装的激光设施连接起来。激光的光信号当然是单向的,所以每个建筑物都需要安装自己的激光发生器和光检测器。这种方案提供了非常高的带宽,成本很低,相对容易安装,而且与微波不同,不要求 FCC 许可。

激光的强度(非常窄的一束光)是它的弱点,例如要将一束 1mm 宽的激光瞄准 500m 以外的一个针头大小的目标,需要足够准的"枪法"。通常,在系统中放置一个透镜可以让激光束轻微地散开。另外,激光束不能穿透雨或者浓雾也是它的一个缺点,白天太阳的热量使气流上升也会导致激光束产生偏差。

2.2　天　　线

天线是实现无线传输最基本的设备。天线可看作一条电子导线或导线系统,该导线系统或用于将电磁能辐射到太空,或用于将太空中的电磁能收集起来。要传输一个信号,来自转发器的无线电频率电能通过天线转换为电磁能辐射到周围的环境(大气、太空和水)。要接收一个信号,撞击到天线上的电磁能会转化为无线电频率的电能并合成到接收器中。

在双向通信中,同一天线既可用于发送,也可用于接收。因为假设在两个方向上使用同一频率,则任一天线将来自周围环境的电磁能传送到它的接收器终端,与将转发器输出终端的电能传送到周围的环境中具有同样的效率。也就是说,一个天线无论是正在发送,还是接收电磁能,其特性基本上都是相同的。

2.2.1　辐射模式

一个天线辐射出去的功率是全方位的,然而并非所有方向上辐射出的功率都是相等的。描述天线性能特性的常用方法是辐射模式,它是作为空间协同函数的天线的辐射属性的图形化表示。最简单的理想化天线模式是各向同性天线(也称为全向天线)。各向同性天线(isotropic antenna)是沿所有方向等功率向外辐射的空中的一个点。各向同性天线的辐射模式是以天线为中心的一个球体。然而,辐射模式几乎总是被描绘为三维模式的一个二维剖面,各向同性天线的模式如图 2.2(a)所示。辐射模式中从天线到每一点的距离与天线沿该方向辐射的功率是成比例的。图 2.2(b)显示了另一种理想的天线辐射模式,这是一个有向天线,它只沿着一个轴的方向辐射。

辐射模式的实际大小是任意的,重要的是在每个方向上与天线位置的相对距离,相对距离决定相对功率。要确定在一给定方向上的相对功率,可以在一适宜角度由天线位置画一条线,则可确定具有该散射模式的交叉点。图 2.2 对比了两种辐射模式下两种传输的角度:

A 和 **B**。各向同性天线产生一个在所有方向等强度的全向辐射模式,因而 **A** 与 **B** 向量是等长度的。而在有向天线中,**B** 向量要比 **A** 向量长,说明在 **B** 方向上比在 **A** 方向上辐射出的功率要强,且两向量的相对程度与在两个方向上辐射的功率大小是成比例的。

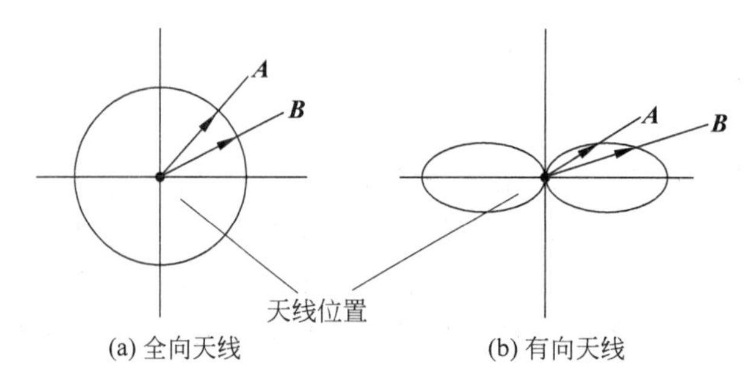

图 2.2　理想的辐射模式

辐射模式提供了确定天线光束带宽(beam width)的便利方法。光束带宽通常是计算天线方向性的计量值。光束带宽也称为半功率光束带宽,它是这样一个角度,在这个角度中,该天线辐射的功率至少是它在最佳方向辐射功率的一半。

当天线用于接收时,辐射模式变为接收模式(reception pattern),该模式最长的区域指明了最佳的接收方向。

2.2.2　天线类型

1. 偶极天线

最简单和最基本的两类天线是半波偶极(half-wave dipole)天线或赫兹(Hertz)天线(图 2.3(a))以及 1/4 波垂直天线或马克尼(Marconi)天线(图 2.3(b))。半波偶极天线由等长度的两条在同一直线上的导线组成,这两条导线由一个小的供电间隙分离开,天线的长度是最有效传输的信号波长的一半。1/4 波垂直天线是汽车无线电和便携无线电中最常见的天线类型。

半波偶极在一个维上具有一致的或全向的辐射模式,在另两个维上具有 8 字形的辐射模式,如图 2.4(a)所示。可使用更为复杂的天线配置产生出一个有向的光束。典型的有向辐射模式如图 2.4(b)所示,示例中,天线的主要强度在 x 方向上。

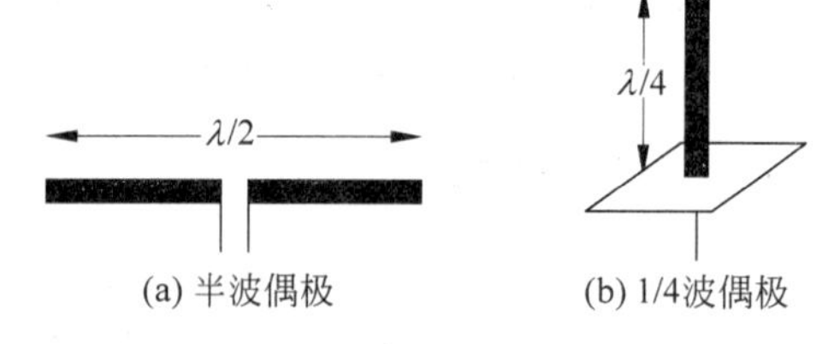

图 2.3　简单天线

2. 抛物反射天线

一个重要的天线类型是抛物反射天线(parabolic reflective antenna),它通常用于地面微波和卫星。抛物线是由到一固定直线和不在该直线上的某一固定点的距离相等的点的轨迹所形成的平面曲线。这一固定点称为焦点(focus),固定直线称为准线(directrix),如图 2.5(a)所示。如果抛物线沿其轴旋转,所生成的曲面称为抛物面(paraboloid)。穿过抛物面平行于轴的横截面形成一个抛物线,与轴正交的横截面形成一个圆周。车灯、光学和无线电望远镜以及微波天线中均采用了这种曲面,这是因为该曲面具有如下特性:如果将一个电磁能(或声)源置于抛物面的焦点,且抛物面的表面是一个可发射的面,则经抛物面发射

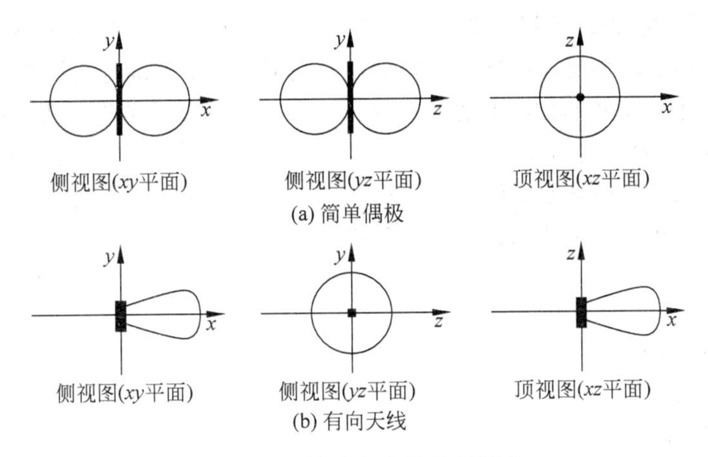

图 2.4　三维空间中的散射模式

出去的波平行于抛物面的轴。图 2.5(b)显示了横截面内的这种发射效果。从理论上说,这种反射效果所产生的是没有散射的平行波束。在实际中,由于能量源肯定不止一处,因而还会有一些散射形象存在。反之效果也是一样的:如果射进来的波与反射抛物面的轴是平行的,则产生的信号会集中于焦点处。

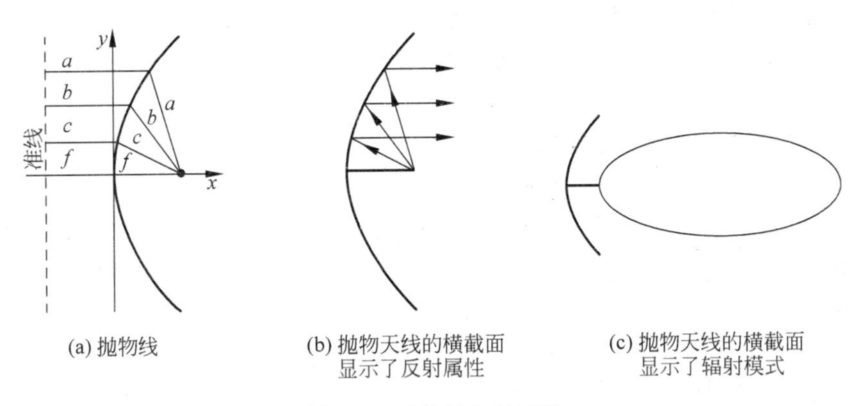

图 2.5　抛物线反射天线

图 2.5(c)显示了抛物线反射天线的典型辐射模式,表 2.2 列出了频率为 12GHz 时,各种大小的天线的波束宽度。注意,天线的直径越大,波束是更加密集地定向的。

表 2.2　f=12GHz 时的各种直径抛物线反射天线的天线波束宽度

天线直径/m	波束宽度/(°)	天线直径/m	波束宽度/(°)	天线直径/m	波束宽度/(°)
0.5	3.5	1.5	1.166	2.5	0.7
0.75	2.33	2.0	0.875	5.0	0.35
1.0	1.75				

2.2.3　天线增益

天线增益(antenna gain)是天线定向性的度量。与由理论的全向天线(各向同性天线)在各个方向所产生的输出相比,天线增益定义为在一特定方向上的功率输出。例如,如果一个天线有 3dB 的增益,则该天线比全向天线在某特定方向上有 3dB 的改进,或 2 倍。在一给定方向上增加辐射功率是以降低其他方向功率为代价的。结果,增加的功率在一个方向上辐射出去需要降低在其他方向上功率的辐射。天线增益并不是为了获得比输入功率更高的输出功率,主要是为了定向性。

与天线增益相关的概念是天线的有效面积(effective area)。天线的有效面积与天线的物理尺寸和其形状相关。天线增益与有效面积的关系是

$$G=\frac{4\pi A_e}{\lambda^2}=\frac{4\pi f^2 A_e}{c^2} \tag{2.2}$$

式中 G——天线增益。

A_e——有效面积。

f——载波频率。

c——光速(3×10^8m/s)。

λ——载波波长。

2.3 传播方式

由天线辐射出去的信号以 3 种方式传播:地波(ground wave)、天波(sky wave)和直线(Line Of Sight,LOS)。表 2.3 给出了各自的频段。

表 2.3 频段

频段	频率范围	自由空间中的波长范围	传播特性	典型应用
ELF(极低频)	30~300Hz	10 000~1000km	地波	功率线频率;用于某些家庭控制系统中
VF(音频)	300~3000Hz	1000~100km	地波	用于电话系统中使用的模拟用户线路
VLF(甚低频)	3~30kHz	100~10km	地波;白天夜晚低衰减;高大气噪声级	长距离导航;航海通信
LF(低频)	30~300kHz	1000~1km	地波;比 VLF 的可靠性略差;白天会被吸收	长距离导航;航海通信中的无线电信号
MF(中频)	300kHz~3MHz	1km~100m	地波和晚上的天波;晚上的衰减低,白天的衰减高;有大气噪声	海事无线电;定向查找
HF(高频)	3~30MHz	100~10m	天波;质量随一天的时间、季节和频率而变化	无线电业余爱好者;国际广播,军事通信;长距离飞机和轮船通信
VHF(甚高频)	30~300MHz	10~1m	直线;由于温度倒置出现散射;宇宙噪声	VHF 电视;调频广播和双向无线电,调幅飞机通信;飞机导航
UHF(特高频)	300MHz~3GHz	100~10cm	直线:宇宙噪声	UHF 电视;蜂窝电话;雷达;微波链路;个人通信系统

续表

频段	频率范围	自由空间中的波长范围	传 播 特 性	典型的应用
SHF(超高频)	3～30GHz	10～1cm	直线：10GHz以上，下雨会带来衰减；由于氧气和水蒸气带来大气衰减	卫星通信；雷达；陆地微波链路；无线本地环
EHF(极高频)	30～300GHz	10～1mm	直线；由于氧气和水蒸气带来大气衰减	实验；无线本地环
红外线	300GHz～400THz	1mm～770nm	直线	红外局域网；客户电子应用
可见光	400～900THz	770～330nm	直线	光通信

2.3.1 地波传播

地波传播或多或少要沿着地球的轮廓前行，且可传播相当远的距离，较好地跨越可视的地平线，如图2.6(a)所示。大约达到2MHz的频率，就可达到这样的效果。导致在这一频段内的电磁波会沿着地球曲率前进这一现象有几个因素。一个因素是电磁波在地球表面会产生一个电流，结果使波前(wavefront)减慢了与地球的接近，引起波前向下倾斜，从而沿着地球的曲率前行。另一个因素是衍射(diffraction)，它是与电磁波在障碍物前的行为有关的一个现象。

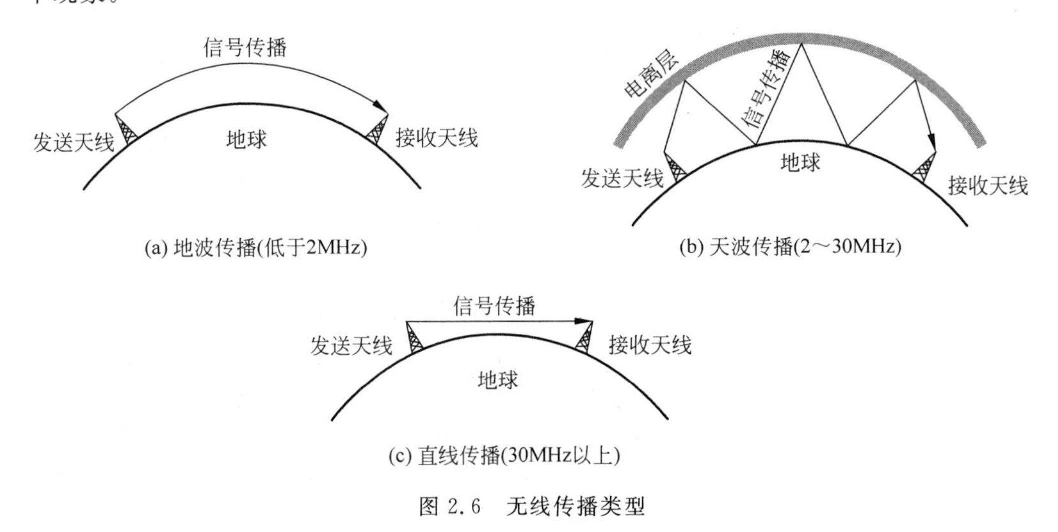

图2.6 无线传播类型

在这一频率范围内的电磁波被大气散射，它们不能穿透上层的大气。

人们熟知的地波通信的例子是调幅(AM)无线电。

2.3.2 天波传播

无线电业余爱好者、民用波段(CB)无线电和国际广播采用天波传播。采用天波传输时，来自基于地球天线的信号从被电离的上层大气层(电离层)反射回地球。尽管表现出的是波被电离层反射，就好像电离层是一个坚硬的反射面，但实际引起这种效果的是折射。折射形象随后介绍。

天波信号可以通过多个跳跃,在电离层和地球表面之间前后反弹地穿行,如图2.6(b)所示。采用这一传播方式,可以接收到来自千里之外的转发器发出的信号。

2.3.3 直线传播

当要传播的信号频率在30MHz以上时,天波与地波的传播方式均无法工作,通信必须用直线方式,如图2.6(c)所示。对于卫星通信,30MHz以上的信号不会被电离层反射,因此信号可以在地球站和在空中但未超出地平线的卫星之间传输。对于基于地面的通信,转发和接收天线必须在相互之间一个有效的(effective)直线范围内。在此使用术语“有效的”,是因为微波会被大气弯曲或折射,弯曲的量,甚至弯曲的方向与条件有关,但大多数微波的弯曲程度与地球曲率相同,因此可以比直线光波传播得更远。

这里简要介绍一下折射(refraction)现象。发生折射是因为电磁波的速度是它所穿过媒介的密度的一个函数。在真空中,电磁波(诸如光波或无线电波)的穿行速度大约是3×10^8m/s。这是一个常量,记为c,c通常指的是光速,而实际上应指光在真空中的速度。在空气、水、玻璃和其他透明或半透明的媒介中,电磁波的穿行速度要低于c。

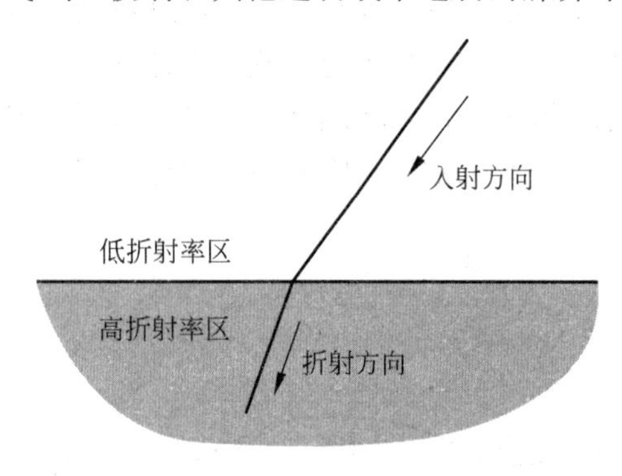

图2.7 电磁波的折射

当电磁波从一种密度的媒介移向另一种密度的媒介时,它的速度会发生变化。其结果是波的传播方向在两种媒介的交界处发生一次性弯曲,如图2.7所示。如果是从低密度移向高密度的媒介,波会弯向高密度的媒介。将一支筷子的一部分沉浸到水中,就很容易观察到这种现象,其结果如图2.7所示,筷子看上去变短且弯曲了。

一种媒介相对于另一种媒介的折射指数等于入射角度的正弦值除以折射角度的正弦值,折射指数也等于波在两种媒介中不同传播速度的比值。一种媒介折射的绝对指数是通过与真空中的比较来计算的。折射指数随光波波长而变化,因而对于具有不同波长的信号来说,折射的效果也是不同的。

图2.7显示的是信号从一种媒介进入另一种媒介时,其方向发生了一种陡然、一次性的改变。然而,如果信号进入的媒介的折射指数呈渐进性变化,则信号也会呈连续的、渐进性的弯曲。在正常的传播条件下,空气的折射指数随高度的增加会减小。这样,无线电波接近地面时会比在高海拔处的穿行速度要慢一些,因而无线电波在接近地球时就会发生一些轻微的弯曲。

在没有任何障碍物干涉的情况下,直线的光波可以表达为:

$$d = 3.57\sqrt{h}$$

其中,d是以km为单位的天线到地平线的距离;h是天线的高度,单位是m。而实际上,一个天线到地平线的直线的无线电波表示为(图2.8):

$$d = 3.57\sqrt{Kh}$$

其中,K是计算时考虑折射因素加进的调整因子。一个好的经验法则是:取$K=4/3$,这样,两个天线之间直线传播的最大距离$d=3.57(\sqrt{Kh_1}+\sqrt{Kh_2})$,这里的$h_1$和$h_2$分别是两个天线的高度。

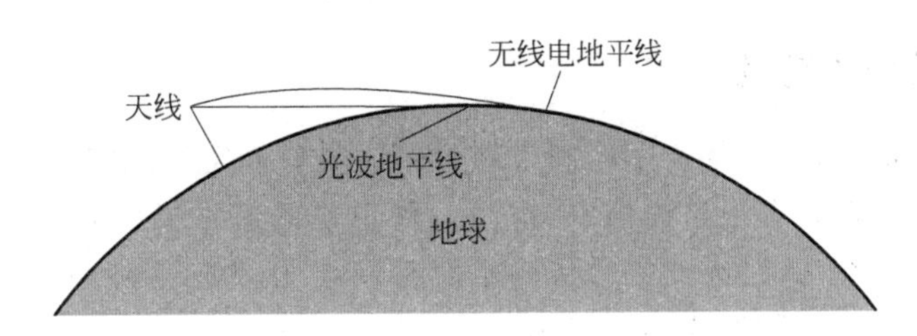

图 2.8 光波和无线电地平线

2.4 直线传输系统中的损伤

由于各种各样的传输损伤，任意一种传输系统所接收的信号不同于传输信号。就模拟信号而言，这些损伤所带来的各种随机修改降低了信号的质量。对于数字信号而言，会带来位差错：二进制数1变成了0，反之亦然。仔细考察各种损伤，可以弄清它们对一条通信链路上所承载的信息容量的影响。对于无线网络，我们更多关心的是直线的无线传输，在这种情况下，一些最主要的损伤如下：

- 衰减和衰减失真(attenuation and attenuation distortion)。
- 自由空间损耗(free space loss)。
- 噪声(noise)。
- 大气吸收(atmospheric absorption)。
- 多径(multi path)。
- 折射(refraction)。

2.4.1 衰减

一个信号的强度会随所跨越的任一传输媒介的距离而降低。对于导向媒介，这种强度上的降低或称衰减，通常是一个指数值，因而常表示为每单位距离一个固定的分贝数。对于非导向媒介，衰减是一个更为复杂的距离函数，且充满整个大气层。对于一个无线直线传输来说，应考虑衰减带来的以下3个影响：

(1) 接收的信号必须有足够的强度，以使接收端的电子线路能够检测，并解释信号。

(2) 与噪声相比，信号必须维持一种足够高的水平，以便被无误差地接收。

(3) 高频下的衰减更为严重，会引起失真。

前两个因素通过使用放大器或中继器可加以解决。在点到点的链路上，转发器的信号强度必须足够强，以使接收端能易于理解地接收，但也不能强到使转发器或接收器的电路超出负荷，否则就会产生失真。超过一定距离，衰减使信号不可接收的程度加大，中继器或放大器用来按固定间隔放大信号。当有多个接收端时，这些问题会变得更为复杂，因为这时发送端到接收端的距离是可变的。

第三个因素是人们所熟知的衰减失真。由于衰减的变化是频率的一个函数，接收的信号失真会降低信号的可理解性。特别是，与传输信号的频率成分相比，接收信号的频率成分具有不同的相对强度。要克服这一问题，可采用使跨一频段的衰减均等化的技术。有一种方法是使用放大器,与低频部分相比更多地放大高频部分。

2.4.2 自由空间损耗

任一种无线通信中,信号都会随距离发散,因此,具有固定面积的天线离发射天线越远,接收的信号功率就越低。在卫星通信中,这是一种主要的信号损耗方式。即使假设没有其他的衰减或损伤源存在,跨距离的信号传输也会有衰减,因为信号随距离的增加会在越来越大的面积范围内散布。这种形式的衰减称为自由空间损耗(free space loss),它可以表示为发射的功率 P_t 与天线接收的功率 P_r 之比,或者用该比率的对数值乘以 10,这样可用分贝作为单位。一个理想的全向天线,自由空间损耗是:

$$\frac{P_t}{P_r}=\frac{(4\pi d)^2}{\lambda^2}=\frac{(4\pi fd)^2}{c^2}$$

式中 P_t——传输天线的信号功率。

P_r——接收天线的信号功率。

λ——载波波长。

d——天线之间的传播距离。

c——光速(3×10^8 m/s)。

这里的 d 和 λ 具有同样的单位(都是 m)。

以上的式子也可表示为下列形式:

$$L_{\mathrm{dB}}=10\lg\frac{P_t}{P_r}=20\lg\left(\frac{4\pi d}{\lambda}\right)=-20\lg\lambda+20\lg d+21.98(\mathrm{dB})$$

$$=20\lg\left(\frac{4\pi d}{\lambda}\right)=20\lg f+20\lg d-147.56(\mathrm{dB}) \tag{2.3}$$

对有些天线,还必须考虑天线的增益,这时所遵循的自由空间损耗等式为:

$$\frac{P_t}{P_r}=\frac{(4\pi)^2d^2}{G_rG_t\lambda^2}=\frac{(\lambda d)^2}{A_rA_t}=\frac{cd^2}{f^2A_rA_t}$$

式中 G_t——传输天线的增益。

G_r——接收天线的增益。

A_t——传输天线的有效面积。

A_r——接收天线的有效面积。

等式中的第三部分是由第二部分导出的,它利用了式(2.2)中定义的天线增益和有效面积之间的关系。我们也可把这一等式表示为如下形式:

$$L_{\mathrm{dB}}=20\lg\lambda+20\lg d-10\lg(A_tA_r)$$

$$=-20\lg f+20\lg d-10\lg(A_tA_r)+169.54(\mathrm{dB}) \tag{2.4}$$

因而,如果天线的尺寸和间距相同,载波的波长越长(载波的频率 f 越低),则自由空间路径的损耗就越高。对比式(2.3)和式(2.4)是很有意义的。式(2.3)表明,随着频率的增加,自由空间的损耗也增加,这说明频率越高,损耗就变得更加难以接受。然而,式(2.4)表明,我们可以很容易地用天线增益对这部分增加的损耗加以补偿。事实上,在高频处存在净增益,其他因素仍保持常量。式(2.3)说明,当距离固定时,频率增加导致增加的损耗为 $20\lg f$。然而,假如考虑天线增益及固定的天线面积,则损耗的变化为 $-20\lg f$。也就是说,在较高的频率处确实存在着损耗的减少。

2.4.3 噪声

对于任一数据发射事件的接收信号都是由传输信号构成的,这些传输信号可能会被传输系统所产生的各种失真修改,还包括了在传输端和接收端之间的某些地方插入的我们不希望有的额外信号,这些不希望有的信号就是噪声。噪声是对通信系统性能带来影响的主要限制因素。

噪声可以分为如下4类:

- 热噪声(thermal noise)。
- 互调噪声(intermodulation noise)。
- 串扰(crosstalk)。
- 脉冲噪声(impulse noise)。

热噪声是由于电子的热搅动而产生的。热噪声在所有的电子设备和传输媒介中都存在,它是温度的一个函数。热噪声在所跨过的整个频谱上是均匀分布的,因此常常被称为白噪声(white noise)。热噪声无法消除,因此在通信系统中常常会有一个上界。由于卫星地面站所接收到的信号较弱,因此在卫星通信中热噪声的影响特别显著。

人们发现,在任一设备或导体中,1Hz的带宽上的热噪声是:

$$N_0 = kT(\mathrm{W/Hz})$$

式中 N_0——每1Hz的带宽按瓦特计的噪声功率密度。

K——玻尔兹曼常量,1.3803×10^{-23}J/K。

T——温度,按开氏度(绝对温标)计。

噪声被认为与频率无关,因而在每赫兹的带宽上以瓦特计的热噪声可以表达为:

$$N = kTB$$

或者按分贝瓦计:

$$\begin{aligned}N &= 10\lg k + 10\lg T + 10\lg B \\ &= -228.6(\mathrm{dB\cdot W}) + 10\lg T + 10\lg B\end{aligned}$$

当不同频率的信号共享相同的传送媒介时,就会产生互调噪声。互调噪声会产生某种频率的信号,这种频率是原来的两种频率或多个频率的累加和或差。例如,由频率 f_1 和 f_2 混合的信号可能会得到 f_1+f_2 频率的能量,由此所产生的信号就会干扰原本在 f_l+f_2 频率处的信号。

当在传送器、接收器或传输系统间存在某种非线性时,就会产生互调噪声。通常,这些成分的行为就像一个线性系统。也就是说,输出等于输入乘以一个常量。在一个非线性系统中,输出是输入的一个更为复杂的函数。这样的非线性可以是由成分故障、使用过度的信号强度,或只是因所使用放大器的自然性质而产生的。在这样的环境下,产生了频率的和、或、差这样的频率信号。

串扰是每个人都曾有的经历,当你打电话时,就有可能听到另外两人的对话,这是一种我们不希望有的信号路径之间的耦合。它可能是在临近的双绞线之间因电子耦合而产生的,也有可能(但比较少见)是由承载多路信号的同轴电缆因电子耦合而产生。串扰也有可能因微波天线接收了并不想要的信号而发生,尽管使用了较高定向性的天线,微波能量在传播期间仍会扩散。典型的,串扰与热噪声具有同等(或较少)数量级的干扰作用,然而,在未被正式分配的ISM频段上,串扰通常占主要地位。

至此讨论的所有类型的噪声具有一定可预见的和相对不变的量值,因而设计一个处理它们的传输系统是可能的。然而,脉冲噪声是不连续的,它由不规则的脉冲或短时期的噪声尖峰和相当高的振幅所组成。它的产生有多种原因,包括外部的电磁干扰,如闪电、通信系统中的错误和缺陷。

脉冲噪声对模拟数据来说通常只是一个小的烦恼。例如,话音传输可能会被短的嘀答声和噼啪声所干扰,但不会丢失可理解性。然而,脉冲噪声是数字数据传输中的一个主要错误源。例如,0.01s期间的尖峰能量不会毁坏话音数据,但会破坏以56kb/s传输的560位的数字数据。

2.4.4 大气吸收

在传输和接收天线之间存在的另一种损耗是大气吸收,水蒸气和氧气是产生这种衰减的主要因素。水蒸气产生的衰减的峰值在22GHz附近,在低于15GHz的频率处,衰减会减少。氧气的存在会导致在60GHz附近吸收峰值,而在低于30GHz的频率处,这种影响会减少。雨和雾(有悬挂的小水滴)会引起无线电波的散射,从而导致衰减,这有可能是引起信号损耗的主要原因。因而,要减少这种损耗,在有较大降水量的地区,或者是将路径的长度变短,或者是使用低频段。

2.4.5 多径

对于无线设施来说,天线的安放位置有相对自由的选择,它们放置的位置只要附近没有干扰障碍物就可以,这样从发送端到接收端就有一条直接的直线通信路径。通常,很多的卫星设施和点到点的微波通信均属这种情况。还有另外的一些情形,如移动电话,存在着诸多的障碍物,信号可能会被这样的障碍物反射,以至于可以接收到具有不同延迟的信号的多个副本。事实上,在极端的情况下,可能就没有直接接收到的信号。依赖于直接或反射波在路径长度上的不同,合成的信号可能比直接信号要大,也可能要小。沿多条路径传输的信号的增强和取消在固定的、安放位置较好的天线之间,以及在卫星和固定地面站之间的通信中可以很好地加以控制。一个例外是当路径穿越水中时的情况,在这种环境中,风使水的反射表面处于运动状态。在移动电话和与安放位置不好的天线的通信中,考虑多径因素的影响是极为重要的。

图2.9示意了在陆地、固定微波和移动通信中典型的多径干扰类型。在固定微波中,除了直接的直线传播外,在穿越大气时由于折射现象,信号可能会沿一条弯曲的路径传播,还有可能被地面反射。在移动通信中,建筑物和地形的特征决定了反射表面也会有所不同。

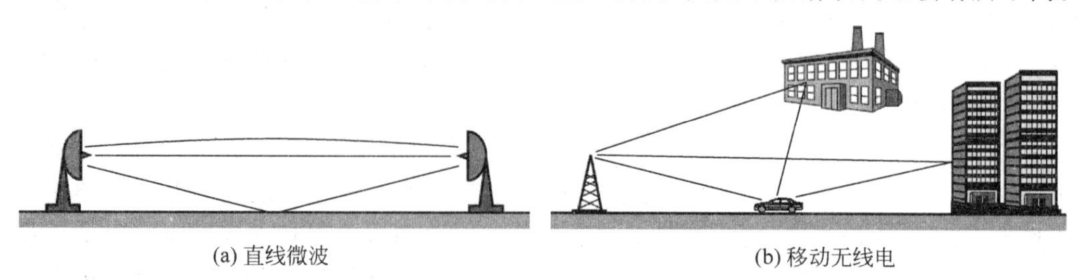

(a) 直线微波　　(b) 移动无线电

图2.9　多径干扰示例

2.4.6　折射

当通过大气传播时，无线电波会被折射（或弯曲）。由于信号高度的变化而引起的信号速度的改变或大气条件下其他空间的改变都会引起折射。通常情况下，信号的速度会随高度而增加，由此会使无线电波向下弯曲。然而，天气条件偶尔也可能会导致信号传播速度随高度而发生与典型变化非常不同的变化。这就导致了这样一种环境，在这种环境中，只有一小部分直线波或没有直线波抵达接收天线。

2.5　移动环境中的衰退

或许通信系统所面临的最具挑战性的技术问题是移动环境中的衰退现象。术语衰退(fading)是指因传输媒介或传输路径的改变而引起的接收到的信号功率随时间变化。在一个固定的环境中，大气条件的改变（如下雨）会引起衰退。然而，在移动环境中，两个天线中的一个相对于另一个在移动，各种障碍物的相对位置会随时间而改变，由此会产生比较复杂的传输结果。

2.5.1　多径传播

图2.10示意了产生多径传播的3种传播机制。当电磁信号遇到相对于该信号的波长更大的表面时，就会发生反射(reflection)。例如，假设靠近移动单元的一个地面反射波被接收，由于地面反射波在反射后具有一个180°的相移，地面波和直线波(LOS)可能趋向于抵消，从而产生比较高的信号损耗。进一步，由于移动天线比大多数人造建筑要低，因而会发生多径干扰，这些反射波对接收端可能会产生积极的或消极的干扰。

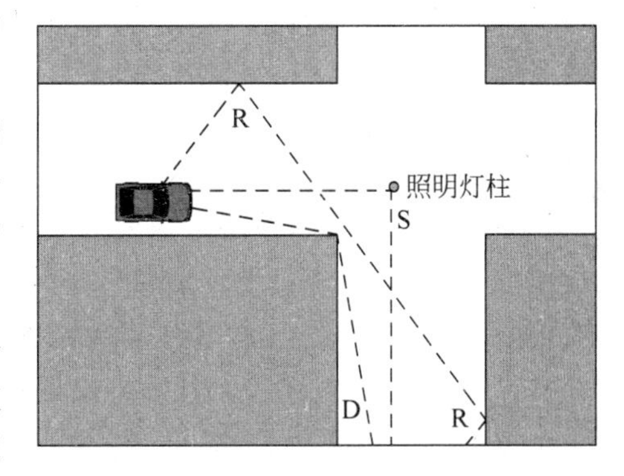

图2.10　3种重要传播机制的示意图：反射(R)、散射(S)和衍射(D)

衍射会发生在一个难以穿透的物体的边界处，该物体比无线电波的波长要大。当无线电波遇到这样的一个边界时，波就会以此边界作为源向不同的方向传播。这样，即使并不存在来自传输端的没有障碍的直线波时，信号还是可以被接收。

如果一个障碍物的尺寸大约等于信号的波长或小一些，散射(scattering)就会发生，一个入信号会被散射为几路弱的出信号。就典型的蜂窝微波频率来说，由于存在着无数的对象，诸如照明灯柱和交通标志，都可能会引起散射，因而散射的影响是难以预料的。

正如刚刚提到的，一个信号的多个副本可能会在不同的相位抵达，这正是人们不希望的多径传播效果。如果这些相位消极地叠加在一起，相对于噪声信号水平会下降，这样在接收端做信号的检测就更困难。

对于数字传输，更重要的另一个现象是信号间的干扰(ISI)。考虑这样一种情形，我们以给定的频率跨一个固定天线和一个移动单元之间的链路发送一个窄脉冲。如果脉冲在两个不同的时间发送,图2.11表明信道可能会交付给接收端的结果。上面的那条线表示传输时间中的两个脉冲,下面的那条线表明在接收端的结果脉冲。在任何一种情况下,第一个接收的脉冲是我们希望的LOS信号。由于大气衰减所带来的变化,脉冲的量值可能会改变。随着移动单元移向距固定天线更远的地方,LOS衰减的程度也会增加。然而,除了这种主要的脉冲以外,由于反射、衍射和散射,可能还存在着多个次要的脉冲。现假设脉冲编码为一个或多个位数据,在这样的情况下,就接下来要接收的一个位而言,脉冲的一个或多个延迟副本可能会与主脉冲同时到达。这些延迟的脉冲对于后来的主脉冲来说像是一种噪声,它会使位信息的恢复更加困难。

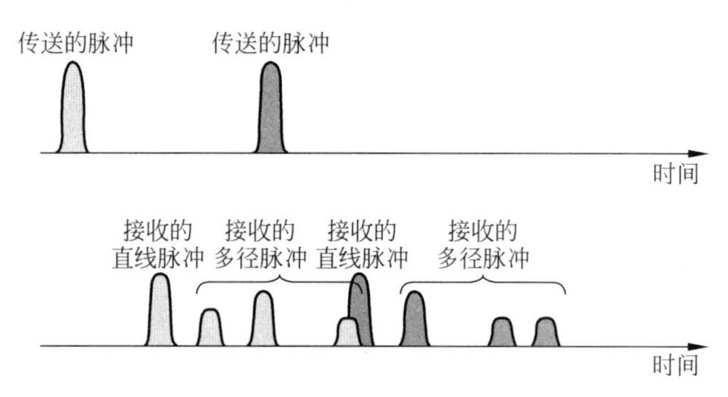

图2.11 存在随时间变化的多径脉冲中的两个脉冲

随着移动天线的运动,各种障碍物的位置会发生变化,因此,次要脉冲的数目、量值和历经的时间也会发生变化。这使得设计可过滤多径效果,以使意向信号可保真恢复的信号处理技术比较困难。

2.5.2 衰退类型

移动环境中的衰退效果可以分为快速或慢速。参照图2.10,当城市环境中移动单元沿着一条街移动时,当超过大约波长一半的距离时,信号强度会发生急剧的变化。在移动蜂窝的应用中,典型的是使用900MHz的频率,其波长为0.33m。图2.12中急速改变的波形表示在城市某接收站使用900MHz接收到的信号振幅空间变化的一个示例。注意,振幅变化在一个短距离上可高达20dB或30dB。这种快速变化的衰退现象,即人们所熟知的快速衰退(fast fading),它不仅会对汽车中的移动电话产生影响,甚至对在城市街道中行走的移动电话用户也会产生影响。

随着移动用户覆盖超出一个波长的距离,城市环境发生改变,因为用户穿过不同高度的建筑物、空地、十字路口等。跨越这样长的距离时,接收到的发生快速波动的平均功率值就会发生变化。图2.12中通过缓慢地改变波形说明了这一点,这种情况称为慢速衰退(slow fading)。

衰退效果也可以分为平面的或选择性的。平面衰退(flat fading)或称非选择性的衰退,是这样的一种衰退类型:接收到的信号的所有频率成分同时按相同的比例波动。选择性衰退(selective fading)无线电信号的不同光谱成分的影响是不相等的。术语"选择性衰退"通常只相对于整个通信信道的带宽而言有意义。如果发生的衰减超过信号带宽的一部分,这种衰减就被认为是选择性的。非选择性衰退意味着有意义的信号带宽比受衰退影响的频谱

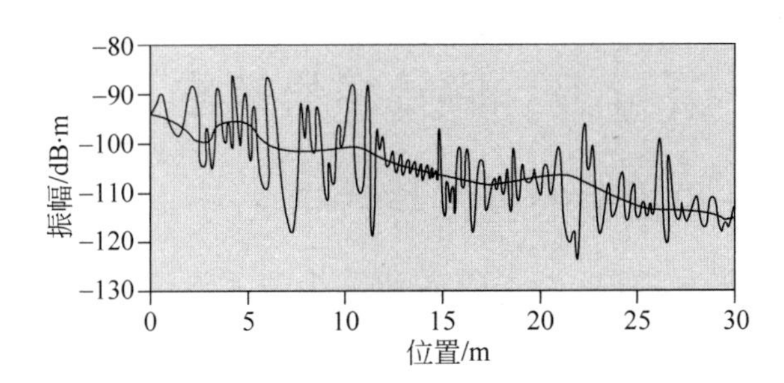

图 2.12　典型的城市移动环境中的慢速和快速衰退

带宽要窄，且被它完全覆盖。

2.5.3　差错补偿机制

补偿因多路径衰退所导致的差错和失真有 3 种手段：前向纠错、适应性均衡和分集技术。在典型的移动无线通信环境中，联合采用了这 3 种手段的技术，以降低差错率。

2.6　多普勒效应

多普勒效应是为纪念 Christian Doppler 而命名的，他于 1842 年首先提出了这一理论。但是，由于缺少试验设备，多普勒当时没有用试验验证，几年后有人请一队小号手在平板车上演奏，再请训练有素的音乐家用耳朵来辨别音调的变化，以验证该效应。

多普勒效应指出，波在波源移向观察者时频率变高，而在波源远离观察者时频率变低。当观察者移动时，也能得到同样的结论。假设原有波源的波长为 λ，波速为 c，观察者的移动速度为 v，当观察者走近波源时观察到的波源频率为 $(v+c)/\lambda$，如果观察者远离波源，则观察到的波源频率为 $(v-c)/\lambda$。

一个常被使用的例子是火车的汽笛声，当火车接近观察者时，其汽鸣声会更刺耳，人们可以在火车经过时听出刺耳声的变化。同样的情况还有：警车的警报声和赛车的发动机声。

如果把声波视为有规律间隔发射的脉冲，可以想象若你每走一步，便发射了一个脉冲，那么在你之前的每一个脉冲都比你站立不动时更接近你自己。而在你后面的声源则比原来不动时远了一步。或者说，在你之前的脉冲频率比平常变高，而在你之后的脉冲频率比平常变低了。

多普勒效应不仅仅适用于声波，也适用于所有类型的波，包括光波、电磁波。科学家哈勃 Edwin Hubble 使用多普勒效应得出宇宙正在膨胀的结论。他发现远离银河系的天体发射的光线频率变低，即移向光谱的红端，称为红移。天体距离越远，红移越大，这说明这些天体在远离银河系。反之，如果天体正移向银河系，则光线会发生蓝移。

在无线移动通信中，当移动台移向基站时，频率变高，远离基站时，频率变低，所以我们在移动通信中要充分考虑多普勒效应。当然，由于日常生活中，我们移动速度的局限，不可能带来十分大的频率偏移，但是这不可否认地会给移动通信带来影响，为了避免这种影响造成通信中的问题，我们不得不在技术上加以各种考虑，也加大了移动通信的复杂性。尤其是高速移动宽带接入网络(如 IEEE 802.20)必须考虑多普勒效应。

2.7 信号编码技术

2.7.1 数据、信号和传输的模拟与数字之分

在介绍信号编码技术之前,必须先弄清两个非常重要的概念的区别,术语"模拟(analog)和数字(digital)"大致分别与连续(continuous)和离散(discrete)相对应,当数据通信涉及数据、信号和传输3方面的内容时,会经常遇到这两个术语。

简而言之,可以将数据(data)定义为传达某种意义或信息的实体。信号(signal)是数据的电气或电磁表示。传输(transmission)是通过信号的传播和处理进行数据通信的过程。下面分别就应用于数据、信号和传输这3种情况,对术语模拟和数字进行讨论。

1. 模拟数据和数字数据

模拟数据和数字数据的概念十分简单。模拟数据在一段时间内具有连续的值,例如,声音和视频是连续变化的强度样本。大多数用感应器采集的数据(如温度和气压),数值是连续的。数字数据的值是离散的,如文本和整数。

我们最熟悉的模拟数据的例子是音频(audio),它们可以以声波的形式被人类直接感受到。图2.13显示了人类的话音或音乐的声音频谱。典型的话音频率成分范围大致为100Hz～7kHz,尽管话音的大多数能量集中在低频区,但实验证明,频率在600～700Hz以下范围对人耳的语音可懂度甚小。典型的话音具有大约25dB的动态范围。也就是说,在大声喊叫下产生的功率可以比最低的耳语差不多高出300倍。图2.13中还显示了音乐的声音频谱和动态范围。

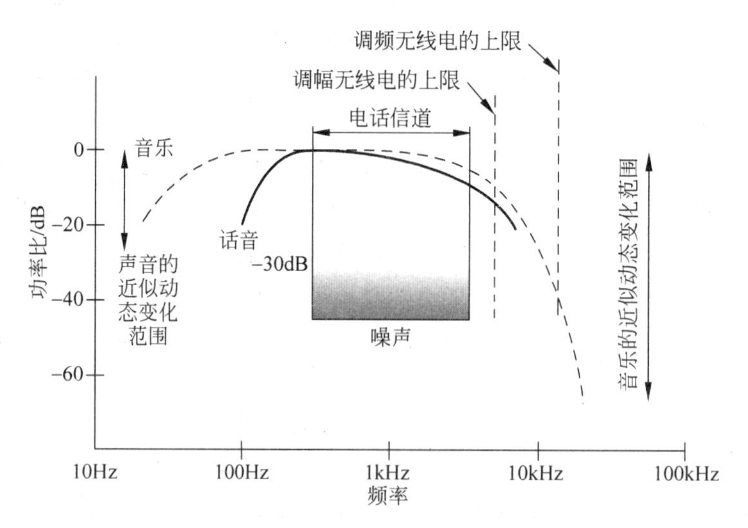

图2.13 话音和音乐的声音频谱

2. 模拟信号和数字信号

在通信系统中,数据以电磁信号的方式从一点传播至另一点。一个模拟信号(analog signal)就是一个连续变化的电磁波,根据它的频率可以在多种类型的媒体上传播。例如,铜线媒体,像双绞线和同轴电缆;光纤电缆;还有大气或空间传播(无线)。一个数字信号(digital signal)是一个电压脉冲序列,这些电压脉冲可以在铜线媒体上传输。例如,用一个

恒定的正电压电平代表二进制 0,用一个恒定的负电压电平代表二进制 1。数字信号不适宜直接在无线媒介中传播。

数字信号的主要优点是：它通常比使用模拟信号便宜,且较少受噪声的干扰。其主要缺点是,比模拟信号的衰减严重。图 2.14 显示了采用两个电压电平的一个源所产生的一个电压脉冲序列,以及沿传导媒体传输一段距离后所接收到的电压。由于在较高频率处信号强度的衰减会减小,所以脉冲变成圆形并变小。显然,这种衰减会使包含在传播信号中的信息很快丢失。

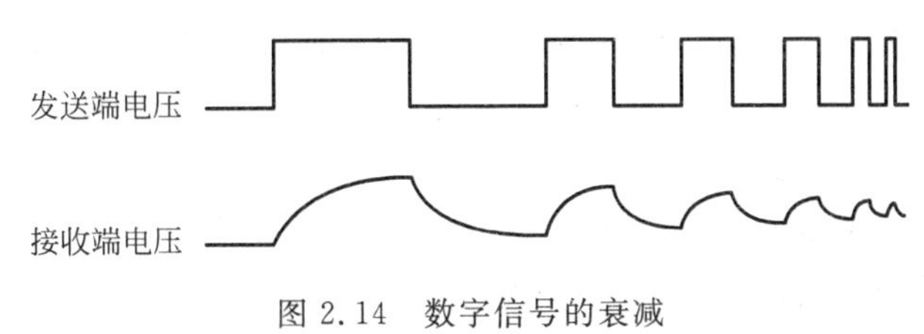

图 2.14　数字信号的衰减

模拟数据和数字数据都可以被表示,因此它们可以通过模拟信号或数字信号传播,图 2.15 说明了这一点。通常,模拟数据是时间的函数,且占有一段有限的频谱,这样,数据可以直接用具有相同频谱的电磁信号表示。这种情况的最好示例是话音数据。作为声波,话音数据具有 20Hz～20kHz 范围的频率成分。然而,就像前面已经提到的,绝大部分的话音能量是在一个更为狭窄的频段范围内。话音信号的标准频谱范围是 300～3400Hz,这完全能使传输的话音清晰而易于理解。电话设备就是那样做的。对于在 300～3400Hz 频谱范围内的所有声音输入,产生一个具有相同频率-振幅模式的电磁信号,这是由把电磁能量转换成声音的反过程实现的。

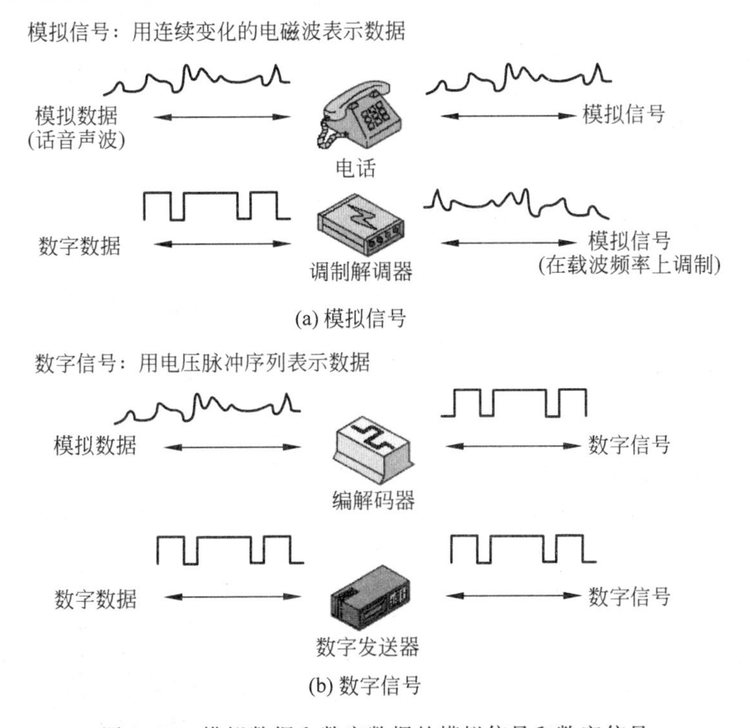

图 2.15　模拟数据和数字数据的模拟信号和数字信号

通过使用调制解调器(调制-解调),数字数据也可以用模拟信号来表示。调制解调器通过调制一个载波频率,将一个二进制(两个值)电压脉冲序列转化成一个模拟信号。所得信号占有以载波频率为中心的特定频谱,并且能够在适用于此载波的媒体中传播。最常见的调制解调器用话音频谱表示数字数据,因而允许这些数据在普通的话音级的电话线上传播。在电话线的另一端,调制解调器将信号解调,恢复源数据。

模拟数据可以用数字信号来表示,其操作跟调制解调器的功能非常相似。对话音数据执行这一功能的设备叫编解码器(编码-解码)。本质上,编解码器得到直接代表话音数据的模拟信号,并用位流来近似这个信号。在接收端,编解码器使用这个位流重建此模拟数据。

最后,数字数据可以直接通过两个电压电平以二进制形式表示。然而,为改进传播特性,二进制数据常常编码成更为复杂的数字信号形式。

表2.4(a)4个组合中的每一种都被广泛使用。对任一给定的通信任务来说,选择一种特定的组合的理由是不同的。下面列举一些有代表性的理由。

数字数据,数字信号:一般来说,比起将数字数据编码为模拟信号的设备来,将数字数据编码为数字信号的设备不那么复杂且不昂贵。

模拟数据,数字信号:将模拟数据转换为数字形式允许对模拟数据使用现代数字传输和交换设备。

数字数据,模拟信号:有些传输媒体,如光纤和卫星只传输模拟信号。

模拟数据,模拟信号:模拟数据很容易被转换为模拟信号。

表2.4 模拟和数据传输

(a) 数据和信号

数据	模拟信号	数字信号
模拟数据	两种选择: (1) 信号占据与模拟数据相同的频谱; (2) 模拟数据被编码,以占据不同的频谱段	使用编解码器对模拟数据编码,以产生数字位流
数字数据	数字数据通过调制解调器编码,以产生模拟信号	两种选择: (1) 信号由两个电压电平组成,以代表两个二进制的值; (2) 数字数据被编码,以产生具有所要求的属性的数字信号

(b) 信号的处理

信号	模拟传输	数字传输
模拟信号	通过放大器传播。不论信号是用来表示模拟数据,还是数字数据,处理方式相同	假设模拟信号表示的是数字数据。信号通过中继器传播。在每个中继器上,从入口信号恢复数字数据,并用它来生成一个新的外出模拟信号
数字信号	不使用	数字信号表示的是1和0的位流,它代表了数字数据,或者是经过编码的模拟数据。信号通过中继器传播。在每个中继器上,从入口信号恢复1和0的位流,并用它来生成一个新的外出数字信号

3. 模拟传输和数字传输

模拟信号和数字信号都可以在适宜的传输媒体上传输，处理这些信号的方法是传输系统的功能，表2.4(b)概括了数据传输的方法。模拟传输(analog transmission)是传输模拟信号的方法，它不考虑信号的内容。这些信号可能代表了模拟数据(如声音)，也可能代表了数字数据(如经过了调制解调器的数据)。无论哪种情况，在传输中模拟信号会变得越来越弱，模拟信号的衰减限制了传输线路的长度。为进行远距离的传输，模拟传输系统中包含了放大器，用于增强信号能量。遗憾的是，放大器同时也增强了噪声成分。如果为了远距离传输而将放大器级联起来，信号的失真就会越来越严重。对模拟数据来说，如声音，失真比较严重还是可以容忍的，其数据仍是可理解的。可是，对于作为模拟信号传输的数字数据来说，级联放大器将引入误差。

与此相反，数字传输(digital transmission)与信号的内容有关。在衰减威胁到数据的完整性之前，数字信号只能传送有限的距离，要传送到较远的距离，就必须使用中继器。中继器接收到数字信号，将其恢复为1、0的模式，然后重新传输一个新的信号，这样就克服了衰减。

如果一个模拟信号携带的是数字数据，那么同样的技术可用于这个模拟信号。在传输系统适当的地方加入重传设备(而不是放大器)，重传设备从模拟信号中恢复数字数据，并生成一个新的、干净的模拟信号，这样噪声就不会积累。

2.7.2 信号编码准则

如前所述，对任一给定的通信任务来说，选择一种特定的组合的理由是不同的，而后3种技术与无线通信密切相关，且广泛应用于无线环境中，因为无线传输系统主要采用模拟载波信号进行传输。

数字到模拟：数字数据和数字信号必须转换成模拟信号进行无线传输。

模拟到模拟：基带模拟信号，如话音或视频，通常都必须调制到高频的载波上进行传输。

模拟到数字：先于传输之前，通常将话音数字化后再在导向的或非导向的媒体上传输，这样可以改进传输质量，并可利用TDM方式。对于无线传输来说，结果得到的数字信号必须调制到一个模拟载波上。

接下来考察评估以上3种技术中所使用的各种方法的一些准则。

首先需要定义一些术语。数字信号是离散的、非连续性的电压脉冲序列，每个脉冲是一个信号元素，二进制数据的传输就是通过把每个数据位编码成信号元素完成的。在最简单的情况下，位和信号元素之间存在一一对应关系。例如，二进制0由低电干表示，二进制1由高电平表示。类似地，一个数字位流可以作为一个信号元素序列编码成为一个模拟信号，每个信号元素是具有固定频率、相位和振幅的一个脉冲。在数据元素(位)和模拟信号元素之间可能存在着一一对应关系。对于模拟信号和数字信号来说，在数据元素和信号元素之间可能存在着一对多或多对一的关系。

数据信号传输速率，或者说数据率，指的是以b/s为单位数据传输的速率。一个位的持续时间或长度是指发送器发送这个位所需要的时间，如果数据率为R，则位的持续时间为$1/R$。相反，调制速率是信号电平改变的速率，它依赖于编码的特性。调制速率用波特

(baud)来表示,它指的是每秒多少个信号元素。表2.5中概括了这些关键术语。

表2.5 关键的数据传输术语

术 语	单 位	定 义
数据元素	位	一个单个的二进制1或0
数据率	位/秒(b/s)	数据元素传输的速率
信号元素	数字:一个固定振幅的电压脉冲;模拟:一个具有固定频率、相位和振幅的脉冲	在一个信号传输的代码中占据最小间隔的那部分信号
信号传输速率或调制速率	信号元素/秒(baud)	信号元素传输的速率

接收器如何解释数字信号呢?首先,接收器必须知道每个位的定时关系。也就是说,接收器必须相当精确地了解每个位的起始与终止时间。其次,接收器必须判断每个位所在位置的信号电平是高(1),还是低(0)。这些工作是通过在每个位周期中间的位置取样,以获取各位电平值,并将这些值与一个阈值相比较完成的。如图2.16所示,由于噪声和其他损伤的存在,可能会出现差错。

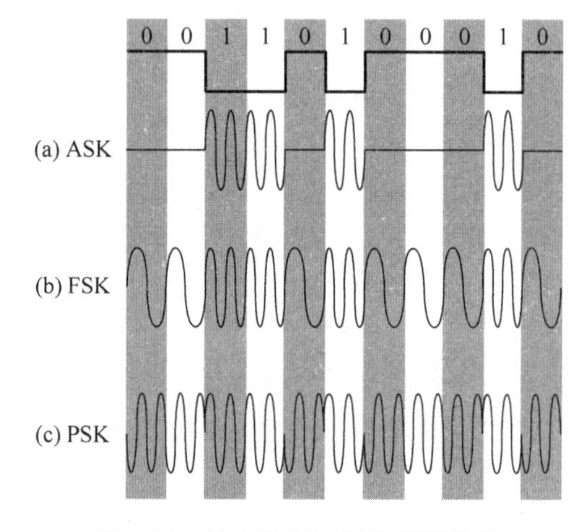

图2.16 数字数据调制为模拟信号

决定接收器能够成功解释所收到信号的因素主要有:信噪比、数据率和带宽。在其他因素保持不变的情况下,数据率增加,则误码率也增加;信噪比增加,则误码率减少;增加带宽可以增加数据率。

还有一个因素也可以用来改进传输性能,这就是编码机制。编码机制是一种简单的从数据位到信号元素的映射关系。目前使用的编码机制有很多。在介绍这些技术之前,先考虑下述对各种技术的评估和比较方法。

(1) 信号频谱(signal spectrum):信号频谱有几个方面很重要。信号缺少高频成分意味着传输时需要的带宽少。另外,缺少直流(DC)成分同样也是所希望的。如果信号中有直流成分,那么各传输成分就必须有直接的物理连接;如果没有直流成分,就可以采用经过变压器的交流(AC)耦合,这种耦合提供了极好的电气隔离,减少了干扰。最后,信号失真和干扰影响的强度取决于传输信号的频谱特性。实践中常常会发生这样的情况,在靠近频段边缘的地方,信道的发送能力比较差。因此,一个好的信号设计应当将传输功率集中在传输带宽的中心位置，在这样的情况下，接收到信号的失真较小。为达到这一目标，编码的设计应当能够对传输信号的频谱进行整形。

(2) 计时(clocking)：接收端必须能够确定每个位所在位置的起始和终止时间。这不是一个简单的工作。一种方法是提供一个独立的时钟信道，专门用同步发送器和接收器，这种方法的代价相当高。另一种方法是提供一些基于发送信号的同步机制，这一点只要采用适当的编码，就可以做到。

(3) 信号干扰和抗噪声度(signal interference and noise immunity)：某些码元在噪声存在的情况下展现出卓越的性能。抗噪声能力通常用术语误码率表示。

(4) 费用和复杂性(cost and complexity)：尽管数字逻辑电路的价格不断下降，其费用还是不容忽视的，尤其为了达到特定的数据率而提高信号传输速率时，费用就会很高。事实上，我们将会看到有些码元要求的信号传输率比实际数据率还要高，如数字基带传输中使用的曼彻斯特编码。

下面简要介绍各种相关编码技术。

2.7.3 数字数据与模拟信号

我们从讨论用模拟信号传输数字数据的情况开始，这种传输方式最常用的应用是通过公用电话网传输数字数据。电话网的设计是为了在300～3400Hz的话音频率范围内接收、交换以及传输模拟信号，它目前并不适用于处理来自用户端的数字信号(不过，这一点正在改变之中)。因而，数字设备通过调制解调器与网络相连，调制解调器将数字数据转换成模拟信号，或将模拟信号转换成数字数据。

对于电话网络而言，调制解调器用来产生在话音频率范围内的信号。产生高频信号(如微波)的调制解调器使用的是同样的基本技术。

调制技术要涉及对载波信号的3个特性(振幅、频率和相位)中的一个或多个特性的操作。相应地，将数字数据转换为模拟信号的基本编码或调制技术也有3种，如图2.16所示，分别是：幅移键控(ASK)、频移键控(FSK)和相移键控(PSK)。无论是哪一种情况，结果得到的信号所占带宽都以载波频率为中心。

2.7.4 模拟数据与模拟信号

调制是将输入信号$m(t)$与频率为f_c的载波信号合成，以产生信号$s(t)$的过程。合成信号$s(t)$的带宽通常以f_c为中心。对于数字数据，使用调制的目的是明显的，即如果只有模拟传输设施，那么就需要将数字数据调制为模拟形式。当数据已经是模拟形式时，使用调制的动机就不那么明显了，毕竟话音信号是以它们本身的频谱(称为基带传输)在电话线上传输的。采用调制技术的主要原因有如下两个：

(1) 为了实现有效的传输，可能需要较高的频率。对于无导向传输，实际上是不可能直接传输基带信号的。需要使用的天线直径为几千米。

(2) 调制允许使用频分复用技术，这种技术很重要，可以提高信道的利用率。

与前面类似，有3种模拟数据的调制技术：调幅(AM)、调频(FM)和调相(PM)，用到了信号的3个基本特性。

2.7.5 模拟数据与数字信号

严格讲,这一过程更准确的说法应该是把模拟数据转变为数字数据的过程,也称数字化(digitalization)。一旦模拟数据转变成数字数据后,就可以进行很多的工作。最常见的是如下3种:

(1) 数字数据可以使用NRZ-L(不归零-电平)。在这种情况下,事实上已从模拟数据直接转换到了数字信号。

(2) 可以通过NRZ-L以外的其他编码技术将数字数据变成数字信号。这时需要额外的一个步骤。

(3) 通过使用前面讨论的一种调制技术,数字数据也可以转换成模拟信号。

最后一种情况看起来似乎有些奇怪,其过程如图2.17所示。图中的话音数据先被数字化,然后再转换成模拟的幅移键控信号,这样做就可以使用数字传输方式。即使传输要求(如使用微波时)指明使用模拟信号,但由于话音数据已被数字化,因而被作为数字数据处理。

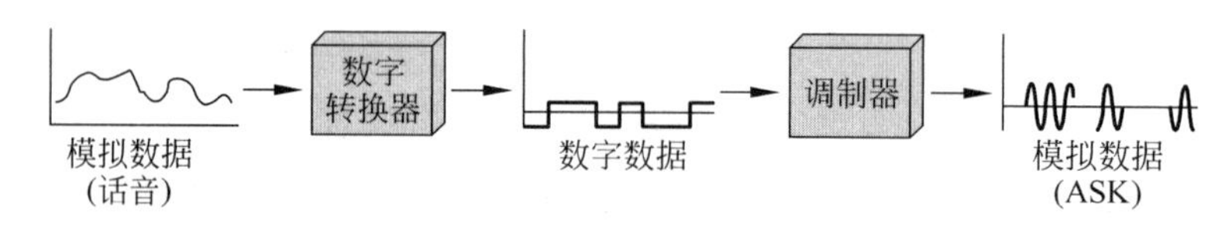

图2.17 模拟数据数字化

一种称为编解码器codec(coder-decoder,编码-解码)的设备用于将模拟数据转换为用于传输的数字形式,或相应地将数字信号恢复成原模拟数据,主要使用脉码调制技术。

2.8 扩频技术

2.8.1 扩频技术的基本原理

扩频(spread spectrum)是一种日渐重要的通信形式。这种技术并不完全适合前面定义的几种分类,因为通过模拟信号,扩频既可用于传输模拟数据,又可用于传输数字数据。

扩频技术最初是针对军事和情报部门的需求而开发的。它的基本思想是将携带信息的信号扩展到较宽的带宽中,以加大干扰和窃听的难度。开发出的第一种扩频技术称为跳频(frequency hopping),更新的一种技术是直接序列(direct sequence)。这两种技术都在各种无线通信标准和产品中得到应用,除此之外,还有多种新的扩频技术。

图2.18重点描绘了任何一种扩频系统的关键特性。输入的数据进入信道编码器,并产生模拟信号,这个模拟信号围绕某个中心频率具有相对较窄的带宽,然后使用被称为扩展代

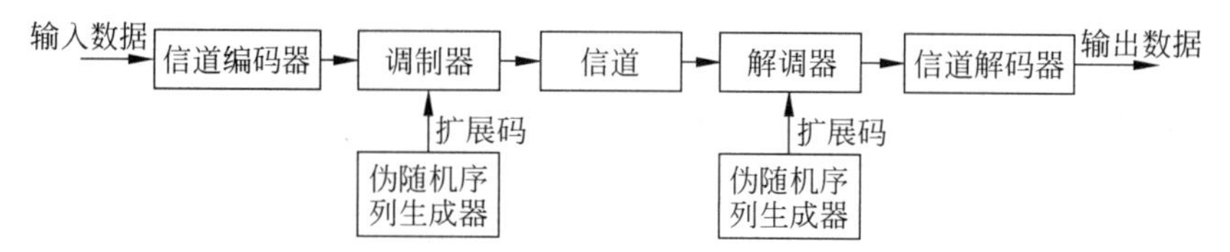

图2.18 扩频数字通信系统的一般模型

码或扩展序列的一个数字序列进一步调制。通常情况下(但并不总是这样),扩展代码由一个伪噪声或伪随机数生成器产生。这种调制带来的影响是传输信号的带宽有显著增加(扩展了频谱)。在接收端,使用相同的数字序列对扩频信号进行解调。最后,信号进入信道解码器被还原为数据。

采用这种表面上看起来浪费频谱的方法,却可以有以下的获益。

(1) 从各种类型的噪声和多径失真中可以获得免疫性。扩频的最早应用是在军事上,利用它对干扰的免疫性来抗击干扰。

(2) 也可用在隐藏和加密信号上。只有知道扩展代码的接收端,才可以恢复经编码的信息。

(3) 几个用户可以独立使用同样的、较高的带宽,且几乎没有干扰。蜂窝电话的应用中就使用了这种特性,采用了称为码分多路(Code Division Multiplexing,CDM)或码分多址(Code Division Multiple Access,CDMA)的技术。

2.8.2 扩频技术的分类

扩频技术的关键是使用了一些与传输信息完全独立的函数,通过这些函数可以把信号扩展到很宽的传输频段上。扩频过程产生的信号带宽通常是商用系统带宽的20倍至几百倍,是军用系统带宽的1000倍至100万倍。

根据应用于信息信号的函数不同,人们已经研究出多种不同的扩频传输方式。直接序列扩频(Direct Sequence Spread Spectrum,DSSS)和跳频扩频(Frequency Hopping Spread Spectrum,FHSS)这两种方法在无线网络的应用上最为广泛。

图2.19是直接序列扩频的简单示意图,其中扩频函数是一个码字,称为片码,与输入比特流进行异或运算产生的速率更高的"码片流",用来对射频载波进行调制。

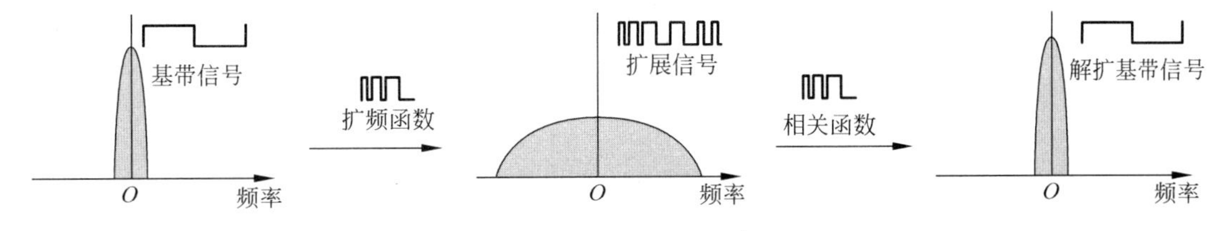

图2.19 直接序列扩频的简单示意图

使用直接序列扩频(DSSS),原始信号中的每一个位在传输信号中以多个位表示,此技术使用了扩展编码(spreading code)。这种扩展编码将信号扩展到更宽的频段范围上,而这个频段范围与使用的位数成正比。因此,一个10位的扩展编码能够在一个频段上将信号扩展至比1位扩展编码大10倍的带宽。码分多址(Code Division Multiple Access,CDMA)是一种基于DSSS的具有扩频功能的多路技术。

图2.20是跳频扩频(FHSS)的简单示意图。在FHSS中,直接用输入数据流调制射频载波,扩频函数用来在一定的频隙范围内控制载波的特定频隙,从而扩展传输频段的宽度。

在跳频扩频中,信号用看似随机的无线电频率序列进行广播,并在固定间隔里从一个频率跳到另一个频率。而接收器在接收消息时,也和发送器同步地从一个频率跳到另一个频

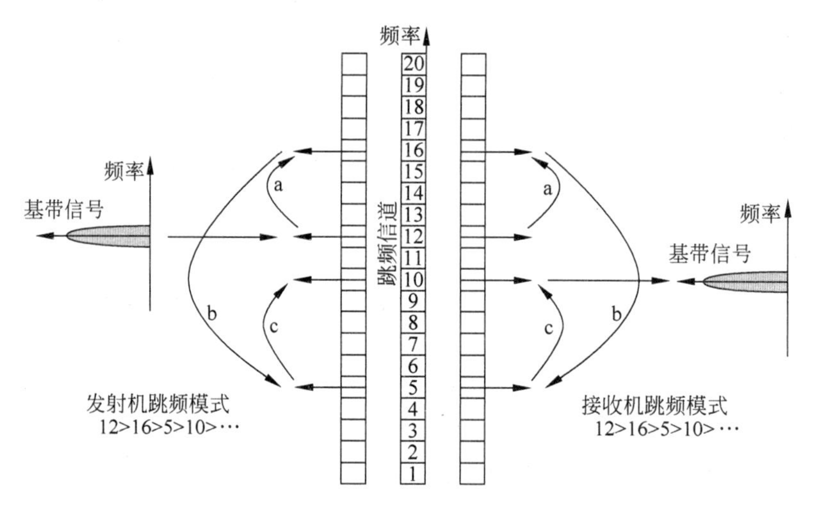

图 2.20 跳频扩频(FHSS)的简单示意图

率。这样,原本打算窃听的人听到的只是无法识别的哔哔声,即使试图在某一频率上干扰,也只能抹去信号中很少的几个位。

图 2.21 是跳时扩频(Time Hopping Spread Spectrum,THSS)的简单示意图,它是另一种直接用输入数据流调制射频载波的技术,载波通过脉冲传输,扩频函数控制每个数据脉冲的传输时间。例如,脉冲无线电使用非常短的脉冲,通常在 1ns 以内,因此信号的频段非常宽,符合超宽带(UWB)系统的定义。使用窄的传输脉冲可以有效地扩展频谱。在跳时扩频中,每一个用户或节点都被指派了唯一的一种跳跃模式,这种脉冲无线电简单、技术好,可以实现多用户接入。

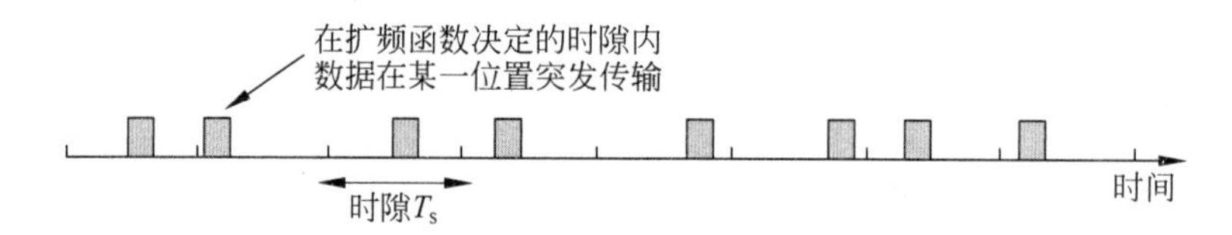

图 2.21 跳时扩频(THSS)的简单示意图

另两种使用较少的技术是脉冲调频系统和混合系统,如图 2.22 所示。在脉冲调频系统中,输入数据流直接调制射频载波,采用调频脉冲进行传输,扩频函数控制调频模式,如频率扫描下降或上升的线性扫频(chirp)信号。

混合系统将几种扩频技术相组合,在设计中充分发挥每个单一系统的特点优势。例如,跳频扩频(FHSS)和跳时扩频(THSS)相组合,形成混合频分/时分多址接入(FDMA/TDMA)技术。

在以上几种可选择的可选技术中,直接序列扩频(DSSS)和 FHSS 都列入了 IEEE 802.11 无线局域网 LAN 的标准,DSSS 在商用 IEEE 802.11 设备中应用最为广泛。FHSS 在蓝牙中使用,它和扫频扩频是 IEEE 802.13.4a(ZigBee)规范的可选技术。

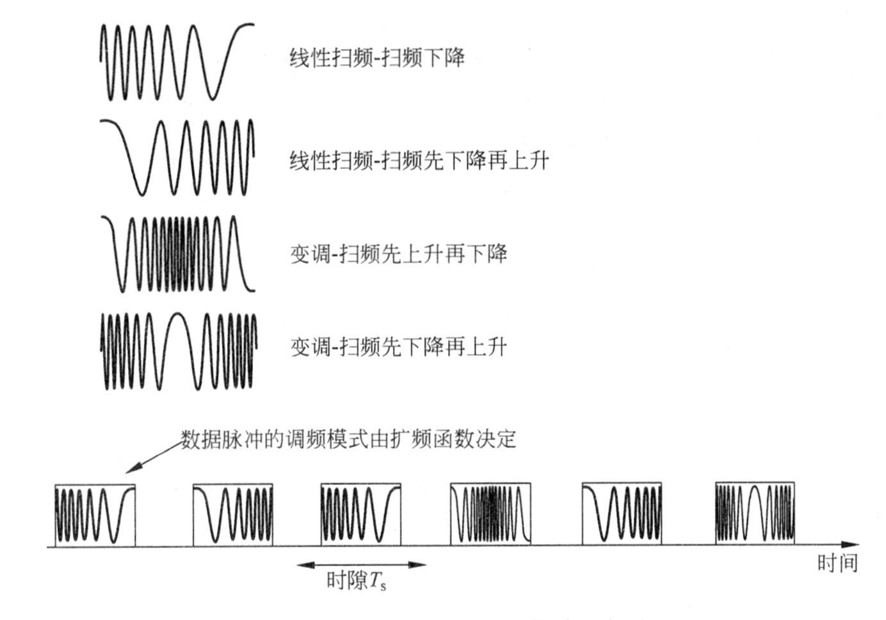

图 2.22　脉冲调频系统的简单示意图

2.9　差错控制技术

无论传输系统如何设计，差错总会存在，它可能会导致传输的帧中有一个或多个位被改变，对于无线传输系统更是如此，为了保证可靠的数据传输，必须进行差错控制。

通常使用 3 种方法处理数据传输中的差错问题。

- 差错检测码(error detection code)。
- 差错纠错码(error correction code)，也称为前向纠错码(Forward Error Correction，FEC)。
- 自动重发请求(Automatic Repeat reQuest，ARQ)协议。

差错检测码仅仅检测差错的存在。通常，这样的编码会结合在数据链路层或传输层采用 ARQ 机制的协议一同使用。采用 ARQ 机制，接收端丢弃检测出差错的数据块且发送端要重传这样的数据块。FEC 编码的设计不仅可用来检错，而且可用来纠错，这种编码可避免重传操作。FEC 机制常用于无线传输中，因为这种环境下重传机制的效率非常低，且差错率可能会很高。

习　题

填空题

1. 无线信号是能够通过空气进行传播的________。
2. ________是美国政府控制、许可和分配 RF 频段的机构。
3. 天线发射的信号有一个重要属性是方向性。通常，低频信号是________。
4. 对于非导向媒体，发送和接收都是通过________实现的。

5. 天线增益(antenna gain)是天线________性的度量。

6. 天线辐射出去的信号以3种方式传播:________、天波和直线。

7. 无线信号最基本的4种传播机制为________、反射、绕射和散射。

8. 移动环境中的衰退效果可以分为________,也可以分为________。

9. 多普勒效应是为纪念________而命名的。

10. ________定义为传达某种意义或信息的实体。

11. ________是数据的电气或电磁表示。

12. ________是通过信号的传播和处理进行数据通信的过程。

13. 无线传输系统主要采用________信号进行传输。

14. 数字数据的基本调制技术有________ 3种。

15. ________是一种使用宽频谱进行调制的技术。

16. 扩频信号使用的带宽________简单传输相同信息所占的带宽。

17. 扩频传输技术有________。

单选题

1. (　　)通过FCC管制无线应用。

A. 美国

B. 阿拉伯联合酋长国

C. 英国

D. 欧洲、亚洲

2. 用来描述无线对发射功率的汇聚程度的指标是(　　)。

A. 带宽　　B. 功率　　C. 增益　　D. 极性

3. 当要传播的信号频率在30MHz以上时,通信必须用(　　)方式。

A. 地波　　B. 天波　　C. 直线　　D. 水波

4. DSSS二进制相移键控在1Mb/s数据速率下使用(　　)编码方式。

A. 11片巴克码　　B. 8片CCK　　C. 11片CCK　　D. 8片巴克码

5. (　　)不属于扩频传输。

A. DSSS　　B. FHSS　　C. 脉冲调频　　D. SHSS

6. (　　)采用伪随机序列PN对发送的窄带信号进行调制,使其成为一个频谱扩展的扩频信号。

A. 跳频扩频　　B. 直接序列扩频　　C. 跳时扩频　　D. 线性调频

7. 蓝牙中使用的扩频技术是(　　)。

A. DSSS　　B. FHSS　　C. 脉冲调频　　D. SHSS

多选题

1. (　　)不属于ISM频段。

A. 1800MHz　　B. 2400MHz　　C. 3500MHz　　D. 5800MHz

2. ISM频段主要包括(　　)。

A. 915MHz　　B. 2400MHz　　C. 4300MHz　　D. 5800MHz

3. 以下关于天线的描述,正确的是(　　)。

A. 天线的增益越大越好,使用大增益的无线可以获取更大的发射功率

B. 天线的选择应符合覆盖场景的要求,并非增益越大越好

C. 天线的增益越大,代表对信号的汇聚程度越高

D. 天线的增益越大,覆盖的角度就越小

4. 天线辐射出去的信号以(　　)方式传播。

A. 地波　　B. 天波　　C. 直线　　D. 水波

5. (　　)技术属于扩频传输。

A. DSSS　　B. FHSS　　C. 脉冲调频系统　　D. SHSS

6. (　　)技术属于扩频传输。

A. DSSS　　B. FHSS　　C. 脉冲调频系统　　D. THSS

7. IEEE 802.11b 中使用的扩频技术有(　　)。

A. DSSS　　B. FHSS　　C. THSS　　D. 脉冲调频系统

判断题

1. IEEE 是美国的管制机构,控制着无线频率的使用。(　　)

2. FCC 是美国的管制机构,控制着无线频率的使用。(　　)

3. 大气和外层空间是导向媒体。(　　)

4. 大气和外层空间是非导向媒体。(　　)

5. 大气和外层空间提供了传输电磁波信号的手段,但不引导其传播方向,这种传输形式通常称为无线传播。(　　)

6. 卫星微波和地面微波的本质是相同的。(　　)

7. 广播无线电波与微波之间的主要区别在于前者是全向性的,而后者是方向性的。(　　)

8. 红外线传输与微波传输的一个重要区分是前者无法穿透墙体。(　　)

9. 地波传播或多或少要沿着地球的轮廓前行,且可传播相当远的距离,较好地跨越可视的地平线。(　　)

10. 数字信号不适宜直接在无线媒介中传播。(　　)

11. 数字信号适宜直接在无线媒介中传播。(　　)

12. 所有的调制技术中使用的都是正弦波载波。(　　)

13. 调制技术中除了使用正弦波载波,还可以使用脉冲传输。(　　)

14. 调制一定要使用载波信号。(　　)

15. 脉冲形状调制也可以使用脉冲波形的导数把数据编码成脉冲序列。(　　)

名词解释

1. 微波

2. 增益

3. 天线

4. 地波方式传播

5. 天波方式传播

6. 直线方式传播

7. 衰减

8. 衰减失真

9. 自由空间损耗

简答题

1. 直线传输系统中的损伤主要有哪些?
2. 对于无线网络,为什么必须考虑直线传输中的损失?
3. 扩频传输的优点是什么?
4. 简要说明扩频传输技术主要有哪些?

参考文献

[1] William Stallings. Wireless Communications and Networks(Second Edition)[M]. 北京:清华大学出版社,2003.
[2] Dharma Prakash Agrawal,Qing-An Zeng. Introduction to Wireless and Mobile Systems[M]. 北京:高等教育出版社,2003.
[3] William Stallings. 无线通信与网络[M]. 2版. 何军,等译. 北京:清华大学出版社,2005.
[4] Andrew S,Tanenbaum. Computer Networks(fourth edition)[M]. 北京:清华大学出版社,2004.
[5] Andrew S,Tanenbaum. 计算机网络[M]. 4版. 潘爱民,译. 北京:清华大学出版社,2004.
[6] 刘玉军. 现代网络系统原理与技术[M]. 北京:清华大学出版社,2007.
[7] 高传善,毛迪林,曹袖. 数据通信与计算机网络[M]. 2版. 北京:高等教育出版社,2005.
[8] Steve Rackley. 无线网络技术原理与应用[M]. 吴怡,等译. 北京:清华大学出版社,2008.

第3章 无线局域网

本章首先介绍无线局域网的基本概念，然后详细介绍 IEEE 802.11 的基本工作原理，侧重于媒体访问控制和一跳范围内的通信技术，使读者熟悉 IEEE 802.11 协议。

3.1 概　　述

3.1.1 无线局域网的覆盖范围

无线局域网（Wireless Local Area Networks，WLAN）就是在局部区域内以无线（No Wire or Wireless）媒体或介质进行通信的无线网络。所谓局部区域，就是距离受限的区域，显然它是一个相对的概念，是相对于广域（Wide Area）而言的。两者的区别主要在于数据传输的范围不同（但覆盖范围界限的区别并不十分明显），由此而引起网络设计和实现方面的一些区别。介于广域网（WAN）和局域网（LAN）之间的一种局部网络，称为城域网（Metropolitan Area Networks，MAN）。比局域网覆盖范围更小的局部网络称为个人区域网（Personal Area Networks，PAN）。因此，广义的无线局域网还包含无线城域网（WMAN）和无线个域网（WPAN）。换句话说，无线网络可以粗略地分为无线广域网和无线局域网两种。

广域网一般是指全国范围内或全球范围内的网络，通常信息速率不高。典型的无线广域网的例子就是 GSM 移动通信系统和卫星通信系统。城域网就是局限在一个城市范围内的网络，覆盖半径在几千米到几十千米，如本地多点分配系统（Local Multipoint Distribution Services，LMDS）、多信道多点分配系统（Multi-channel Multipoint Distribution System，MMDS）和 IEEE 802.16 无线城域网系统。WMAN 可以提供较高速的传输速率。无线广域网和无线城域网通常采用大蜂窝（Megacell）或宏蜂窝（Macrocell）结构。无线广域网大都可以分成许多无线城域网子网。

WLAN 是一种能在几十米到几千米范围内支持较高数据率（如 2Mb/s 以上）的无线网络，可以采用微蜂窝（Microcell）、微微蜂窝（Picocell）结构，也可以采用非蜂窝（如 Ad Hoc）结构。目前，无线局域网领域的两个典型标准是 IEEE 802.11 系列标准和 HiperLAN 系列标准。

IEEE 802.11 系列标准指由 IEEE 802.11 标准任务组提出的协议簇，它们是 IEEE 802.11、IEEE 802.11a、IEEE 802.11b 和 IEEE 802.11g 等。IEEE 802.11 和 IEEE 802.11b 用于无线以太网（Wireless Ethernet），其工作频率大多在 2.4GHz 上，传输速度为：IEEE 802.11 是 1～2Mb/s；IEEE 802.11b 的速率为 5.5～11Mb/s，并兼容 IEEE 802.11 速率。IEEE 802.11a

的工作频率为5~6GHz,它使用正交频分复用(Orthogonal Frequency Division Multiplex,OFDM)技术使传输速率可以达到54Mb/s。IEEE 802.11g工作在2.4GHz频率上,采用CCK、OFDM、PBCC(Packet Binary Convolutional Code,分组二进制卷积码)调制,可提供54Mb/s的速率,并兼容IEEE 802.11b标准。

HiperLAN是欧洲ETSI开发的标准,包括HiperLAN1、HiperLAN2,设计为用于户内无线骨干网的HiperLink,以及设计为用于固定户外应用访问有线基础设施的HiperAccess等4种标准。HiperLAN1提供了一条实现高速无线局域网连接,减少无线技术复杂性的快捷途径,并采用了在GSM蜂窝网络和蜂窝数字分组数据网(CDPD)中广为人知,并广泛使用的高斯最小移频键控(GMSK)调制技术。最引人注目的HiperLAN2具有与IEEE 802.11a几乎完全相同的物理层和无线ATM的媒体访问控制(MAC)层。

WPAN是一种个人区域无线网,可以认为是WLAN的一个特例,其覆盖半径只有几米。其主要应用范围包括:语音通信网关、数据通信网关、信息电器互连与信息自动交换等。WPAN通常采用微微蜂窝(Picocell)或毫微微蜂窝(Femtocell)结构。目前,实现WPAN的技术主要有蓝牙(Blue Tooth,BT)、红外数据(IrDA)、家庭射频(Home RF)和超宽带(Ultra Wide Band,UWB)以及Zigbee等几种。

3.1.2 无线局域网的特点

1. 无线局域网的优点

无线局域网利用空中的电磁波(Airwave)代替传统的缆线进行信息传递,可以作为传统有线网络的延伸(Extend)、补充(Complementary)或替代(Alternate)。相比较而言,无线局域网具有以下许多优点:

1) 移动性(Mobility)

"无线"意味着可能移动。无线局域网的明显优点是提供了移动性。通信范围不再受环境条件的限制,这样就拓宽了网络传输的地理范围。在有线局域网中,两个站点的距离在使用铜缆(粗缆)时被限制在500m内,即使采用单模光纤,也只能达到3km,而无线局域网中两个站点间的距离目前可达到50km以上。无线局域网系统能够为用户提供实时的、无处不在(Ubiquitous)的网络接入功能,使用户可以很方便地获取信息。

移动性分为用户移动和用户设备移动两类。在无线局域网中,无线局域网设备的移动性又可分为不移动或固定(Fixed)、半移动(Nomadic)或便携式(Portable)移动和全移动(Mobile或Moving)。半移动是指设备可在网内移动,但只能在静止状态下与网络进行通信。全移动是指设备可在移动状态下保持与网络的通信,即"动中通",它还可以细分为慢速移动和快速移动。目前的无线局域网系统一般只支持固定、半移动和慢速移动。

此外,从网络层次上讲,移动又分为链路层移动和网络层移动。链路层移动又称为越区切换(Handoff)或散步(Walking),网络层移动也称为漫游(Roaming)。

2) 灵活性(Flexibility)

安装容易,使用简便,组网灵活。无线局域网可以将网络延伸到线缆无法连接的地方,并可方便地增减、移动和修改设备。无线局域网的组网方式灵活多样,可以通过基础结构(Infrastructure)接入骨干网(Backbone),也可以自组网(Ad Hoc);可以组成单区网和多区网,还可以在不同网间进行移动。

3）可伸缩性(Scalability)

在适当的位置放置或添加接入点(Access Point，AP)或扩展点(Extend Point，EP)，就可以满足扩展组网的需要。

4）经济性(Saving)

无线局域网可用于物理布线困难或不适合进行物理布线的地方，如危险区和古建筑等场合，节省了缆线及其附件的费用；省去布线工序，可快速组网，可以节省人员费用，并能将网络快速投入使用，提高了经济效益；对于临时需要网络的地方，无线局域网可以低成本地快速实现；对于需要频繁重新布线或更换地方的场合，无线局域网可以节省长期费用。

2. 无线局域网的局限性

无线局域网并非完美无缺，也有许多面临的问题需要解决，这些局限性实际上也是无线局域网必须克服的技术难点。这些局限性有些是低层技术方面的问题，需要无线局域网设计者在研发过程中加以考虑；有些则是应用层面的问题，需要使用者在应用时加以克服和注意。

1）可靠性(Reliability)

有线局域网的信道误比特率可优于 10^{-9}，这样就保证了通信系统的可靠性和稳定性。无线局域网采用无线信道进行通信，而无线信道是一个不可靠信道，存在着各种各样的干扰和噪声，从而引起信号的衰落和误码，进而导致网络吞吐性能下降和不稳定。此外，由于无线传输的特殊性，还可能产生“隐藏终端”“暴露终端”和“插入终端”等现象，影响系统的可靠性。

2）带宽与系统容量

由于频率资源有限，无线局域网的信道带宽远小于有线网的带宽：由于无线信道数有限，即使可以复用，无线局域网的系统容量通常也要比有线网的容量小。因此，无线局域网的一个重要发展方向就是提高系统的传输带宽和系统容量。

3）兼容性(Compatibility)与共存性(Coexistence)

兼容性包括多个方面：无线局域网要兼容现有的有线局域网；兼容现有的网络操作系统和网络软件；多种无线局域网标准的兼容，如 IEEE 802.11b 对 IEEE 802.11 的兼容，IEEE 802.11g 对 IEEE 802.11b 的兼容；不同厂家无线局域网产品间的兼容。

共存性也包括多个方面：同一频段的不同制式或标准的无线网的共存，如 2.4GHz 频段的 WLAN 和蓝牙系统的共存；不同频段、不同制式或标准的无线网的共存(多模共存)，如 2.4GHz 频段的 WLAN 和 5.8GHz 频段 WLAN 的共存，无线局域网与 GPRS 系统的共存等。

4）覆盖范围

无线局域网的低功率和高频率限制了其覆盖范围。为了扩大覆盖范围，需要引入蜂窝或微蜂窝网络结构，或者通过中继与桥接等其他措施来实现。

5）干扰

外界干扰可对无线信道和无线局域网设备形成干扰，无线局域网系统内部也会形成自干扰；同时，无线局域网系统还会干扰其他无线系统。因此，在无线局域网的设计与使用时，要综合考虑电磁兼容性能和抗干扰性能，并采用相应的措施。

6) 安全性

无线局域网的安全性有两方面的内容:一个是信息安全(Security),即保证信息传输的可靠性、保密性、合法性和不可篡改性;另一个是人员安全(Safety),即电磁波的辐射对人体健康(Health)的损害。

因为信道的封闭性,在有线网络中存在着固有的安全保障。但在WLAN中,鉴于无线电波不能局限于网络设计的范围内,因此有被偷听和被恶意干扰的可能性。目前,WLAN系统中存在着一些安全漏洞。无线电管理部门应规定无线局域网能够使用的频段,规定发射功率和带外辐射等各项技术指标。

7) 节能管理

由于无线局域网的终端设备是便携设备,如笔记本电脑、PDA(个人数字助理)等,为了节省电池的消耗,延长设备的使用时间和提高电池的使用寿命,网络应具有节能管理功能。当某站不处于数据收发状态时,应使机内收发处于休眠状态,当要收发数据时,再激活收发信机。

8) 多业务与多媒体

现有的无线局域网标准和产品主要面向突发数据业务,而对于语音业务、图像业务等多媒体业务的适宜性很差,需要开发保证多业务和多媒体的服务质量的相关标准和产品。

9) 移动性

无线局域网虽然可以支持站的移动,但对大范围移动的支持机制还不完善,也还不能支持高速移动。即使在小范围的低速移动过程中,性能还会受到影响。

10) 小型化、低价格

这是无线局域网能够实用并普及的关键所在。这取决于大规模集成电路,尤其是高性能、高集成度技术的进步。可喜的是,目前3GHz以下砷化镓MMIC(微波单片集成电路)的技术已相当成熟,已具备了生产小型、低价格无线局域网射频单元的技术能力。

3.1.3 无线局域网的发展历程与相关标准化活动

无线局域网的发展有两方面的动因,即应用需求驱动和技术驱动,这些分别导致无线局域网产品标准和技术标准的标准化活动的活跃。无线局域网的标准化活动又与相关的电波法规密切相关。目前,比较活跃的几个无线局域网标准任务组(Task Group,TG)分别代表着无线局域网发展的几个方向。

最早出现的无线局域网可认为是夏威夷大学于1971年开发出的、基于封包式技术的Aloha Net,它采用无线电台替代电缆线的原因是为了克服由于地理环境因素而造成的布线困难。

夏威夷群岛由包括Oahu、Maui、Hawaii等在内的几个岛屿组成。夏威夷大学共有10个校区,主校区位于Oahu岛,其他校区分别散布在不同的岛屿。为了使其他岛屿的计算机和用户终端能够共享主校区的大型计算机,需要构筑一个通信网络把各校区的用户终端与计算机联入主校区的大型计算机。从网络的业务需求和实现费用角度考虑,采用无线电作为传输媒体在当时的情况下无疑是最佳的选择。Aloha Net由7台计算机组成,横跨4座夏威夷岛屿。Aloha Net属于中心网络拓扑,设置有上行和下行两个广播信道。主机的数据经下行信道发往各个用户终端。当计算机用户终端欲发送数据至主机时,终端的无线收发器(或集线器)使用被称为 Aloha 的信道接入协议,把数据经上行信道发往 Aloha Net 中心站,再由该中心站送到主机。上行与下行信道分别使用 407.35MHz 与 413.475MHz 频段,数据传输速率为 9.6kb/s。

1979 年,瑞士 IBM Rueschlikon 实验室的 Gfeller 首先提出了无线局域网的概念,他采用红外线作为传输媒体,用以解决生产车间里的布线困难,避免大型机器的电磁干扰。但是,由于传输速率小于 1Mb/s,而没有投入使用。

1980 年,加利福尼亚(California)惠普实验室(HP Palo Alto Labs)的 Ferrert 从事了一项真正意义上的无线局域网项目的研究。在这个项目中,传输媒体为 900MHz 频段的无线电波,用声表面波器件(SAW Devices)实现了直接序列扩频(Direct Sequence Spread Spectrum)调制,传输速率可达 100kb/s,MAC 层的接入方式为载波侦听多址接入(CSMA),这是现有的 IEEE 802.11 系列标准中 MAC 协议的基础。此项目虽然是在 FCC([美国]联邦通信委员会)的试验许可协议的指导下进行的,但由于没能从 FCC 处获得需要的频段而最终流产。此后的几年间,许多公司都想在无线局域网方面有所作为(如 Codex 和 Motorola 公司曾试图在 1.73GHz 频段上实现无线局域网),但都因为频段的问题而未能如愿以偿。

总结起来,一般认为目前无线局域网的发展经历了五代,这里先介绍前四代,第五代的情况将在本章最后一节单独介绍。

1) 第一代无线局域网

1985 年,FCC 颁布的电波法规为无线局域网的发展扫清了道路。它为无线局域网系统分配了两种频段:一种是专用频段,这个频段避开了比较拥挤的用于蜂窝电话和个人通信服务的 1～2GHz 频段,而采用更高的频率;另一种是免许可证的频段,主要是 ISM 频段,它在无线局域网的发展历史上发挥了重要作用。美国早期的 ISM 频段主要是 902～928MHz 和 2.400～2.4835GHz,颁布规则限制发送功率最大为 1W;若采用扩频技术,要求扩频增益不小于 10dB,最大发送功率不超过 100mW。此后几年,许多无线局域网产品陆续上市,如 RangeLAN 的 900MHz 产品、NCR 的 2.4GHz 产品、摩托罗拉的 Altair 产品(工作于 18～19GHz)以及其他的 IR 技术产品等。这些产品可以认为是第一代无线局域网产品,它们大都采用了扩频技术。

2) 第二代无线局域网

20 世纪 80 年代末期,IEEE 802 委员会在 IEEE 802.4L 任务组下开始了无线局域网的标准化工作,并于 1990 年 7 月接受了 NCR 公司的"CSMA/CD 无线媒体标准扩充"的提案,成立了独立的 IEEE 802.11 任务组,负责制定无线局域网物理层及媒体访问控制(MAC)协议的标准。1991 年 5 月,IEEE 发起成立了无线局域网的专题研究小组,并在马基诺赛的伍斯特举行了第一次关于 IEEE 802.11 的专题会议。1997 年 6 月 26 日,IEEE 802.11 标准制定完成,并于 1997 年 11 月 26 日发布。由 AMD、Harris、3Com、Aironet、Lucent、Netwave、Proxim 等公司发起,于当年成立了无线局域网联盟(Wireless Local Area Network Alliance,WLANA),并且有越来越多的通信公司加盟。生产厂家在 IEEE 802.11 标准和联盟协议的基础上,实现产品的标准化。从 1998 年开始,许多厂商相继推出了基于 IEEE 802.11 标准的无线局域网产品,它们属于第二代无线局域网设备。第二代无线局域网设备大都工作在 2.4～2.4835GHz 频段,传输速率为 1～2Mb/s。

3）第三、四代无线局域网

IEEE 802.11 任务组的研究进展比计划的要慢，而在 1992 年，由苹果公司领导成立了一个叫 WINForum 的工业联盟组织，并最终从 FCC 处获得了用于个人通信系统的 1.890～1.930GHz 频段的 20MHz 带宽，进行语音的同步传输和数据的异步传输。同时，欧洲也成立了关于高速无线局域网(HiperLAN)的标准化组织，它获得了 5.15～5.35GHz 和 17.1～17.3GHz 两个 200MHz 频段。1997 年完成了 HiperLAN1 标准的制定，这促使 FCC 发放了包括 5.15～5.35GHz 和 5.725～5.825GHz 的 U-NII 频段。其中，5.15～5.25GHz 用于室内，配合天线(必需的)后最大输出功率为 200mW；5.25～5.35GHz 用于校园网，最大输出功率为 250mW，配备天线时可达 1W；而 5.725～5.825GHz 主要用于社区网络，最大输出功率为 1W，配备天线时可达 4W。

最初，由于 IEEE 802.11 速率最高只能达到 2Mb/s，在传输速率上不能满足人们的需要，因此在不断研究后于 1999 年 9 月又提出了 IEEE 802.11a 和 IEEE 802.11b 标准，传输速率分别可达 54Mb/s 和 11Mb/s。2002 年通过了 IEEE 802.11g 标准，它允许通过的最大传输速率为 54Mb/s，但仍工作于 2.4GHz 频段，与 IEEE 802.11b 标准兼容。同时，HiperLAN2 标准也已制定完成，与 IEEE 802.11a 类似，工作于 5GHz 频段，最大传输速率为 54Mb/s。其中，符合 IEEE 802.11b 标准的产品已经较为普及，可以将它归为第三代无线局域网产品；而将符合 IEEE 802.11a、HiperLAN2、IEEE 802.11g、IEEE 802.11n 标准的产品称为第四代无线局域网产品。

无线局域网有很多局限性，前面几代无线局域网的发展，主要体现在带宽或传输速率的提高上。从标准上看，主要是在物理层的改进或扩充方面，如 IEEE 802.11 的最大传输速率只有 1～2Mb/s，可以采用红外线方式、直接序列扩频方式或跳频(FH)方式；IEEE 802.11b 的最大传输速率为 11Mb/s，采用直接序列扩频方式，并与 IEEE 802.11 兼容；IEEE 802.11a、IEEE 802.11g 及 HiperLAN 2 的最大传输速率可达 54Mb/s，IEEE 802.11n 的最大速率可达 600Mb/s。

在克服无线局域网其他局限性方面也得到了相应的完善和发展，这些分别体现在许多标准草案上。表 3.1 按字母顺序概述了 IEEE 802.11 标准的发展步伐，列举了 IEEE 有关无线局域网的标准，反映了无线局域网在以下各方面的研究现状和发展趋势：①宽带(高速)化；②(快速)移动性支持；③多媒体(QoS)保证；④安全性；⑤可靠性；⑥小型化；⑦大覆盖；⑧节能；⑨经济性。

表 3.1　IEEE 802.11 标准系列

标　　准	主 要 特 性
IEEE 802.11a	高速 WLAN 标准，支持速率 54Mb/s，工作在 5GHz ISM 频段，使用 OSPF 调制
IEEE 802.11b	最初的 Wi-Fi 标准，提供速率 11Mb/s，工作在 2.4GHz ISM 频段，使用 DSSS 和 CCK
IEEE 802.11d	使所用速率的物理层电平配置、功率配置、信号带宽可遵从当地 RF 规范，从而有利于国际漫游业务
IEEE 802.11e	规定所有 IEEE 无线接口的服务质量(QoS)要求，提供 TDMA 的优先权和纠错方法，从而提高时延敏感应用的性能
IEEE 802.11f	定义了推荐方法和共用接入点协议，使得接入点之间能够交换需要的信息，以支持分布式系统，保证不同生产厂商的接入点的共用性，如支持漫游

续表

标　　准	主要特性
IEEE 802.11g	数据率提高到54Mb/s,工作在2.4GHz频段,使用OFDM调制技术,可与相同网络中的IEEE 802.11设备共同工作
IEEE 802.11h	5GHz频段的频谱管理,使用动态频率选择(Dynamic Frequency Selection,DFS)和传输功率控制(TPC),满足欧洲对军用雷达和卫星通信的干扰最小化的要求
IEEE 802.11i	指出了用户认证和加密的安全弱点。在标准中采用高级加密标准(Advanced Encryption Standard,AES)和IEEE 802.1x认证
IEEE 802.11j	日本对IEEE 802.11a的扩充,在4.9～5.0GHz之间增加RF信道
IEEE 802.11k	通过信道选择、漫游和TPC进行网络性能优化。通过有效加载网络中的所有接入点,包括信号强度弱的接入点,来最大化整个网络吞吐量
IEEE 802.11n	采用MIMO无线通信技术、更宽的RF信道及改进的协议栈,提供更高的数据率,可兼容IEEE 802.11a/b和IEEE 802.11g
IEEE 802.11p	车辆环境无线接入(Wireless Access for Vehicular Environment,WAVE),提供车辆之间的通信或车辆和路边接入点的通信,使用工作在5.9GHz的授权智能交通系统(Intelligent Transportation System,ITS)
IEEE 802.11r	支持移动设备从基本业务区(BSS)到BSS的快速切换,支持时延敏感服务,如VoIP在不同接入点之间的站点漫游
IEEE 802.11s	扩展了IEEE 802.11MAC来支持扩展业务区(Extended Service Set,ESS),网状网络。IEEE 802.11s协议使得消息在自组织多跳网状网络拓扑结构网络中传递
IEEE 802.11T	评估IEEE 802.11设备及网络的性能测量、性能指标及测试过程的推荐性方法,大写字母T表示是推荐性,而不是标准
IEEE 802.11u	修正物理层和MAC层,提供一个通用及标准的方法与非IEEE 802.11网络(BlueTooth,ZigBee,WiMAX等)共同工作
IEEE 802.11v	提高网络冲突量,减少冲突,提高网络管理的可靠性
IEEE 802.11w	扩展IEEE 802.11对管理和数据帧的保护,以提高网络安全

3.1.4 无线局域网的分类与应用

无线局域网可根据不同的层次、不同的业务、不同的技术和不同的标准以及不同的应用等进行分类。

按照不同的频段来分,有专用频段和自由频段两类。不需要执照的自由频段又可分为红外线和主要是2.4GHz和5GHz频段的无线电两种。再根据采用的传输技术进一步细分,如图3.1所示。

根据业务类型来分,有面向连接的业务和面向非连接的业务两类。面向连接的业务主要用于传输语音等实时性较强的业务,一般采用基于TDMA和ATM的技术,主要标准有HiperLAN2和Blue Tooth(蓝牙)等。面向非连接的业务主要用于高速数据传输,通常采用基于分组和IP的技术,这类WLAN以IEEE 802.11x标准最为典型。当然,有些标准可以适用于面向连接的业务和面向非连接的业务,采用的是综合语音和数据的技术,如图3.2所示。

根据网络拓扑和应用要求,可以分为Peer to Peer(对等式)、Infrastructure(基础结构式)和接入、中继等。

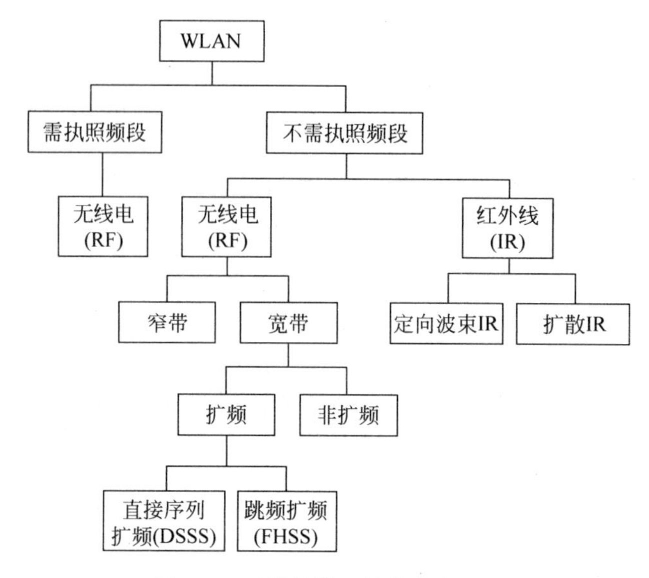

图 3.1　无线局域网的分类方法 1

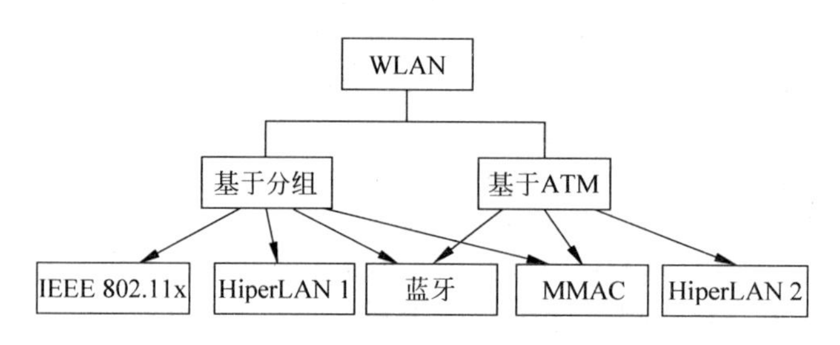

图 3.2　无线局域网的分类方法 2

无线局域网的应用非常广泛，应用方式也很多。从总体上分，无线局域网主要有室外应用和室内应用两类。室内应用主要有家庭或小型办公室应用(Small Office Home Office，SOHO)和大型办公室、企事业单位(Enterprise)、工业(Industries，如车间等)或商业(Business，如商场、仓库等)等。室外应用主要有园区网(如校园网、医院网、社区网等)和较远距离的无线网络连接(用无线网桥、无线路由器等设备)，以及更远距离的网络中继。某些部门网或专用网会有室内外的应用。公共无线局域网接入(Public Access)是近两年来发展起来的新的应用模式，它借助现有的广域网络，如中国电信的公共数据网、公共移动网(GSM、GPRS、CDMA2000-1x 等)，构成广大区域的无线 ISP(WISP)。当前的构造方式主要是在热点(Hot spots)场所部署无线局域网。

另外一类适合无线局域网应用的场合是需要临时组网和难以布线的地方，如灾难恢复、短时间的商用系统和大型会议等，以及军事、公安等专用网。

从支持移动性的角度来看，目前的无线局域网还只能用于不移动或慢速移动的用户或业务，可能会在不久的将来开发出适合高速移动的无线局域网。

WLAN 有三类应用方式，即 WLAN 接入、网络无线互联和定位。前两类应用已经比较普遍，而 WLAN 定位应用是近两年才发展起来的，是与无线广域网的定位类似的一种应用方式。WLAN 定位不仅可以单独应用，而且可以将其与其他应用结合起来，进一步促进

WLAN的应用。

3.2 无线局域网的体系结构与服务

3.2.1 无线局域网的组成结构

无线局域网的物理组成或物理结构如图3.3所示，由站(Station，STA)、无线介质(Wireless Medium，WM)、基站(Base Station，BS)或接入点(Access Point，AP)和分布式系统(Distribution System，DS)等几部分组成。

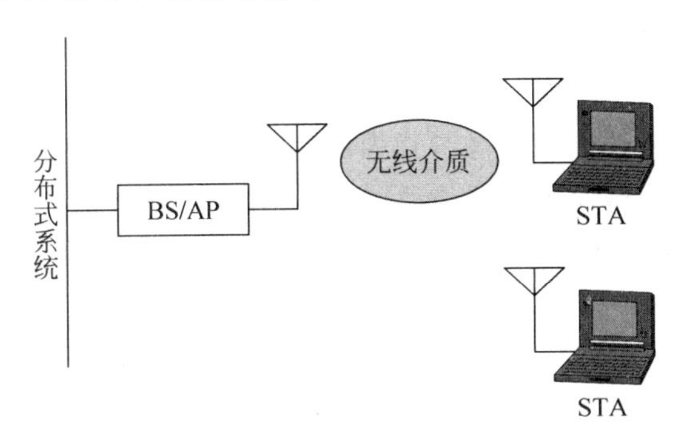

图3.3 无线局域网的物理结构

1. 站(Station，STA)

站(点)也称主机(Host)或终端(Terminal)，是无线局域网的最基本组成单元。网络就是进行站间数据传输的，我们把连接在无线局域网中的设备称为站。站在无线局域网中通常用作客户端(Client)，它是具有无线网络接口的计算设备。它包括以下几部分：

1) 终端用户设备

终端用户设备是站与用户的交互设备。这些终端用户设备可以是台式计算机、便携式计算机和掌上电脑等，也可以是其他智能终端设备，如PDA等。

2) 无线网络接口

无线网络接口是站的重要组成部分，它负责处理从终端用户设备到无线介质间的数字通信，一般是采用调制技术和通信协议的无线网络适配器(无线网卡)或调制解调器(Modem)。无线网络接口与终端用户设备之间通过计算机总线(如PCI、PCMCIA等)或接口(如RS-232、USB)等相连，并由相应的软件驱动程序提供客户应用设备或网络操作系统与无线网络接口之间的联系。常用的驱动程序标准有NDIS(网络驱动程序接口标准)和ODI(开放数据链路接口)等。

3) 网络软件

网络操作系统(NOS)、网络通信协议等网络软件运行于无线网络的不同设备上。客户端的网络软件运行在终端用户设备上，它负责完成用户向本地设备软件发出命令，并将用户接入无线网络。当然，对无线局域网的网络软件有其特殊的要求。

无线局域网中的站是可以移动的，因此通常也称为移动主机(Mobile Host，MH)或移动终端(Mobile Terminal，MT)。如果从站的移动性来分，无线局域网中的站可分为三类：固定站、半移动站和移动站。

固定站是指位置固定不动的站;半移动站是指经常改变其地理位置的站,但它在移动状态下并不要求与网络保持通信;而移动站则要求能够在移动状态也可与网络保持通信,其典型的移动速率限定为2～10m/s。它们的特点见表3.2。

表3.2 无线局域网中移动站的分类

移动站的分类	固定站	半移动站	移动站
开机使用的移动站	固定	固定	固定/移动
关机时的移动站	固定	固定/移动	固定/移动
举例	台式机	便携机	掌上机、车载台

无线局域网中的站之间可以直接相互通信,也可以通过基站或接入点进行通信。在无线局域网中,站之间的通信距离由于天线的辐射能力有限和应用环境的不同而受到限制。我们把无线局域网所能覆盖的区域范围称为服务区域(Service Area,SA),而把由无线局域网中移动站的无线收发信机及地理环境所确定的通信覆盖区域(服务区域)称为基本服务区(Basic Service Area,BSA),也常称为小区(Cell),它是构成无线局域网的最小单元。在一个BSA内彼此之间相互联系、相互通信的一组主机组成了一个基本业务组(Basic Service Set,BSS)。由于考虑到无线资源的利用率和通信技术等因素,BSA不可能太大,通常在100m以内。也就是说,同一BSA中的移动站之间的距离应小于100m。

WLAN中的站或终端可以是各种类型的,如IP型的和无线ATM型的。无线ATM型的站包括无线ATM终端和无线ATM终端适配器,空中接口为无线用户网络接口(WUNI)。

2. 无线介质

无线介质是无线局域网中站与站之间、站与接入点之间通信的传输介质。在这里指的是空气,它是无线电波和红外线传播的良好介质。

无线局域网中的无线介质由无线局域网物理层标准定义。

3. 无线接入点(Access Point,AP)

无线接入点(简称接入点)类似蜂窝结构中的基站,是无线局域网的重要组成单元。无线接入点是一种特殊的站,通常处于BSA的中心,固定不动。其基本功能有:

(1) 作为接入点,完成其他非AP的站对分布式系统的接入访问和同一BSS中的不同站间的通信联结。

(2) 作为无线网络和分布式系统的桥接点,完成无线局域网与分布式系统间的桥接功能。

(3) 作为BSS的控制中心,完成对其他非AP的站的控制和管理。

无线接入点是具有无线网络接口的网络设备,至少要包括以下几部分:

(1) 与分布式系统的接口(至少一个)。

(2) 无线网络接口(至少一个)和相关软件。

(3) 桥接软件、接入控制软件、管理软件等AP软件和网络软件。

无线接入点也可以作为普通站使用,称为AP Client。WLAN中的接入点也可以是各种类型的,如IP型的和无线ATM型的。无线ATM型的接入点与ATM交换机的接口为移动网络与网络接口(MNNI)。

4. 分布式系统(Distribution System,DS)

一个BSA所能覆盖的区域受到环境和主机收发信机特性的限制。为了覆盖更大的区域,需要把多个BSA通过分布式系统连接起来,形成一个扩展业务区(Extended Service Area,ESA),而通过DS互相连接起来的属于同一个ESA的所有主机组成一个扩展业务组(Extended Service Set,ESS)。

分布式系统是用来连接不同BSA的通信信道,称为分布式系统信道(Distribution System Medium,DSM)。DSM可以是有线信道,也可以是频段多变的无线信道。这样在组织无线局域网时就有了足够的灵活性。在多数情况下,有线DS与骨干网都采用有线局域网(如IEEE 802.3)。无线分布式系统(Wireless Distribution System,WDS)可通过AP间的无线通信(通常为无线网桥)取代有线电缆来实现不同BSS的连接,如图3.4所示。

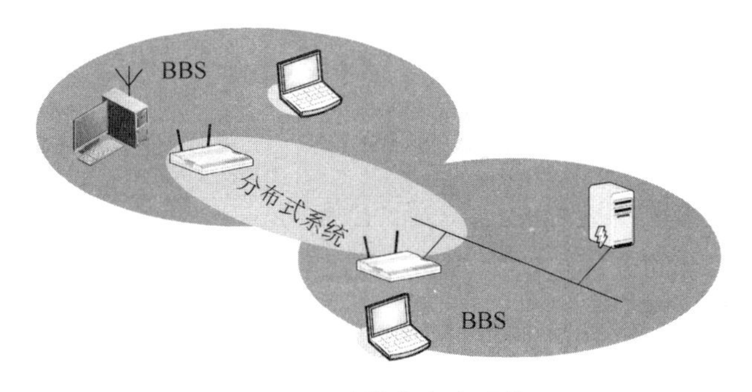

图3.4 无线分布式系统

分布式系统通过入口(Portal)与骨干网相连。从无线局域网发往骨干网(通常是有线局域网,如IEEE 802.3)的数据都必须经过Portal;反之亦然。这样就通过Portal把无线局域网和骨干网连接起来了,如3.5所示。像现有的能连接不同拓扑结构有线局域网的有线网桥一样,Portal必须能够识别无线局域网的帧、DS上的帧、骨干网的帧,并且能相互转换。Portal是一个逻辑的接入点,它既可以是一个单一的设备(如网桥、路由器或网关等),也可以和AP共存于同一设备中。在目前的设计中,Portal和AP大都集成在一起,而DS与骨干网一般是同一个有线局域网。

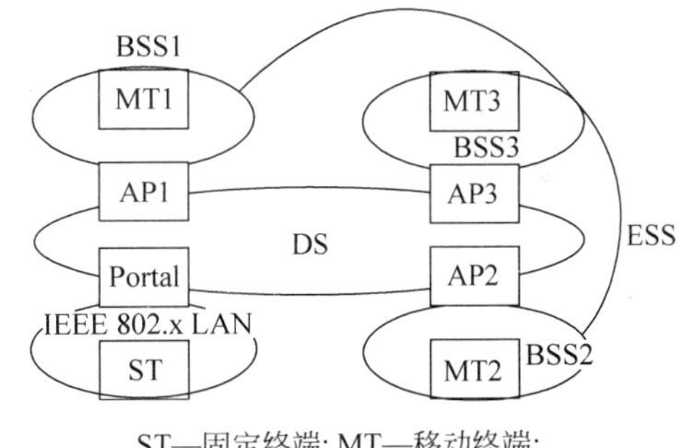

图3.5 Portal与WLAN拓扑

3.2.2 无线局域网的拓扑结构

WLAN体系结构由几个部件组成,它们之间相互作用而构成了WLAN,并使STA对上层而言具有移动透明性。

WLAN的拓扑结构可从几个方面来分类。从物理拓扑分类看,有单区网(Single Cell Network,SCN)和多区网(Multiple Cell Networks,MCN)之分;从逻辑上看,WLAN的拓扑主要有对等式、基础结构式和线形、星形、环形等;从控制方式方面看,可分为无中心分布式和有中心集中控制式两种;从与外网的连接性看,主要有独立WLAN和非独立WLAN。

BSS是WLAN的基本构造模块。它有两种基本拓扑结构或组网方式,分别是分布对等式拓扑和基础结构集中式拓扑。单个BSS称为单区网,多个BSS通过DS互联构成多区网。

1. 分布对等式拓扑

分布对等式网络是一种独立的(Independent)BSS(IBSS),它至少有两个站。它是一种典型的、以自发方式构成的单区网。在可以直接通信的范围内,IBSS中任意站之间可直接通信,而无须AP转接,如图3.6所示。由于没有AP,站之间的关系是对等的(Peer to Peer)、分布式的或无中心的。由于IBSS网络不需要预先计划,随时需要随时构建,因此该工作模式被称作特别网络或自组织网络(Ad Hoc Network)。采用这种拓扑结构的网络,各站点竞争公用信道。当站点数过多时,信道竞争成为限制网络性能的要害。因此,IBSS比较适合于小规模、小范围的WLAN系统。

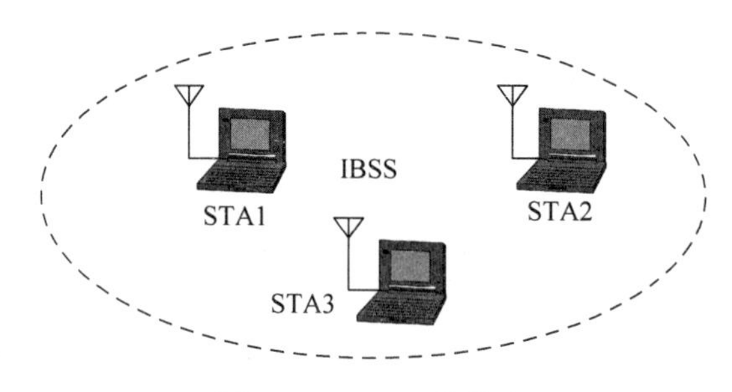

图3.6 IBSS工作模式

这种网络的显著特点是受时间与空间的限制,而这些限制使得IBSS的构造与解除非常方便、简单,以至于网络设备中的非专业用户也能很好地操作。也就是说,除了网络中必备的STA之外,不需要任何专业的技能训练或花费更多的时间及其他额外资源。IBSS结构简单,组网迅速,使用方便,抗毁性强,多用于临时组网和军事通信中。

对于IBSS,需要注意两点:一是IBSS是一种单区网,而单区网并不一定就是IBSS;二是IBSS不能接入DS。

2. 基础结构集中式拓扑

在WLAN中,基础结构(Infrastructure)包括分布式系统媒体(DSM)、AP和端口实体。同时,它也是ESS的分布和综合业务功能的逻辑位置。一个基础结构除DS外,还包含一个或多个AP及零个或多个端口。因此,在基础结构WLAN中,至少要有一个AP。只包含一个AP的单区基础结构网络如图3.7所示。AP是BSS的中心控制站,网中的站在该中心

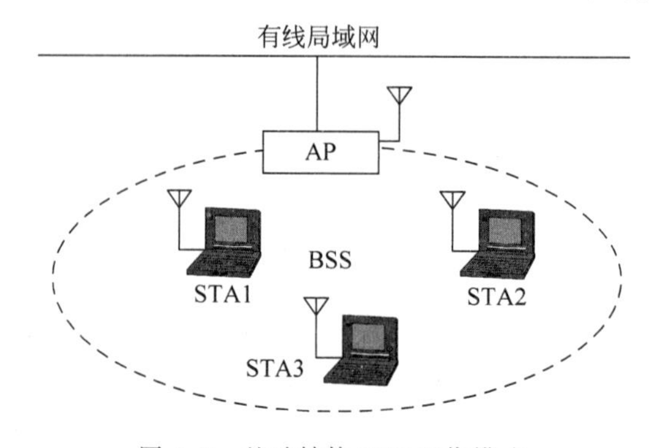

图3.7 基础结构BSS工作模式

站的控制下与其他站进行通信。

与 IBSS 相比，基础结构 BSS 的抗毁性较差，如果 AP 遭到破坏，则整个 BSS 就会瘫痪。此外，作为中心站的 AP 的复杂度较大，实现成本也较昂贵。

在一个基础结构 BSS 中，如果一个站要想与同一 BSS 内的另一个站通信，必须经过源站到 AP 和 AP 到宿站的两跳(Hop)过程并由 AP 进行转接。虽然这样会需要较大的传输容量，增加了传输时延，但比各站直接通信有以下优势：

(1) 基础结构 BSS 的覆盖范围或通信距离由 AP 确定。一般情况下，两站可进行通信的最大距离是进行直接通信时的两倍。BSS 内的所有站都需在 AP 的通信范围之内，而对各站之间的距离没有限制，即网络中的站点的布局受环境的限制较小。

(2) 由于各站不需要保持邻居关系，所以其路由的复杂性和物理层的实现复杂度较低。

(3) AP 作为中心站，控制所有站点对网络的访问，当网络业务量增大时，网络的吞吐性能和时延性能的恶化并不剧烈。

(4) AP 可以很方便地对 BSS 内的站点进行同步管理、移动管理和节能管理等，即可控性(Controllability)好。

(5) 为接入 DS 或骨干网提供了一个逻辑接入点，并有较大的可伸缩性(Scalability)。在一个 BSS 中，AP 所能管理的站的数量总是有限的。为了扩展无线基础结构网络，可通过增加 AP 的数量，选择 AP 合适位置等方法来扩展覆盖区域和增加系统容量。实际上，这就是将一个单区的 BSS 扩展成为一个多区的 ESS。

应当指出，在一个基础结构 BSS 中，如果 AP 没有通过 DS 与其他网络(如有线骨干网)相连接，则此种结构的 BSS 也是一种独立的 BSS WLAN。

3. ESS 网络拓扑

ESA 是由多个 BSA 通过 DS 联结形成的一个扩展区域，其范围可覆盖数千米。属于同一个 ESA 的所有站组成 ESS，如图 3.8 所示。一个完整的 ESS 无线局域网的拓扑结构如图 3.5 所示。在 ESA 中，AP 除了应完成其基本功能(如无线到 DS 的桥接)外，还可以确定一个 BSA 的地理位置。

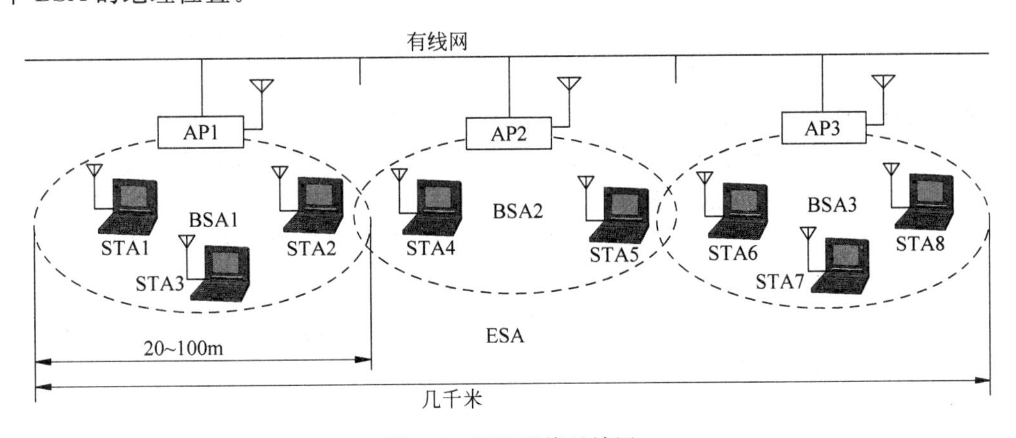

图 3.8　ESS 无线局域网

ESS 是一种由多个 BSS 组成的多区网，其中每个 BSS 都被分配了一个标识号(Identifier) BSSID。如果一个网络由多个 ESS 组成，则每个 ESS 也被分配一个标识号 ESSID，所有的

ESSID组成一个网络标识(Network ID,NID),用以标识由这几个ESS组成的网络(实际上是逻辑网段,也就是通常所说的子网)。

在图3.8中,BSA1和BSA2、BSA2和BSA3都有一定的重叠(Overlap)。实际上,一个ESS中的BSA之间并不一定要有重叠。当一个站(如STA1)从一个BSA(如BSA1)移动到另外一个BSA(如BSA2),称这种移动为散步(Walking)或越区切换(Handover或Handoff),这是一种链路层的移动;当一个站(如STA1)从一个ESA移动到另外一个ESA,也就是说,从一个子网移动到另一个子网,称这种移动为漫游(Roaming),这是一种网络层或IP层的移动。当然,在这种移动过程中,也伴随着越区切换操作。

同样,对于ESS网络,如果没有通过DS与其他网络(如有线网)相连接,则仍然是一种独立的WLAN。

4. 中继(Relay)或桥接(Bridging)型网络拓扑

两个或多个网络(LAN或WLAN)或网段可以通过无线中继器、无线网桥或无线路由器等无线网络互联设备连接起来。如果中间只通过一级无线互联设备,称为单跳(Single Hop)网络。如果中间需要通过多级无线互连设备,则称为多跳(Multiple Hop)网络。

采用中继或桥接型网络拓扑也是一种拓展WLAN覆盖范围的有效方法。

3.2.3 无线局域网的服务

无线局域网的不同层次都有相应的服务。例如,应用层业务主要有E-mail、FTP、WWW浏览等。与WLAN体系结构和工作原理密切相关的服务主要有两种类型,即STA服务(SS)和分布式系统服务(DSS),且这两种服务均由MAC层使用。

IEEE 802.11标准中定义了9种服务,3种用来移动数据,其余6种都是管理操作。这9种服务中,4种属于STA服务,5种属于DSS服务。

1. STA服务(SS)

由STA提供的服务被称为STA服务,它存在于每个STA和AP中。SS包括:

1) 认证(Authentication)

在有线LAN中,采用物理安全性来阻止非授权接入;而在WLAN中,这显然是不实际的,因为其媒体没有精确的边界。

利用认证服务控制LAN的接入能力,所有STA均可使用该服务得到与它们通信的STA的身份,对于ESS和IBSS网络的确如此。如果两台STA之间没有建立一种交互式可接收的认证级别,那么也无法建立联结。

STA之间的认证可以是链路级的认证,也可以是端到端(消息源到消息目的地)或用户到用户的认证。认证过程和认证方案都可以自由选择。

IEEE 802.11标准支持开放系统认证(Open System Authentication)和共享密钥认证(Shared Key Authentication),后者执行有线等价保密(Wired Equivalent Privacy,WEP)算法。

2) 解除认证(Deauthentication)

当欲终止已存在的认证时,解除认证服务就被唤醒。在ESS中,由于认证是联结的先决条件,因此解除认证就能使STA解除联结。解除认证服务可由任何一个联结实体(非AP的STA或AP)唤醒,它不是一种请求型,而是通知型服务。解除认证不能被任何一方拒绝。当 AP 发给已联结的 STA 解除认证通知时，联结将被终止。

3）保密（Privacy）

在有线 LAN 中，只有物理上连接到有线的那些 STA 可以侦听 LAN 的服务。对无线共享媒体而言，情况就不同了。任何一台符合本标准的 STA 都可以侦听到其覆盖范围内的所有 PHY 服务。因此，独立无线链路（无保密）连接到已存在的有线 LAN 时会严重降低有线 LAN 的安全级别。

4）MAC 服务数据单元传送

MAC 服务数据单元（MSDU）是 LLC 层传递给 MAC 层的数据单元，LLC 层访问 MAC 服务的点称为 MAC 服务访问点（SAP）。这项服务保证了 MSDU 在服务接入点间的传递，RTS、CTS、ACK 之类的控制帧可以用来控制站点间的帧流量，如 IEEE 802.11b/g 混合节点操作。

为了加强 WLAN 的保密性能，保密服务是必要的。IEEE 802.11 标准提供了 WEP 服务。

2. 分布式系统服务（DSS）

由 DS 提供的服务被称为分布式系统服务。在 WLAN 中，DSS 通常由 AP 提供。DSS 包括：

1）联结（Association）

为了在 DS 内传送信息，对于给定的 STA，分布式服务需要知道接入哪个 AP。这种信息由联结的概念提供给 DS。支持 BSS 的切换移动，联结是必要条件，并不是充分条件。联结仅足以支持无切换的移动。

在 STA 允许通过 AP 发送数据消息之前，它应首先联结至 AP。欲建立联结，必须唤醒联结服务，该服务提供了 STA 到 DS 的 AP 映射。DS 使用该信息完成它的消息分布业务。在任一给定瞬间，一台 STA 仅可能和一个 AP 联结。一旦联结完成，STA 就能充分利用 DS（通过 AP）进行通信。联结通常由移动 STA 激活，而非 AP。

一个 AP 可以在同一时间联结多个 STA。

2）重新联结（Reassociation）

对 STA 间的无切换消息传送而言，联结为充分条件。想支持 BSS 切换移动，还需要其他功能。这就是重新联结服务。

唤醒的重新联结服务用来完成当前联结从一个 AP 移动到另一个 AP。当 STA 在 ESS 内从一个 BSS 移动到另一个 BSS 时，它保持了 AP 与 STA 之间的当前映射。当 STA 保持与同一 AP 的联结时，重新联结还能够改变已建联结的联结属性。重新联结总是由移动 STA 激活。

3）解除联结（Disassociation）

当要终止一个已存在的联结时，就会唤醒解除联结。在 ESS 中，它告诉 DS 取消已存在的联结信息，因此试图通过 DS 向已解除联结的 STA 发送信息根本不会成功。

联结的任一部分（非 AP 的 STA 或 AP）均可唤醒解除联结服务。解除联结是一个通告型而非请求型服务，它不能被联结的任一方拒绝。

AP可以解除STA联结,使AP从网络中移走。STA也可以试图在需要它们离开网络时解除联结,然而MAC协议并没有依靠STA来唤醒解除联结服务。

4) 分布(Distribution)

这是WLAN STA使用的基本服务。在概念上,它是由来自或发送至工作在ESS(此时帧通过DS发送)中的WLAN STA的每个数据消息唤醒,分布借助于DSS完成。

5) 集成(Integration)

如果分布式服务确定消息的接收端为集成LAN的成员,则DS的"输出"点将是端口,而非AP。

分发到端口的消息使得DS唤醒集成功能,集成功能负责完成消息从DSM到集成LAN介质和地址空间的变换。

3. 服务之间的关系

对于通过WM进行直接通信的STA,均有认证状态(值为未被认证和已认证)和联结状态(值为未联结和已联结)两个状态变量。这两个变量为每个远端STA建立了3种本地状态。

(1) 状态1:初始启动状态,未认证,未联结。

(2) 状态2:已认证,未联结。

(3) 状态3:已认证,已联结。

图3.9给出了这些STA状态变量和服务间的关系。顺便说明,有时也将联结(Association)称为关联或登录。

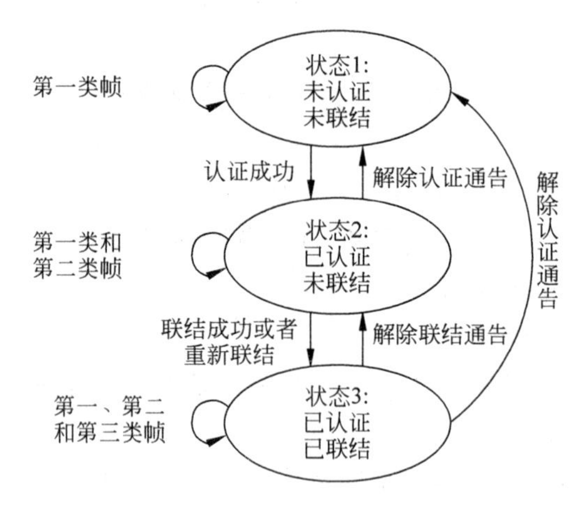

图3.9 状态变量与业务之间的关系

3.3 无线局域网的协议体系

1. 无线网络逻辑结构

完整的网络结构包括自上而下的各个层次,但无线网络仅仅工作在OSI/RM的下3层,即通信子网层,如图3.10所示。无线调制解调器(Modem)或无线电台只具有各物理层的功能;WLAN可以包括物理层和数据链路层的功能,只有WWAN才具有网络层的功能。

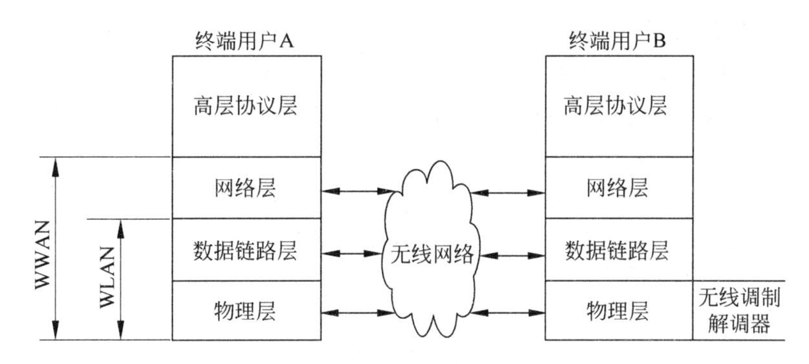

图 3.10 无线网络逻辑结构

2. IEEE 802.11x 无线局域网协议体系

IEEE 802.11 系列标准的协议体系结构如图 3.11 所示。LLC 层与其他 IEEE 802 局域网一并共用，而 MAC 子层为多种物理层标准所共用。IEEE 802.11MAC 子层支持的物理层有以下几种：

(1) IEEE 802.11 跳频(Frequency Hopping Spread Spectrum，FHSS)物理层，在 2.4GHz 频段上提供 1～2Mb/s 的传输速率。

(2) IEEE 802.11 直接序列扩频(Direct Sequence Spread Spectrum，DSSS)物理层，在 2.4GHz 频段上提供 1～2Mb/s 的传输速率。

(3) IEEE 802.11b 物理层，在 2.4GHz 频段上提供 1～11Mb/s 的传输速率。

(4) IEEE 802.11a 物理层，在 5GHz 频段上提供 6～54Mb/s 的传输速率。

(5) IEEE 802.11g 物理层，在 2.4GHz 频段上提供高达 54Mb/s 的传输速率。

(6) IEEE 802.11 红外线(IR)物理层，提供 1～2Mb/s 的传输速率。

(7) IEEE 802.11n 物理层，提供 108～340Mb/s 的传输速率。

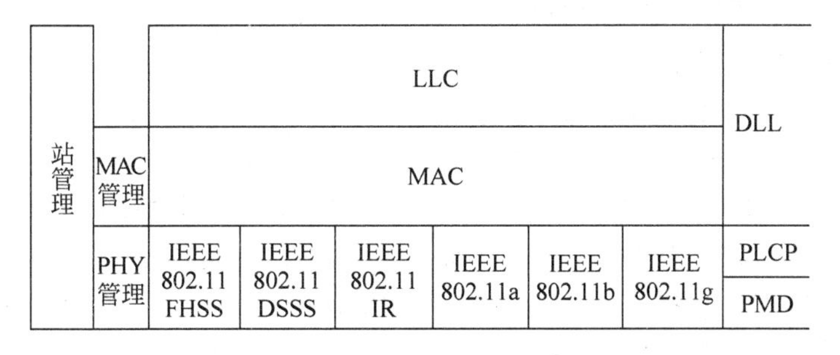

图 3.11 IEEE 802.11 协议体系

在 IEEE 802.11 系列标准中，通常把相对复杂的物理层又进一步划分为物理层会聚过程(Physical Layer Convergence Procedure，PLCP)子层、物理媒体依赖(Physical Medium Dependent，PMD)子层和物理层管理子层。PLCP 子层将 MAC 帧映射到媒体上，主要进行载波侦听的分析和针对不同的物理层形成相应格式的分组。PMD 子层用于识别相关媒体传输的信号所使用的调制和编码技术，完成这些帧的发送。物理层管理子层为物理层进行信道选择和协调。

MAC 层也分为 MAC 子层和 MAC 管理子层。MAC 子层负责访问机制的实现和分组的拆分与重组。MAC 管理子层负责 ESS 散步管理、电源(节能)管理，以及联结过程中的联结、解除联结和重新联结等过程的管理。

此外,IEEE 802.11还定义了一个站管理子层,其主要任务是协调物理层和MAC层之间的交互作用。综合考虑多个标准工作组的研究情况,IEEE 802.11x标准较为完整的协议体系如图3.12所示。

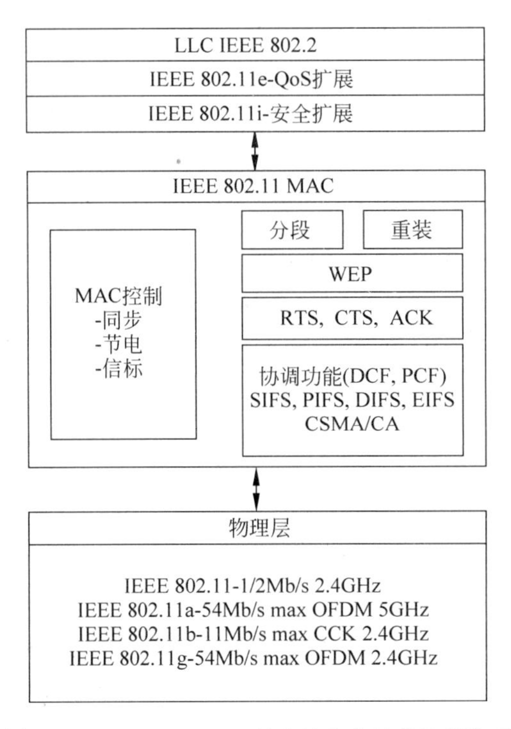

图3.12 IEEE 802.11x标准较为完整的协议体系

本章重点介绍IEEE 802.11x标准。

3. HiperLAN协议体系

IEEE 802.11x无线局域网可以认为是美国工业化的代表,它代表的是无连接的WLAN标准。成功的欧洲产业标准的代表是以HiperLAN为典型的宽带无线接入网(BRAN),它是以无线ATM(WATM)为基础的面向连接业务的标准。

图3.13为WATM的协议分层。ATM适配层(AAL)是一个与业务无关的层,它把各种高层的协议包映射成ATM信元。ATM论坛定义了5种不同的AAL标准。其中,LAN应用中最流行的AAL 5是最适合WATM操作的;DLC和MAC都需要适应无线环境;无线控制层用来协调所有支持无线操作的附加功能。

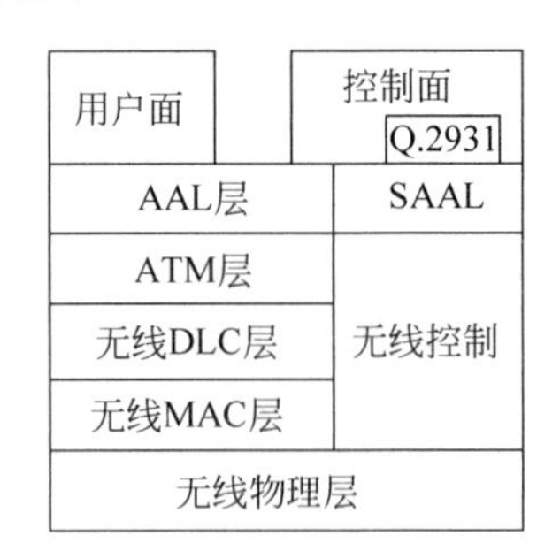

图3.13 WATM的协议分层

HiperLAN中是WLAN的,有HiperLAN1和HiperLAN2两种。HiperLAN1是早期的标准,没有任何实际产品。HiperLAN2是一种支持QoS控制的、先进的WLAN标准,在标准的制定过程中与IEEE 802.11进行了密切的合作。HiperLAN2的协议体系如图3.14所示。它有3个基本的层:物理层(PHY)、数据链路控制层(DLC层)和会聚层(CL)。

各种会聚层同时工作，把采用不同协议的高层分组映射到DLC层。DLC层提供AP和移动终端(MT)之间的逻辑连接，还能提供媒体访问的功能和用于连接处理的通信管理功能。DLC层提供一个逻辑结构，把执行不同应用协议的会聚层分组映射到单一的物理层，它包括以下几个子层：

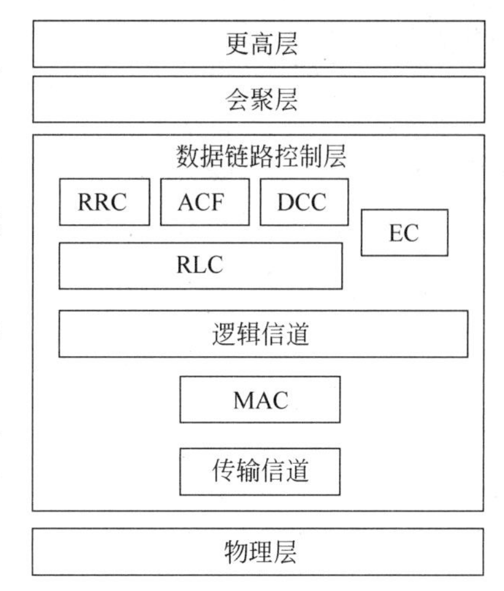

图3.14 HiperLAN2的协议体系

(1) MAC协议。MAC协议用于发送数据时控制对物理媒体的访问，采用动态TDMA/TDD MAC协议。

(2) 差错控制协议(Error Control，EC)协议。采用可选择重传ARQ方法，提高无线链路的可靠性。

(3) 无线链路控制(Radio Link Control，RLC)协议。为信令实体提供传输服务，主要处理下面3种功能。

① 联结控制功能(Association Control Function，ACF)。用于身份验证、密钥管理、联结、解除联结和加密种子。

② 无线资源控制(Radio Resource Control，RRC)。用于管理切换、动态频率选择、移动终端的激活与释放、省电和功率控制。

③ DLC连接控制(DLC Connection Control，DCC)。用于建立和释放用户连接、多点传送和广播。

4. Wi-Fi联盟的作用

在无线局域网标准的采纳和市场化推进中，Wi-Fi联盟(论坛)起到了主导作用。获得工业界广泛接收的第一个IEEE 802.11标准是IEEE 802.11b。尽管所有的IEEE 802.11b产品都基于同样的标准，然而总有一个人们关心的问题——来自不同厂商的产品是否能够成功地互操作。为此，一个工业联盟——无线以太兼容性联盟(Wireless Ethernet Compatibility Alliance，WECA)于1999年成立。后来更名为Wi-Fi(Wireless Fiderlity)联盟的这一组织建立了用于验证IEEE 802.11b产品互操作能力的一套测试程序。自2004年起，已经有超过120个厂商的产品得到验证。经过验证的IEEE 802.11b产品使用的名称是Wi-Fi，Wi-Fi认证现已扩展到IEEE 802.11n产品，且迄今已有57个厂商的产品得到认证。Wi-Fi联盟还针对IEEE 802.11a产品开发了一个认证过程，称为Wi-Fi5。至此，已有32个厂商的产品获得了Wi-Fi5的认证。Wi-Fi联盟对无线局域网领域所关注的市场范围包括企业、家庭和热点地区。

3.4 IEEE 802.11物理层

从本节开始重点介绍无线局域网中最广泛使用的IEEE 802.11x标准的相关内容。首先介绍物理层，表3.3提供了其中的一些细节，下面依次介绍其中的每一部分。

表3.3　IEEE 802.11的物理层标准

特　点	IEEE 802.11	IEEE 802.11a	IEEE 802.11b	IEEE 802.11g
可获得的带宽/MHz	83.5	300	83.5	83.5
不需许可证的操作频率/GHz	2.4～2.4835 DSSS,FHSS	5.15～5.35 OFDM 5.725～5.825 OFDM	2.4～2.4835 DSSS	2.4～2.4835 DSSS,OFDM
无重叠的信道数目	3(室内/室外)	4室内 4(室内/室外) 4室外	3(室内/室外)	3(室内/室外)
每个信道的数据率/(Mb/s)	1,2	6,9,12,18,24,36,48,54	1,2,5.5,11	1,2,5.5,6,9,11,12,18,24,36,48,54
兼容性	IEEE 802.11	Wi-Fi	Wi-Fi	工作在11Mb/s和更低速率下的Wi-Fi

3.4.1 初始的IEEE 802.11物理层

初始的IEEE 802.11标准中定义了3个物理媒体：

(1) 工作在2.4GHz的ISM波段上的直接序列扩频(Direct Sequence Spread Spectrum,DSSS),其数据率为1Mb/s和2Mb/s。在美国,联邦通信委员会(Federal Communication Commission,FCC)对这一频段的使用不要求许可。其可获得信道的数量取决于不同国家管制部门所分配的带宽,其范围由大多数欧洲国家的13个信道到日本的仅有一个信道。

(2) 工作在2.4GHz的ISM波段上的跳频扩频(Frequency-Hopping Spread Spectrum,FHSS),其数据率为1Mb/s和2Mb/s。其可获得的信道数量范围从日本的23个到美国的高达70个。

(3) 工作在波长介于850～950nm的红外波段(Infrared)上,其数据率为1Mb/s和2Mb/s。

3.4.2 IEEE 802.11a

对IEEE 802.11标准的最初版本进行修订后的IEEE 802.11a标准在1999年获得批准。第一个使用该标准的芯片在2001年由Atheros生产。IEEE 802.11a规范了基于正交频分复用(OFDM)、工作在5GHz频段的物理层。在美国,IEEE 802.11a OFDM使用3个非授权的国家信息架构频段(U-NII),每个频段容纳4个不重叠信道,每个信道的带宽是20MHz。由FCC规定每个频段的最大发射功率,从允许的较高功率级别来看,高的4个频段的信道是为室外应用保留的,见表3.4。

在欧洲,除了5.150～5.350GHz的8个信道之外,在5.470～5.725GHz有11个可用信道(信道100、104、108、112、116、120、124、128、132、136、140)。欧洲室内和室外的最大功率级别各国的规定都不同,但一般5.15～5.35GHz频段保留为室内应用,最大EIRP为200mW,5.47～5.725GHz频段有1W的EIRP限制,保留为室外应用。

表 3.4　在 IEEE 802.11a OFDM 物理层使用的美国 FCC 规定的 U-NII 信道

RF 频段	频率范围/GHz	信道号	中心频率/GHz	最大发射功率/mW
U-NII 下频段	5.150～5.250	36	5.180	50
		40	5.200	
		44	5.220	
		48	5.240	
U-NII 中频段	5.250～5.350	52	5.260	250
		56	5.280	
		60	5.300	
		64	5.320	
U-NII 高频段	5.725～5.825	149	5.745	1000
		153	5.765	
		157	5.785	
		162	5.805	

作为 2003 年 ITU 世界无线电通信会议后全球频谱协调的一部分，美国 2003 年 11 月开放了 5.470～5.725GHz 频谱，隶属于 IEEE 802.11h 频谱管理机制的应用。

每 20MHz 带宽的信道容纳 52 个 OFDM 子载波，中心频率间相隔 312.5kHz(20MHz/64)。4 个子载波用作导频，提供相位补偿和频率偏移的参考，剩下的 48 个用来承载数据。

表 3.5 规定了 4 种调制方式，物理层数据率范围为 6～54Mb/s。

表 3.5　IEEE 802.11a OFDM 调制方式、编码及数据率

调制方式	编码比特数/子载波	编码比特数/OFDM 符号	编码率	数据比特数/OFDM 符号	数据率/(Mb/s)
BPSK	1	48	1/2	24	6
BPSK	1	48	3/4	36	9
QPSK	2	96	1/2	48	12
QPSK	2	96	3/4	72	18
16-QAM	4	192	1/2	96	24
16-QAM	4	192	3/4	144	36
64-QAM	6	288	2/3	192	48
64-QAM	6	288	3/4	216	54

编码效率定义为输入数据块的比特数与其增加纠错位后的传输比特数的比值，即 $m/(m+n)$，其中 m 是数据块的比特长度，n 是纠错位的比特数。例如，如果编码率为 3/4，那么 8 个传输比特中有 6 个比特是用户数据，2 个比特是纠错位。

给定编码率和调制方式，用户数据率可以按下面的方法计算。以 64-QAM、编码率 3/4 为例，在每 4μs 的符号周期中，包括 800ns 的符号之间的保护间隔，每个载波由 64-QAM 星座图中的一个点表示其相位和幅度编码。有 64 个这样的点，因此编码成 6 比特。每个符号周期 48 个子载波总共传送 6×48=288 个码位。编码率为 3/4，所以有 216 个数据位，72 个纠错位。每 4μs 传送 216 个数据比特，相应的数据率为 216 数据比特/OFDM 符号周期×250 个 OFDM 符号/毫秒=54Mb/s。

IEEE 802.11a 规定 6、12、24Mb/s 为强制速率,对应编码率为 1/2 的 BPSK、QPSK 和 16-QAM 调制方式,其 IEEE 802.11a MAC 协议允许站点之间协商调制参数,以达到最大的稳健数据率。

IEEE 802.11a 工作在 5GHz,相对于工作在拥挤的 2.4GHz ISM 频段的 IEEE 802.11b 来说,干扰小很多,但是工作在高载波频率并不是没有缺点,它限制了 IEEE 802.11a 只能接近视距应用,而且 5GHz 的低穿透性意味着在室内需要更多的 WLAN 接入点,才能覆盖一个给定的工作区域。

3.4.3 IEEE 802.11b

最初的 IEEE 802.11 DSSS 物理层使用长度为 11 的巴克扩展码,采用差分二进制相移键控(DBPSK)和差分正交相移键控调制方式(DQPSK),相应的物理层传输数据率为 1Mb/s 和 2Mb/s,见表 3.6。

表 3.6 IEEE 802.11b DSSS 调制方式、编码和数据率

调制方式	码长	编码类型	符号速率	数据比特数	数据率
DBPSK	11	Barker	1	1	1
DQPSK	11	Barker	1	2	2
DQPSK	8	CCK	1.375	4	5.5
DQPSK	8	CCK	1.375	8	11

在 IEEE 802.11b 中,规范的高速率 DSSS 物理层增加补码键控,使用 8 码片扩码。IEEE 802.11 标准支持动态速率转换(Dynamic Rate Shifting,DRS)或自适应速率选择(Adaptive Rate Selection,ARS),允许数据率动态调整,以补偿干扰或变化的路径损耗。当出现干扰或者站点移动超出最大数据率的可靠工作范围时,接入点会逐渐降低到低速率,直至恢复可靠的通信。相反,如果站点回到高速率的工作范围内,或者干扰减少时,链路将转换到高速率。速率转换应用在物理层,并且对上层协议栈是透明的。

IEEE 802.11b 标准规定 2.4GHz ISM 频段分成许多 22MHz 的相互重叠的信道,如图 3.15 所示。美国 FCC 和欧洲 ETSI 都已授权 2.4000~2.4835GHz 频段的使用。美国批准了 11 个信道,欧洲批准了 13 个信道。日本 ARIB 另外批准了 2.484GHz 上的 14 号信道。欧洲的一些国家对信道分配更加严格,特别是法国只批准了 4 个信道(10~13)。IEEE 802.11b 在 2.4GHz 频段可用的国际信道见表 3.7。

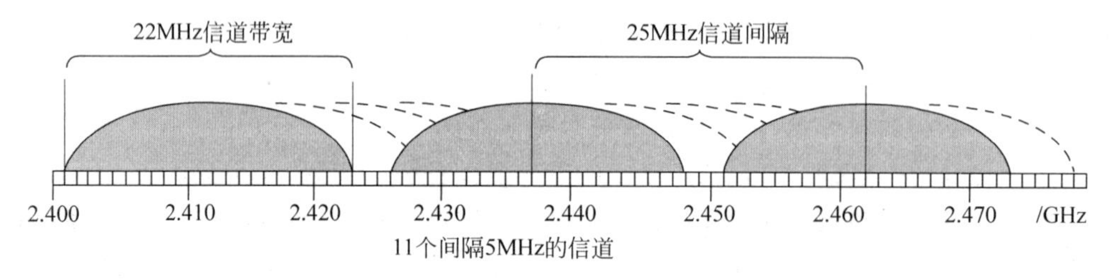

图 3.15 IEEE 802.11b DSSS 信道

表 3.7 IEEE 802.11b 在 2.4GHz 频段可用的国际信道

信道号	中心频率/GHz	使用地区
1	2.412	美国、加拿大、欧洲、日本
2	2.417	美国、加拿大、欧洲、日本
3	2.422	美国、加拿大、欧洲、日本
4	2.427	美国、加拿大、欧洲、日本
5	2.432	美国、加拿大、欧洲、日本
6	2.437	美国、加拿大、欧洲、日本
7	2.442	美国、加拿大、欧洲、日本
8	2.447	美国、加拿大、欧洲、日本
9	2.452	美国、加拿大、欧洲、日本
10	2.457	美国、加拿大、欧洲、日本、法国
11	2.462	美国、加拿大、欧洲、日本、法国
12	2.467	欧洲、日本、法国
13	2.472	欧洲、日本、法国
14	2.484	日本

IEEE 802.11b 标准还包含了一个次要的、可选的调制和编码方式，即分组二进制卷积码(PBCC)，在 5.5Mb/s 和 11Mb/s 通过获得额外的 3dB 增益改善性能。与 BPSK/DQSK 的 2 或 4 种相位状态或相位变化不同，PBCC 使用 8-PSK，给每个符号提供速率更高的码片。这可以解释成通过使用更长的码片编码，在给定码片编码长度下获得较高的数据率，或者是给定数据率下获得较高的处理增益。

3.4.4 IEEE 802.11g

IEEE 802.11g 将 IEEE 802.11b 的数据率扩展到 20Mb/s 以上，达到 54Mb/s。与 IEEE 802.11b 相同，IEEE 802.11g 操作在 2.4GHz 范围内，因而二者是兼容的。该标准的设计使得 IEEE 802.11b 的设备在连接到一个 IEEE 802.11g 的 AP 上时仍能工作，IEEE 802.11g 的设备连接到一个 IEEE 802.11b 的 AP 上时也仍能工作。这两种情况下都使用较低的 IEEE 802.11b 的数据率。

IEEE 802.11g 使用 OFDM 将数据率上升到 54Mb/s，但是反相兼容 IEEE 802.11b，支持两种标准的硬件可以工作在相同的 2.4GHz WLAN。OFDM 的调制和编码方案与 IEEE 802.11a 相同，在 2.4GHz 频段内，每个 20MHz 的信道分成 52 个子载波，包括 4 个导频和 48 个数据载频。

虽然 IEEE 802.11b 和 IEEE 802.11g 的硬件可以工作在相同的 WLAN，但 IEEE 802.11b 站点与 IEEE 802.11g 网络链接时吞吐量会下降，因为要启动一些保护机制来确保互操作性。

如表 3.8 中所示意的，IEEE 802.11g 提供了宽泛的多种数据率和调制模式选项。对于 1Mb/s、2Mb/s、5.5Mb/s 和 11Mb/s 的数据率，通过使用与 IEEE 802.11 和 IEEE 802.11b 相同的调制和成帧模式，IEEE 802.11g 提供了与它们的兼容能力。对于 6Mb/s、9Mb/s、12Mb/s、18Mb/s、24Mb/s、36Mb/s、48Mb/s 和 54Mb/s 的数据率，IEEE 802.11g 采用 IEEE 802.11a OFDM 模式，它适应 2.4GHz 的频段，这被称为 ERP-OFDM，其中 ERP 表示扩展速率的物理层(extended rate physical layer)。此外，ERP-PBCC 模式用于提供 22Mb/s 和

33Mb/s 的数据率。

表 3.8 IEEE 802.11g 的物理层选项

数据率/(Mb/s)	调制模式	数据率/(Mb/s)	调制模式
1	DSSS	18	ERP-OFDM
2	DSSS	22	ERP-PBCC
5.5	CCK 或 PBCC	24	ERP-OFDM
6	ERP-OFDM	33	ERP-PBCC
9	ERP-OFDM	36	ERP-OFDM
11	CCK 或 PBCC	48	ERP-OFDM
12	ERP-OFDM	54	ERP-OFDM

一些硬件厂商推出了 IEEE 802.11g 规范的扩展产品,使数据率超过 54Mb/s。例如 D-LINK 公司的产品"108G",使用包突发和信道捆绑方式使物理层速率达到 108Mb/s。包突发又叫帧突发,是将短数据包捆绑进较少的但又比较大的数据包中,以减少传输数包之间间隙的冲突。

包突发作为一种数据率增强策略,与为了提高传输的健壮性将包分片的策略相反,只有在干扰或站点之间的激烈竞争不存在时才有效。

信道捆绑是一个机器中的多个网络接口用来共同发送同一数据流时采用的方法。在"108G"中,在 2.4GHz ISM 频段两个不重叠的信道同时传送数据帧。

3.4.5 IEEE 802.11n

为满足不断提高 WLAN 性能的要求,2003 年下半年成立了 IEEE 802.11 工作组 TGn,目标是通过修正 IEEE 802.11 的 PHY 层和 MAC 层,能够传输最低也要达 100Mb/s 的有效数据率。

在 MAC 层业务入口的这种目标数据率,将要求物理层数据率超过 200Mb/s,与 IEEE 802.11a/g 网络相比,吞吐量增加了 4 倍。向后来兼容 IEEE 802.11a/b/g,网络将确保从传统系统平滑转换,而不必为其实现高速率而付出高昂代价。

虽然对这个提议一直有争议,但是作为推进 IEEE 802.11n 标准发展的主要业界团体,无线增强联盟(Enhanced Wireless Consortium,EWC)在 2005 年 9 月发布了 MAC 层和 PHY 层提案的第一个版本,以下描述就是基于 EWC 提案。

要达到 IEEE 802.11n 期望的传输速率,两个关键技术是 MIMO 无线通信和扩展信道带宽的 OFDM。

MIMO 无线通信利用空间分离的发射和接收天线,解决了信息通过多个信号路径传输的问题,多个天线的使用增加了额外的增益,提高了接收机对数据流解码的能力。

通过在 2.4GHz 或 5GHz 频段合并两个 20MHz 的信道扩展信道带宽,信道容量将进一步提升,原因是可用的 OFDM 数据载频数量加倍。

为了在 MACSAP 达到 100Mb/s 的有效数据率,要求两发两收系统工作在 40MHz 带宽上,或者 4 发 4 收系统工作在 20MHz 带宽上,分别处理 2 或 4 路空间分离的数据流。考虑到数据流从 2 路上升到 4 路时硬件和信号处理复杂度的明显上升,如果当地频谱规范允许,则倾向于选择 40MHz 带宽解决方案。为了保证向后兼容,IEEE 802.11a/g OFDM 在一个 40MHz 信道中的高 20MHz 或低 20MHz 时要指定物理层操作模式。

最大化 IEEE 802.11n 网络的数据吞吐量要求智能机制，以不断适应信道带宽、信道选择、天线配置、调制方案、码率等改变无线信道条件的参数。

初始制定了总共 32 种编码和调制方案，分成 4 组，每组 8 个，取决于是否使用 1～4 个空间数据流。表 3.9 显示的是最高数据率情况下的调制和编码方案，4 个空间数据流工作在 40MHz 带宽上，提供 108 个 OFDM 数据载频。空间数据流较少时，数据率只是简单地与数据流的数量成比例下降。

表 3.9　IEEE 802.11n OFDM 调制方式、编码和数据率

调制方式	编码比特数/子载波(per stream)	编码比特数(all streams)	编码率	数据比特数(all streams)	数据率/(Mb/s)
BPSK	1	432	1/2	216	54
QPSK	2	864	1/2	432	108
QPSK	2	864	3/4	648	162
16-QAM	4	1728	1/2	864	216
16-QAM	4	1728	3/4	1296	324
64-QAM	4	2592	2/3	1728	432
64-QAM	6	2592	3/4	1944	486
64-QAM	6	2592	5/6	2160	540

IEEE 802.11a/g 中，在 4.0μs 的符号周期内获得的这种数据率，利用可选的短防护间隔模式可以将速率提高 10/9，即从 540Mb/s 提高到 600Mb/s，而符号间的防护间隔从 800ns 减少到 400ns，符号周期变为 3.6μs。

定义 MACSAP 有效数据率为物理层速率的一部分。为了提高 MAC 层效率，需要减少 MAC 分帧和确认的开销。对于当前的 MAC 开销，在 MAC SAP 传送 100Mb/s 的目标速率要求 PHY 层速率达到 500Mb/s。

IEEE 802.11 标准并不包括与远程目标对应的速度的说明。依赖于环境，不同的厂商会给出不同的值。表 3.10 给出了在一个典型的办公环境中 IEEE 802.11a/b/g 的估计值。

表 3.10　与数据率对应的估计距离　　(单位：m)

数据率/(Mb/s)	IEEE 802.11b	IEEE 802.11a	IEEE 802.11g	数据率/(Mb/s)	IEEE 802.11b	IEEE 802.11a	IEEE 802.11g
1	90＋	—	90＋	18	—	40	50
2	75	—	75	24	—	30	45
5.5(b)/6(a/g)	60	60＋	65	36	—	25	35
9	—	50	55	48	—	15	25
11(b)/12(a/g)	50	45	50	54	—	10	20

3.5　IEEE 802.11 媒体访问控制层

IEEE 802.11 MAC 层覆盖了 3 个功能区：可靠的数据传送、接入控制以及安全。本节主要讨论前两个内容，安全将在 3.7 节介绍。

3.5.1 可靠的数据传送

与所有的无线网络一样,一个使用IEEE 802.11物理层和MAC层的无线LAN被认为是不可靠的。噪声、干扰和其他传播效果导致极大量的帧丢失。即使带有纠错码,大量MAC帧也可能无法成功地被收到。可通过在诸如TCP的高层使用可靠性机制处理这种情况。然而,在更高层中用于重发的计时器一般是以秒为单位的。因此,在MAC层处理错误会更有效。为了达到这个目的,IEEE 802.11包括了帧交换协议。当一个站点收到从另一个站点发来的数据帧时,它向源站点返回一个确认(ACKnowledgment,ACK)帧。此交换被作为一个原子单元处理,它不会被其他站点发出的传送打断。如果因为数据帧被损坏或因为返回的ACK被损坏,源站点在一个短的时间周期中没有收到ACK,它会重发该帧。

这样,IEEE 802.11中的基本数据发送机制涉及两个帧的交换。为了更进一步地增强可靠性,可以使用4帧交换。在此模式中,源站点首先向目的站点发布一个请求发送(Request To Send,RTS)帧。然后,目的站点用一个清除发送(Clear To Send,CTS)帧响应。在收到CTS之后,源站点发送数据帧,而目的站点以一个ACK响应。RTS警告所有位于源站点接收范围内的站点:一个交换正在进行。为了避免同时发送帧产生冲突,这些站点会抑制帧的发送。类似地,CTS警告所有位于目的帧接收范围内的站点:一个交换正在进行。交换的RTS/CTS部分是MAC所需求的功能,但可能被禁用。

3.5.2 接入控制

IEEE 802.11工作组为MAC算法考虑了两类方案:分布接入协议(distributed access protocol)如以太网,使用载波监听机制将决定分到所有节点发送;集中接入协议(centralized access protocol)涉及一个集中决策者所做的转换规则。对于对等工作站点的自组网络而言,分布接入协议有意义。并且,它对于主要由突发通信组成的其他无线LAN配置也有吸引力。自然地,集中接入协议运用于大量无线站点相互连接的配置及与骨干有线LAN相连的某种基站,如果一些数据是时间敏感的或高优先级的,它就特别有用。

IEEE 802.11的最终成果是一个被称为分布基础无线MAC(Distributed Foundation Wireless MAC,DFWMAC)的MAC算法,它为分布接入控制机制提供一个建于其上的可选集中控制。图3.16解释了该体系结构。MAC层的较低子层是分布协调功能(Distributed Coordination Function,DCF)。DCF使用一个竞争算法为所有通信提供接入。普通的非同步通信直接使用DCF。点协调功能(Point Coordination Function,PCF)是一个集中的MAC算法,被用于提供自由竞争服务。PCF建于DCF之上,并利用DCF的特征保证用户的接入。下面依次介绍这两个子层。

1. 分布协调功能

DCF子层利用一个简单的载波监听多点接入(Carrier Sense Multiple Access,CSMA)算法:如果一个站点有一个MAC帧要发送,它监听媒体。如果媒体空闲,站点可以发送,否则,该站点必须等到当前发送已完成,才能发送。因为在无线网络上,冲突检测并不实用,所以DCF并不包括冲突检测功能(即CSMA/CD)。在媒体上,信号的变动范围很大,因此发送站点无法有效地在噪声中分辨出输入的弱信号和它自己的发送效果。

为确保此算法起到平滑和公平的作用,DCF包括一套相当于优先级模式的时延。下面

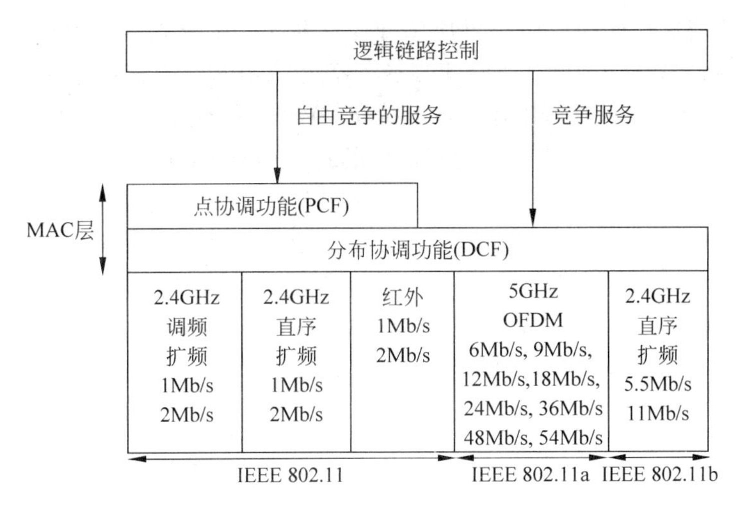

图 3.16　IEEE 802.11 的协议体系结构

首先介绍一个名为帧间间隔(Inter Frame Space,IFS)的单个时延。实际上,存在 3 个不同的 IFS 值,但是为了最好地解释该算法,事先忽略这个细节。使用一个 IFS,CSMA 接入的规则如下(图 3.17):

(1) 要发送帧的站点,感知媒体状况。如果媒体空闲,它等待一段与 IFS 相等的时间,查看媒体是否仍保持空闲。如果是,该站点可以立即传输。

(2) 如果媒体正忙(或由于该站点一开始就发现媒体正忙或由于媒体在 IFS 空闲时段内变忙),该站点延迟传输,并继续监控媒体,直至当前传输结束。

(3) 一旦当前传输结束,站点延迟另一个 IFS。如果媒体在这个时期内保持空闲,那么

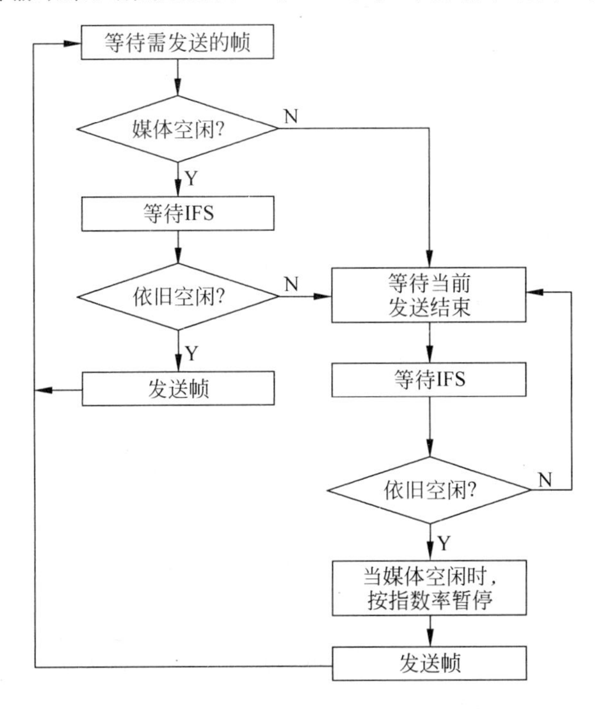

图 3.17　IEEE 802.11 媒体接入的控制逻辑

站点在退后一个随机长度的时间后再次感知媒体状况。如果媒体仍空闲,站点可以传输。在退避的时间内,如果媒体变忙,暂停计时器将停止,并在媒体空闲时重新开始。

(4) 如果传输不成功,这可以通过没有确认来确定,则断定发生了冲突。

为确保退避保持稳定,使用了二进制指数退避(binary exponential backoff)技术。遇到重复的冲突时,站点将尝试重复传输,但在每一次冲突后,随机时延的平均值将加倍。二进制指数退避算法提供了一个处理重负荷的方法。尝试传输的重复失败导致更长的退避时间,这将有助于负荷的平滑。如果没有这样的退避,以下状况可能发生:两个或多站点同时尝试传输,这将导致冲突;之后这些站点又立即尝试重传,导致一个新冲突。

前述的模式用一个对IFS使用3个值的简单有效的方法,将DCF进行改良,以提供基于优先级的接入。

(1) SIFS(short IFS,短IFS):最短的IFS,用于所有的立即响应动作中,这将在接下来的讨论中解释。

(2) PIFS(Point coordination function IFS,点协调功能IFS):一个中间长度的IFS。在发布轮询时,被中央控制器用于PCF模式。

(3) DIFS(Distributed coordination function IFS,分布协调功能IFS):最长的IFS。作为一个最小的时延,用于非同步帧的接入竞争。

图3.18(a)解释了这些时间值的使用。首先考虑SIFS,任何用SIFS判断传输机会的站点实际上有最高的优先级。因为它比一个等待PIFS或DIFS时间的站点更优先获得接入。SIFS用于以下环境中:

(1) 确认(ACKnowledgment,ACK):当一个站点收到一个只传给自己的帧(非多播或广播)时,仅仅等了一个SIFS间隔后,它用一个ACK帧响应。这有两个满意的效果。首先,由于没使用冲突检测,冲突的可能性比CSMA/CD更大,并且MAC级的确认提供了高效的冲突恢复。其次,SIFS能被用在为LLC协议数据单元(PDU)提供高效传送,此PDU需要多个MAC帧。在此情况下,发生接下来的动作。要传输一个多帧LLC PDU的站点

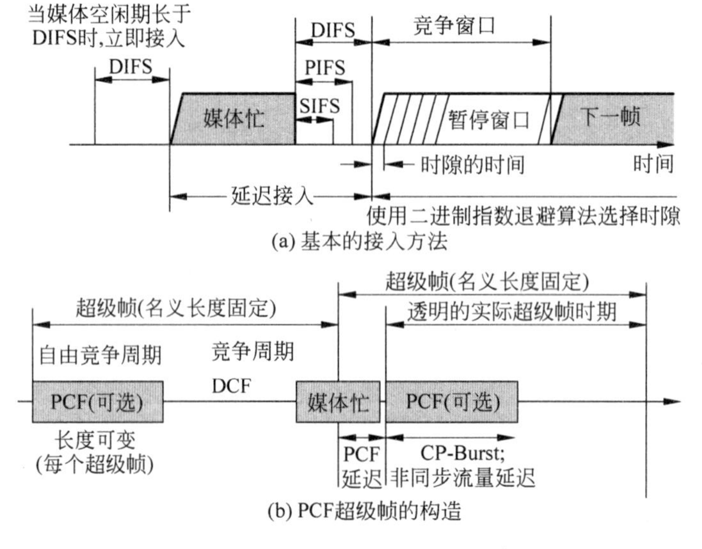

(a) 基本的接入方法

(b) PCF超级帧的构造

图3.18 IEEE 802.11的MAC计时

一次发送一个 MAC 帧，每个帧在 SIFS 后由接收者确认。在源站点收到一个 ACK 时，它立即(SIFS 之后)按顺序发送下一帧。结果是：一旦一个站点已经争得信道，它将保持对信道的控制，直至它发完一个 LLC PDU 的所有分片。

(2) 清除发送(Clear To Send，CTS)：通过先发送一个小的发送请求(RTS)帧，站点确保数据帧能通过。此帧的目的站点如果准备接收，应立即以一个 CTS 帧响应。所有其他站点接收 RTS，并延迟使用媒体。

(3) 轮询响应(poll response)：将在以下对 PCF 的讨论中解释。

下一个最长的 IFS 间隔是 PIFS。它被中央控制器用来发布轮询，并且它优于正常的竞争通信，然而，那些使用 SIFS 发射的帧优于 PCF 轮询。

最后，DIFS 间隔被用于所有普通的非同步通信。

2. 点协调功能

PCF 是一个在 DCF 之上实现的替代接入方式。该操作由中央轮询主机(点协调者)的轮询组成。点协调者在发布轮询时使用 PIFS。由于 PIFS 小于 DIFS，点协调者能获得媒体，并在发布轮询及接收响应期间，锁住所有的非同步通信。

作为一个特例，考虑下列可能的动作。一个无线网络被如此配置：当使用 CSMA 保持接入的通信竞争时，大量带有时间敏感通信的站点被点协调者控制。点协调者能以圆桌的方式向为轮询所配置的所有站点发布轮询。当发布一个轮询后，被轮询的站点使用 SIFS 作响应。如果点协调者收到响应，它使用 PIFS 发布另一个轮询。如果在预期的响应时间内没收到响应，协调者再发布一个轮询。

如果上面说明的规则被实施，点协调者将通过不断发布轮询锁住所有的非同步通信。为避免这种情况，人们定义了超帧的间隔。在此间隔的第一部分中，点协调者以圆桌方式向为轮询所配置的所有站点发布轮询。然后，点协调者在超帧的剩余部分保持空闲，允许有一个非同步接入的竞争周期。

图 3.18(b)解释了超帧的使用。在超帧的开始，点协调者可以有选择地获得控制，并在一给定的时间周期内发布轮询。由于响应站点发布的帧大小可变，这个间隔是变化的。超帧的剩余部分对于基于竞争的接入是可获取的。超帧间隔的结尾，点协调者使用 PIFS 竞争对媒体的访问。如果媒体空闲，点协调者获得即时接入和一个紧挨着的完整超帧。可是，在超帧的结尾，媒体可能正忙。在这种情况下，点协调者必须等待，直至媒体空闲，方可获得接入，这导致下一循环中减少的超帧周期。

3.5.3 MAC 帧

图 3.19(a)显示了 IEEE 802.11 帧的格式。此通用格式用于所有的数据帧和控制帧。但是，不是所有的域在所有情形下都有用。IEEE 802.11 帧的域如下。

(1) 帧控制(Fame Control，FC)：指出帧的类型，并提供控制信息，如前所述。

(2) 持续/连接 ID(duration/connection ID)：如果作为一持续域使用，指出信道为一个 MAC 帧的成功传输被分配的时间(用微秒表示)。在一些控制帧中，此域包括一个关联或连接标识符。

(3) 地址(addresses)：地址域的个数和含义取决于不同的环境。地址类型包括源站点、目的站点、发送站点和接收站点。

(4) 顺序控制(Sequence Control,SC):包括一个用于分片和重组的4位分片号的子域和一个用于计算给定发送站点和接收站点之间帧发送数量的12位序列号。

(5) 帧主体(frame body):包括一个MSDU或一个MSDU的分片。MSDU是一个LLC协议数据单元或MAC控制信息。

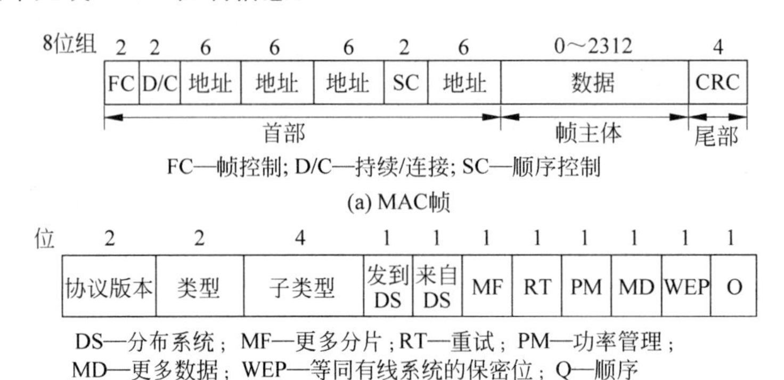

图 3.19 IEEE 802.11 的 MAC 帧格式

(6) 帧校验序列(frame check sequence):一个32位的循环冗余校验。图3.19(b)显示的帧控制域由下列域组成:

① 协议版本(protocol version):IEEE 802.11的版本,当前版本号为0。

② 类型(type):标识帧是控制帧、管理帧,还是数据帧。

③ 子类型(subtype):进一步标识帧的功能。表3.11定义了有效的类型和子类型的组合。

表 3.11 合法的类型和子类型组合

类型值	类型描述	子类型值	子类型描述
00	管理	0000	连接请求
00	管理	0001	连接响应
00	管理	0010	重连请求
00	管理	0011	重连响应
00	管理	0100	侦测请求
00	管理	0101	侦测响应
00	管理	1000	信号灯
00	管理	1001	宣布通信指示报文
00	管理	1010	拆除连接
00	管理	1011	认证
00	管理	1100	取消认证
01	控制	1010	节能轮询
01	控制	1011	请求发送
01	控制	1100	清除发送
01	控制	1101	确认
01	控制	1110	自由竞争(Contention-Free,CF)结束
01	控制	1111	CF结束+CF确认
10	数据	0000	数据

续表

类型值	类型描述	子类型值	子类型描述
10	数据	0001	数据+CF 确认
10	数据	0010	数据+CF 轮询
10	数据	0011	数据+CF 确认+CF 轮询
10	数据	0100	空功能(无数据)
10	数据	0101	CF 确认(无数据)
10	数据	0110	CF 轮询(无数据)
10	数据	0111	CF 确认+CF 轮询(无数据)

④ 发到 DS(to DS):在一个发往分布系统的帧中,MAC 协调机制将此位定为 1。

⑤ 来自 DS(from DS):在一个离开分布系统的帧中,MAC 协调机制将此位定为 1。

⑥ 更多分片(More Fragments,MF):如果此分片后面还有其他分片,则置为 1。

⑦ 重试(retry,RT):如果是前一个帧的重发,则置为 1。

⑧ 功率管理(Power Management,PM):如果发送站处于休眠模式,则置为 1。

⑨ 更多数据(More Data,MD):指出站点有额外数据要发送。每个数据块可以用一帧发送或用多个帧中的一组分片发送。

⑩ WEP:如果可选的有线等价协议被实施,则置为 1。WEP 用于安全数据交换中的密钥交换。如果像在 3.7 节描述的那样,使用新的 WPA 安全机制,该位也设置为 1。

⑪ 顺序(Order,O):在所有的使用严格顺序服务发送的数据帧中置为 1,这告诉接收站点,这些帧必须按顺序处理。

下面介绍各种不同的 MAC 帧类型。

1. 控制帧

控制帧有助于数据帧的可靠传送。控制帧有 6 种子类型。

(1) 节能轮询(Power Save-Poll,PS-Poll):此帧由任意站点发给包含 AP(接入点)的站点。它的目的是在站点处于节能模式时,请求 AP 发送为该站点缓存的帧。

(2) 请求发送(Request To Send,RTS):这是前面介绍的可靠的数据传送小节中讨论的 4 次帧交换中的第一帧。发送此报文的站点通知可能的目的站点和接收范围内的所有其他站点,它想要向该目的站点发送数据帧。

(3) 清除发送(Clear To Send,CTS):这是 4 次交换中的第二帧。它由目的站点发至源站点,表示同意发送数据帧。

(4) 确认(acknowledgment):由目的站点向源站点提供一个确认,确认刚才的数据,管理或 PS-Poll 帧被正确接收。

(5) 自由竞争(Contention Free,CF)结束(end):宣告自由竞争时期结束,这是点协调功能的一部分。

(6) CF 结束+CF 确认(CF-end+CF-ack):确认 CF 结束。此帧结束自由竞争时期,并将站点从与此时期相关的限制中释放出来。

2. 数据帧

数据帧有 8 个子类型,分为两组。前 4 个子类型定义了携带上层数据由源站点发往目的站点的帧。这 4 个携带数据的帧如下:

(1) 数据(data):这是最简单的数据帧,可用于竞争时期和自由竞争时期。

(2) 数据+CF确认(data+CF-ack):只能在自由竞争时期发送。除了携带数据外,此帧确认以前收到的帧。

(3) 数据+CF轮询(data+CF-poll):被点协调者使用。将数据传至移动站点,也可请求移动站点发送可能已缓存的数据帧。

(4) 数据+CF确认+CF轮询(data+CF-ack+CF-poll):将数据+CF确认和数据+CF轮询的功能合并到一个单独的帧中。

数据帧的剩余4个子类型实际上不携带任何用户数据。空功能数据帧不携带数据、轮询或确认,只用于在传给AP的帧控制域中携带功率管理位,指出站点转到一个低功率的操作状态。剩下3个帧(CF确认、CF轮询、CF确认+CF轮询)的功能与前面列出的对应数据帧子类型(数据+CF确认、数据+CF轮询、数据+CF确认+CF轮询)的功能相同,但是没有数据。

3. 管理帧

管理帧用于管理站点和AP之间的通信。它包括下列子类型:

(1) 连接请求(association request):由一个站点发送给一个AP,请求与此BSS连接。此帧包含功能信息,诸如是否使用加密和此站点是否可轮询的。

(2) 连接响应(association response):由AP返回站点,指出它是否接受该连接请求。

(3) 重连请求(reassociation request):当一个站点由一个BSS移至另一个BSS,并需要与新BSS中的AP连接时,由该站点发出。站点使用重连,而不是简单的连接。这样可使新的AP与旧的AP协调数据帧的转发。

(4) 重连响应(reassociation response):由AP返回给站点,指出它是否接受此重连请求。

(5) 侦测请求(probe request):由一个站点使用,以获得另一个站点或AP的信息。此帧用来为一个IEEE 802.11BSS定位。

(6) 侦测响应(probe response):响应一个侦测请求。

(7) 信标(beacon):被周期地发送,以允许移动站点定位和辨认BSS。

(8) 宣布流量指示报文(announcement traffic indication message):由一个移动站点发出,通知其他可能已处于低功率模式的移动站点,此站点有帧缓存,并等待被发送到帧的目的站点。

(9) 拆除连接(dissociation):一个站点用来终止连接。

(10) 认证(authentication):正如接下来所描述,多个认证帧被用在一个交换中,以达到站点的相互认证。

(11) 取消认证(deauthentication):由一个站点发送至另一个站点或AP,指出它正在终止安全的通信。

3.6 其他IEEE 802.11标准

至此所讨论的这些标准,它们提供了特定的物理层和MAC层功能,除了这些标准之外,还有很多其他的802.11的标准业已发布或正在制订中。

IEEE 802.11c 关注的是桥操作。一个桥是连接两个具有类似的或相同 MAC 协议的局域网的设备。它完成类似于 IP 层(而不是 MAC 层)的路由器的功能。特别地,一个桥是一个简化器(simpler),且比一个 IP 路由器更有效。IEEE 802.11c 工作组于 2003 年完成了这一标准的制定工作,且该标准被归入有关局域网桥的 IEEE 802.11d 标准中。

IEEE 802.11d 作为管理范畴(regulatory domain)更新被提及。它处理的是有关管理规范在不同的国家中的差异问题。

IEEE 802.11e 对 MAC 层做了一些修正,以改进服务质量,并解决了一些安全问题。当在没有其他数据被发送的空的周期内,它采用时间调度和轮询的通信方式。

IEEE 802.11f 致力于解决在来自多个厂商的接入点(AP)之间的互操作能力问题。除了在它所在区域的 WLAN 移动站点之间提供通信之外,一个 AP 可以起到作为连接两个 IEEE 802.11 局域网的桥的功能,其间跨越了一个另一种类型的网络,如一个有线的局域网(如以太网)或一个广域网。当一个设备从一个 AP 漫游到另一个 AP,而同时要确保传输的连续性时,该标准对这种应用需求提供了便利。

IEEE 802.11h 处理频谱和功率管理问题。其目标是让 IEEE 802.11a 产品与欧洲制定的管理规范要求能够兼容。在欧盟(EU),5GHz 频段的一部分用于军事上的卫星通信。该标准包括了一个动态信道选择机制,以确保频段中受限制的部分不被选取。该标准还包括发送功率控制特性,用以调整功率,满足欧盟的规范要求。

IEEE 802.11i 定义了 MAC 层的安全和认证机制。该标准的设计致力于解决有线等效加密(Wire Equivalent Privacy,WEP)机制中安全性的缺陷问题。该机制原来是针对 IEEE 802.11 的 MAC 层设计的。

IEEE 802.11k 定义了无线资源测量(Radio Resource Measurement),增强了其功能,为较高层提供了无线和网络测量的机制。该标准定义了应该获得什么样的信息,以便于一个无线和移动局域网的管理和维护。需要提供的数据如下:

(1) 为改进漫游决策,当一个 AP 确定一个移动站点正远离它移向远处时,它会向该移动站点提供一个位置报告。位置报告是 AP 从最好到最差服务的一个有序列表,移动站点在改变它的 AP 时可以使用它。

(2) 一个 AP 可以从 WLAN 上的每一个移动站点那里收集信道信息。每个移动站点提供一个噪声柱状图,该图在移动站点能够感受到的信道上显示所有非 IEEE 802.11 的能量。AP 也收集一个移动站点在给定的时间内使用了多长这样的统计信息。这些数据使 AP 能够控制到一个指定信道的接入。

(3) AP 可以查询移动站点,以收集统计信息,如重传数、发送的分组数和接收的分组数。这可使该 AP 能有一个更完整的网络性能视图。

(4) IEEE 802.11k 把在 IEEE 802.11h 中定义的发送功率控制过程扩展到其他的管理范畴和频段上,以降低干扰和功率消耗,并提供对无线电波传播范围的控制。

IEEE 802.11m 是一个纠正标准中编辑的和技术问题的工作组正在进行的活动。该工作组审阅由其他工作组制定的文档,找出并修正在 IEEE 802.11 标准和它批准的修正方案中的不一致性和错误。

IEEE 802.11r 使得站点和接入点能够快速地在 BSS 之间转换。

IEEE 802.11s 工作组 TG 将 IEEE 802.11 MAC 扩展成协议的基本组成,来建立无线分布式系统,WDS工作在自动配置的多跳无线拓扑结构中,即ESS网格。ESS网状网络是接入点的集合,由WDS连接,能自动学习变化的拓扑结构,并且当站点和接入点加入、离开或在网状网络内移动时能动态重新配置路由。从单个站点与BSS、ESS的关系看,ESS网状网络在功能上等同于有线ESS。

3.7 无线局域网安全

3.7.1 安全威胁War-Xing

无线网络的灵活性是以增加安全性考虑为代价的。在有线网中,信号被有效地限制在连接电缆内,与此不同,WLAN的传输可以传播到网络的预期工作区域以外,进入到相邻的公共空间或是附近的建筑里。只要有一个适当的接收机,通过WLAN传输的数据可以被发射机覆盖范围内的任何人接收到。

无线网络的接入便捷性促使了一个新的行业的出现和发展,即由早期的使用者们组建网络,让其他人感知到免费接入的机会,尽管通常是非法的接入。

War-Driving,称为无线车载探测,也称为"战争驾驶",指通过驾驶车辆、在目标区域往返等行为来进行Wi-Fi无线接入点探测,可在车辆内部使用诸如PDA、笔记本电脑等设备。图3.20所示为典型的车载War-Driving(战争驾驶)行进中。

War-Biking,从字面上就可以理解,指通过骑自行车、电动车、摩托车等行为来进行Wi-Fi无线接入点探测,可使用的设备有PDA、笔记本电脑等。图3.21所示为在到达无线信号明显的区域后,War-Biking爱好者们会在路旁打开笔记本,尝试着享受无线网络带来的乐趣。

图3.20 典型的车载War-Driving(战争驾驶)行进中

图3.21 War-Biking爱好者在路旁尝试着享受无线网络

War-Walking,称为无线徒步探测,从字面意思可知,该方式指通过散步、穿插、长途穿越等个人行为来进行Wi-Fi无线接入点探测,可使用的设备有PDA、笔记本电脑等。图3.22所示为在社区街道进行War-Walking无线探测。

图3.22 在社区街道进行War-Walking无线探测

开战标记(War Chalking)于2002年在伦敦诞生,它是一种使别人感知到附近的无线网络,并可以免费接入的方法。一些WLAN为了允许免费公共接入而故意不采取安全措施,开战标记是为了帮助城市里的居住者或者来访者能够识别这些网络，进而连接到因特网。图 3.23 为开战标记对不同接入点做的不同标记。图 3.24 为国外街头开放的 Wi-Fi 访问点。

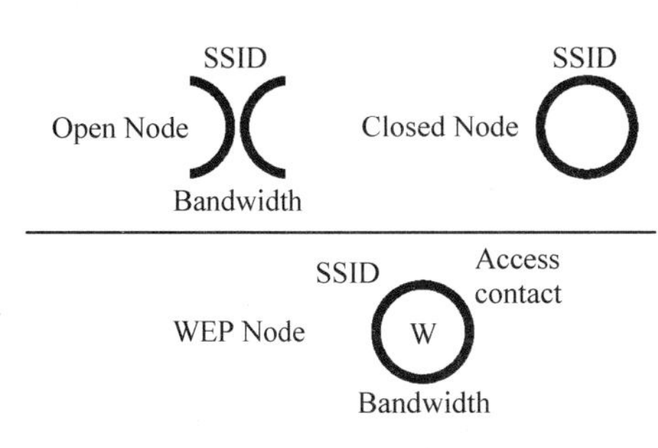

图 3.23 开战标记

图 3.24 国外街头开放的 Wi-Fi 访问点

以上这些可以统称为 War-Xing。

另外，据报道，一些商业性的 Wi-Fi 可能存在漏洞，通常称之为钓鱼 Wi-Fi，其原理和钓鱼网站类似，如在星巴克、肯德基等提供免费 W-iFi 的公共场所，只要一台计算机、一套无线网络和一个名为 Wireshark 的网络分析软件，就能轻松搭建出一个不设密码的 Wi-Fi 网络，用以窃取上网用户的个人信息和密码。因为在机场、星巴克等有免费 Wi-Fi 的场合中，用户习惯都会优先选择连接 Wi-Fi，某些不法分子会钻空子，利用用户不想找麻烦的心理，自建 Wi-Fi 热点，名称与正确 Wi-Fi 名称很相似，如 Starbucks2、KFC1 等，且不设密码，用户可以轻松接入。黑客通过自建的网络渠道，记录下人们在网上进行的所有操作信息，用户完全没有隐私可言。

因此，必须采取各种有效安全措施，降低网络安全的危险。

3.7.2 IEEE 802.11 安全标准

最初的 IEEE 802.11 规范包括有关保密和认证的一个安全性特性集，不幸的是，该安全特性集相当弱。对于保密性（Privacy），IEEE 802.11 定义了有线等效加密（WEP）算法。WEP 使用 40 位的密钥，利用 RC4 加密算法。后来做的一个修正使用了 104 位的密钥。对于认证（Authentication），IEEE 802.11 要求两客户端共享一个不为任一其他客户端共享的密钥，且定义了一个使这一密钥能用于相互认证的协议。

IEEE 802.11 标准的保密性部分有一个主要的弱点。40 位的密钥并不适宜。对于支持 WEP 的该协议来说，由于内在和外在的多种弱点，甚至 104 位的密钥被证明也是易受攻击的。这些弱点包括：密钥的大量重复使用、在一个无线网络中轻易的数据接入和在该协议中缺乏密钥管理。类似地，共享密钥认证模式也存在着很多问题。

IEEE 802.11i 工作组开发了一个致力于解决无线局域网安全性问题的功能集。为了加速将强安全性引入 WLAN，Wi-Fi 联盟发布了 Wi-Fi 保护接入（Wi-Fi Protected Access，WPA），并将它作为一个 Wi-Fi 标准。WPA 是一个消除了大多 IEEE 802.11 安全性问题的安全性机制集，基于 IEEE 802.11i 的当前状态。随 IEEE 802.11i 的进化，WPA 也进化发展，以维护兼容性。

IEEE 802.11i 着重在以下 3 个主要的安全性领域：认证、密钥管理和数据传递的保密性。为改进认证，IEEE 802.11i 要求使用认证服务器（Authentication Server，AS），并定义了一个更为健壮的认证协议。AS 还起到密钥分发的作用。有关保密性，IEEE 802.11i 提供了 3 种不同的加密模式。提供长期解决方案的一个模式使用了采纳 128 位密钥的高级加密标准（Advanced Encryption Standard，AES）。然而，由于要对现有的设备进行昂贵的升级，才能使用 AES，因而还定义了一种基于 104 位 RC4 的模式。

图 3.25 给出了 IEEE 802.11i 操作的一个总体的概述。首先，在移动站点和 AP 之间的一次交换使双方在将要使用的安全能力集合上达成一致。接下来，涉及到 AP 和移动站点之间的一次交换提供了安全认证。AS 负责向 AP 分发密钥，AP 再依次向移动站点管理和分发密钥。最后，在移动站点和 AP 之间的数据采用强加密来保护数据的传递。

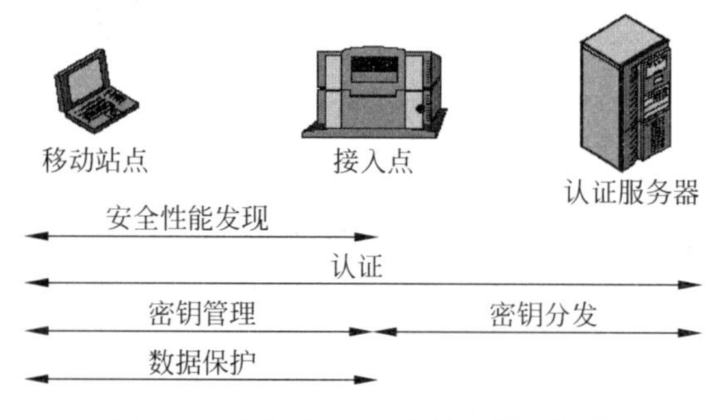

图 3.25　IEEE 802.11i 的各操作阶段

IEEE 802.11i 体系结构由 3 个主要成分组成。

（1）认证（Authentication）：用于定义在一个用户和一个 AS 之间进行一次交换的协议，该 AS 提供相互认证，并生成在一个无线链路上的客户端和 AP 之间使用的临时密钥。

（2）接入控制（Access Control）：该成分强制认证功能的使用、正确地路由报文和便于密钥的交换。它能在多种认证协议上工作。

（3）具有报文完整性的保密性（Privacy with Message Integrity）：对 MAC 层数据（例如，一个 LLC PDU）进行加密，并带有一个以确保数据不被改变的报文完整性代码。

认证是在 LLC 和 MAC 协议之上的一层上操作且被认为是超出了 IEEE 802.11 的范围。有很多流行的认证协议在使用，包括扩展认证协议（Extension Authentication Protocol，EAP）和远程认证拨号用户服务（Remote Authentication Dial-In User Service，RADIUS）。

WPA 只是一种过渡方法，基于增强的安全机制的子集，提供两种选择：一种是为企业安全 WLAN 安全（企业模式）服务的 IEEE 802.1x 认证框架和可扩展认证协议（EAP）；另一种是为不需要认证服务器的家用或小型办公网络（个人模式）服务的简单预共享密钥（Pre-Shared Key，PSK）认证。

WPA2 是 Wi-Fi 联盟对 IEEE 802.11i 标准终稿的实现，随着 IEEE 802.11i 于 2004 年 6 月的发布，它取代了 WPA。WPA2 使用带有密码块链消息认证代码协议（Chaining Message Authentication Code Protocol，CCMP）的计数器模式实现高级加密标准（AES）。加密算法 WPA 和 WPA2 均支持企业和个人模式。

3.7.3　WAPI

WAPI(Wireless LAN Authentication and Privacy Infrastructure,无线局域网鉴别和保密基础结构)是一种安全协议,同时也是中国无线局域网安全强制性标准。

2009年6月15日,从宽带无线IP标准工作组获悉,在近期的国际标准组织ISO/IECJTC1/SC6会议上,WAPI国际提案首次获得包括美、英、法等十余个与会国家成员体一致同意,将以独立文本形式推进其为国际标准。WAPI是我国首个在计算机宽带无线网络通信领域自主创新,并拥有知识产权的安全接入技术标准。

WAPI安全系统采用公钥密码技术,鉴权服务器(AS)负责证书的颁发、验证与吊销等,无线客户端与无线接入点(AP)上都安装有(AS)颁发的公钥证书,作为自己的数字身份凭证。当无线客户端登录至AP时,在访问网络之前必须通过AS对双方进行身份验证。根据验证的结果,持有合法证书的移动终端,才能接入持有合法证书的AP。

无线局域网鉴别和保密基础结构(WAPI)系统中包含两个部分:WAI鉴别及密钥管理;WPI数据传输保护。

无线局域网保密基础结构(WPI)对MAC子层的MPDU进行加、解密处理,分别用于WLAN设备的数字证书、密钥协商和传输数据的加解密,从而实现设备的身份鉴别、链路验证、访问控制和用户信息在无线传输状态下的加密保护。

无线局域网鉴别基础结构(WAI)不仅具有更加安全的鉴别机制、更加灵活的密钥管理技术,而且实现了整个基础网络的集中用户管理,从而满足更多用户和更复杂的安全性要求。

3.8　5G Wi-Fi

无线局域网的发展已经进入第五代,这就是5G Wi-Fi。5G Wi-Fi简而言之就是第五代Wi-Fi技术,其速率也从最初的2Mb/s不断提高,据悉现在已经达到100Gb/s量级。图3.26是吉比特量级的Wi-Fi认证标志。

更高的传输速度是5G Wi-Fi的最大特征。业界认为,5G Wi-Fi的入门级速度是433Mb/s,明显比IEEE 802.11n速率的起点高,一些高性能的5G Wi-Fi还能达到1Gb/s以上,这意味着将Wi-Fi通信带入了吉比特时代,而在很多通信业发展较好的国家,有线宽带的速度才刚刚达到这个水平。

图3.26　吉比特量级的Wi-Fi认证标志

得益于速度的提升,5G Wi-Fi在覆盖范围、耗电等方面也有着出色表现:5G Wi-Fi能很好地穿透混凝土等各种建材,这是IEEE 802.11n所不具备的;即使距离热点较远,接入速度也不会有太大的影响;5G Wi-Fi能以更快的速率传送同样的数据量,因此设备能更快地进入低功率模式,这样,功耗就极大地降低了。

那么,5G Wi-Fi如何实现性能的大幅度提升?与之前的技术相比,5G Wi-Fi进行了较大的技术革新。其中最关键的是,5G Wi-Fi 工作在新的 5GHz 频段上。目前大多数的 IEEE 802.11n 设备都工作在 2.4GHz 频段上,而蓝牙设备、微波炉等也使用这个频段,它们相互争夺有限的频谱资源,其速度就大大下降。Broadcom(博通)公司力推的 IEEE 802.11ac 则工作在相对不太拥挤的 5GHz 频段上,竞争不太激烈,速度也有保障。

除了新频段这一关键因素外,IEEE 802.11ac 每个通道的工作频率由 IEEE 802.11n 的 40MHz 提升到 80MHz,甚至 160MHz,单位通道上传输的数据量有了至少两倍的增长,这也促进了速率的提升。

性能上大幅提升的 5G Wi-Fi 将极大地扩大家庭场所的无线覆盖范围,使消费者能通过更多设备、在更多地方同时观看高清质量的视频,能够用移动设备更快地下载 Web 内容,并快速同步包括视频在内的大容量文件。在当前用户对无线连接需求急剧增长的形势下,5G Wi-Fi 的出现可谓是正当其时。

在 2012 年 CES 展上,Broadcom 公司展出了业界第一个 5G Wi-Fi 芯片系列,受到人们的广泛关注。5G Wi-Fi 技术优势明显,通过这几年的发展逐步得到普及。

IEEE 802.11ac 是当今最流行的 Wi-Fi 无线标准,不过,为了提高速度、吞吐量,降低功耗,IEEE 802.11ax/ad/ay 先后应运而生。

其中,IEEE 802.11ax 是对 ac/n 的自然演进,同样工作在 2.4/5GHz 频段上,而 ad/ay 则是作为辅助技术,由于工作频段极高,没有干扰,所以速率可以非常高。

例如,基于 60GHz 的 IEEE 802.11ad 可以达到 8Gb/s 的数据传输率,如今 TP-Link Talon AD7200 路由、戴尔 E74450/7470 笔记本、Windows 10 创作者更新都将支持。

据报道,第一个修订版 802.11ay(version 0.2)标准已经认证完毕,目标速率高达 176Gb/s,也就是 22GB/s。理论上说,蓝光电影可以 1s 下完。不过,计算机硬盘肯定跟不上,即使有 PCIe 3.0 x16 双向带宽的 SSD,满速也拖后腿。

所以,IEEE 802.11ay 的实用意义被寄望于高清传输、无线投屏这样的场景。

参数上,IEEE 802.11ay 完全可以视为 ad 的改进版,基于 60GHz 承载,频宽覆盖从 2.16GHz 提高到 8.64GHz,也就是 4 倍,传输距离为 300～500m,借助 4×4 MIMO\256-QAM,达到最高 176Gb/s 的并发速度。

3.9 Li-Fi

Wi-Fi 现在遇到的一个强有力的竞争对手是 Li-Fi。L-Fi 的英文全称是 Light Fidelity,即"光保真技术",学名叫做可见光无线通信,是一种利用可见光波谱(如灯泡发出的光)进行数据传输的全新无线传输技术,由英国爱丁堡大学电子通信学院移动通信系主席、德国物理学家 HaraldHass(哈拉尔德·哈斯)教授发明。

Li-Fi 是运用已铺设好的设备(无处不在的 LED 灯),通过在灯泡上植入一个微小的芯片形成类似于 AP(即 Wi-Fi 热点)的设备,使终端随时能接入网络。该技术通过改变房间照明光线的闪烁频率进行数据传输,只要在室内开启电灯,无须 Wi-Fi 也可接入互联网。

如图 3.27 所示,Li-Fi 的工作原理其实和我们熟悉的红外线遥控器有点相似。数据首先被调制成光源,以光信号方式迅速传输,被感光器接收后再被重组为电信号。但和遥控器不同的是,Li Fi 利用的是可见光。给普通的 LED 灯泡装上微芯片,可以控制它每秒数百万次闪烁，亮了表示1，灭了代表0。这就意味着，将来家里普通的LED灯泡可能就可以变身互联网入口。而且，由于灯泡闪烁频率太快，所以人眼根本感觉不到，你也不用担心被自家灯泡闪坏眼。

图 3.27 Li-Fi工作原理

那么，Li-Fi的速度有多快？理论上来讲，Li-Fi方式下的数据传输速率可以达到224Gb/s，相当于Wi-Fi的100倍。相比Wi-Fi，Li-Fi除了速度更快以外，至少还有以下两大好处：首先，Wi-Fi依赖看不见的无线电波传输，设备功率越来越大，局部电磁辐射势必增强；无线信号穿墙而过，网络信息不安全，这些安全隐患，在可见光通信中就能被避免。其次，这个网络也几乎不需要任何新的基础设施。

但是，Li-Fi技术目前可以说还处在实验阶段。简单来说，Li-Fi主要有三大限制。

首先是光信号不能穿墙。这是Li-Fi的安全性要高于Wi-Fi的根本原因，却也对上网体验造成了极大干扰。如果想在家里无间断地上网，就得确保每个房间里都有安有芯片的智能灯泡。另外，如果感光器超出了灯光范围，通信也会被迫中止。

其次是无法在户外使用。这是因为户外的太阳光等环境光过于强烈，会对信号传输形成干扰，这也意味着Li-Fi至少在短时间内还无法取代公共场所的Wi-Fi。不过，目前已经有技术可以对室内光源进行"过滤"，即使室内阳光明媚，用户也可以利用Li-Fi正常通信。随着技术的进步，说不定在户外实现光源过滤也指日可待。当然，目前Li-Fi在大多数情况下还是被看作是Wi-Fi网络的补充。

最后，Li-Fi只能单向通信。也就是说，Li-Fi信号只能从智能灯泡发射到智能设备上，但不能从设备上将信号返回。所以，如果想在床上开盏灯刷微信，那么最简单的Li-Fi系统中仍然是无法实现的。不过，据搜狐报道称，法国原子能署电子信息技术研究所(CEA Tech/Leti)已研制出可以双向通信Li-Fi技术，目前正在测试中。

除了上网以外，Li-Fi还可能有更广阔的应用。例如，利用汽车前后灯进行"车辆间通信"，可减少交通事故；在煤矿事故中，Li-Fi通信可以协助救援；在深海环境中，Li-Fi还可以用于潜水艇之间的通信。以上这些都是已经研发成功或正在研发中的技术。Velmenni

CEO Solanki 预计，还有 3～4 年，该技术就会走向消费者市场。新技术带来的变化，可能会比我们的预想要快。

如图 3.28 所示，我国科研工作者在可见光通信方面的研究也获得了重大突破，最新测试结果显示，我国可见光实时通信速率已提高至 50Gb/s，速度全球领先。据大河报报道，2016 年 1 月 4 日，由信息工程大学牵头承担的国家 863 计划项目以及郑州市重大专项“可见光通信系统关键技术研究与应用”取得重大突破。一举将可见光实时通信速率提高至 50Gb/s，是当前公开报道的国际最高水平的 5 倍，相当于 0.2s 即可下载完成一部高清电影，相关成果已经通过国家工业与信息化部电信传输研究所测试认证。

图 3.28　中国 Li-Fi 技术

可以预计 Li-Fi 未来是一项和 Wi-Fi 极具竞争力的无线局域网技术。

习　　题

填空题

1. 开发和发布 WLAN 标准的组织是________。
2. WLAN 标准发展史上具有里程碑意义的事件是________。
3. WLAN 市场化的手段是给产品打上________标志。
4. WLAN 中占据主导地位的标准是________。
5. 无线局域网中使用________提供用户和联网设备对网络的接入。
6. 连接接入点以扩展网络的 IEEE 802.11x 拓扑结构为________。
7. 每个 BSS 用________和其他 BSS 相区别。
8. IEEE 802.11 网络的 3 个基本组成部分是：________、接入点、分布式系统。
9. IEEE 802.11 ________层定义了 WLAN 的物理介质。
10. IEEE 802.11 ________层中定义了 CSMA/CA 的使用。
11. IEEE 802.11 标准定义了无线局域网的________层和________层。
12. 目前绝大多数计算机都支持 IEEE 802.11a/g，理论速率可达 54Mb/s，IEEE 802.11b 提供最高________的数据率。
13. IEEE 802.11g 与 IEEE 802.11 ________兼容。

14. IEEE 802.11a 采用________调制技术,以提高信道利用率。

15. ________和________标准的额定速率为 54Mb/s。

16. 在 IEEE 802.11b 中,美国批准了________个信道。

17. 由于在无线网络中冲突检测较困难,媒体访问控制(MAC)层采用________协议,而不是冲突检测(CD),但也只能减少冲突。

18. IEEE 802.11 MAC 层提供的两类服务是________和分布式服务。

19. IEEE 802.11 MAC 层站点服务包括________。

20. IEEE 802.11 MAC 层分布式系统服务包括________。

21. CSMA/CA 是一种基于________的协议。

22. ________协议定义了无线局域网的服务质量(QoS)。

23. WDS 是 Wireless Distribution System,即无线网络部署延展系统的简称,是指用________相互联结的方式构成一个________。

24. IEEE 802.11s 中为了实现无线分布式系统(WDS),使用了________的帧格式。

25. IEEE 802.11 标准中进行频谱管理的标准是________。

26. IEEE 802.11 标准中支持 WDS,实现网状组网的标准是________。

27. IEEE 802.11h 标准在 IEEE 802.11MAC 层增加的两个频谱管理服务是________。

28. IEEE 802.11k 主要定义________。

29. IEEE 802.11r 主要定义________。

30. IEEE 802.11n 的最大速率可以达到________。

31. 和 IEEE 802.11 网络漫游的标准是________。

32. 2004 年 6 月,IEEE 批准了________ WLAN 安全标准。

33. 我国自主知识产权的无线局域网完全标准是________。

34. IEEE 802.1x 认证使用了________协议在恳求者与认证服务器之间交互身份认证信息。

35. 最初的 IEEE 802.11WLAN 安全标准是________。

36. WPA 的两种模式是________和个人模式。

单选题

1. 目前无线局域网主要以(　　)作传输媒介。

　A. 短波　　B. 微波　　C. 激光　　D. 红外线

2. 无线局域网的通信标准主要采用(　　)标准。

　A. IEEE 802.2　　B. IEEE 802.3　　C. IEEE 802.5　　D. IEEE 802.11

3. 建立无线对等局域网,只需要(　　)设备即可。

　A. 无线网桥　　B. 无线路由器　　C. 无线网卡　　D. 无线交换机

4. 无线局域网通过(　　)可连接到有线局域网。

　A. 天线　　B. 无线接入器　　C. 无线网卡　　D. 双绞线

5. BSS 代表(　　)。

　A. 基本服务信号　　B. 基本服务分离

　C. 基本服务集　　D. 基本信号服务器

6. 一个学生在自习室使用无线连接到他的试验合作者的笔记本电脑,他正在使用的是(　　)。

A. Ad Hoc 模式　　B. 基础结构模式　　C. 固定基站模式　　D. 漫游模式

7. 当一名办公室工作人员把他的台式计算机连接到一个 WLAN BSS 时,要用到(　　)。

A. Ad Hoc　　B. 基础结构模式

C. 固定基站模式　　D. 漫游模式

8. WLAN 上的两个设备之间使用的标识码叫(　　)。

A. BSS　　B. ESS　　C. SSID　　D. 隐形码

9. 可以使用(　　)把两座建筑物连接到 WLAN。

A. 接入点　　B. 网桥　　C. 网关　　D. 路由器

10. 以下(　　)IEEE 802.11x 拓扑结构中,在同一网络的接入点之间转发数据帧。

A. BSSS　　B. ESS　　C. DSSS　　D. 对等

11. ESS 代表(　　)。

A. 扩展服务信号　　B. 扩展服务分离

C. 扩展服务集　　D. 扩展信号服务器

12. 关于 Ad Hoc,下列描述正确的是(　　)。

A. Ad Hoc 模式需要使用无线网桥,以连接两个或多个无线客户端

B. Ad Hoc 模式需要使用 AP,以连接两个或多个无线客户端

C. Ad Hoc 模式需要使用 AP 和无线网桥,以连接两个或多个无线客户端

D. Ad Hoc 模式不需使用 AP 或无线网桥

13. IEEE 802.11 网络的 LLC 层由(　　)标准进行规范。

A. IEEE 802.11　　B. IEEE 802.3　　C. IEEE 802.1　　D. IEEE 802.2

14. IEEE 802.11b 最大的数据传输速率可以达到(　　)。

A. 108Mb/s　　B. 54Mb/s　　C. 24Mb/s　　D. 11Mb/s

15. IEEE 802.11a 最大的数据传输速率可以达到(　　)。

A. 108Mb/s　　B. 54Mb/s　　C. 24Mb/s　　D. 11Mb/s

16. IEEE 802.11g 最大的数据传输速率可以达到(　　)。

A. 108Mb/s　　B. 54Mb/s　　C. 24Mb/s　　D. 11Mb/s

17. IEEE 802.11b 标准采用(　　)调制方式。

A. FHSS　　B. DSSS　　C. OFDM　　D. MIMO

18. (　　)选择有 3 个非重叠信道的组合。

A. 信道 1　信道 6　信道 10　　B. 信道 2　信道 7　信道 12

C. 信道 3　信道 4　信道 5　　D. 信道 4　信道 6　信道 8

19. IEEE 802.11a 标准采用(　　)调制方式。

A. FHSS　　B. DSSS　　C. OFDM　　D. MIMO

20. 频率为 5GHz 的是(　　)。

A. IEEE 802.11a　　B. IEEE 802.11b

C. IEEE 802.11g　　D. IEEE 802.11

21. IEEE 802.11 规定 MAC 层采用(　　)协议来实现网络系统的集中控制。

A. CSMA/CA　　B. CSMA/CD　　C. TDMA　　D. 轮询

22. (　　)不是 802.11 系列标准 MAC 层提供的协调功能。

A. DCF　　B. ECF　　C. EDCF　　D. PCF

23. (　　)在无线局域网中使用。

A. CSMA/CA　　B. CSMA/CD

C. 冲突检测　　D. 以上所有

24. IEEE 802.11n 最大的数据传输速率可以达到(　　)。

A. 540Mb/s　　B. 54Mb/s　　C. 600Mb/s　　D. 108Mb/s

25. (　　)技术充分利用多径效应,可以在不增加带宽的情况下成倍提高通信系统的容量和频谱利用率。

A. OFDM　　B. MIMO　　C. SRD　　D. RRM

26. IEEE 802.11n 采用码率强化机制,为提供更高的数据传输速率,其码率提高到(　　)。

A. 1/4　　B. 3/4　　C. 3/5　　D. 5/6

27. IEEE 802.11 标准中增强服务质量的标准是(　　)。

A. IEEE 802.11e　　B. IEEE 802.11f

C. IEEE 802.11g　　D. IEEE 802.11h

28. IEEE 802.11 标准中进行频谱管理的标准是(　　)。

A. IEEE 802.11e　　B. IEEE 802.11f

C. IEEE 802.11g　　D. IEEE 802.11h

29. IEEE 802.11 标准中支持 WDS,实现网状组网的标准是(　　)。

A. IEEE 802.11r　　B. IEEE 802.11h

C. IEEE 802.11s　　D. IEEE 802.11t

30. IEEE 802.11s 中为了实现无线分布式系统(WDS),使用了(　　)的帧格式。

A. 单地址　　B. 双地址

C. 多地址　　D. 四地址

31. (　　)定义了 IEEE 802.11MAC 层增加的频谱管理服务。

A. IEEE 802.11c　　B. IEEE 802.11h

C. IEEE 802.11e　　D. IEEE 802.11f

32. (　　)定义了无线电资源测量增强。

A. IEEE 802.11i　　B. IEEE 802.11j

C. IEEE 802.11m　　D. IEEE 802.11k

33. (　　)定义了快速 BSS 转换。

A. IEEE 802.11r　　B. IEEE 802.11s

C. IEEE 802.11k　　D. IEEE 802.11j

34. (　　)规定了无线区域网的安全。

A. IEEE 802.11i　　B. IEEE 802.11n

C. IEEE 802.11e　　D. IEEE 802.11h

35. 在无线网络安全机制 WAPI 中,(　　)实现通信数据的加密传输。

A. WAI　　B. WPI　　C. ASU　　D. AAA

36. 我国自主研发并大力推行的 WLAN 安全标准是(　　)。

A. WEP　　B. WPA　　C. WAPI　　D. TKIP

37. WEP 的升级版本是(　　)。

A. WPA　　B. WAPI　　C. TKIP　　D. SSID

38. 可以实现移动网络对移动终端及 AP 的认证的安全标准是(　　)。

A. WPA　　B. WEP　　C. WAPI　　D. TKIP

39. 保护 Wi-Fi 登录安全的安全标准是(　　)。

A. WPA　　B. WEP　　C. WAPI　　D. TKIP

多选题

1. WLAN 市场需求的几个重要驱动力是(　　)。

A. 更自由　　B. 更高速　　C. 经济性　　D. 高效率

2. 无线局域网按照网络拓扑结构,分为(　　)。

A. Scatternet　　B. FDDI　　C. Ad Hoc　　D. Infrastructure

3. (　　)适用于 LAN 的 IEEE 802.11 拓扑结构。

A. Adsense　　B. Ad Hoc　　C. Infrastructure　　D. Internal

4. IEEE 802.11 主要定义了 WLAN 的(　　)层。

A. PHY　　B. LLC　　C. MAC　　D. NET

5. 下列关于 IEEE 802.11gWLAN 设备描述中,正确的是(　　)。

A. IEEE 802.11g 设备兼容 IEEE 802.11a 设备

B. IEEE 802.11g 设备兼容 IEEE 802.11b 设备

C. IEEE 802.11g 54Mb/s 的调制方式与 IEEE 802.11a 54Mb/s 的调制方式相同,都采用了 OFDM 技术

D. IEEE 802.11g 提供的最高速率与 IEEE 802.11b 相同

6. 以上可以工作在 2.4GHZ 频段的无线协议是(　　)。

A. IEEE 802.11a　　B. IEEE 802.11n

C. IEEE 802.11g　　D. IEEE 802.11b

7. 以下采用 OFDM 调制技术的 IEEE 802.11 协议是(　　)。

A. IEEE 802.11g　　B. IEEE 802.11a

C. IEEE 802.11b　　D. IEEE 802.11e

8. IEEE 802.11b/g 协议在中国共开放 13 个信道(1～13),请从这 13 个信道中选择 3 个相互不干扰的信道,以下正确的是(　　)。

A. 1,6,11　　B. 1,2,3　　C. 2,7,12　　D. 1,5,9

9. 带宽为 54Mb/s 的标准有(　　)。

A. IEEE 802.11a　　B. IEEE 802.11b

C. IEEE 802.11g　　D. IEEE 802.11n

10. 如今 WLAN 使用(　　)3 种调制技术。

A. OFDM　　B. AM　　C. MIMO　　D. DSSS

11. IEEE 802.11MAC 层报文分为(　　)。

A. 数据帧　　B. 控制帧　　C. 管理帧　　D. 监控帧

12. (　　)是 IEEE 802.11 MAC 层分布式系统服务。

A. 加密　　B. 关联　　C. 解除关联　　D. 综合式

13. (　　)是 IEEE 802.11 MAC 层站点服务。

A. 加密　　B. 综合式　　C. 认证　　D. MSDU 传送

14. (　　)是 IEEE 802.11 MAC 层分布式系统服务。

A. 重新关联　　B. 关联　　C. 解除关联　　D. 综合式

15. IEEE 802.11 定义了 3 种帧类型,分别为(　　)。

A. 数据帧　　B. 控制帧　　C. 管理帧　　D. 码片速率帧

16. WPA 的两种模式是(　　)。

A. 开放模式　　B. 个人模式　　C. 共享模式　　D. 企业模式

判断题

1. 无线局域网是指以无线信道作传输媒介的计算机局域网。(　　)

2. 因为无线局域网的接入设备比有线局域网贵,故组建无线局域网的成本就一定比组建有线局域网的成本高。(　　)

3. IEEE 802.11 系列标准主要限于 MAC 层与 PHY 层的描述。(　　)

4. 对于高密度无线用户接入区域,需要考虑在同一区域内布放多个 AP。(　　)

5. IEEE 802.11a 只能接近视距应用,穿透性低。(　　)

6. CSMA/CA 中,SIFS 最短。(　　)

7. CSMA/CA 中,DIFS 最短。(　　)

8. CSMA/CA 是一种基于竞争的协议。(　　)

9. IEEE 802.11n 的最大速率只能达到 540Mb/s。(　　)

10. IEEE 802.11s 中为了实现无线分布式系统(WDS),使用了四地址的帧格式。(　　)

名词解释

1. WLAN
2. AP
3. SSID
4. BSS
5. ESS
6. CSMA/CA
7. DCF
8. PCF
9. WDS
10. WEP
11. WPA2
12. War-Driving

13. War-Chalking

简答题

1. 目前无线局域网主要应用在哪些方面？
2. 无线局域网的优点有哪些？
3. 简要描述 Wi-Fi 的特点。
4. 简要描述 IEEE 802.11 标准的早期情况。
5. 简要叙述 IEEE 802.11a、IEEE 802.11b、IEEE 802.11g 各自的频率及带宽。
6. 描述 IEEE 802.11 标准中 CSMA/CA 的工作原理。
7. 描述不同帧间间隔的作用。
8. IEEE 802.11 MAC 层服务包括哪些？
9. IEEE 802.11n 中 MIMO 技术如何把速率提高到 600Mb/s？
10. WLAN 系统的安全通信协议有哪些？各自的优缺点是什么？

参考文献

[1] Mattbew S,Gast. 802.11 Wireless Networks[M]. 北京：清华大学出版社，2003.
[2] Jochen Schiller. Mobile Communications,Second edition[M]. 北京：高等教育出版社，2004.
[3] William Stallings. Wireless Communications and Networks(Second Edition)[M]. 北京：清华大学出版社，2003.
[4] William Stallings. 无线通信与网络[M]. 2 版. 何军，等译. 北京：清华大学出版社，2005.
[5] 黎连业，郭春芳，向东明. 无线网络及其应用技术[M]. 北京：清华大学出版社，2004.
[6] 刘乃安. 无线局域网(WLAN)——原理、技术与应用[M]. 西安：西安电子科技大学出版社，2004.
[7] 金纯. IEEE 802.11 无线局域网[M]. 北京：电子工业出版社，2004.
[8] Matthew S. Gast. 802.11 无线网络权威指南第二版(影印版)[M]. 南京：东南大学出版社，2006.
[9] Juha Heiskala,John Terry. OFDM 无线局域网[M]. 北京：电子工业出版社，2003.
[10] Steve Rackley. 无线网络技术原理与应用[M]. 吴怡，等译. 北京：清华大学出版社，2008.

第4章 无线个域网

本章介绍无线个域网的基本概念，重点在于 IEEE 802.15 系列标准中的 Blue Tooth 技术和 ZigBee 技术。注意，蓝牙协议体系与熟知的 IEEE 802 体系有很大的不同。

4.1 概　　述

当今时代，手机、PC、汽车、音响、电视、微波炉、电冰箱、灯控设备等逐渐成为人们工作、学习和日常生活中不可缺少的消费类产品。人们在享受这些产品带来方便的过程中，也逐渐感觉到单一产品功能的局限性，希望能有一种短距离、低成本、小功耗的无线通信方式，实现不同功能单一设备的互连，提供小范围内设备的自组网机制，并通过一定的安全接口完成自组小网与广域大网的互通。无线个人区域网(Wireless Personal Area Network，WPAN，简称无线个域网)技术就是一种满足上述应用需求的小范围无线连接、微小网自主组网的通信技术。

无线个域网是当前发展最迅速的领域之一，相应的新技术也层出不穷，主要包括蓝牙(BlueTooth)、IrDA、Home RF、超宽带(UWB)、ZigBee 和近场通信(NFC)等技术。IEEE 802.15 工作组是针对无线个域网而成立的，以这些技术为基础，进行无线个域网的标准化工作。第 3 章曾经指出，按照无线网络的覆盖范围划分，可以分为无线局域网和无线广域网，无线个域网可以划到局域网的范畴，所以许多无线局域网的技术也可以用到无线个域网中。不过，本章主要介绍一些无线个域网特有的技术。

蓝牙(BlueTooth)技术是一种支持点到点、点到多点语音和数据业务的短距离无线通信技术。它由爱立信、诺基亚、英特尔、IBM 和东芝等公司提出与推广。从 1998 年以来，推出了一系列标准，它极大地推动了 PAN(个域网)技术的发展。蓝牙也是本章介绍无线个域网技术的重点。

蓝牙最基本的网络结构是微微网(Piconet)，由主设备单元和从设备单元组成。主设备单元负责提供时钟同步信号和跳频序列，在一个微微网中，所有设备单元均采用同一跳频序列。一个微微网中的从设备单元最多可以有 7 个。多个微微网之间互联成分散网(Scatternet)，从而可方便、快速地实现各类设备之间的通信。

IrDA 技术是目前几种技术中市场份额最大的，已经安装了至少 5000 万个单元。它采用红外线作为通信媒介，支持各种速率的点到点的语音和数据业务，主要应用在嵌入式的系统和设备中。

Home RF 由 Home RF 任务组(由微软、英特尔、惠普、摩托罗拉和康柏等公司组成)开发，是在家庭区域内，在 PC 和用户电子设备之间实现无线数字通信的开放式工业标准。它工作在 2.4GHz 频段，支持数据和语音，语音通信采用 DECT 标准，数据通信采用 TCP/IP；

采用跳频方式,每秒跳频50次,最大功率为100mW,有效范围约50m,传输速率为1Mb/s或2Mb/s,分别采用2FSK(Frequency Shift Keying)或4FSK调制;数据安全性由Blowfish加密算法来保证。

Home RF任务组于1998年制定了共享无线访问协议(Shared Wireless Access Protocol,SWAP)。SWAP在20m内可以支持以上两种类型的传输。当一个设备稳定在一个频率上后,便开始侦听从控制节点发出的信令信号。同步之后,无线接入设备将语音传输和数据传输在时间上分开。在每一帧的中间部分进行数据传输时,数据的收发采用(Carrier Sense Multiple Access with Collision Avoidance,CSMA/CA)协议;在帧的后半部分,利用(Time Division Multiple Access,TDMA)协议来处理语音传输。

UWB是一种新技术,其概念类似于雷达,在很宽的频段内传送短脉冲,将信息调制到脉冲的时间和频率上。UWB的高性能和低功耗的优点使得它将成为未来市场上强有力的竞争者之一。无线USB是USB实现者论坛推动的结果,目的是为了将已经很成功的有线USB接口推进到无线领域。为了促进无线USB的发展,无线USB推广组于2004年2月成立,将USB的简单易用、兼容性好,以及低成本的原理应用到高速的无线技术。WUSB就是使用了超宽带UWB无线通信技术,使物理层数据速率达到480Mb/s,而且功耗低、传输范围可达10m,使得无线UWB可用来向多媒体消费者电子设备传输较好的视频数据,而且提供与PC外围设备和其他移动设备之间的高速连接。

ZigBee是一种新兴的短距离、低速率无线网络技术,是一种介于无线标记技术和蓝牙之间的技术提案。它此前被称作"HomeRF Lite"或"FireFly"无线技术,主要用于近距离无线连接。它有自己的无线电标准,在数千个微小的传感器之间相互协调实现通信。这些传感器只需要很少的能量,以接力的方式通过无线电波将数据从一个传感器传到另一个传感器,所以它们的通信效率非常高。最后,这些数据就可以进入计算机,用于分析或者被另外一种无线技术如WiMax收集。ZigBee的基础是IEEE 802.15.4。

近场通信(NFC)是一个超短范围的无线通信技术,它是用磁场感应使得两个设备物理上接触的,或者使在几厘米范围内的设备能互相通信。NFC是作为一项实现消费电子设备之间互连的技术而出现的,由无连接识别技术(如RFID)和网络技术融合发展而来,目标是通过自动连接和配置实现简单的点到点的连接。

NFC与标准RF无线通信的本质区别在于:RF信号是在收发设备之间传送,标准的RF通信,如Wi-Fi,被称为"远场"通信,因为通信距离与它的天线尺寸相比很大;近场通信是基于两个设备之间的直接磁场或者电场的耦合实现的,而不是通过无线电波在自由空间的传播。

4.2 IEEE 802.15标准

4.2.1 标准构成

IEEE 802.15工作组是IEEE针对无线个人区域网(WPAN)而成立的,他们开发有关短距离范围的WPAN标准。一个PAN是在一个小区域内的通信网络,其特点是网络中的所有设备都属于一个人或一个家庭。在一个PAN中的设备可以包括便携和移动设备,如PC、个人数字助理(PDA)、外围设备、蜂窝电话、寻呼机以及消费类电子设备。工作组所做的第一个努力是开发了 IEEE 802.15.1，其目的是以既有的蓝牙标准为基础，制定蓝牙无线通信规范的一个正式标准，该标准在 2002 年获得批准。

由于几乎所有计划的 IEEE 802.15 标准会运行在与 IEEE 802.11 设备所使用的相同的频段上，IEEE 802.11 和 IEEE 802.15 两个工作组都关心这些设备能成功共存的能力。IEEE 802.15.2 工作组成立了，其目的就是要开发共存的推荐规范。该工作在 2003 年给出了一个推荐的规范文档。

在制定了 IEEE 802.15.1 标准之后，IEEE 802.15 的工作沿两个方向进行。IEEE 802.15.3 工作组的兴趣在于开发对比 IEEE 802.11 设备是低成本和低功耗的设备的标准上，但具有比 IEEE 802.15.1 明显高的数据率。IEEE 802.15.3 的一个初始标准在 2003 年发布，目前该工作在 IEEE 802.15.3a 上继续进行，IEEE 802.15.3a 的目标是要在使用同样的 MAC 层上提供比 IEEE 802.15.3 更高的数据率。同时，IEEE 802.15.4 工作组开发了一个非常低成本、非常低功耗的比 IEEE 802.15.1 数据率要低的设备标准，该标准在 2003 年被发布。

图 4.1 示意了 IEEE 802.15 当前的工作状态。3 个 WPAN 标准的每一个不仅有不同的物理层规范，而且也有对 MAC 层的不同要求。因此，每个标准都有一个唯一的 MAC 规范。图 4.2 对无线 LAN 和无线 PAN 标准应用的相应范围给出了示意。由图 4.2 中可以看到，IEEE 802.15 无线 PAN 标准示意图在非常短的范围内，最长大约 10m，这样可以使用低功耗和低成本的设备。

逻辑链路控制(LLC)					
IEEE 802.15.1 MAC	IEEE 802.15.3 MAC		IEEE 802.15.4 MAC		
IEEE 802.15.1 2.4GHz 1Mb/s	IEEE 802.15.3 2.4GHz 11,22,33,44,55Mb/s	IEEE 802.15.3a ? >110Mb/s	IEEE 802.15.4 868MHz 20kb/s	IEEE 802.15.4 915MHz 40kb/s	IEEE 802.15.4 2.4GHz 250kb/s

图 4.1 IEEE 802.15 协议体系结构

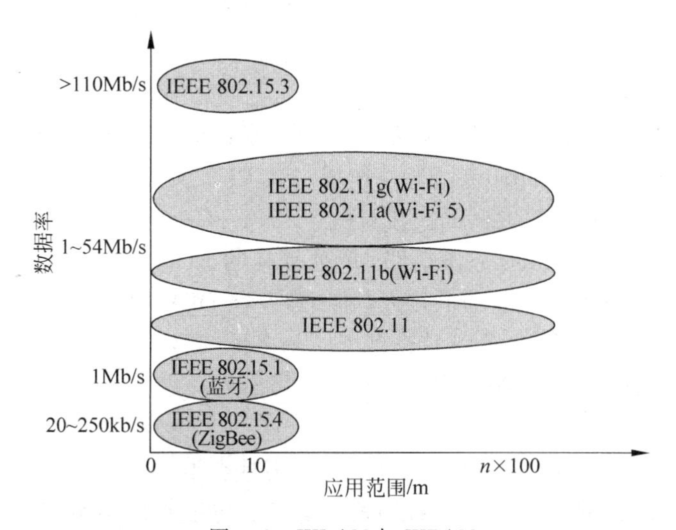

图 4.2 WLAN 与 WPAN

本节只对 IEEE 802.15.3 和 IEEE 802.15.4 标准进行简要介绍，本章的后续几节将重点介绍构成 IEEE 802.15.1 标准基础的蓝牙规范。

4.2.2 IEEE 802.15.3

IEEE 802.15.3 工作组关注于高数据率的 WPAN 的开发。符合 WPAN 概要，但也要求相对高的数据率的一些应用示例有：

(1) 将数据照相机连接到打印机上。

(2) 笔记本电脑到投影机的连接。

(3) 将一个个人数字助理(PDA)连接到一个照相机上，或将 PDA 连接到一台打印机上。

(4) 将一个 5∶1 的环绕声系统中的一个话筒连接到接收器上。

(5) 来自一个机顶盒或电缆调制解调器的视频的分发。

(6) 将来自 CD 或 PM3 播放器中的音乐发送到耳机或扬声器中。

(7) 摄像机图像显示在电视中。

(8) 远程取景器连接到视频或数字相机上。

这些应用主要用于消费类电子产品，该类产品有如下需求：

(1) 短距离范围(Short range)：要求 10m。

(2) 高流通量(High throughput)：超过 20Mb/s，以支持视频和/或多信道音频。

(3) 低功耗(Low power usage)：对靠电池供电的便携设备是有用的。

(4) 低成本(Low cost)：对便宜的消费类电子设备是合理的。

(5) 可具有 QoS 能力(QoS capable)：对于应用程序感知的流通量或延迟提供有保障的数据率和其他一些 QoS 特性。

(6) 动态环境(Dynamic environment)：指具有这样特点的一个微微网结构：其中的移动、便携和固定设备经常进入或离开这个微微网。对于移动设备来说，要求不超过 7km/h 的移动速度。

(7) 简易的连接(Simple connectivity)：使连网简单，且不需要用户掌握复杂的技术。

(8) 保密性(Privacy)：确保只有合法的接收用户才能理解所传输的内容。

这些需求在 IEEE 802.11 的网络中并不容易得到满足，因为 IEEE 802.11 网络并不是按这类应用和需求设计的。

1. 媒体接入控制

一个 IEEE 802.15.3 网络由一些设备(DEV)汇集构成。DEV 中有一个设备还起到微微网的协调者(PicoNet Coordinator，PNC)作用。该 PNC 为设备之间的连接分配时间，所有的命令都是在 PNC 和 DEV 之间的。注意一个 PNC 和一个 IEEE 802.11 接入点(AP)的不同。AP 提供了到其他网络的一条链路，并对所有的 MAC 帧起到一个中继点的作用。PNC 用于控制对微微网的时间资源的接入，并不涉及在 DEV 之间数据帧的交换。

IEEE 802.15.3 MAC 层的 QoS 特性基于时分多址(TDMA)结构的使用，该 TDMA 结构可提供有保障的时隙(Guaranteed Time Slots，GTSs)。

2. 物理层

IEEE 802.15.3 操作在 2.4GHz 的频段上，使用具有 11MBaud 信号速率的 5 个调制格式，以获得 11～55Mb/s 的数据速率。该模式最显著的方面是网格编码调制(Trellis-Coded

Modulation,TCM)的使用。TCM是一种旧的技术,原用于话音级的电话网络调制解调器中,在此不做具体介绍。

4.2.3 IEEE 802.15.3a

WPAN高速率物理层替代工作组(Higher Rate Alternate PHY Task Group 3a,TG3a)被授权起草和出版一个新的标准,该标准对P802.15.3草案标准提出更高速率(110Mb/s或更高)的物理层改进。该标准将致力于流视频和其他的多媒体应用。新的PHY将使用做了有限修改的P802.15.3 MAC。目前,这一工作仍在进行。

4.2.4 IEEE 802.15.4

WPAN低速率工作组(Low Rate Task Group,TG4)被授权研究可维持多个月到多年电池寿命且复杂性很低的低数据率的解决方案。该标准规定了两个物理层:一个是868MHz/915MHz的直接序列扩频PHY;另一个是2.4GHz的直接序列扩频PHY。2.4GHz PHY支持250kb/s的空中数据率,868MHz/915MHz PHY支持20kb/s和40kb/s的空中数据率。选取的物理层依赖于局部规则和用户的偏好。潜在的应用是传感器、交互式的玩具、智能标记(smart badge)、远程控制和家庭自动化。

由于缺乏开发具有非常低成本、非常低功耗和非常小尺寸的发送器和传送器的标准和适宜的技术,低数据率无线应用直到最近一直受到极大的忽视。在物理层和MAC层,IEEE 802.15.4的设计就是要满足这类设备的需求。在LLC以上的层,ZigBee联盟制定了IEEE 802.15.4上的操作规范,ZigBee规范主要致力于网络、安全和应用层接口。

4.3 蓝牙技术

本节重点介绍蓝牙标准,它是IEEE 802.15.1的基础。

4.3.1 蓝牙技术的诞生与发展

1994年,爱立信(Ericsson)公司发起了一项研究,旨在在移动电话及其附件之间探求一种新的低功耗、低成本的空中接口。研究的目的之一是要找到一种新的连接方式,能够去除连接移动电话与耳机、笔记本电脑及其他设备之间繁杂的线缆,但更主要的目的是分析有多少种不同的通信设备可以通过移动电话接入到蜂窝网中(上述的空中接口研究只是它的一部分)。爱立信公司得出的结论是蜂窝网的最后一段应该是短距离的无线连接,爱立信将这项新的无线通信技术命名为蓝牙(Blue Tooth)。随着项目的进展,蓝牙技术的应用前景也变得明朗起来。爱立信意识到要使这项技术最终获得成功,必须得到业界其他公司的支持与应用。1998年5月,爱立信联合诺基亚(Nokia)、英特尔(Intel)、IBM和东芝(Toshiba)这4家公司一起成立了蓝牙特殊利益集团(SIG),负责蓝牙技术标准的制订、产品测试,并协调各国蓝牙的具体使用。3Com、朗讯(Lucent)、微软(Microsoft)、摩托罗拉(Motorola)很快加盟SIG,并组成领导小组(Promoter Group)。领导小组的职责是:创建蓝牙论坛,加强蓝牙协议的制订和改进,提供互操作性测试工具,进而指导SIG成员在蓝牙领域的研究工作。SIG着眼于蓝牙在全球的发展与应用,将蓝牙技术标准完全公开。1999年7月,SIG公布了蓝牙规范1.0版;1999年12月公布了蓝牙规范1.0b版;2001年4月公布了1.1版;2003年11月公布了1.2版本;2004年8月公布了2.0版本。

现在,SIG已发展成为一个相当庞大的工业界高新技术标准化组织,全球支持蓝牙技术的2000多家设备制造商都已经成为它的会员。近年来,世界上一些权威的标准化组织也都在关注蓝牙技术标准的制定和发展。例如,IEEE就已经成立了IEEE 802.15工作组,专门关注有关蓝牙技术标准的兼容和未来的发展等问题。

2000年6月在新加坡召开的"Communication Asia"展览会上,爱立信公司推出了全球第一部使用蓝牙技术的GPRS(通用分组无线业务)手机R520。R520手机融合了GPRS、高速数据(HSCSD)、蓝牙技术和WAP(无线应用协议),除了高速率外,R520还可以借助其内置蓝牙芯片提供全面无线连接解决方案,从而避免了在电话和其他移动设备(如PC和免提设备)之间使用连接线缆。从R520问世至今,越来越多的手机制造商开始在其手机中植入蓝牙芯片,这无疑又会带动蓝牙耳机的需求增长。蓝牙手机和蓝牙耳机使得用户可以进行无线会话。目前,蓝牙已经成为手机的标配功能。

短距离无线蓝牙技术已经嵌入到许多消费装置中,从笔记本电脑、手机到汽车,都可以看到蓝牙的踪影。同时,蓝牙在操作系统方面也得到了强有力的支持,目前已经有Pocket PC、Windows CE. Net、苹果电脑的MacOS X操作系统、Palm与多数手机操作系统增加了对蓝牙的支持。蓝牙进入企业的首要渠道来自手机、笔记本电脑与PDA。

4.3.2 蓝牙技术介绍

蓝牙是一种低功耗的无线技术。主要优点有:

(1) 可以随时随地地用无线接口代替有线电缆连接。

(2) 具有很强的移植性,可应用于多种通信场合,如WAP、GSM(全球移动通信系统)、DECT(欧规数字无绳通信)等,引入身份识别后可以灵活地实现漫游。

(3) 低功耗,对人体伤害小。

(4) 蓝牙集成电路简单,成本低廉,实现容易,易于推广。

蓝牙技术提供低成本、近距离的无线通信,构成固定与移动设备通信环境中的个人网络,使得近距离内各种信息设备能够实现无缝资源共享。

蓝牙技术工作在全球通用的2.4GHz ISM(工业、科学、医学)频段,从而消除了"国界"的障碍。蓝牙的数据速率为1Mb/s。从理论上来讲,以2.4GHz ISM频段运行的技术能够使相距30m以内的设备互相连接,传输速率可以达到2Mb/s,但实际上很难达到。任一蓝牙设备一旦搜寻到另一个蓝牙技术设备,马上就可以建立联系,而无需用户进行任何设置(可以理解为"即插即用"),在无线电环境非常嘈杂的环境下,其优势更加明显。

另外,ISM频段是对所有无线电系统都开放的频段,因此使用其中的某个频段都会遇到不可预测的干扰源,如某些家电、无绳电话、微波炉等,都可能是干扰源。为此,蓝牙技术特别设计了快速确认和跳频方案,以确保链路稳定。与其他工作在相同频段的系统相比,蓝牙跳频更快、数据分组更短,这使蓝牙技术系统比其他系统更稳定。

蓝牙技术目前主要以满足美国FCC要求为目标。对于在其他国家的应用,需要做一些适应性调整。蓝牙1.0规范中公布的主要技术指标和系统参数见表4.1。

表 4.1　蓝牙技术指标和系统参数

指　标	参　数	指　标	参　数
工作频段	ISM 频段：2.4～2.480GHz	跳频速率	1600 跳/秒
双工方式	全双工，TDD 时分双工	工作模式	PARK/HOLD/SNIFF
业务类型	支持电路交换和分组交换业务	数据连接方式	面向连接业务 SCO，无连接业务 ACL
数据速率	1Mb/s	纠错方式	1/3FEC、2/3FEC、ARQ
非同步信道速率	非对称连接 721kb/s、57.6kb/s、对称连接：432.6kb/s	鉴权	采用反应逻辑算术
同步信道速率	64kb/s	信道加密	采用 0bit、40bit、60bit 加密字符
功率	美国 FCC 要求小于 0dB·m (1mW)，其他国家可扩展为 100mW	语音编码方式	连续可变斜率调制 CVSD
跳频频率数	79 个频点/MHz	发射距离	一般可达到 10m，增加功率情况下可达到 100m

蓝牙支持点对点和点对多点的通信。蓝牙最基本的网络结构是匹克网(Picnet)，也叫微微网。匹克网实际上是一种个人网络，它以个人区域(如办公室区域)为应用环境。需要指出的是，匹克网并不能够代替局域网，它只是用来代替或简化个人区域中的电缆连接。

匹克网主要由主设备和从设备构成。主设备负责提供时钟同步信号和跳频序列，而从设备一般是受控同步的设备，并接收主设备的控制。在同一匹克网中，所有设备均采用同一跳频序列。一个匹克网中一般只有一个主设备，而处于活动状态的从设备目前最多可达 7 个。

4.3.3　蓝牙标准文档构成

蓝牙标准非常庞大，超过 1500 页，被分为两组——核心(core)和概要(profile)。核心规范(core specifications)描述了从无线电接口到链路控制的不同层次蓝牙协议体系结构的细节。它包含了相关的主题，诸如相关技术的互操作性、检验需求和对不同的蓝牙计时器及其相关值的定义。

概要规范(profile specifications)考虑使用蓝牙技术支持不同的应用。每个概要规范讨论在核心规范中定义的技术，以实现特定的应用模型(Usage Model)。概要规范包括对核心规范各方面的描述，它可分为强制的、可选的和不适用的。概要规范的目的是定义互操作性的标准，使得来源于不同厂家、声称能支持给定的应用模型的产品能一起工作。就一般术语而言，概要规范可被划分为两类：电缆替代或无线音频。作为电缆替代的概要规范为邻近设备的逻辑连接和数据交换提供了一个便利的方法。例如，当两个设备首次进入对方的范围时，它们能基于一个公用的概要规范自动相互询问。接着，这可能导致设备的最终用户相互注意，或导致一些数据交换自动发生。无线音频概要规范考虑建立短途的语音连接。

4.3.4　蓝牙协议体系结构

蓝牙被定义为一个分层协议体系结构(图 4.3)，由核心协议、电缆替代协议、电话控制协议以及接纳协议组成。

核心协议(core protocol)形成一个由下列成分组成的 5 层栈。

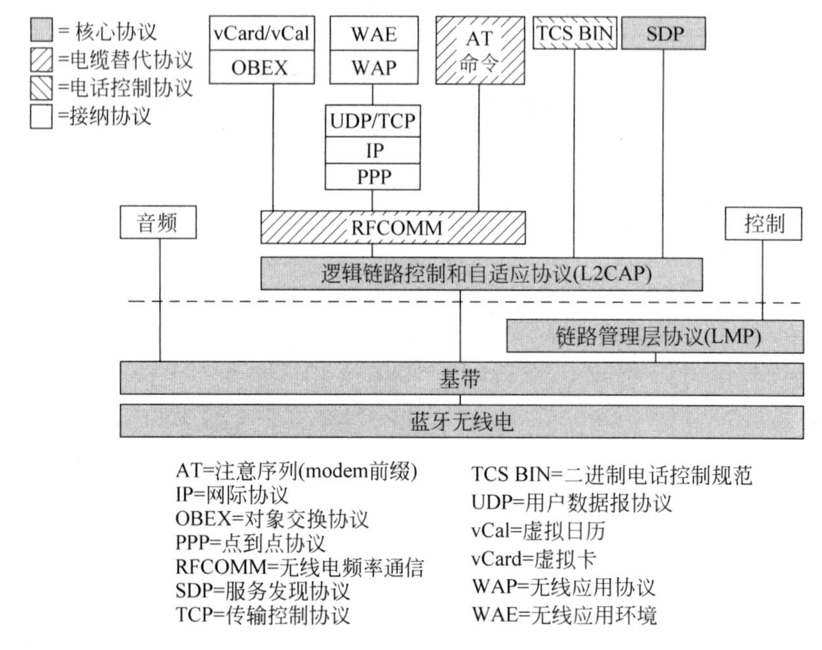

图 4.3 蓝牙的协议栈

(1) 无线电(radio):确定包括频率、跳频的使用、调制模式和传输功率在内的空中接口细节。

(2) 基带(baseband):考虑一个微微网中的连接建立、寻址、分组格式、计时和功率控制。

(3) 链路管理器协议(Link Manager Protocol,LMP):负责在蓝牙设备和正在运行的链路管理之间建立链路,包括诸如认证、加密及基带分组大小的控制和协商等安全因素。

(4) 逻辑链路控制和自适应协议(Logical Link Control and Adaptation Protocol,L2CAP):使高层协议适应基带层。L2CAP 提供无连接和面向连接服务。

(5) 服务发现协议(Service Discovery Protocol,SDP):询问设备信息、服务与服务特征,使得在两个或多个蓝牙设备间建立连接成为可能。

RFCOMM 是包括在蓝牙规范中的电缆替代协议(cable replacement protocol)。RFCOMM 提出一个虚拟的串行端口,该端口的设计使电缆技术的替代变得尽可能透明。串行端口是计算设备和通信设备所用的通信接口中最为普通的类型。因此,RFCOMM 使得最小修改现存设备取代串行端口电缆变为可能。RFCOMM 提供了二进制数据传输,并在蓝牙基带层上仿效 EIA-232 控制信号。EIA-232(以前名为 RS-232)是一个广泛使用的串行端口的接口标准。

蓝牙规范了一个电话控制协议(telephony control protocol)。TCS-BIN(Telephony Control Specification-BINary,二进制的通话控制规范)是一个面向位的协议,它为蓝牙设备间的话音呼叫和数据呼叫的建立定义呼叫控制信令。另外,它为处理蓝牙各组 TCS 设备定义了移动管理过程。

接纳协议(adopted protocols)是在由其他标准制定组织发布的规范中定义的,并被纳入总体的蓝牙体系结构。蓝牙战略是仅仅发明必需的协议,尽量使用现有的标准。接纳协议包括以下内容：

(1) PPP：点对点协议(PPP)是一个在点对点链路上传输IP数据报的因特网标准协议。

(2) TCP/UDP/IP：这些是TCP/IP协议簇的基础协议。

(3) OBEX：对象交换协议(OBEX)是一个为了交换对象、由红外数据协会(Infrared Data Association，IrDA)开发的会话层协议。OBEX提供的功能与HTTP相似，但更简单。它也提供了一个表示物体和操作的模型。OBEX所做的内容格式转换的例子是vCard和vCalender，它们分别提供了电子业务卡和个人日历记载的条目及进度信息。

(4) WAE/WAP：蓝牙将无线应用环境和无线应用协议包含到它的体系结构中。

4.3.5 应用模型

大量应用模型定义在蓝牙的概要规范文档中。本质上，一个应用模型是一套实施特定的基于蓝牙的、应用的协议。每个概要文件定义了支持一特定应用模型的协议和协议特性。图4.4解释了最高优先级的应用模型。包括的内容如下：

(1) 文件传递(file transfer)：文件传递应用模型支持目录、文件、文档、图像和流媒体

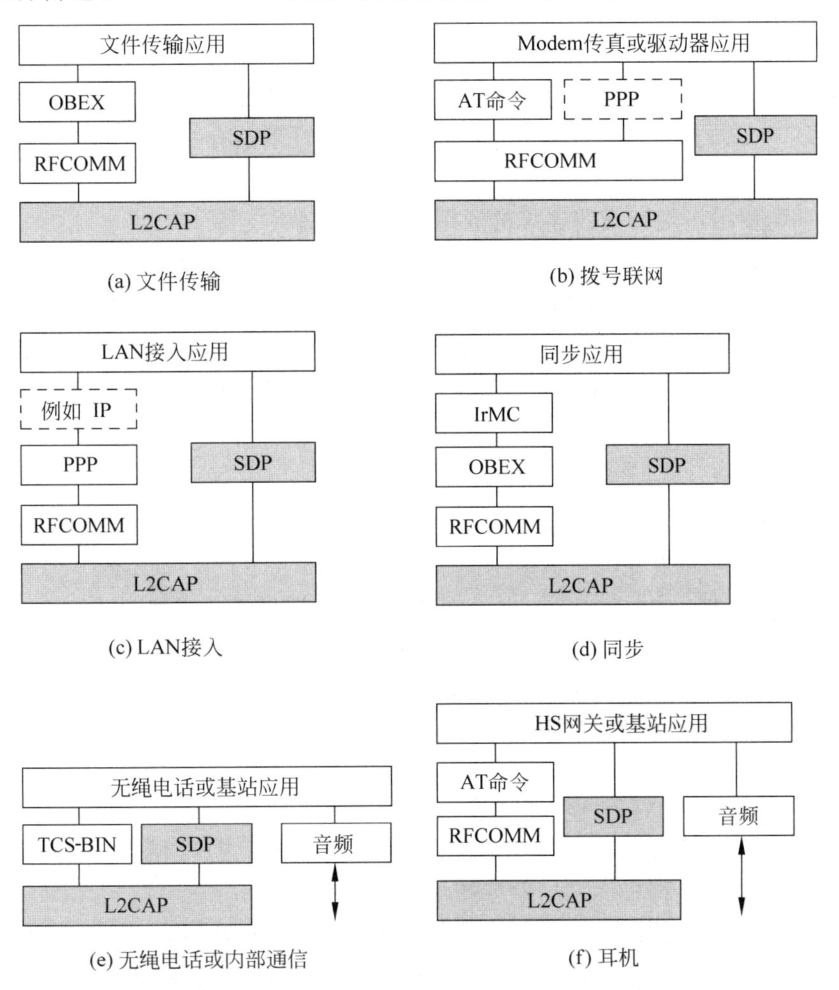

图4.4 蓝牙的应用模型

格式的传递。此应用模型也包括了在远程设备中浏览文件夹的功能。

(2) 桥接因特网(Internet bridge):使用此应用模型,一台 PC 可以无线连接到一部移动电话或无绳 Modem 上,提供拨号连网和传真的功能。对于拨号连网,AT 命令用于控制移动电话或 Modem,而另一个协议栈(如 RFCOMM 上的 PPP)用于数据传递。对于传真传递,传真软件直接在 RFCOMM 上操作。

(3) 局域网接入(LAN access):此应用模式使得一个微微网上的设备可以接入 LAN。一旦接入,设备工作起来如同直接连到了(有线)LAN 上。

(4) 同步(synchronization):此模式为诸如电话簿、日历、消息和便笺信息等个人信息管理(Personal Information Management,PIM)提供了设备与设备间的同步。红外移动通信(Ir Mobile Communications,IrMC)是一个提供客户/服务器功能的 IrDA 协议,它将更新的 PIM 信息由一台设备转移到另一台设备。

(5) 三合一电话(three-in-one phone):实现此应用模型的电话可以作为一台连接到话音基站的无绳电话、作为一部与其他电话相连的内部通信设备和作为一部蜂窝电话。

(6) 头戴式设备(headset):耳机能作为一个远程设备的音频输入和输出接口。

4.3.6 蓝牙应用

蓝牙的设计是为了在多用户的环境中操作。在一个称为微微网的小网络中,通信设备高达 8 台。10 个这样的微微网能在相同的蓝牙无线电波下共存。为提供安全性,每条链路都是编码的,并且避免监听和干扰。

蓝牙为 3 个使用短距离无线连接的通用应用领域提供支持。

(1) 数据和语音接入点(data and voice access points):通过为手持和固定通信设备提供便利的无线连接,蓝牙有助于实时语音和数据的传输。

(2) 电缆替代(cable replacement):蓝牙消除了大量的、经常是所有的对电缆连接物的需要,这些需要是为了使任意种类的通信设备实际相连而产生的。连接是即时的,并且即使设备不在视线内,也是可维护的。每个无线电设备的距离范围为 10m,但能通过一个可选的放大器延伸到 100m。

(3) 自组网络(Ad Hoc network):只要进入范围内,一个配备蓝牙无线电的设备就能与另一个蓝牙无线电设备建立即时连接。

一些蓝牙使用的例子如下。

(1) 手机与计算机相连。目前,大多数手机通过 IrDA 红外线或 RS232 串口线与计算机相连,蓝牙技术完全可以取而代之,不仅方便,而且资料传送的速度更快(有些情况下,IrDA 的速度更快),也许将来手机下端的连接器也会消失,或是变得更简单。

(2) 作无绳电话使用。内置蓝牙芯片的手机,在家里可以当作无绳电话使用,不用双向收费,节省手机费用。当然,离开屋子一段距离后便会自动切换到无线网络基站上。

(3) 数据共享,办公更方便。无论是手机、计算机、PDA、打印机,或是数码相机、MP3 播放器、DVD 播放器等,都可以利用蓝牙技术来简化操作。

(4) Internet 接入。内置蓝牙芯片的笔记本电脑或手机等,不仅可以使用 PSTN、ISDN、LAN、xDSL(如 ADSL)等接入,而且可以使用蜂窝式移动网络进行高速连接。

(5) 无线免提。笔记本电脑具有话筒和喇叭,用蓝牙技术连接将来的手机(也许是宽带网)，可使多人视频会议更为容易。免提手机也不再是汽车独有。

(6) 同步资料。无论在办公室或在家里，你的笔记本电脑、手机，或是 PDA 都可通过蓝牙产品及相应程序，与其他设备同步。内部信息永保最新。当然，E-mail 也可以实时接收并同步输入计算机，而且 E-mail 可以在飞机上完成，下机后自动发出。

(7) 影像传递。这有点类似 NOKIA9110 的影像传输方式，但更加简单。带有蓝牙功能的数码相机在拍摄完成后，影像传至手机后可直接送至世界任何一个角落，记者特别需要这一功能。当然，也可以直接将影像传入打印机，即拍即现。

另外，蓝牙技术还可应用于键盘、鼠标、家庭网络、高速无线内部网络、电子名片等。

4.3.7　微微网和散布式网络

正如前面提到的，蓝牙中的基本联网单元是一个微微网，它由一台主设备和 1～7 台活跃的从设备组成。被设定为主设备的无线电设备确定此微微网中的所有设备使用的信道(跳频序列)和相位(计时的偏移量，也就是何时发射)。当从设备必须调到相同的信道和相位时，被设定为主设备的无线电设备用它自己的设备地址为参数作判断。从设备仅可与主设备通信，并且只可以在主设备授予权限时通信。一个微微网中的设备也可作为另一个微微网的一部分存在，并在每个微微网中，起从设备或主设备功能(图 4.5)。这种形式的重叠被称为散布式网络(scatternet)。图 4.6 将微微网/散布式网络体系结构与无线网络的其他形式进行了对比。

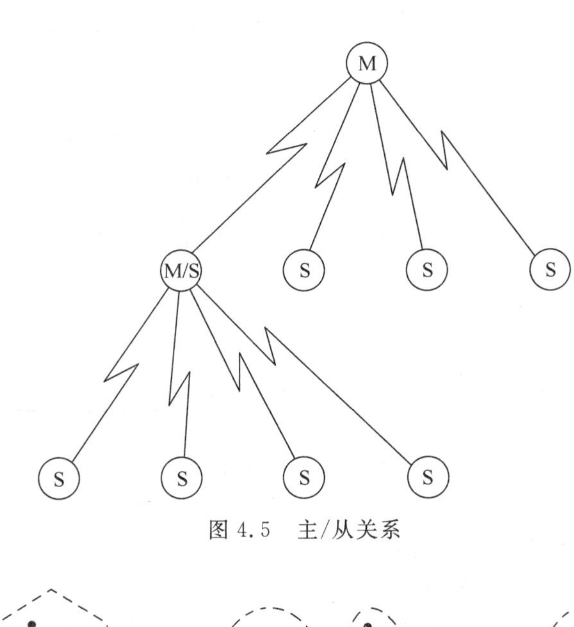

图 4.5　主/从关系

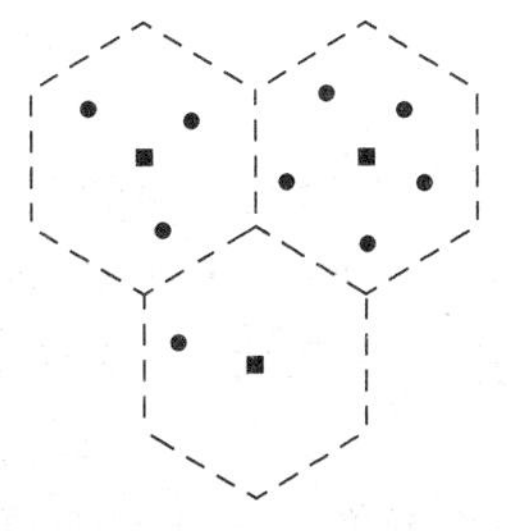

(a) 蜂窝系统(方形代表固定基站)

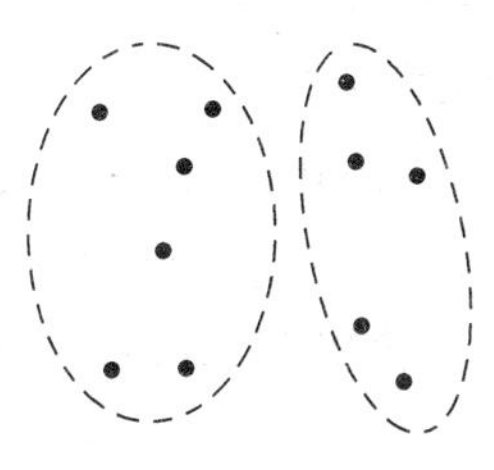

(b) 常见的特殊联网系统图

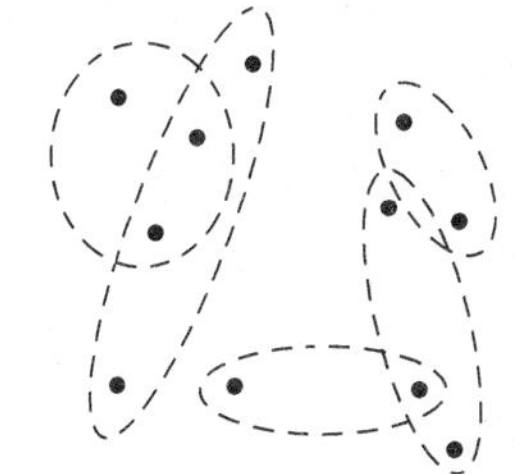

(c) 散布式网络

图 4.6　无线网络的配置

微微网/散布式网络模式的优点在于:它允许大量设备共享相同的物理区域,并有效地利用带宽。一个蓝牙系统使用一个载波间隔为1MHz的跳频模式。一般而言,80MHz的总带宽中使用的不同频率高达80个。如果不使用跳频,那么一个单一的信道将对应一个单一的1MHz波段。随着跳频的使用,一个逻辑信道由跳频序列定义。在任意既定的时间内,可用的带宽为1MHz,最多可由8台设备共享此带宽。不同的逻辑信道(不同的跳频序列)能同时共享同样的80MHz带宽。当设备在不同的微微网、在不同的逻辑信道且碰巧在相同时间使用同一个跳跃频率时,将产生冲突。当一个区域内微微网的数量增加时,冲突的数量将会增加,性能就会随之下降。概括地说,散布式网络共享物理区域和总带宽,微微网共享逻辑信道和数据传递。

4.3.8 蓝牙规范的5层核心协议

本小节简要介绍蓝牙规范的5层核心协议。

1. 蓝牙无线电规范

蓝牙无线电规范是一个短小的文档,它对蓝牙设备的无线电传输给出了基本的细节。表4.2中总结了一些关键的参数。

表4.2 蓝牙无线电和基带参数

参数	特点
拓扑	一个逻辑的星形结构中,高达7条并行链路
调制	GFSK
数据速率的峰值/(Mb/s)	1
RF带宽	220kHz(−3dB),1MHz(−20dB)
RF波段	2.4GHz,ISM波段
RF载波	23/79
载波的间隔/MHz	1
传输功率/W	0.1
微微网的接入	FH-TDD-TDMA
频跳率/(跳/秒)	1600
分布式网络的接入	FH-CDMA

无线电规范的一个方面是对3类基于输出功率的发射器作的一个定义。

(1) 1类:最大输出为100mW(+20dBm),最小为1mW(0dBm)。功率控制是强制的,范围为4~20dBm。此模式提供了最大的距离。

(2) 2类:最大输出为24mW(+4dBm),最小为0.25mW(−6dBm)。功率控制是可选的。

(3) 3类:最小功率。名义上的输出为1mW。

蓝牙利用工业、科技和医疗(Industrial、Science and Medical,ISM)波段中的2.4GHz波段。在大多数国家,此带宽足以定义79个1MHz的物理信道(表4.3)。功率控制用来避免设备发出任何超出需要的RF功率。功率控制算法的实施使用微微网的主、从设备间的链路管理协议。

蓝牙的调制方式是高斯FSK。其中,二进制1由一个正的距中心频率的频率偏差代表,二进制0由一个负的距中心频率的频率偏差代表,最小的偏差为115kHz。

表 4.3　国际上蓝牙的频率分配

区　　域	调节范围/GHz	RF 信道
美国、欧洲的大部分国家和其他国家中的大部分	2.4～2.483 5	f=2.402+nMHz,n=0,…,78
日本	2.471～2.497	f=2.473+nMHz,n=0,…,22
西班牙	2.445～2.475	f=2.449+nMHz,n=0,…,22
法国	2.4465～2.483 5	f=2.454+nMHz,n=0,…,22

2. 蓝牙基带规范

基带规范是最复杂的蓝牙文档之一,在此只简要介绍一些关键成分。

蓝牙基带层在物理层之上,管理物理信道和链路,包括蓝牙设备的发现、链路连接与管理及功率控制。

在微微网中,用时分复用方式来划分设备的接入信道,时间被划分成 650μs 的时隙,时隙按照主控设备的时钟进行编号,并由主设备分配给链路和设备。

主从设备之间可以建立两种基本的物理链路类型,同步面向连接(Synchronous Connection-Oriented,SCO)和异步无连接(asynchronous connectionless)。SCO 链路主要用来传送语音数据,是主设备和单个从设备之间的对称链路。要维持这个链路,在规定的时间间隔内主设备预留发射/接受时隙,由于链路是同步的,所以数据包出错时也不进行重传操作。

在微微网中,ACL 链路连接主设备和所有的从设备。主设备可以使用未预留给任何活动的 SCO 链路的时隙建立 ACL 链路。同一时刻只能建立一条 ACL 链路,但是如果已经建立了到主设备的 SCO 连接,那么这个 ACL 链路也可以作为一个从链路。对于大多数的 ACL 数据包,如果出现数据包错误时,会进行重传。

蓝牙基带定义了 13 种分组类型,其中有 4 种专门用做传输高质量的语音和语音+数据。每个分组包括一个 68～72 比特的接入码、一个 54 比特的分组头,以及最高 2745 比特的有效载荷。接入码用在蓝牙设备发现期间以及接入到微微网时。分组头携带了从设备的地址以及分组的确认、编号和检错等信息。

通过查询程序和寻呼程序,基带控制设备的发现过程。查询程序能使得蓝牙设备发现一定范围内的其他设备,并判断它们的地址和时钟偏移量;寻呼程序使得主从设备之间建立连接,并将从设备的时钟与主设备同步。一旦建立连接,蓝牙设备将处于以下 4 种状态中的一种:激活、呼吸、保持及休眠(为了降低功耗)。表 4.4 给出了简要描述。

表 4.4　蓝牙连接状态

状态	描　　述
激活	激活状态的设备参与信道通信。激活状态的主设备规划传输过程,包括规律性发送指令,使从设备保持同步。激活的从设备在 ACL 时隙内监听数据包。激活的从设备如果未被寻址到,则休眠,直到下一次 ACL 传输
呼吸	设备在"呼吸"状态时,以一种降低的速率监听传输,以节省能量。这个非激活状态的时间长短是可编程控制的,同时依赖于特定的设备类型及应用
保持	在从设备的请求下或主设备的指示下,数据传输可以进入节能的保持状态。在保持状态,从设备只有内部定时器仍旧工作。当从设备重新进入到激活状态时,数据传输将会很快恢复
休眠	设备处于休眠状态时仍然保持同步,但并不参与微微网通信。进入该状态后,从设备放弃 3bit 的活动成员设备地址。休眠的设备周期性地醒来监听传输信道,以便进行重同步和检测其他的广播信息

3. 蓝牙链路管理器规范

链路管理器协议(LMP)用来建立和管理基带连接,包括链路配置、认证和功率管理功能。这些功能通过两个已配对设备的链路管理器之间交换协议数据单元(PDU)来实现。协议数据单元包括:配对控制、认证、初始化呼吸、保持和休眠模式、功率增加或降低请求,首选的分组编码选择以及优化的数据吞吐量的大小。

4. 蓝牙逻辑链路控制和自适应协议

逻辑链路控制与适配协议能够产生高层协议与基带协议之间的逻辑连接,它给信道的每个端点分配信道标识符(Channel IDentifier,CID)。连接建立的过程包括设备之间期望的QoS信息交换,以及L2CAP监控资源的使用,来确保达到QoS要求。L2CAP也为高层协议管理数据的分段与重组,高层协议数据包要大于341B的基带最大传输单元(MTU)。

5. 蓝牙服务发现协议

在蓝牙规范提出之前,服务发现协议(SDP)已经存在。在蓝牙设备组成的无线网络中,本地设备发现、利用远端设备所提供的服务和功能,并向其他蓝牙设备提供自身的服务,这是网络资源共享的途径,也是服务发现协议要解决的问题。服务发现协议提供了服务注册的方法和访问服务发现数据库的途径。SIG针对蓝牙网络灵活、动态的特点,开发了蓝牙专用的服务发现协议。

蓝牙服务发现协议在微微网中用来发现蓝牙设备中的可用服务,并确定这些可用服务的属性。

服务发现可以通过请求/响应模式来完成。一个应用在特定的L2CAP连接上针对可用的服务发出协议数据单元请求信息,然后等待目标设备的响应。

服务发现可以针对特定要求的服务通过搜索、请求信息来实现,也可以针对所有的可用服务通过浏览、请求信息来实现。

4.3.9 蓝牙标准1.0~5.0的技术历程

2014年12月4日,蓝牙技术联盟(Bluetooth SIG)公布蓝牙4.2核心技术标准。据悉,新技术可以增强隐私保护,加快数据传输速度,使设备通过蓝牙接入互联网。从这项技术的诞生至今天,已经经历了9个版本的更新,分别为1.1、1.2、2.0、2.1、3.0、4.0、4.1、4.2、5.0。

(1) 蓝牙1.1标准

蓝牙1.1为最早期版本,传输率在748~810kb/s,因是早期设计,所以容易在同频率之产品干扰下影响通信质量。

(2) 蓝牙1.2标准

蓝牙1.2同样只有748~810kb/s的传输率,但有(改善Software)抗干扰跳频功能。

(3) 蓝牙2.0标准

蓝牙2.0是蓝牙1.2的改良提升版,传输率为1.8~2.1Mb/s,开始支持双工模式——即一面作语音通信,同时也可以传输档案/高质量图片,蓝牙2.0版本当然也支持Stereo运作。应用最广泛的是Bluetooth 2.0+EDR标准,该标准在2004年已经推出,支持Bluetooth 2.0+EDR标准的产品也于2006年大量出现。

虽然Bluetooth 2.0+EDR标准在技术上作了大量的改进,但从1.X标准延续下来的配置流程复杂和设备功耗较大的问题依然存在。

(4) 蓝牙 2.1 标准

2007 年 8 月 2 日,蓝牙技术联盟正式批准了蓝牙 2.1 版规范,即“蓝牙 2.1+EDR”,可供未来的设备自由使用。蓝牙 2.1 和蓝牙 2.0 版本是同时代产品,目前仍然占据蓝牙市场较大份额,相对 2.0 版本主要是提高了待机时间 2 倍以上,技术标准没有根本性变化。

(5) 蓝牙 3.0 标准

2009 年 4 月 21 日,蓝牙技术联盟(Bluetooth SIG)正式颁布了新一代标准规范 Bluetooth Core Specification Version 3.0 High Speed(蓝牙核心规范 3.0 版)。蓝牙 3.0 的核心是 Generic Alternate MAC/PHY(AMP),这是一种全新的交替射频技术,允许蓝牙协议栈针对任一任务动态地选择正确射频。

蓝牙 3.0 的数据传输率大约提高到 24Mb/s(即可在需要的时候调用 802.11 Wi-Fi 用于实现高速数据传输)。在传输速度上,蓝牙 3.0 是蓝牙 2.0 的 8 倍,可以轻松用于录像机至高清电视、PC 至 PMP、UMPC 至打印机之间的资料传输,但是需要双方都达到此标准才能实现功能。

(6) 蓝牙 4.0 标准

蓝牙 4.0 规范于 2010 年 7 月 7 日正式发布,新版本的最大意义在于低功耗,同时加强不同 OEM 厂商之间的设备兼容性,并且降低延迟,理论最高传输速度依然为 24Mb/s(即 3MB/s),有效覆盖范围扩大到 100m(之前的版本为 10m)。该标准芯片被大量的手机、平板所采用,如苹果 The New iPad 平板电脑,以及苹果 iPhone 5、魅族 MX4、HTC One X 等手机上都带有蓝牙 4.0 功能。

(7) 蓝牙 4.1 标准

蓝牙 4.1 于 2013 年 12 月 6 日发布,与 LTE 无线电信号之间如果同时传输数据,那么蓝牙 4.1 可以自动协调两者的传输信息,理论上可以减少其他信号对蓝牙 4.1 的干扰。第二个改进是提升了连接速度并且更加智能化,如减少了设备之间重新连接的时间,意味着用户如果走出了蓝牙 4.1 的信号范围,并且断开连接的时间不算很长,当用户再次回到信号范围中后,设备将自动连接,反应时间要比蓝牙 4.0 更短。最后一个改进之处是提高传输效率,如果用户连接的设备非常多,如连接了多部可穿戴设备,彼此之间的信息都能即时发送到接收设备上。

除此之外,蓝牙 4.1 也为开发人员增加了更多的灵活性,这个改变对普通用户没有很大影响,但是对于软件开发者来说是很重要的,因为为了应对逐渐兴起的可穿戴设备,蓝牙必须能够支持同时连接多部设备。

目前支持该标准的手机还比较少,三星 GALAXY Note4 是其中具有代表性的一款。

(8) 蓝牙 4.2 标准

2014 年 12 月 4 日,蓝牙 4.2 标准颁布,改善了数据传输速度和隐私保护程度,并接入了该设备将可直接通过 IPv6 和 6LoWPAN 接入互联网。在新的标准下,蓝牙信号想要连接或者追踪用户设备,必须经过用户许可,否则蓝牙信号将无法连接和追踪用户设备。

速度方面变得更加快速,两部蓝牙设备之间的数据传输速度提高了 2.5 倍,因为蓝牙智能(Bluetooth Smart)数据包的容量提高,其可容纳的数据量相当于此前的 10 倍左右。

(9) 蓝牙 5.0 标准

2016 年 6 月 17 日,蓝牙技术联盟在华盛顿正式宣布了蓝牙 5.0 标准。同年 12 月 7 日,蓝牙技术联盟宣布,正式启用蓝牙5.0标准,为数码设备生产商开发搭载蓝牙5.0的产品打开大门。

蓝牙5.0具有更远的有效距离,蓝牙4.0时代的有效传输理论距离为100m左右,蓝牙5.0的有效传输距离提高了将近3倍,约300m。也就是说,可以带着蓝牙耳机、听着歌到隔壁的小卖部买雪糕吃而不受影响。当然,实际距离受限于使用环境和使用设备。

蓝牙5.0具有更快的传输速度。据相关的开发人员称:新版本蓝牙的传输速度是之前4.2版本的2倍,较之前的4.2版本有显著提升。

蓝牙5.0针对物联网做了很多深度的底层优化,力求实现更低的功耗和更高的性能。

蓝牙5.0添加更多的导航功能,可以作为室内导航信标或类似定位设备使用,结合Wi-Fi可以实现精度小于1m的室内定位。

蓝牙5.0具有更低的功耗,随着智能穿戴、智能家居等的不断发展,蓝牙的角色越发重要,成为各种智能设备续航中不可忽略的一环。蓝牙5.0将会大大降低功耗,让人们在使用过程中无须担心待机问题。

之前的蓝牙版本有些只需要更新软件就可以了,但要使用蓝牙5.0,就得用上新芯片。旧硬件仍可以兼容蓝牙5.0,但新特性无法使用。

蓝牙5.0允许无须配对接收固定信标的广播,无须单击接收就可以收到一些小广告或者位置信息。

总结起来,蓝牙具有加密措施完善、传输过程稳定,以及兼容设备丰富等诸多优点。从1.1版本到5.0版本,有着艰难的过程。蓝牙Bluetooth 2.1+EDR标准和4.0标准是我们最常见到的,也是曾经应用最为广泛的。蓝牙技术与我们的生活、工作、驾驶、娱乐、多媒体密切相关。通过使用蓝牙技术产品,人们可以免除居家办公电缆缠绕的苦恼,通过连接手机至扬声器召开免提电话会议,通过无线立体声耳机收听从家庭音响或其他类似音频设备传送的流音乐。

蓝牙标准的每一代升级,相信对平板手机等电子产品都充满了吸引力。而搭载更高版本蓝牙标准的产品,则会提升整体效能,如有更广泛的配对范围、更高的传输速度、更加节能、直接接入互联网,等等。除此之外,相信未来蓝牙的应用会更加广泛,更加贴合用户。

4.4 ZigBee技术

为了满足类似于温度传感器这样的小型、低成本设备无线联网的要求,2000年12月,IEEE成立了802.15.4工作组。这个工作组致力于定义一种提供廉价的固定、便携或移动设备使用的极低复杂度、成本和功耗的低速率无线连接技术。ZigBee是这种技术的商业化命名,名称来源于蜂群使用的赖以生存和发展的通信方式。蜜蜂通过ZigBee形状的舞蹈来分享新发现的食物源的位置、距离和方向等信息。2002年8月,由英国Inversys公司、日本三菱电气公司、美国摩托罗拉公司和荷兰飞利浦半导体公司组成ZigBee联盟。在标准化方面,IEEE 802.15.4工作组主要负责指定物理层和MAC层的协议,ZigBee联盟负责高层应用、测试和市场推广等方面的工作。

目前,在标准众多的短距离无线通信领域,ZigBee技术的快速发展可以说是始料不及的,它的发展速度已经远远超过蓝牙等技术,不仅在工业、农业、军事、环境、医疗等传统领域具有极高的应用价值，而且在未来，其应用领域更将扩展到涉及人类日常生活和社会生产活动的所有领域。

4.4.1 ZigBee的特点

ZigBee是一种低速无线个域网技术，适用于通信数据量不大，数据传输速率相对较低，分布范围较小，但对数据的安全可靠有一定要求，而且要求成本和功耗非常低，并容易安装使用的场合。它具有以下特点：

(1) 极低的系统功耗。低功耗是ZigBee最重要的特点之一。一般的ZigBee芯片都有多种电源管理模式，这些模式可以有效地对节点的工作和休眠进行配置，从而使得系统在不工作时可以关闭无线设备，极大地降低系统功耗，节约电池能量。低功耗这一特点也是ZigBee技术能够有效应用的基石。

(2) 较低的系统成本。相对于其他的网络技术，ZigBee网络协议较简单，可以在计算能力和存储能力都很有限的MCU上运行，非常适用于对成本要求苛刻的场合。例如，通常情况下，现有的ZigBee芯片一般都是基于8051单片机内核的，成本很低，这对于一些需要布置大量无线传感器网络节点的应用领域等尤为重要。

(3) 安全的数据传输。由于无线通信是共享信道的，所以面临众多有线网络所没有的安全威胁。ZigBee在物理层和MAC层采用IEEE 802.15.4协议，使用带时隙或不带时隙的载波侦听多路访问/冲突避免(CSMA/CA)的数据传输方法，并与确认和数据检验等措施结合，可保证数据可靠传输。同时，为了提高灵活性和支持在资源匮乏的MCU上运行，ZigBee支持3种安全模式。最高级的安全模式采用属于高级加密标准(AES)的对称密钥和公开密钥，可以大大提高数据传输的安全性。

(4) 灵活的工作频段。无线通信要占用一定的频谱，而频谱是一种政府管理的资源，使得某些频段必须取得许可。为了使用户自由地使用ZigBee设备，ZigBee选用了无须取得许可即可使用的“免注册”频段，即工业、科学、医疗(ISM)频段。为适应世界各国的不同情况，定义了2.4GHz频段和868/915MHz频段：2.4GHz频段在全世界范围内是通用的，而868/915MHz频段分别用于欧洲和北美。我国使用的ZigBee设备应该工作在2.4GHz频段。传输速率为250kb/s、20kb/s和40kb/s 3个不同级别。免注册的频段和较多的信道使ZigBee的使用更加方便、灵活，特别是选用2.4GHz频段的设备，可以在全世界的任何地方使用，并且降低彼此干扰。

(5) 灵活的网络结构。ZigBee既支持星形结构网络，也支持对等拓扑的网络结构；既可以单跳，也可以通过路由实现多跳的数据传输。

(6) 超大的网络容量。ZigBee的设备既可以使用64位的IEEE地址，也可以使用指配的16位短地址。在一个单独的ZigBee网络内，最多可以容纳2^{16}个设备。

4.4.2 ZigBee标准体系

ZigBee标准体系如图4.7所示，其中最重要的一部分标准就是ZigBee协议栈标准(ZigBee Specification)。在ZigBee协议栈标准中，没有定义网络层和MAC层，而是直接采用IEEE 802.15.4的定义，ZigBee联盟只对网络层、应用层和安全部分进行定义。到2009年底，联盟已经正式发布了4个版本的协议栈标准，分别是ZigBee 2004、ZigBee 2006、ZigBee

2007 和 ZigBee RF4CE。其中,前 3 个版本的协议栈可以看作 ZigBee 技术协议的一个演进过程,而 ZigBee RF4CE 则是针对遥控应用定义的协议栈,又定义了一套全新的协议栈体系。目前,ZigBee 联盟正在制定第三套协议栈体系,即基于 IP 技术的协议栈。在协议栈之上,ZigBee 针对各种应用定义了一系列的应用子集(Application profile),另外应用子集中会定义一些应用层面交互的命令以及相关属性,它们的集合称为"簇"(cluster)。为避免重复设计,ZigBee 把各种应用子集所定义的簇都抽取出来,放到一个公共的规范中,供各种应用使用。这个公共的规范称为"ZigBee 簇库"(ZigBee Cluster Library),简称 ZCL。目前,ZCL 只针对基于 ZigBee 2006/2007 的应用子集。除了 ZigBee 协议栈标准,ZigBee 还定义了网桥标准和网关标准。

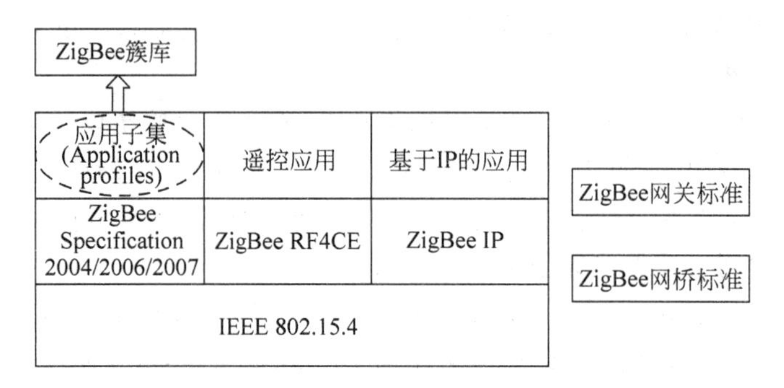

图 4.7 ZigBee 标准体系

4.4.3 ZigBee 网络的结构

ZigBee 支持包含有主、从设备的星形、树形和对等拓扑结构,如图 4.8 所示。虽然每个 ZigBee 设备都有一个唯一的 64 位 IEEE 地址,并可以用这个地址在 PAN 中进行通信,但在从设备和网络协调器建立连接后,会为它分配一个 16 位的短地址,此后可以用这个短地址在 PAN 内进行通信。64 位的 IEEE 地址是唯一的绝对地址。

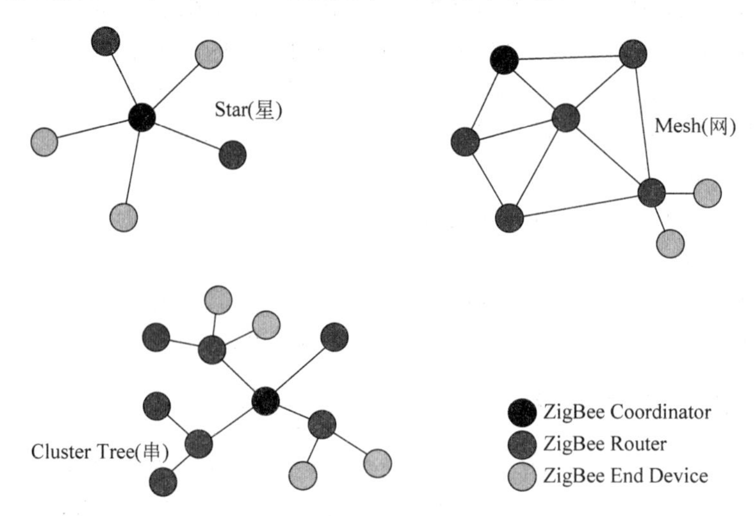

图 4.8 ZigBee 网络拓扑结构图

星形网络中各节点彼此并不通信，所有信息都要通过协调器节点进行转发；树簇型网络中包含协调器节点、路由节点和终端节点，路由节点完成数据的路由功能，终端节点的信息一般要通过路由节点的转发后，才能到达协调器节点。同样，协调器负责网络的管理；对等网络中节点间彼此互连互通，数据转发一般以多跳方式进行，每个节点都有转发功能，这是一种最复杂的网络结构。通常情况下，星形网络和树簇型网络是一对多点，常用在短距离信息采集和监测等领域，而对于大面积监测，通常要通过对等网络来完成。

4.4.4 ZigBee 协议架构

ZigBee 协议栈（这里指 ZigBee2004/2006/2007）架构如图 4.9 所示，其物理层和 MAC 层都是由 IEEE 802.15.4 定义的，虽然 IEEE 802.15.4 有 2006 版本，但 ZigBee 2007 还是基于 2003 版本。MAC 层之上是网络层，主要提供网络层数据收发和路由功能。网络层之上是应用层，应用层又分几个模块，其中网络层之上的是应用支持子层（APS），主要提供应用层数据处理和绑定功能，APS 之上是真正的应用。ZigBee 中用“应用对象”（Application Object）来表示每个应用，其中 ZigBee 设备对象（ZDO）是一个特殊的应用，它是所有 ZigBee 设备都实现的一个应用，提供设备管理的各项功能，包括设备发现、服务发现、绑定管理和网络管理等。所有对象的定义还要受到应用框架（Application Framework，AF）一些规定的限制。ZigBee 还提供了安全的功能，安全服务提供者（Security Service Provider，SSP）为网络层和应用层提供安全服务。在协议栈中，各协议层之间通过服务访问点（SAP）进行信息交互。

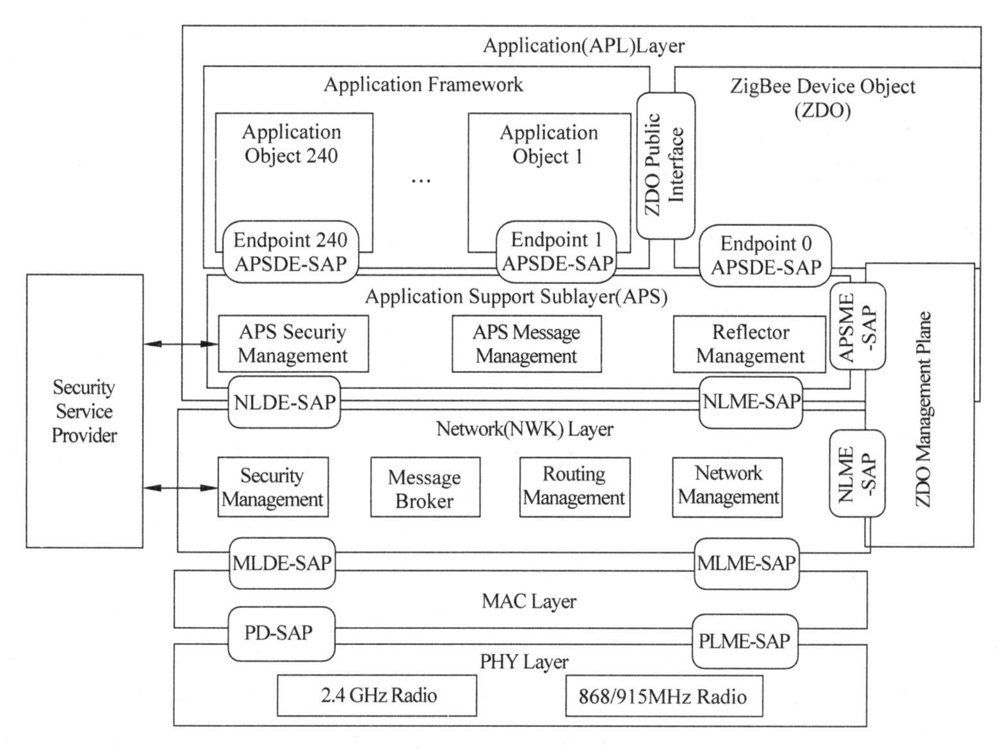

图 4.9 ZigBee 协议栈架构

4.4.5 ZigBee网络节点类型

ZigBee网络中的设备按照功能的不同,划分为两类:具有完全功能的全功能设备(Full Function Device,FFD)和只具有部分功能的设备(Reduced Function Device,RFD)。FFD器件拥有IEEE 802.15.4/ZigBee协议栈规定的全部功能,可以在网络中充当任何角色,而RFD器件只具有协议栈规定的部分功能,因此它在网络中担任的角色也受到一定限制。之所以将ZigBee器件分为这两种类型,也是处于成本的考虑:一个完整IEEE 802.15.4/ZigBee协议栈需要大概32KB的存储空间,而一个只具备最基本功能的精简协议栈只需用4KB左右的存储空间。相比其他无线通信协议,IEEE 802.15.4/ZigBee具有较低的复杂度,对存储空间要求的有限性降低了器件本身的成本,再加上FFD器件与RFD器件的配合使用,使得ZigBee网络中器件这一部分的硬件成本进一步降低。

精简功能设备可以用最低端的MCU实现,在网络中一般作为不需要发送大量数据的终端设备和特定的全功能设备通信。精简功能设备的主要功能是信息的采集及控制,在树状及簇树状结构的网络中,它只能处于叶子节点的位置。

全功能设备可以作为个域网的主协调器、协调器,也可以作为终端设备使用。协调器节点是ZigBee网络的心脏,系统网络中只有一个网络协调器,由它来负责网络的发起、参数的设定、信息的管理及维护等功能。网络建立之后,网络协调器也具有路由器和终端设备的各种功能。由于网络协调器的重要性及其本身任务的复杂性,一般采用交流电源持续供电。

当网络应用要求使用在覆盖范围较大的场合时,可以组建树簇型ZigBee网络,这时需要通过路由器节点实现多跳的数据传输。路由器的一个重要任务是在网络建立以后参与路由功能,如路由的建立、发现,信息的转发,以扩大网路覆盖范围。作为路由器节点的设备,也必须是全功能设备。

4.4.6 ZigBee技术应用

ZigBee是一种低成本、低功耗、短距离无线网络技术,凡是具有上述特征或要求的场合,都可以应用它。ZigBee在数字家庭、工业、智能交通、医疗、现代农业、环境监测、智能建筑、安全保障等领域都有用武之地。

(1) 数字家庭领域。可以应用于家庭的照明、温度、安全、控制等。ZigBee模块可安装在电视、灯泡、遥控器、儿童玩具、游戏机、门禁系统、空调系统和其他家电产品上,例如在灯泡中安装ZigBee模块,则人们要开灯,就不需要走到墙壁开关处,直接通过遥控便可开灯。当你打开电视机时,灯光会自动减弱;当电话铃声响起时或拿起话机装备打电话时,电视机会自动静音。通过ZigBee终端设备可以收集家庭各种信息,传递到中央控制设备,或是通过遥控达到远程控制的目的,提供家居生活自动化、网络化与智能化。

(2) 工业领域。通过ZigBee网络自动收集各种信息,并将信息回馈到系统进行数据处理与分析,以利于工厂对整体信息的掌握,如火警的感测和通知、照明系统的感测、生产机台的流程控制等,都可以由ZigBee网络提供相关信息,以达到工业与环境控制的目的。

(3) 智能交通。如果沿着街道、高速公路及其他地方分布式地装有大量ZigBee终端设备,就不再担心会迷路。安装在汽车里的器件将告诉你当前所处位置,以及正向何处去。全球定位系统(GPS)也能提供类似服务。但这种新的分布式系统能够提供更精确、更具体的信息。即使在GPS覆盖不到的楼内或隧道内,仍能继续使用此系统。基于ZigBee技术的系统,还可以开发出许多其他功能,如在不同街道根据交通流量动态调节红绿灯,追踪超速的汽车或被盗的汽车等。

(4) 医疗领域。将各种传感器与ZigBee设备整合在一起,可以及时、准确、方便、实时地对患者的血压、脉搏、体温等生命特征进行监测,从而使医护人员作出有效、快速的反应,准确诊断病情,及时挽救危重病人。

(5) 现代农业。传统农业是一种粗放型的耕作方式,现代农业要求对局部的环境、土壤成分、气候等进行全面监测。无土栽培、大棚温室的环境控制等都需要有效的监测手段,ZigBee技术由于具有成本低、功耗低等优点,因此在现代农业中有广泛的应用前景。

(6) 环境监测。在气象、环保领域,可以将ZigBee网络与其他的通信技术(如GSM/GPRS)结合起来,采集某特定区域中的温度、气压、降雨、噪声、大气成分等有效数据。这里,众多的ZigBee设备负责各点的数据采集,由ZigBee协调器进行集中,然后再使用GSM等将采集的数据传送到监测中心。

(7) 智能建筑。现代化的智能大厦需要全方位的信息交换,从计算机网络到通信,从门禁控制到消费监控,从空调系统的节能运行到供电保证体系,无不需要高效、方便的网络。虽然ZigBee是一种低速率的网络,不能用于计算机通信,但由于它成本低、网络容量大,以及可用电池供电长期工作的特点,因此在诸如消费监控、空调节能运行、门禁、供电系统监测等方面是一种很好的选择。

(8) 安全保障。在机场、地铁、火车站、大型商场等公共场所,加装能够感知各种气味的ZigBee传感器网络系统,就可以时刻监测汽油、爆炸物等危害物品是否被非法携带,并且根据网络定位技术及时准确地定位物品所在位置,保障人员安全。同时,也可以将ZigBee节点安放在某些重要设备内部,可以起到防止设备失窃,或在失窃条件下及时对设备进行跟踪,保障财产安全。

4.5 近场通信技术

4.5.1 简介

近场通信(Near Field Communication,NFC)是一种短距、高频的无线电技术,在13.56MHz频率运行于4cm距离内。该技术由非接触式射频识别(RFID)演变而来,由飞利浦半导体(现恩智浦半导体)、诺基亚和索尼共同研制开发,其基础是RFID及互连技术。其传输速度有106kb/s、212kb/s或者424kb/s 3种。近场通信已成为ISO/IEC IS 18092国际标准、EMCA-340标准与ETSI TS 102 190标准。为推动NFC的发展和普及,业界创建了一个非营利性的标准组织——NFC Forum,促进NFC技术的实施和标准化,确保设备和服务之间协同合作。

在实际应用中,NFC有3种工作模式。

第一种是读卡器模式(Reader/writer mode)。读卡器模式本质上是通过NFC设备(如支持NFC的Android手机)从带有NFC芯片的标签、贴纸、报纸、明信片、名片等媒介读取信息,或将数据写到这些媒介中。目前市场上很常见,而且很便宜的有NFC标签产品,以及更简易的NFC贴纸。

第二种是仿真卡模式(Card emulation mode)。将支持NFC的手机或其他电子设备当成借记卡、信用卡、公交卡、门禁卡等IC卡使用。基本原理是：将相应IC卡中的信息(支付凭证)封装成数据包存储在支持NFC的手机中，且它是一个独立设备。使用时还需要一个NFC射频器(相当于刷传统IC卡时使用的刷卡器)。将手机靠近NFC射频器，手机就会接收到NFC射频器发过来的信号，通过一系列复杂的验证后，将IC卡的相应信息传入NFC射频器，最后这些IC卡数据会传入NFC射频器连接的计算机，并进行相应的处理(如电子转账、开门等操作)。如果一切顺利，就成功完成了一次“刷手机”的动作。

第三种是点对点模式(P2P mode)。该模式和红外线差不多，可用于数据交换，只是传输距离较短，传输创建速度较快，传输速度也快，功耗低。将两个具备NFC功能的设备链接，能实现数据点对点传输，如下载音乐、交换图片或者同步设备地址簿。通过NFC，多个设备，如数码相机、PDA、计算机和手机之间都可以交换资料或者服务。当传大文件时，NFC会利用蓝牙传输，不用配对，直接用蓝牙模块，这种技术被称为Android Beam。所以，使用Android Beam传输数据的两部设备不再限于4cm之内。

目前，NFC已经逐步成为很多智能手机的标配，成为手机支付的一种重要支撑技术。

4.5.2 与其他个域网技术的区别

1. NFC与RFID的区别

第一，NFC将非接触读卡器、非接触卡和点对点功能整合进一块单芯片，而RFID必须由阅读器和标签组成。RFID只能实现信息的读取以及判定，而NFC技术则强调的是信息交互。通俗地说，NFC就是RFID的演进版本，双方可以近距离交换信息。NFC手机内置NFC芯片，组成RFID模块的一部分，可以当作RFID无源标签使用进行支付费用；也可以当作RFID读写器，用作数据交换与采集，还可以进行NFC手机之间的数据通信。

第二，NFC传输范围比RFID小，RFID的传输范围可以达到几米、甚至几十米，但由于NFC采取了独特的信号衰减技术，相对于RFID来说，NFC具有距离近、带宽高、能耗低等特点。

第三，应用方向不同。NFC更多的是针对消费类电子设备相互通信，有源RFID则更擅长于长距离识别。

随着移动互联网的普及，手机作为互联网最直接的智能终端，NFC也引起一场技术上的革命，如同以前的蓝牙、USB、GPS等标配，NFC日益成为手机最重要的标配，通过NFC技术，手机支付、看电影、坐地铁都能实现，将在我们的日常生活中发挥更大的作用。

2. NFC和蓝牙的区别

NFC和蓝牙都是短程通信技术，而且都被集成到移动电话中，但NFC不需要复杂的设置程序。NFC也可以简化蓝牙连接。NFC略胜Blue Tooth的地方在于设置程序较短，但无法达到Blue Tooth的低功率。NFC的最大数据传输量是424kb/s，远小于Blue Tooth V2.1 (2.1Mbit/s)。虽然NFC的传输速度与距离比不上Blue Tooth，但是NFC技术不需要电源，对于移动电话或是行动消费性电子产品来说，NFC的使用比较方便。与蓝牙相比，NFC面向近距离交易，适用于交换财务信息或敏感的个人信息等重要数据；蓝牙能够弥补NFC通信距离不足的缺点，适用于较长距离数据通信。因此，NFC和蓝牙互为补充，共同存在。事实上，快捷轻型的NFC协议可用于引导两台设备之间的蓝牙配对过程，促进了蓝牙的使用。

3. NFC和红外的区别

NFC优于红外和蓝牙传输方式。作为一种面向消费者的交易机制，NFC比红外更快、更可靠，而且简单得多，不用向红外那样必须严格对齐，才能传输数据。

4.5.3 应用实例

本小节以用NFC实现手机公交一卡通为例，介绍其典型用途。

场景1：需要实体公交卡。

在这种场景中，手机只能利用内置的NFC模块向同样支持NFC的公交卡充值，充值之后，手机还是手机，坐公交和地铁还是需要带一张公交卡。

在这种场景中，除了需要手机和一卡通之外，还需要下载与某个城市一卡通匹配的APP，例如上海的"上海交通卡"APP、北京的"e乐充公交卡"APP和合肥的合肥通APP等，具体要下载哪一款APP，可以在各自城市的公交系统网站查询。

下载安装好APP之后，按照提示充值即可。需要注意的地方是，通常这种充值都需要一个"回写"的过程，切不可急于分离手机和一卡通。所谓"回写"是指，在APP调用手机NFC硬件读取了一卡通里存储的信息之后，用户借用手机充值，改写了这一数据，此时一般会有充值成功的提示，但其实改写的数据还没有写入一卡通里，此时还需要等待APP的一个"回写"过程，因此不要急于分离一卡通。

场景2：需要虚拟公交卡。

这种场景非常方便，只要一部手机，就可以实现乘坐公交和地铁，完全不需要实体卡的介入，小米5支持这种类型的应用。

要实现这种虚拟的公交一卡通，需要用户在特定的APP里，比如小米公交APP，申请一张虚拟的一卡通，然后将一卡通卡号写入手机NFC模块，进行虚拟一卡通与手机NFC模块的绑定，此后通过手机向该虚拟一卡通充值，即改写NFC模块中绑定的信息，即可使用。

在这种场景中需要注意，虚拟一卡通并不是与该APP的登录账号绑定，例如小米账号，而是与手机的NFC模块硬件绑定，假设用户更换了手机，即使在新手机上登录了同一个小米账号，也不能正常使用该虚拟一卡通。

其实，类似的功能支付宝也已经推出。支付宝的"城市一卡通"既可以实现场景1中的实体卡充值，也可以完成场景2中的虚拟一卡通申请，并且已经成功在几个城市实践了。

场景3：需要支持NFC的SIM卡。

这种方式不需要虚拟的一卡通，也不需要实体的一卡通，只需要用户去运营商的营业厅重新申请一张内置NFC的新SIM卡。然后下载运营商规定的APP，比如中国移动手机钱包，通过APP给SIM卡内置的公交一卡通充值，即可使用。

2015年6月，为了促进旗下"和包"(即中国移动手机钱包)在线支付的发展，中国移动进一步推出了NFC USIM卡，除了正常的上网、打电话之外，该卡内部集成了完整的NFC模块，可以让不具备NFC功能的手机也实现NFC功能。

内置NFC的SIM卡，除了作为公交一卡通之外，也可以通过APP实现类似Apple Pay的近场支付功能。

习　　题

填空题

1. 蓝牙技术一般用于________ m之内的手机、PC、手持终端等设备之间的无线连接。

2. ________是一种低能耗、低成本、较简单的射频通信标准(通常与蓝牙相比)。

3. 定义个人域网的IEEE标准为________。

4. 缩略语WPAN指的是________。

5. 将自组织设备组成一个微微网的WPAN技术是________。

6. IEEE 802.15标准的物理层是由蓝牙的________层提供的。

7. 蓝牙标准中的一个________可以连接8台处于活动模式的设备和255台处于休眠模式的设备。

8. 多个蓝牙微微网连接成一个________。

9. 无线USB使用________无线通信技术。

10. ZigBee联盟是为开发________标准而成立的。

11. ZigBee的传输速率最高为________。

12. ZigBee定义了两种设备:________和________。

13. 每个ZigBee网络都有一个________负责网络的管理。

单选题

1. (　　)频段仅低于可见光波段。

A. 环境照明　　B. 红外光　　C. 紫外光　　D. X射线

2. (　　)可以将8台设备组织成一个微微网。

A. 蓝牙　　B. IrDA　　C. UWB　　D. ZigBee

3. (　　)定义了用于构建和管理个人域网的技术。

A. IEEE 802.3　　B. IEEE 802.11

C. IEEE 802.15　　D. IEEE 802.16

4. (　　)用于表示利用无线通信技术的PAN。

A. CPAN　　B. PPAN　　C. TPAN　　D. WPAN

5. (　　)为蓝牙的物理层。

A. 基带　　B. 广带　　C. 宽带　　D. 超宽带

6. 蓝牙用不足8台蓝牙设备构成的是(　　)自组织逻辑结构。

A. 微网　　B. 微微网

C. 分布式网络　　D. 超网

7. 当主设备的覆盖范围内有8台以上的蓝牙设备时,蓝牙构成的是(　　)自组织逻辑结构。

A. 多个微微网

B. 多个分布式网络

C. 组织成分布式网络的多个微微网

D. 组织成微微网的多个分布式网络

8. IEEE 802.15.1 标准中，FHSS 系统的跳频速度是每秒(　　)次。

A. 1200　　B. 1400　　C. 1600　　D. 1800

9. 蓝牙 FHSS 系统中，在 2.40～2.48GHz ISM 频段之间有(　　)个信道。

A. 78　　B. 79　　C. 80　　D. 81

10. ZigBee 物理层定义中，在 2.4GHz 频段有(　　)个非重叠信道?

A. 10　　B. 12　　C. 14　　D. 16

11. ZigBee 物理层定义中，在 915MHz 频段有(　　)个非重叠信道。

A. 10　　B. 12　　C. 14　　D. 16

12. ZigBee 物理层定义中，在 868MHz 频段有(　　)个信道。

A. 1　　B. 3　　C. 5　　D. 10

多选题

1. 蓝牙基带层定义了(　　)的状态。

A. 激活　　B. 呼吸　　C. 保持　　D. 休眠

2. ZigBee 定义了(　　)两种设备。

A. 完全功能设备　　B. 主设备

C. 简化功能设备　　D. 从设备

3. ZigBee 物理层有哪几种速率标准?(　　)

A. 250kb/s　　B. 40kb/s　　C. 20kb/s　　D. 10kb/s

判断题

1. ZigBee 主要用于传输高数据速率的通信。　　(　　)

2. ZigBee 的传输速率最高为 1Mb/s。　　(　　)

3. 无线 USB 技术以高速率数据流信道为目的。　　(　　)

名词解释

1. 蓝牙

2. ZigBee

3. NFC

参考文献

[1] William Stallings. Wireless Communications and Networks[M]. 北京：清华大学出版社，2003.

[2] David Kammer，等. 蓝牙应用开发指南——近程互联解决方案[M]. 李静，等译. 北京：科学出版社，2003.

[3] Jochen Schiller. Mobile Communications(Second edition)[M]. 北京：高等教育出版社，2004.

[4] 金纯，林金朝，万宝红. 蓝牙协议及其源代码分析[M]. 北京：国防工业出版社，2006.

[5] 李文仲，段朝玉. ZigBee 无线网络技术入门与实战[M]. 北京：北京航空航天大学出版社，2007.

[6] 朱刚，谈振辉，周贤伟. 蓝牙技术原理与协议[M]. 北京：北方交通大学出版社，2002.

[7] 方旭明，何蓉，等. 短距离无线与移动通信网络[M]. 北京：人民邮电出版社，2004.

[8] 钟永峰，刘永俊. ZigBee 无线传感器网络[M]. 北京：北京邮电大学出版社，2011.

第5章

无线城域网

本章仅围绕 IEEE 802.16 标准，简要介绍无线城域网的协议体系。需要说明，本章较前两个版本做了大幅删减，主要原因在于面对 Wi-Fi 技术的强大竞争，目前很多“无线城市”相关建设方案并没有采用 IEEE 802.16，但考虑理论和技术体系的完整性，本章依然保留。读者欲要了解更详细的内容，可参阅本书第 1 版或第 2 版，或登录 IEEE 网站查阅 IEEE 802.16 标准。

5.1 无线城域网概况

5.1.1 无线城域网技术的形成

可以说，无线城域网技术的形成是因宽带无线接入(BWA)的需求而来。从 20 世纪 80 年代开始，BWA 技术迅速发展，包括 IEEE 802.11 无线局域网，本地多点分配业务(LMDS)、多路微波分配系统(MMDS)在内的多种宽带无线接入技术获得了较为广泛的应用。20 世纪 90 年代，各种 BWA 技术虽然已经迅速发展起来，但由于没有全球性的统一标准，相关市场一直没有繁荣扩大。无线城域网(WMAN)的推出是为了满足日益增长的宽带无线接入市场的需求。虽然多年来，一直用于 BWA 的无线局域网 IEEE 802.11 技术获得了很大的成功，但是其在总体设计上并不能很好地适用于室外 BWA 应用。当其用于室外时，在带宽和用户数方面受到很大限制，同时还存在着通信距离等一些其他问题。基于这种情况，IEEE 决定为 BWA 和“最后一千米”接入需求量身定制一种新的全球标准，同时解决物理层环境(室外射频传输)和 QoS 两方面的问题，以满足市场需要。

1999 年，IEEE 802 局域网(LAN)/城域网(MAN)成立了 IEEE 802.16 工作组，来专门研究宽带无线接入标准，主要任务是制定 LMDS 的网络无线传输标准，建立一个全球统一的宽带无线接入标准，解决“最后一千米”的宽带无线城域网的接入问题。IEEE 802.16 小组主要由 3 个分别负责不同方面工作的小组组成：IEEE 802.16.1 负责制定频率范围为 10～66GHz 的无线接口标准；IEEE 802.16.2 负责制定宽带无线接入系统共存方面的标准；IEEE 802.16.3 负责制定频率范围在 2～11GHz 之间的无线接口标准。随着技术标准的不断发展，新的工作组也逐步形成，包括针对客户端能在 IEEE 802.16 基站之间自由切换和漫游的 IEEE 802.16e 工作组，以及旨在改进基站覆盖范围的网格(Mesh)网络特别委员会——IEEE 802.16f 工作组。

到 2005 年上半年为止，IEEE 802.16 小组相继发布了以 IEEE 802.16d 和 IEEE 802.16e 为核心的一系列相关协议。这些协议与目前已经获得广泛使用的应用于家庭互连的 IEEE

802.15，以及用于无线局域网的 IEEE 802.11 等协议，形成了不同层次上的互补，填补了IEEE 在无线接入标准上的空白。

与此同时，为了促进标准的发展完善和市场推广，世界知名通信企业联合发起了全球微波接入互操作性（World Interoperability for Microwave Access，WiMAX）论坛，在全球范围内推广 IEEE 802.16 协议。IEEE 802.16 和 WiMAX 的出现大大地推动了宽带无线接入技术在全球的发展。技术的不断成熟以及 WiMAX 论坛的发展壮大，强烈地刺激了宽带无线接入市场，为全球宽带无线接入系统开启了一个热火朝天的发展契机，无线城域网技术的应用也被广泛展开。

5.1.2 WiMAX 论坛

1. 成立目的

谈及无线城域网的发展，就必须提到 WiMAX 论坛，就像谈及无线局域网的发展必须提到 Wi-Fi 联盟一样，因为没有这些由世界领先企业联合成立的论坛或联盟，就不能那么容易推进无线网络技术标准的市场化，而得不到市场化，任何技术标准都是没有生命力的。

标准的制定是某项技术被广泛接纳的关键，但事实表明，一个标准的通过并不意味着这项技术就一定会被市场所接纳。要被市场广泛接纳，必须克服诸如互操作性和部署成本等障碍，其中互操作性尤其重要。互操作性意味着最终用户可以购买自己喜欢的品牌，拥有他们想要的产品，并知道它怎么与其他认证过的类似产品一起工作。要真正获得市场，产品必须首先被认证是符合标准的，然后还必须证明它们是可以互操作的。但是，克服上述障碍并不是 IEEE 的职能，需要由业界来做。

在推进 IEEE 802.11 无线局域网的应用方面，Wi-Fi 联盟的作用是不可低估的。Wi-Fi 联盟的兼容性测试，确保了 WLAN 产品的互通性，降低了芯片和设备的成本，也使得市场上几乎所有的 WLAN 产品都贴上了 Wi-Fi 的标志，确保了 WLAN 产品的兼容性。这种成功的运作模式影响了整个通信产业，也促使很多类似的产业联盟出现。

在借鉴和学习 WLAN 的 Wi-Fi 联盟成功经验的基础上，2001 年 4 月，业界领先的通信设备公司及器件公司共同成立全球微波接入互操作性（WiMAX）论坛。该论坛旨在对基于 IEEE 802.16 标准和 ETSI HiperMAN 标准的宽带无线接入产品进行一致性和互操作性认证。WiMAX 使用与 Wi-Fi 联盟推动无线局域网行业发展的相同方法进行定义和互操作性测试，加快符合 IEEE 802.16 技术标准的宽带无线接入设备的上市速度。

2. 主要职能

WiMAX 的主要职能是根据 IEEE 802.16 和 ETSI HiperMAN 标准形成一个可互操作的全球统一标准，保证设备商开发的系统构件之间具有可认证的互操作性。其目标是致力于帮助并解决那些阻碍标准使用的问题，如不同厂商的产品之间的互操作性和产品成本问题。

WiMAX 将制定一套一致性测试和互操作性测试规范，用这套规范对相关厂家的产品进行测试和认证，选择认证实验室，并为 IEEE 802.16 设备供应商主持有关互操作性测试的活动。WiMAX 采用早先由 Wi-Fi 倡导的方法，通过定义和开展互操作性测试，给那些通过认证的产品的供应商发放 WiMAX CERTIFIED 标签，从而鼓励所有的无线宽带接入相关产业的厂商遵循一个统一的规范，使各个产品之间具有良好的互操作性，并希望借此推动无线宽带接入产业的发展。毫无疑问的是,WiMAX将有助于无线城域网产业的形成。

为了把可互操作性引入宽带接入市场,WiMAX论坛把重点放在建立一套独特的基本特点子集,可以在所谓的“系统轮廓”(System Profile)中加以分类。系统轮廓是所有合格系统必须满足的。这些系统轮廓结合一套测试协议将形成一个基本的可互操作的协议,允许多个供应商的设备互操作。初期有3个系统轮廓,包括不需牌照的5.8GHz频段,以及需要牌照的2.5GHz和3.5GHz频段。现在还打算包括更多的系统轮廓,包括2.3GHz频段等。系统轮廓可以使系统适应各地运营商所面临的在频谱管理方面的限制。例如,若欧洲一个工作在3.5GHz频段的服务提供商分配到14MHz的频段,它就很可能希望设备能支持3.5MHz和(或)7MHz的信道带宽。是采用TDD,还是FDD双工方式,视管制需要而定。类似地,美国一个使用不需牌照的5.8GHz UNII频段的无线ISP(WISP),就可能希望设备支持TDD和10MHz带宽。

目前,基于ISO/IEC9646规定的测试方法,WiMAX正在制订一套结构式合格程序。其最终结果是一整套测试工具。WiMAX将把它们提供给设备开发商,使其在早期产品开发阶段把一致性和互操作性考虑进去。最终,WiMAX论坛的一整套一致性测试和互操作性测试方法将使服务提供商能够从多个生产符合IEEE 802.16标准的BWA设备供应商那里选购最适合它们独特环境的设备。

3. WiMAX论坛的好处

WiMAX论坛对元器件制造商的好处是给硅片供应商创造了一个巨大的商机。对设备制造商的好处是,由于存在一个基于标准的平台,在此平台上可以迅速增加新功能,故使创新更快,使无线网络的产业价值快速上升。对运营商的好处就更多了,包括:因为有一个公共平台,能使设备成本迅速降低,性价比迅速提高;能通过填补宽带接入空白地区产生新的收入;迅速提供T1/El级的、“按需”的高利润宽带业务;因规模经济而降低建设投资风险;不再锁定于一个供应商,因为基站与多家供应商的用户驻地设备(CPE)可以互操作。对消费者的好处是多一种宽带接入的选择,有利于促进竞争、降低服务费,尤其能促进在缺少服务的地区的宽带接入建设。例如,在建设接入很困难的世界城市中心,在用户离中心局太远的郊区,在基础设施薄弱的农村地区和人口稀少地区。

5.2 IEEE 802.16协议体系

5.2.1 概述

IEEE 802.16又称为IEEE WMAN空中接口标准,是适用于2～66GHz频段的空中接口规范。由于它规定的无线接入系统覆盖范围可达50km,每基站提供的总数据速率最高可达280Mb/s,因此IEEE 802.16系统主要应用于城域网。符合IEEE 802.16标准的设备可以在“最后一千米”宽带接入领域替代Cable Modem、DSL和T1/E1,也可以为IEEE 802.11热点提供回传。在用户终端和基站之间允许非视距(NLOS)的宽带连接。一个基站可支持数百,甚至上千个用户。

IEEE 802.16标准定义了宽带无线接入系统的无线空中接口部分,最终制定的IEEE 802.16系列标准协议栈按照两层体系结构组织,主要对网络的低层,即MAC层和物理层进行规范。包括以下几方面内容：MAC层，物理层，毫米波频率范围，点到多点(PMP)拓扑结构，网格网(Mesh)拓扑结构，用户站(SS)和基站(BS)。

IEEE 802.16实现了OSI七层参考模型中的数据链路层的大部分关键功能，从上到下包括会聚子层、公共部分子层和加密子层(可选，用于提供认证、密钥交换和加解密处理)。会聚子层与业务相关，是与高层之间的接口；公共部分子层是MAC层的核心。和DOCSIS点到多点的体系结构类似，IEEE 802.16的MAC层延续了DOCSIS标准的内容，不同的是IEEE 802.16是面向连接的。基于ATM和基于分组(Packet)的会聚子层可接收来自各个上层协议的数据，空中接口为每个终端的不同连接提供不同的QoS支持。MAC层为各种应用层业务的实现提供了保证，主要功能包括高层业务数据和各种信令的分段、打包及信道分配，实现用户的接入过程和对用户分享无线介质的控制。MAC层协议能够根据业务需求合理分配无线信道容量，以满足ATM、IPv6、IPv4和以太网等高层网络协议所要求的QoS。对于用户到基站的多址接入过程，MAC层使用按需分配多路寻址(DAMA)和时分多址(TDMA)相结合的技术，根据用户需求动态地改变信道分配。其中TDMA将物理信道分割成独立的时隙和帧，用户占用一定数量的时隙来组成逻辑信道，MAC层通过这个逻辑信道进行数据传输。系统不仅能够提供具有服务水平协定(SLA)的高速数据业务，而且还能提供对时延敏感的业务(如话音、视频或数据库访问等)，并具备QoS控制能力，而不仅仅是控制优先等级。MAC层的设计还能适应恶劣的物理层环境，即在室外工作时受到的干扰、多径传播、雨衰，以及其他影响。

IEEE 802.16系列协议中各协议的MAC层功能基本相同，差别主要体现在物理层上。物理层协议主要解决与工作频率、带宽、数据传输率、调制方式、纠错技术以及收发信机同步有关的问题。IEEE 802.16支持时分双工(TDD)和频分双工(FDD)两种双工模式。为了保证高速数据的传输质量，IEEE 802.16和IEEE 802.16a协议均采用了自适应调制和编码，提供了BPSK、QPSK和4/16/64/256-QAM等调制方式，使收发信机可以根据信道质量和用户业务需求来动态选择调制方式，实现了速率和效率的理想结合。IEEE 802.16物理层还具备以下特点：灵活的信道宽度，Reed-Solomon码与卷积级联码的前向纠错，自适应天线系统(AAS)(可改善通信距离，提高系统容量)，动态频率选择(DFS)(可帮助减小干扰)，空时编码(STC)(通过空间分集提高在衰落环境下的性能)。

IEEE 802.16标准的突出贡献是，它为无线城域网的无线接口规范提供了一个公共的、开放的平台。标准制定的目的是，通过各个设备制造商的协商，使得不同制造商的设备之间实现兼容。标准同时也提供了制造商个性发展和研究人员技术创新的空间。

5.2.2 标准化进程

IEEE 802.16的主要任务是，开发工作于2～66GHz频段的无线接入系统空中接口物理层(PHY)和媒质接入控制层(MAC)规范，同时还有与空中接口协议相关的一致性测试，以及不同无线接入系统之间的共存规范。IEEE 802.16负责对无线本地环路的无线接口及其相关功能制定标准，由3个工作小组组成，每个工作小组分别负责不同的方面：IEEE 802.16.1负责制定频率为10～66GHz频段的无线接口标准；IEEE 802.16.2负责制定宽带无线接入系统共存方面的标准；IEEE 802.16.3负责制定频率范围在2～10GHz之间获得频率使用许可应用的无线接口标准。下面对IEEE 802.16部分主要标准进行简要介绍。

1. 空中接口标准

根据使用频段高低的不同,IEEE 802.16标准可分为应用于视距(LOS)的标准和应用于非视距(NLOS)的标准两种。最早的IEEE 802.16标准是在2001年12月获得批准的,该标准对使用10～66GHz频段的固定宽带无线接入系统的空中接口物理层和MAC层进行了规范,由于其使用的频段较高,因此只能应用于视距范围内。

IEEE 802.16a标准对IEEE 802.16标准进行了扩展,增加了对2～11GHz(包括许可带宽和免许可带宽)频段NLOS宽带固定接入系统的定义和规范。在2003年1月由IEEE批准通过。这个协议对使用2～11GHz许可和免许可频段的固定宽带无线接入系统的空中接口MAC层进行了修改扩展,对物理层规范进行了补充,并结合了一些增强链路性能的技术,如ARQ,主要面向住宅、SOHO以及远程工作者。该频段具有NLOS传输的特点,覆盖范围最远可达50km,通常小区半径为6～10km。

IEEE 802.16a标准明确定义了3种物理层数据传输方式:第一种是单载波方式,这是为特殊需求的网络所保留的部分;第二种是使用256个子载波的OFDM(正交频分复用)方式;最后一种是使用2048个子载波的OFDMA标准。另外,IEEE 802.16a的MAC层提供QoS保证机制,可支持语音和视频等实时性业务。这些特点使得IEEE 802.16a与IEEE 802.16相比更具有市场价值,真正成为用于城域网的无线接入标准。

2002年正式发布的IEEE 802.16c是对IEEE 802.16标准的增补文件,是使用10～66GHz频段IEEE 802.16系统的兼容性、互通性标准。它详细规定了10～66GHz频段IEEE 802.16系统在实现和应用于典型情况下的一系列特征和功能,并研究了一些可供高频段网络服务使用的方法,比如在50～60GHz的频段间进行点对点的无线电通信。IEEE 802.16c的规范书以及测试文件在2002年4月公布,正式文件在2003年1月中旬公布。

IEEE 802.16d是IEEE 802.16a的增强版本,是IEEE 802.16的修订版本中相对比较成熟,并且最具实用性的版本,该标准在2004年得到批准。IEEE 802.16d对2～66GHz频段的空中接口物理层和MAC层做了详细规定,定义了支持多种业务类型的固定宽带无线接入系统的MAC层和相应的多个物理层。该标准对前几个标准进行了整合和修订,但仍属于固定宽带无线接入规范。它保持了IEEE 802.16、IEEE 802.16a等标准中的所有模式和主要特性,增加或修改的内容用来提高系统性能和简化部署,或者用来更正错误、补充不明确或不完整的描述,包括对部分系统信息的增补和修订。同时,为了能够后向平滑过渡到支持移动性的IEEE 802.16e标准,IEEE 802.16d增加了部分功能与支持用户移动性相关的功能,如H-ARQ。

IEEE 802.16e是IEEE 802.16d的进一步延伸,也是IEEE 802.16的增强版本,其目的是在已有标准中增加了对用户移动性的支持。该标准定义了可同时支持固定和移动宽带无线接入的系统,工作在2～66GHz适于移动性的许可频段,可支持以车辆速度移动(通常认为是120km/h)的用户站(SS),同时固定无线接入用户能力并不因此受到影响。该标准还规定了支持基站或扇区间高层切换的功能。IEEE 802.16e标准面向更宽范围的无线点到多点城域网系统,可提供核心公共网接入。制定IEEE 802.16e的目的,是提出一种既能提供高速数据业务,又使用户具有移动性的移动宽带无线接入解决方案,该技术被业界视为唯一能与3G竞争的下一代宽带无线技术。但就目前最新发布的草案来看,IEEE 802.16e只提出了支持移动特性的系统框架结构,其中很多具体技术细节尚未规定,要全部完成标准,还有很大的工作量。IEEE 802.16e 的标准化工作于2005年完成，芯片2006年推出，而真正的商用2007年才开始。

IEEE 802.16f 定义了 IEEE 802.16 系统 MAC 层和物理层的管理信息库（MIB）以及相关的管理流程。该标准的制定有助于实现网格网（Mesh）连接，大幅度改进单个基站的覆盖范围，在2006年发布。

制定 IEEE 802.16g 的目的是为了规定标准的 IEEE 802.16 系统管理流程和接口，从而实现 IEEE 802.16 设备的互操作性和对网络资源、移动性和频谱的有效管理。该标准在2007年发布。

目前，IEEE 802.16 系列标准中，IEEE 802.16d 和 IEEE 802.16e 是两个主流空中接口标准。随着2004年 IEEE 802.16d 标准的发布，IEEE 802.16 系列标准中的固定宽带无线接入标准已全部完成，IEEE 802.16 工作组的工作重心将转移到对 IEEE 802.16e 标准的制定上，实现宽带无线接入系统的移动化。

2. IEEE 802.16 共存问题标准

对于宽带无线接入行业，解决共存问题是推动其发展的重要因素。

IEEE 802.16.2 是关于固定宽带无线接入系统共存的操作规程建议，为宽带无线接入系统的干扰最小化提供了指导方针，为系统的设计、规划、协调和频率利用提供了指导方法。标准涵盖了10～66GHz 频段，但主要集中在23.5～43.5GHz 频段。制造商和运营商共同遵守它，就可以在可接受的互干扰范围内，允许多个不同制造商的设备共存。该标准已于2001年9月正式发布。

IEEE 802.16.2a 是对 IEEE 802.16.2 的修正，主要研究2～11GHz 许可频段的系统共存问题，增强了点到多点系统共存问题的管理建议。

5.2.3 IEEE 802.16d 协议及系统概述

由于 IEEE 802.16d 是目前所有标准中相对比较成熟并且最具实用性的一个版本，因此下面将着重介绍该标准中定义的系统结构及协议栈模型。

IEEE 802.16 协议中定义了两种网络结构：点到多点（PMP）结构和网格（Mesh）结构。点到多点结构即一个基站为多个用户站提供服务，从基站到用户站的链路称为下行链路，从用户站到基站的链路称为上行链路，业务仅在基站和用户站之间传送，如图5.1(a)所示。而网格结构与点到多点结构最主要的不同在于，在网格结构中，业务可以通过其他用户站转

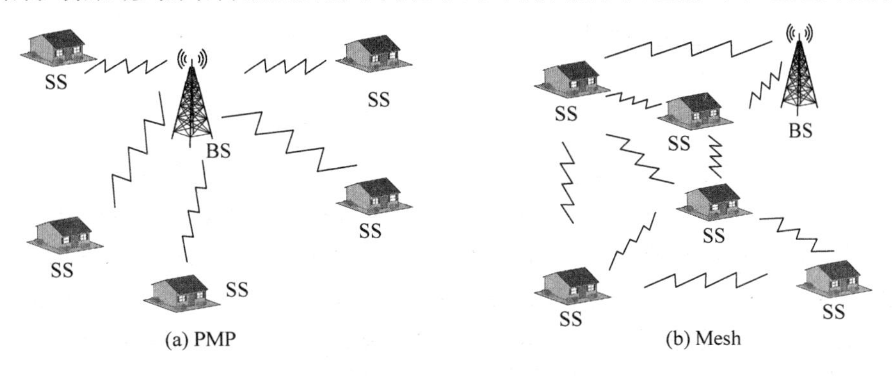

图5.1 网络拓扑结构

发。也就是说,在网格结构中,业务可以不通过基站直接在用户站之间传送,如图 5.1(b)所示。这里仅介绍点到多点结构下的系统结构和功能。

一个完整的 IEEE 802.16 系统应包含的网络实体有:用户设备(UE)、用户站(SS)、基站(BS)、核心网(CN)。IEEE 802.16 系统框架图如图 5.2 所示。IEEE 802.16d 协议中详细规定了 SS 与 BS 的功能,以及它们之间的接口。对其他实体及实体间的接口,并没有进行规定。

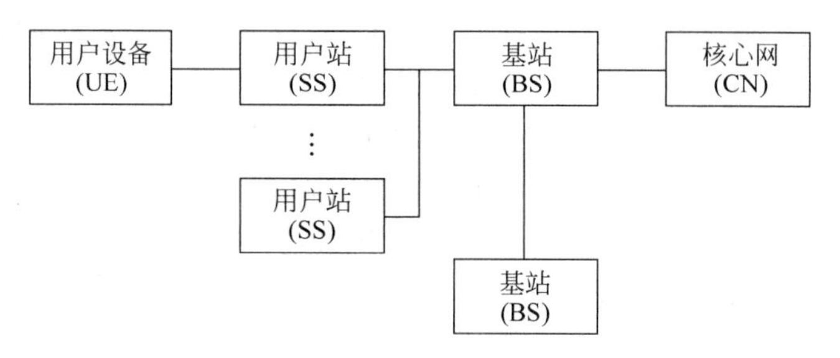

图 5.2 IEEE 802.16 系统框架图

IEEE 802.16d 协议规定的 BS 和 SS 的协议栈模型如图 5.3 所示。协议栈模型纵向可以分为数据/控制平面和管理平面。IEEE 802.16d 协议只规定了数据/控制平面部分。协议栈模型横向则分为 MAC 层和物理层,协议对这两层的功能做了详细规定。

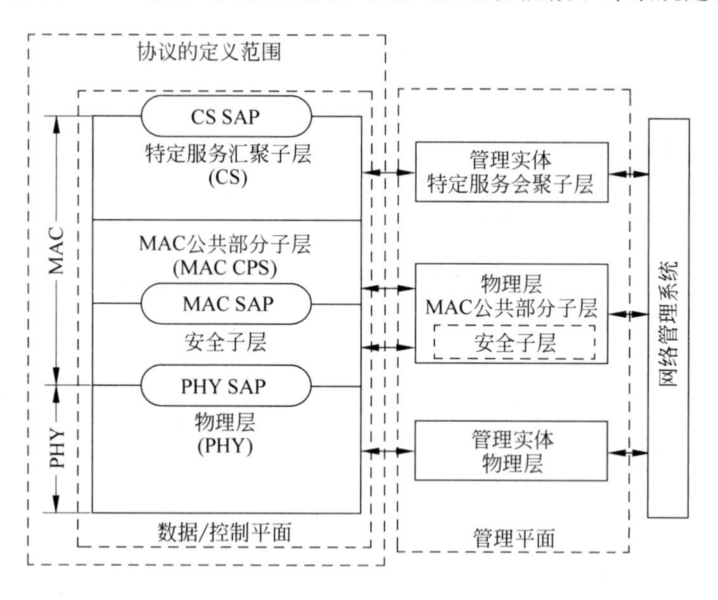

图 5.3 IEEE 802.16d 的协议栈模型

MAC 层由 3 个子层组成:特定服务会聚子层、MAC 公共部分子层、安全子层。特定服务会聚子层(Service-Specific Convergence Sublayer,SSCS)提供了对来自外部网络的数据进行转换或映射的机制,包括对来自外部网络的服务数据单元(SDU)进行分类,并将它们与正确的 MAC 服务流标识(SFID)和连接标识(CID)相关联。为了与各种不同的外部网络接口,协议定义了多种会聚子层(CS)规范。MAC 公共部分子层(Common Part Sublayer,CPS)实现 MAC 层的所有核心功能,包括系统接入、带宽分配、连接建立和连接维护。安全子层(Security Sublayer)提供鉴权、安全密钥交换和加密功能。

物理层负责对MAC层的协议数据单元(PDU)进行汇聚、编码、调制,最后形成无线帧,送入物理信道中传送。为了适应不同环境下的系统需求,IEEE 802.16d定义了4种物理层规范:WirelessMAN-SC,WirelessMAN-SCa,WirelessMAN-OFDM,WirelessMAN-OFDMA。每种物理层规范都有其特定的使用频率范围和应用环境。

5.3　WiMAX与其他技术的竞争

WiMAX技术最早提出时,WiMAX定位是取代Wi-Fi的一种新的无线传输方式,但后来发现WiMAX定位比较像3.5G一样,提供终端使用者任意上网的连接,这些功能3.5G/LTE都可以达到。WiMAX在市场上面临的竞争,主要是来自已广为布局且能提供相同服务的无线系统,如CDMA2000和UMTS,以及许多网络导向的系统,如HIPERMAN和WiBro。市场定位模糊成为WiMax的最大致命伤。

5.3.1　WiMAX技术与Wi-Fi技术的竞争

基于IEEE 802.16协议的WiMAX技术和基于IEEE 802.11协议的Wi-Fi技术都属于宽带无线接入网络范畴。虽然从协议本身来看,二者的定位是不同的,但在实际应用中,根据二者各自的特点和实际的网络情况兼顾互补,这是获得更高效率、节省成本的正确途径。

由于IEEE 802.11和IEEE 802.16标准在物理层和MAC层所采用的技术的差别,IEEE 802.16在覆盖范围、可扩展性和提供QoS支持上相对于IEEE 802.11都有明显的优势。WiMAX和Wi-Fi两种技术各有其适用的场合。Wi-Fi技术适用于近距离、视距条件,但成本比WiMAX低得多。因此,Wi-Fi技术非常适用于小区域内对QoS要求不高的业务汇接。小区域业务汇集之后,远距离接入城域网的任务就可以由WiMAX来承担。因此,WiMAX技术和Wi-Fi技术在应用上有互补的作用,两者应该相互促进,共同发展。不过,当前现状是Wi-Fi的势头明显超过WiMAX,IEEE 802.16相关标准推进几乎停滞,而IEEE 802.11标准却在不断更新。

5.3.2　WiMAX技术与3G/4G/5G技术的竞争

3G的两个主要系统CDMA2000和UMTS均为WiMAX的竞争者,两者均为除语音服务外,还提供DSL等级的网络服务。UMTS是WiMAX主要的竞争对手,由欧洲几家主要的无线电信业者制定,使用HSDPA技术使得资料传输的下行速度高达8～10Mb/s。UMTS同时加强为UMTS-TDD的形式,使用以WiMAX导向的频谱,并能在使用高峰导致低带宽时提供比WiMAX更稳定的服务,以直接与WiMAX竞争。

3G行动语音系统受益于早先原有的系统升级而来的广泛基础建设,其相关业者的用户在3G系统的传输范围外使用时,也能无缝地以旧有的技术传输,如GPRS。

目前已升级到4G技术,提供高带宽、低延迟,及语音服务建置于最上层的全IP网络服务。由GSM/UMTS升级到4G的计划称为3GPP LTE(长期演进技术),而对于CDMA2000这类由AMPS/TIA演进而来的技术,也有项称为超行动宽带(UMB)的替代方案在推展。两项计划均舍弃现存的空中接取标准(air interfaces),改以OFDMA为下行链路技术,及上行链路采用以OFDM为基础的多项方案。这些都将带来可与WiMAX相同,甚至是比WiMAX更快速的互联网连线服务。同时,5G技术的商用化也在推进中。

在世界上的许多其他地方,UMTS的普及以及对标准化的竞争,也意味着WiMAX可能不能分配到频谱:2005年7月,法国与芬兰阻止了欧洲共同体保留带宽给WiMAX使用,因为当地的电信设备制造商已投资了大笔的金钱在UMTS技术上面;2006年9月,马来西亚的带宽竞标也被中止。

实际上,2007年,WiMAX也被接受为3G标准之一。所以,也可以认为3G存在4种标准:CDMA2000、WCDMA、TD-SCDMA、WiMAX,但一般多把WiMAX作为无线城域网的技术,而把CDMA2000、WCDMA、TD-SCDMA作为无线广域网的技术。因此,关于3G/4G/5G移动通信技术,将在第6章介绍。随着WiMAX技术的发展,它也可能被纳入4G/5G技术标准范畴。

习　　题

填空题

1. WiMAX具有更远的传输距离、更宽的频段选择,以及更高的接入速度,对比于Wi-Fi的802.11x标准,WiMAX对应的协议标准为________。
2. 使用________链路将业务携带到骨干服务或者因特网。
3. WMAN标准是________。
4. IEEE 802.16系列标准是作为________接入方案而提出的。
5. WiMAX基础是________标准。
6. 能够提供移动服务的无线城域网标准是________。
7. 支持网状组网的无线城域网标准是________。
8. IEEE 802.16a的替代版本是________。
9. IEEE 802.16e的目标是支持最高________的移动接入。
10. IEEE 802.16a的工作频率范围是________。

单选题

1. WiMAX采用(　　)来构建宽带无线网络的。
   A. IEEE 802.11　B. IEEE 802.11s　C. IEEE 802.15　D. IEEE 802.16
2. 下列调制模式中,(　　)不属于IEEE 802.16a定义的调制模式。
   A. WirelessMAN.SCa　B. WirelessMAN.SC
   C. WirelessMAN.OFDM　D. WirelessMAN.OFDMA
3. 公共WMAN技术的名称是(　　)。
   A. WiMAN　B. WiMAX　C. Wi-Fi　D. WiNET
4. (　　)定义了WMAN的PHY和MAC层。
   A. IEEE 802.11　B. IEEE 802.15
   C. IEEE 802.16　D. IEEE 802.20
5. 通常使用(　　)代表将用户业务携带到因特网的通信链路。
   A. 回程链路　B. 点对点　C. QoS　D. 骨干

6. 能够提供移动服务的无线城域网标准是(　　)。

A. IEEE 802.16a　　B. IEEE 802.16b

C. IEEE 802.16d　　D. IEEE 802.16e

7. 支持网状组网的无线城域网标准是(　　)。

A. IEEE 802.16d　　B. IEEE 802.16f

C. IEEE 802.16b　　D. IEEE 802.16e

8. IEEE 802.16a 的替代版本是(　　)。

A. IEEE 802.16a　　B. IEEE 802.16b

C. IEEE 802.16d　　D. IEEE 802.16c

多选题

无线城域网(WMAN)主要的技术标准包括(　　)。

A. Wi-Fi　　B. WiMAX

C. WiMesh　　D. HiperLAN

判断题

1. WiMAX 将取代 WLAN 技术成为主要的无线接入技术。(　　)

2. 部署一个 WWAN 相对来说不是很贵,所以通常情况下是企业用户自己部署。(　　)

名词解释

WiMAX

参考文献

[1] William Stallings. Wireless Communications and Networks[M]. 北京：清华大学出版社,2003.

[2] Jochen Schiller. Mobile Communications(Second edition)[M]. 北京：高等教育出版社,2004.

[3] 张金文,等. 802.16 宽带无线城域网技术[M]. 北京：电子工业出版社,2006.

[4] 刘波,安娜,黄旭林. WiMAX 技术与应用详解[M]. 北京：人民邮电出版社,2007.

第6章

无线广域网

3G/4G/5G移动通信技术、IEEE 802.20都属于无线广域网技术。对于3G/4G/5G技术，本章将根据当前的技术动态进行简要描述。由于支持高移动性的宽带无线广域网标准还不是很成熟，所以本章仅围绕IEEE 802.20标准简要介绍了无线广域网的相关技术和标准，旨在使读者对无线广域网技术有一个初步的了解。

6.1 概　　述

前面已经指出，无线广域网(WWAN)是指覆盖全国或全球范围内的无线网络，提供更大范围内的无线接入，与无线个域网、无线局域网和无线城域网相比，它更加强调的是快速移动性，从目前的应用来看，它的信息速率通常不是很高。典型的无线广域网的例子就是GSM移动通信系统和卫星通信系统，现在的3G、超3G、4G技术也都属于无线广域网技术。

WWAN技术是使得笔记本电脑或者其他的设备装置在蜂窝网络覆盖范围内可以在任何地方连接到互联网。当前，无线广域网多是移动电话及数据服务所使用的数字移动通信网络，由电信运营商所经营，目前都在从传统以GSM和CDMA为主导的2G技术向3G/4G技术过渡。

只要有蜂窝服务提供的服务信号，WWAN技术都可以让你畅通无阻地使用网络，这为由于职业或者工作需要而不断移动的使用网络的人提供了方便。

基于传统技术，在旅途中，要与网络实现不间断的“亲密接触”，而不需要重新登录网络，你必须是徜徉在Wi-Fi提供的服务范围内。例如，可以在行驶的火车中不间断地在网上冲浪，但是如果你使用的是Wi-Fi的限制系列，你的旅途可能会因为时断时续的网络而不那么愉快，而WiMAX也同样存在这个问题。

蜂窝技术的确是无线广域网技术不错的选择，但是它们的速率都不高，无法提供类似于无线个域网、无线局域网和无线城域网的宽带接入技术，无线满足多媒体等应用的需求，而且更多的是适用于手机、PDA这样的处理能力较低的弱终端，对于具有高强处理能力的笔记本电脑，是不太适宜的。如何才能提供一种高效的移动宽带无线技术(MBWA)的问题应运而生，IEEE 802委员会也展开了相应的工作。其实，IEEE 802.16e已经是面向移动宽带无线接入的。专门从事无线广域网移动宽带无线接入技术标准制定的工作组是IEEE 802.20，不过，由于种种技术和非技术的原因，IEEE 802.20标准的制定进展不太顺利，到目前为止，正式的标准也没有发布，所以本章只能对IEEE 802.20做一个简要介绍。

IEEE 802.20技术，即移动宽带无线接入(Mobile Broadband Wireless Access, MBWA)，也被称为Mobile Fi。其概念最初是由IEEE 802.16工作组于2002年3月提出

的,并成立了相应的研究组,目的是为了实现在高速移动环境下的高速率数据传输,以弥补IEEE 802.1x协议簇在移动性方面的不足。2002年9月,IEEE 802.20工作组正式成立。目前,IEEE 802.20标准还处于制定阶段,原计划最初版本于2006年12月正式颁布,但因为中途工作暂停被推迟。

IEEE标准协会(IEEE-SA)标准委员会2006年6月15日宣布,暂停IEEE 802.20工作组的一切活动(发布资料和PDF格式文档)。停止期间为2006年6月8日~2006年10月1日。IEEE-SA是IEEE下设的总体负责标准规格制定工作的组织。根据上述决定,IEEE 802.20工作组原定于2006年7月召开的IEEE 802委员会大会和9月的临时工作会议被取消。

早在2006年1月,美国高通和京瓷各自提出的传输方式作为草案基础被采纳后,草案制定工作才正式开始。这种方式在日本国内,为宽带无线访问方式分配2.5GHz频段的70MHz带宽的讨论中,已经成为和WiMAX一样极具潜力的候选者之一。但此次暂停导致标准化进度放缓,对无线方式的选择估计将会产生很大影响。

IEEE-SA标准委员会指出,做出上述决定主要基于如下两种理由:①自IEEE 802.20工作组成立之初,就对该工作组的运作方式存在一些异议,最近的制定活动更是出现了远远超出以前标准化活动的反对意见;②对该工作组的活动情况进行了准备性的调查工作,结果发现活动情况缺乏透明度,存在对意见的单方支配和若干异常动向。

IEEE-SA标准委员会在发出暂停命令之前即2006年5月5日,就曾以委员会主席斯蒂夫·米尔斯(Steve Mills)之名发出过警告。米尔斯表示:"IEEE活动应当秉承公正和公开的原则来进行,而IEEE 802.20工作组却未能遵守这一原则。尤其是对部分企业的垄断状态等表示担忧。"

IEEE-SA标准委员会表示:"假如目前的问题得到解决,并能确保公正和公开的原则,就能重新开始活动。"

可喜的是,2006年11月13日,IEEE 802.20工作组在美国得克萨斯州达拉斯召开全体会议(Plenary Meeting),重新开始了标准制定活动。由于业界纷纷指责该工作组在动作方式上缺乏透明度,而从2006年6月至10月一度停止的其标准化活动终于得到恢复。

时隔半年重新召开的此次会议,是在上级机构(IEEE Standards Association,IEEE-SA)主席和IEEE 802执行委员会(IEEE 802-EC)成员对会议日程进行监督的形式下进行的。会议一开始,先由每位出席人员通报姓名、单位及关注内容等信息。比如,作为顾问出席会议的与会人员,也要说明自己是与哪家企业签订合同后参加会议的,以确保透明度。

此次的达拉斯会议非常重视会议日程的公平性,给那些过去表示"未能得到意见陈述机会"的与会人员表达意见的时间,因此议程进展非常顺利。关于IEEE 802.20,已经制定完毕的基本传输标准草案该摆在什么位置,工作组活动期限的延长,等等,需要做的工作堆积如山。但此次会议能把未来日程确定到何种程度尚不清楚。

IEEE 802.20目前的基础是美国高通等企业的提案。它是以高通收购的美国Flarion科技公司的Flash-OFDM技术为基础的OFDMA传输方式,支持最高时速250km的高速移动通信。除高通外,英特尔、韩国三星、日本京瓷、摩托罗拉等众多人员出席了会议。

尽管举步维艰,但是我们认为IEEE 802.20应该是前途光明,因为需求永远是拉动技术进步的最大动力。

6.2 3G/4G/5G技术

6.2.1 3G技术

3G与2G的主要区别在于传输声音和数据的速度上的提升,它能够在全球范围内更好地实现无线漫游,并处理图像、音乐、视频流等多种媒体形式,提供包括网页浏览、电话会议、电子商务等多种信息服务,同时也要考虑与已有第二代系统的良好兼容性。为了提供这种服务,无线网络必须能够支持不同的数据传输速度。也就是说,在室内、室外和行车的环境中能够分别支持至少2Mb/s(兆比特/秒)、384kb/s(千比特/秒)以及144kb/s的传输速度(此数值根据网络环境会发生变化)。

第三代合作伙伴计划1(The 3rd Generation Partnership Project,3GPP)是领先的3G技术规范机构,是由欧洲的ETSI,日本的ARIB和TTC,韩国的TTA以及美国的T1在1998年底发起成立的,旨在研究制定并推广基于演进的GSM核心网络的3G标准,即WCDMA,TD-SCDMA,EDGE等。中国无线通信标准组(CWTS)于1999年加入3GPP。

第三代合作伙伴计划2(The 3rd Generation Partnership Project 2,3GPP2)建于1998年12月,成员包括TIA(北美)、CCSA(中国)、ARIB/TTC(日本)和TTA(韩国)。3GPP2声称其致力于使ITU的IMT-2000计划中的(3G)移动电话系统规范在全球的发展,实际上它是从2G的CDMA One或者IS-95发展而来的CDMA2000标准体系的标准化机构,它受到拥有多项CDMA关键技术专利的高通公司的较多支持。与之对应的3GPP致力于从GSM向WCDMA(UMTS)过渡,因此两个机构存在一定竞争。

国际电信联盟(ITU)在2000年5月确定WCDMA、CDMA2000、TD-SCDMA三大主流无线接口标准,写入3G技术指导性文件《2000年国际移动通信计划》(简称IMT—2000);2007年,WiMAX亦被接受为3G标准之一。CDMA是Code Division Multiple Access(码分多址)的缩写,是第三代移动通信系统的技术基础。第一代移动通信系统采用频分多址(FDMA)的模拟调制方式,这种系统的主要缺点是频谱利用率低,信令干扰话音业务。第二代移动通信系统主要采用时分多址(TDMA)的数字调制方式,提高了系统容量,并采用独立信道传送信令,使系统性能大大改善,但TDMA的系统容量仍然有限,越区切换性能仍不完善。CDMA系统以其频率规划简单、系统容量大、频率复用系数高、抗多径能力强、通信质量好、软容量、软切换等特点显示出巨大的发展潜力。下面分别介绍3G的几种标准。

1. W-CDMA

W-CDMA也称为WCDMA,全称为Wideband CDMA,也称为CDMA Direct Spread,意为宽频分码多重存取,这是基于GSM网发展出来的3G技术规范,是欧洲提出的宽带CDMA技术,它与日本提出的宽带CDMA技术基本相同。W-CDMA的支持者主要是以GSM系统为主的欧洲厂商,日本公司也或多或少参与其中,包括欧美的爱立信、阿尔卡特、诺基亚、朗讯、北电,以及日本的NTT、富士通、夏普等厂商。该标准提出了GSM(2G)-GPRS-EDGE-WCDMA(3G)的演进策略。这套系统能够架设在现有的GSM网络上,对于系统提供商而言,可以较轻易地过渡。预计在GSM系统相当普及的亚洲,对这套新技术的接受度会相当高，W-CDMA具有先天的市场优势。

2. CDMA2000

CDMA2000是由窄带CDMA(CDMA IS95)技术发展而来的宽带CDMA技术，也称为CDMA Multi-Carrier，它由美国高通北美公司为主导提出，摩托罗拉、Lucent和后来加入的韩国三星都有参与，韩国现在成为该标准的主导者。这套系统是从窄频CDMAOne数字标准衍生出来的，可以从原有的CDMAOne结构直接升级到3G，建设成本低廉。但目前使用CDMA的地区只有日、韩和北美，所以CDMA2000的支持者不如W-CDMA多。该标准提出了CDMA IS95(2G)→CDMA20001x→CDMA20003x(3G)的演进策略。CDMA20001x被称为2.5代移动通信技术。CDMA20003x与CDMA20001x的主要区别在于应用了多路载波技术，通过采用三载波使带宽提高。

3. TD-SCDMA

TD-SCDMA的全称为Time Division - Synchronous CDMA(时分同步CDMA)，该标准是由中国内地独自制定的3G标准。1999年6月29日，中国原邮电部电信科学技术研究院(大唐电信)向ITU提出，但技术发明始于西门子公司，TD-SCDMA具有辐射低的特点，被誉为绿色3G。该标准将智能无线、同步CDMA和软件无线电等当今国际领先技术融于其中，具有在频谱利用率、对业务支持具有灵活性、频率灵活性及成本等方面的独特优势。另外，由于中国内地庞大的市场，该标准受到各大主要电信设备厂商的重视，全球一半以上的设备厂商都宣布可以支持TD-SCDMA标准。该标准提出不经过2.5代的中间环节，直接向3G过渡，非常适用于GSM系统向3G升级。军用通信网也是TD-SCDMA的核心任务。

6.2.2 4G技术

4G是第四代移动通信及其技术的简称，是集3G与WLAN于一体，并能够传输高质量视频图像以及图像传输质量与高清晰度电视不相上下的技术产品。4G系统能够以100Mb/s的速度下载，比拨号上网快2000倍，上传的速度也能达到20Mb/s，并能够满足几乎所有用户对于无线服务的要求。而在用户最为关注的价格方面，4G与固定宽带网络在价格方面不相上下，而且计费方式更加灵活机动，用户完全可以根据自身的需求确定所需的服务。此外，4G可以在DSL和有线电视调制解调器没有覆盖的地方部署，然后再扩展到整个地区。很明显，4G有着不可比拟的优越性。

国际电信联盟(ITU)已经将WiMAX、HSPA+、LTE正式纳入到4G标准里，加上之前就已经确定的LTE-Advanced和WirelessMAN-Advanced这两种标准，目前4G标准已经达到了5种。

1. LTE

LTE(Long Term Evolution，长期演进)项目是3G的演进，它改进并增强了3G的空中接入技术，采用OFDM和MIMO作为其无线网络演进的唯一标准。主要特点是：在20MHz频谱带宽下能够提供下行100Mb/s与上行50Mb/s的峰值速率，相对于3G网络，大大地提高了小区的容量，同时将网络延迟大大降低：内部单向传输时延低于5ms，控制平面从睡眠状态到激活状态的迁移时间低于50ms，从驻留状态到激活状态的迁移时间小于100ms。LTE项目是近年来3GPP启动的最大的新技术研发项目，其演进的历史如下：

GSM→GPRS→EDGE→WCDMA→HSDPA/HSUPA→HSDPA+/HSUPA+→FDD-LTE。速率演进如下：GSM：9K→GPRS：42K→EDGE：172K→WCDMA：364k→HSDPA/HSUPA：14.4M→HSDPA+/HSUPA+：42M→FDD-LTE：300M。

WCDMA网络的升级版HSPA和HSPA+均能够演化到FDD-LTE这一状态，中国自主研发的TD-SCDMA网络也绕过HSPA直接向TD-LTE演进，也是4G标准的主流。

2. LTE-Advanced(LTE-A)

从字面上看，LTE-Advanced是LTE技术的升级版，那么，为何两种标准都能够成为4G标准呢？其实，当前在运营商的宣传中更多是将LTE-Advanced称为4G+。LTE-Advanced的正式名称为Further Advancements for E-UTRA，它满足ITU-R的IMT-Advanced技术征集的需求，是3GPP形成欧洲IMT-Advanced技术提案的一个重要来源。LTE-Advanced是一个后向兼容的技术，完全兼容LTE，是演进，而不是革命，相当于HSPA和WCDMA这样的关系。LTE-Advanced的相关特性如下：

(1) 带宽：100MHz。

(2) 峰值速率：下行1Gb/s，上行500Mb/s。

(3) 峰值频谱效率：下行30bps/Hz，上行15bps/Hz。

(4) 针对室内环境进行优化。

(5) 有效支持新频段和大带宽应用。

(6) 峰值速率大幅提高，频谱效率有限的改进。

严格讲，LTE作为3.9G移动互联网技术，那么LTE-Advanced作为4G标准更加确切一些。LTE-Advanced的入围，包含TDD和FDD两种制式，其中TD-SCDMA能够进化到TDD制式，而WCDMA网络能够进化到FDD制式。移动主导的TD-SCDMA网络期望能够绕过HSPA+网络而直接进入到LTE。

依托4G+，各运营商又开始推VoLTE技术。VoLTE即Voice over LTE，是基于IMS(IP多媒体子系统)的语音业务，与2G/3G语音通话有着本质的不同。VoLTE是架构在4G/4G+网络上全IP条件下的端到端语音方案。相对于2G/3G语音通话，VoLTE高清语音优势主要体现在：接通等待时间更短，无须从4G回落到2G/3G。通话语音质量更高、更自然，引入了高清语音和视频编码，语音质量有明显提高，部分产品可提供高清视频通话。

在国内，中国移动已经率先实现VoLTE商用化，中国电信和中国联通也即将实现。只要手机支持VoTLE，且打开对应设置，手机上就会出现“HD”标志，表示支持高清语音通话VoTLE，可以通过4G网络通话，即通话时保持4G网络，不会自动切换为2G/3G网络。

3. WiMAX

WiMAX在第5章已经全面介绍过，这里不再介绍。其实，如果把WiMAX也作为4G通信标准的话，它应该是最早的4G通信标准。

4. HSPA+

HSDPA指的是高速下行链路分组接入(High Speed Downlink Packet Access)技术，而HSUPA为高速上行链路分组接入技术，两者合称为HSPA技术，HSPA+是HSPA的衍生版，能够在HSPA网络上进行改造而升级到该网络，是一种经济而高效的4G网络。

从上文也可以了解到，HSPA+符合 LTE 的长期演化规范，将作为 4G 网络标准与其他的 4G 网络同时存在，它将有利于目前全世界范围的 WCDMA 网络和 HSPA 网络的升级与过渡，成本上的优势很明显。对比 HSPA 网络，HSPA+在室内吞吐量约提高 12.58%，室外小区吞吐量约提高 32.4%，能够适应高速网络下的数据处理，将是短期内 4G 标准的理想选择。目前，联通已经在着手相关的规划，T-Mobile 也开通了这个 4G 网络，但是由于 4G 标准并没有被 ITU 完全确定下来，所以动作并不大。

HSPA+是商用条件最成熟的 4G 标准，一直存在其和 LTE 标准之间的“瑜亮情节”，觉得 HSPA+成熟的生态圈，可能会让 HSPA+成为 4G 中最有商业份额的技术。

5. WirelessMAN-Advanced

WirelessMAN- Advanced 事实上就是 WiMAX 的升级版，即 IEEE 802.16m 标准。802.16 系列标准在 IEEE 正式称为 WirelessMAN，而 WirelessMAN-Advanced 称为 IEEE 802.16m。其中，802.16m 最高可以提供 1Gb/s 的无线传输速率，还将兼容 4G 无线网络。802.16m 可在“漫游”模式或高效率/强信号模式下提供 1Gb/s 的下行速率。该标准还支持“高移动”模式，能够提供 1Gb/s 的速率。其优势如下：

- 提高网络覆盖，改建链路预算。
- 提高频谱效率。
- 提高数据和 VOIP 容量。
- 低时延和 QoS 增强。
- 功耗节省。

目前的 WirelessMAN-Advanced 有 5 种网络数据规格，其中极低速率为 16kb/s，低数率数据及低速多媒体为 144kb/s，中速多媒体为 2Mb/s，高速多媒体为 30Mb/s，超高速多媒体则达到 30Mb/s～1Gb/s。但是该标准可能会率先被军方所采用，IEEE 方面表示军方的介入将能够促使 WirelessMAN-Advanced 更快的成熟和完善，而且军方的今天就是民用的明天。不论怎样，WirelessMAN-Advanced 得到 ITU 的认可并成为 4G 标准的可能性极大。

中国移动 2014 年拿下 TD-LTE(LTE-TDD 在中国的习惯叫法)的 4G 牌照，而中国联通与中国电信的 FDD-LTE 的牌照在 2015 年初正式拿下，中国已经全面处在移动 4G 时代。

从理论上讲，FDD 的优势要比 TDD 大一些，但就目前形式而言，使用移动或者联通电信的网络其实没有太大影响，就网络覆盖率来讲，LTE-TDD 的覆盖率要远大于 LTE-FDD，对于 4G 的速度，不管是 LTE-TDD，还是 LTE-FDD，都不错，能够满足现在用户的使用，用户也没有太大必要去为了体验 FDD 与 TDD 的区别而选择换运营商。

LTE-FDD 和 TD-LTE 这两个 LTE 的分支标准各有所长，但两者间基础技术非常相似。有专家表示，TD-LTE 和 LTE FDD 完全可以看作是一个系统，仅是在业务实现上有一定的技术区别。因此，国际上有了将 TD-LTE 与 FDD 混合组网的模式，发挥两者各自长处，TD-LTE 用于热点区域覆盖，FDD 用于广域覆盖。由于有着共同的技术基础，TD-LTE 与 FDD 在混合组网方面有着非常好的前景。这也是当年国际电信联盟在制定 4G 标准时所期望实现的——尽量降低不同标准之间物理层的差异，让网络标准最终走向融合。

6.2.3 5G技术

1. 5G技术的功能定位

显然,这里的5G技术不同于第3章提到的5G Wi-Fi,两个G的含义不同,前者指第五代,后者指5GHz频段。应该说,4G技术诞生到商用也仅有七八年的时间,而且4G智能手机尚未完全普及,通信行业已经向新一代的5G技术发起了"冲击"。

据维基百科解释,5G网络使用的频谱是28GHz及60GHz,属极高频(EHF),它比一般电信业现行使用的频谱(如2.6GHz)高出许多。其超高的传输速度是最大的特点,5G能达到4G网络的40倍以上,延迟极低,比4G也低了不少。

早在2015年12月24日,工业和信息化部部长苗圩表示,我国2016年将开展5G技术试验和商用牌照发放前期研究,积极参与国际标准制订,包括美国四大运营商、移动芯片厂商和移动设备商在内的许多公司已启动了5G技术的研发。

如果希望实现5G网络的商用,那么业内还有许多问题需要解决,如5G的确切定义究竟是什么,它的功能定位到底是什么?图6.1给出了答案。目前,4G网络上的视频用户很多,而视频消耗了大量带宽,因此5G很快将成为必需的技术,这是它的关键定位之一。

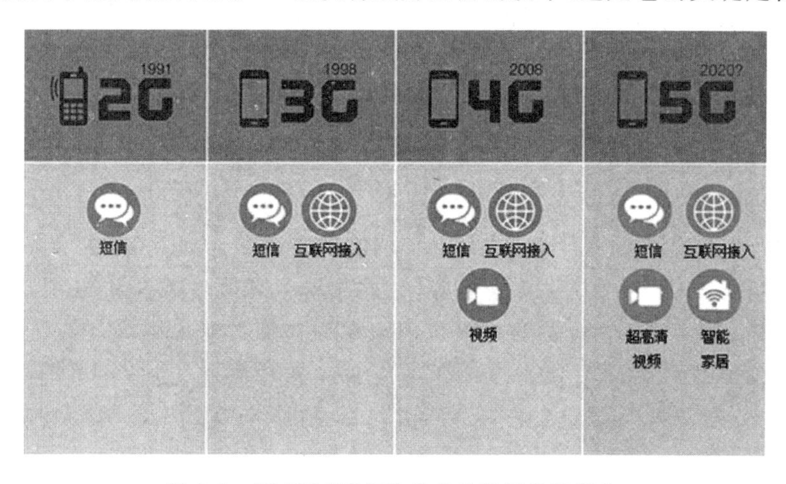

图6.1 2G/3G/4G/5G技术的数据功能定位

然而,业内尚未确定最终的5G标准。AT&T网络运营总裁比尔·史密斯(Bill Smith)预计,5G的准确定义将于2018年敲定,随后国际电信联盟(ITU)将于2019年制定5G标准。标准中将明确定义,"5G"网络应当是什么样,以及上下行速率等关键性能指标如何。

尽管如此,根据通信行业近期的初步试验,仍可以大致了解未来的5G技术会是如何。简言之,相对于4G,5G的网速将会更快,功耗将会更低。因此,人们将看到一系列新的无线产品,如更多的智能家居设备和可穿戴计算设备。

从理论上来说,5G的网速能达到4G的40倍,从而实时传输8K分辨率的3D视频,或是在6s内下载一部3D电影。作为对比,通过4G网络的下载需要6min。然而,在以往通信技术的发展中,实验室情况与真实环境总会有很大差距。理论峰值速率在用户实际使用中只是梦想,用户可用速率要远低于理论值。

作为5G技术研发投入最大的厂商,诺基亚认为,在现网存在拥塞的情况下,5G技术能实现约 100Mb/s 的速率，约为当前 4G 网络的 4 倍。

5G 网络的另一大特点是低时延，这意味着网络对用户命令的响应速度将非常快。在这样的情况下，网站、应用和各种服务的加载都会更快。

业内人士认为，5G 网络更可能是对当前 4G 网络的补充，而不会取代 4G。在大楼中或人群密集处，5G 技术可以给网络扩容。但如果是在高速公路上，那么 4G 可能会是唯一的选择。

2. 5G 技术时间表

这一问题目前没有确切答案。预计到 2018 年冬奥会期间，韩国将推出 5G 试验网，而大规模部署甚至要等到 2020 年。

中日韩三国运营商 2015 年 11 月进行过一次会谈，主要内容为合作推广 5G 网络。三家公司将利用三国未来几年举办三届奥运会的宝贵机会，建设并推广 5G 网络。

其中 2018 年，韩国平昌市将举办冬奥会，2020 年，日本东京将举办夏季奥运会，而在 2022 年，北京市和河北张家口市将联合举办冬奥会。重大的体育赛事将是三国推出 5G 网络的宝贵机会。参与会谈的韩国电信高层表示，韩国电信将会和中国移动、日本 DoCoMo 合作，在 2018 年推出 5G 网络试验性服务。

不过，美国最大运营商 Verizon 已宣布，希望更快地推出 5G 技术，时间最早为 2017 年。由于 5G 技术还面临一系列挑战，因此到 2017 年就开始大规模部署的可能性不大。例如，在规模商用之前，相关厂商还需要开发出成本适中的 5G 芯片。

目前，中国国内 4G 网络覆盖率已达 80%，接下来三大运营商还将投入更大精力去发展 4G+，如此迅速的发展，5G 网络商用也不是太远的事。

按照中国移动的说法，他们考虑的 5G 本身就包括了 4G 演进型技术和 5G 革新性技术两条路线，而且这两条路线都将自主 TDD 的技术优势考虑在内。也就是说，TDD+将和 5G 协同发展。

抛开商业化进程不谈，从标注化角度看，2018 年全球将开始征集 5G 技术标准提案，2020 年正式完成 5G 全球标准并发布。

3. 5G 技术的弱点

5G 在使用阶段或发展阶段也存在一定的问题：

(1) 基础建设成本高。据维基百科的解释，采用高频频谱能提供更高的数据传输速率，5G 信号的绕障能力十分有限，传送距离很短，且容易被障碍物阻挡，这就需要增建更多基站，以增加覆盖。这意味着，移动运营商需要建设数百万个小型基站，将其部署至每根电线杆、每栋大楼，每户房屋，甚至每个房间。从这一点可以预见，5G 在基础设施搭建上会耗费更多的成本。除了正常的资金消耗以外，还有在基站建设的占地等物理因素考虑，所以要全面实现基站的加建、改建，也并非容易的事。

(2) 流量资费可能升高

这个是消费者最关心的问题。如果流量资费高居不下，下一两部电影就让钱包绝命的话，那再高质的网络以及再快的网速都是白搭。

当然，这些都不是根本性的技术问题，随着人们需求的不断增长，这些问题都会迎刃而解。

6.3 卫星通信系统

卫星通信系统实际上也是一种微波通信,它以卫星作为中继站转发微波信号,在多个地面站之间通信,卫星通信的主要目的是实现对地面的"无缝隙"覆盖。由于卫星工作于几百、几千,甚至上万千米的轨道上,因此覆盖范围远大于一般的移动通信系统。但卫星通信要求地面设备具有较大的发射功率,因此不易普及使用。

6.3.1 卫星通信系统的概念

卫星通信系统由卫星端、地面端、用户端3部分组成。卫星端在空中起中继站的作用,即把地面站发上来的电磁波放大后再返送回另一地面站。卫星星体又包括两大子系统:星载设备和卫星母体。地面站则是卫星系统与地面公众网的接口,地面用户也可以通过地面站出入卫星系统形成链路,地面站还包括地面卫星控制中心,及其跟踪、遥测和指令站。用户端即各种用户终端。

在微波频段,整个通信卫星的工作频段约有500MHz宽度,为了便于放大和发射及减少变调干扰,一般在星上设置若干个转发器。每个转发器被分配一定的工作频段。目前的卫星通信多采用频分多址技术,不同的地球站占用不同的频率,即采用不同的载波,比较适用于点对点大容量的通信。近年来,时分多址技术也在卫星通信中得到了较多的应用,即多个地球站占用同一频段,但占用不同的时隙。与频分多址方式相比,时分多址技术不会产生互调干扰、不需用上下变频把各地球站信号分开、适合数字通信、可根据业务量的变化按需分配传输带宽,使实际容量大幅度增加。另一种多址技术是码分多址(CDMA),即不同的地球站占用同一频率和同一时间,但利用不同的随机码对信息进行编码来区分不同的地址。CDMA采用了扩展频谱通信技术,具有抗干扰能力强、有较好的保密通信能力、可灵活调度传输资源等优点。它比较适合于容量小、分布广、有一定保密要求的系统使用。

6.3.2 卫星通信系统的分类

按照工作轨道区分,卫星通信系统一般分为低轨道卫星通信系统(LEO)、中轨道卫星通信系统(MEO)、高轨道卫星通信系统(GEO)3类。

1. 低轨道卫星通信系统(LEO)

距地面500～2000km,传输时延和功耗都比较小,但每颗星的覆盖范围也比较小,典型的系统有Motorola的铱星系统。低轨道卫星通信系统由于卫星轨道低,信号传播时延短,所以可支持多跳通信;其链路损耗小,可以降低对卫星和用户终端的要求,可以采用微型/小型卫星和手持用户终端。但是,低轨道卫星系统也为这些优势付出了较大的代价:由于轨道低,每颗卫星所能覆盖的范围比较小,要构成全球系统需要数十颗卫星,如铱星系统有66颗卫星、Globalstar有48颗卫星、Teledisc有288颗卫星。同时,由于低轨道卫星的运动速度快,对于单一用户来说,卫星从地平线升起到再次落到地平线以下的时间较短,所以卫星间或载波间切换频繁。因此,低轨系统的系统构成和控制复杂、技术风险大、建设成本也相对较高。

2. 中轨道卫星通信系统(MEO)

距地面 2000～20 000km,传输时延要大于低轨道卫星,但覆盖范围也更大,典型的系统是国际海事卫星系统。中轨道卫星通信系统可以说是同步卫星系统和低轨道卫星系统的折中,中轨道卫星系统兼有这两种方案的优点,同时又在一定程度上克服了这两种方案的不足之处。中轨道卫星的链路损耗和传播时延都比较小,仍然可采用简单的小型卫星。如果中轨道和低轨道卫星系统均采用星际链路,当用户进行远距离通信时,中轨道系统信息通过卫星星际链路子网的时延将比低轨道系统低。而且由于其轨道比低轨道卫星系统高许多,每颗卫星所能覆盖的范围比低轨道系统大得多,当轨道高度为 10 000km 时,每颗卫星可以覆盖地球表面的 23.5%,因而只要几颗卫星,就可以覆盖全球。若有十几颗卫星,就可以提供对全球大部分地区的双重覆盖,这样可以利用分集接收来提高系统的可靠性,同时,系统投资要低于低轨道系统。因此,从一定意义上说,中轨道系统可能是建立全球或区域性卫星移动通信系统较优越的方案。当然,如果需要为地面终端提供宽带业务,中轨道系统将存在一定困难,而利用低轨道卫星系统作为高速的多媒体卫星通信系统的性能要优于中轨道卫星系统。

3. 高轨道卫星通信系统(GEO)

距地面 35 800km,即同步静止轨道。理论上,用 3 颗高轨道卫星即可实现全球覆盖。传统的同步轨道卫星通信系统的技术最为成熟,自从同步卫星被用于通信业务以来,用同步卫星来建立全球卫星通信系统已经成为建立卫星通信系统的传统模式。但是,同步卫星有一个不可克服的障碍,就是较长的传播时延和较大的链路损耗,严重影响到它在某些通信领域的应用,特别是在卫星移动通信方面的应用。首先,同步卫星轨道高,链路损耗大,对用户终端接收机性能要求较高。这种系统难于支持手持机直接通过卫星进行通信,或者需要采用 12m 以上的星载天线(L 波段),这就对卫星星载通信有效载荷提出了较高的要求,不利于小卫星技术在移动通信中的使用。其次,由于链路距离长,传播时延大,单跳的传播时延就会达到数百毫秒,加上语音编码器等的处理时间,则单跳时延将进一步增加,当移动用户通过卫星进行双跳通信时,时延甚至将达到秒级,这是用户,特别是话音通信用户所难以忍受的。为了避免这种双跳通信,必须采用星上处理,使得卫星具有交换功能,但这必将增加卫星的复杂度,不但增加系统成本,也有一定的技术风险。

目前,同步轨道卫星通信系统主要用于 VSAT 系统、电视信号转发等,较少用于个人通信。

按照通信范围区分,卫星通信系统可以分为国际通信卫星、区域性通信卫星、国内通信卫星。

按照用途区分,卫星通信系统可以分为综合业务通信卫星、军事通信卫星、海事通信卫星、电视直播卫星等。

按照转发能力区分,卫星通信系统可以分为无星上处理能力卫星、有星上处理能力卫星。

6.3.3 卫星通信系统的特点

(1) 下行广播,覆盖范围广:对地面的情况,如高山海洋等不敏感,适用于在业务量比较稀少的地区提供大范围的覆盖,在覆盖区内的任意点均可以进行通信,而且成本与距离无关。

(2) 工作频段宽:可用频段为150MHz~30GHz。

(3) 通信质量好:卫星通信中电磁波主要在大气层以外传播,电波传播非常稳定。虽然在大气层内的传播会受到天气的影响,但仍然是一种可靠性很高的通信系统。

(4) 网络建设速度快、成本低:除建地面站外,无须地面施工,运行维护费用低。

(5) 信号传输时延大:高轨道卫星的双向传输时延达到秒级,用于话音业务时会有非常明显的中断。

(6) 控制复杂:由于卫星通信系统中的所有链路均是无线链路,而且卫星的位置还可能处于不断变化中,因此控制系统也较为复杂。控制方式有星间协商和地面集中控制两种。

6.3.4 卫星移动通信系统成功案例

凡是通过移动的卫星和固定的终端、固定的卫星和移动的终端或二者均移动的通信,均称为卫星移动通信系统。从20世纪80年代开始,西方很多公司开始意识到未来覆盖全球、面向个人的无缝隙通信,即所谓的个人通信全球化,相继发展以中、低轨道的卫星星座系统为空中转接平台的卫星移动通信系统,开展卫星移动电话、卫星直播/卫星数字音频广播、互联网接入以及高速、宽带多媒体接入等业务。至20世纪90年代,已建成并投入应用的主要有铱星(Iridium)系统、Globalstar系统、ORBCONN系统、信使系统(俄罗斯)等。

1. 铱星(Iridium)系统

铱星系统属于低轨道卫星移动通信系统,由Motorola提出并主导建设,由分布在6个轨道平面上的66颗卫星组成,这些卫星均匀地分布在6个轨道面上,轨道高度为780km,主要为个人用户提供全球范围内的移动通信,采用地面集中控制方式,具有星际链路、星上处理和星上交换功能。铱星系统除了提供电话业务外,还提供传真、全球定位系统(GPS)、无线电定位以及全球寻呼业务。从技术上来说,这一系统是极为先进的,但从商业上来说,它是极为失败的,存在着目标用户不明确、成本高昂等缺点。目前该系统基本上已复活,由新的铱星公司代替旧铱星公司,重新定位,再次引领卫星通信的新时代。

2. Globalstar系统

Globalstar系统设计简单,既没有星际电路,也没有星上处理和星上交换功能,仅仅定位为地面蜂窝系统的延伸,从而扩大了地面移动通信系统的覆盖,因此降低了系统投资,也减少了技术风险。Globalstar系统由48颗卫星组成,均匀分布在8个轨道面上,轨道高度为1389km。它有4个主要特点:一是系统设计简单,可降低卫星成本和通信费用;二是移动用户可利用多径和多颗卫星的双重分集接收,提高接收质量;三是频谱利用率高;四是地面关口站数量较多。

3. IC0全球通信系统

IC0全球通信系统采用大卫星,运行于10390km的中轨道,共有10颗卫星和2颗备份星,布置于2个轨道面,每个轨道面5颗工作星,1颗备份星,提供的数据传输速率为140kb/s,但有上升到384kb/s的能力,主要针对为非城市地区提供高速数据传输,如互联网接入服务和移动电话服务。

4. Ellips0系统

Ellips0系统是一种混合轨道星座系统。它使用17颗卫星便可实现全球覆盖,比铱星系统和 Globalstar 系统的卫星数量要少得多。该系统中有 10 颗星部署在两条椭圆轨道上，其轨道近地点为 632km，远地点为 7604km，另有 7 颗星部署在一条 8050km 高的赤道轨道上。该系统初步开始为赤道地区提供移动电话业务，2002 年开始提供全球移动电话业务。

5. Orbcomm 系统

轨道通信系统 Orbcomrm 是只能实现数据业务全球通信的小卫星移动通信系统，该系统具有投资小、周期短、兼备通信和定位能力、卫星质量轻、用户终端为手机、系统运行自动化水平高和自主功能强等优点。Orbcomm 系统由 36 颗小卫星及地面部分(含地面信关站、网络控制中心和地面终端设施)组成，其中 28 颗卫星在补轨道平面上：第 1 轨道平面为 2 颗卫星，轨道高度为 736/749km；第 2 至第 4 轨道平面的每个轨道平面布置 8 颗卫星，轨道高度为 775km；第 5 轨道平面有 2 颗卫星，轨道高度为 700km，主要为增强高纬度地区的通信覆盖；另外 8 颗卫星为备份。

6. Teledesic 系统

Teledesic 系统是一个着眼于宽带业务发展的低轨道卫星移动通信系统，由 840 颗卫星组成，均匀分布在 21 个轨道平面上。由于每个轨道平面上另有 4 颗备用卫星，备用卫星总数为 84 颗，所以整个系统的卫星数量达到 924 颗。经优化后，投入实际使用的 Teledesic 系统已将卫星数量降至 288 颗。Teledesic 系统的每颗卫星可提供 10 万个 16kb/s 的话音信道，整个系统峰值负荷时，可提供超出 100 万个同步全双工 El 速率的连接。因此，该系统不仅可提供高质量的话音通信，同时还能支持电视会议、交互式多媒体通信，以及实时双向高速数据通信等宽带通信业务。

6.4 IEEE 802.20 技术

6.4.1 技术特性

IEEE 802.20 工作组的目标是制定一种适用于高速移动环境下的宽带无线接入系统的空中接口规范。在技术的制定时间上，IEEE 802.20 远远晚于 3G，因而可以充分发挥它的后发优势：在物理层技术上，以 OFDM 和 MIMO 为核心，充分挖掘时域、频域和空间域的资源，大大提高了系统的频谱效率；在设计理念上，基于分组数据的纯 IP 架构应对突发性数据业务的性能也优于现有的 3G 技术，与 3.5G(HSDPA、EV-DO)性能相当；另外，在实现、部署成本上也具有较大的优势。

IEEE 802.20 的主要技术特性如下：全面支持实时和非实时业务，在空中接口不存在电路域和分组域的区分；能保持持续的连通性；频率统一，可复用；支持小区间和扇区间的无缝切换，以及与其他无线技术(IEEE 802.16、IEEE 802.11 等)间的切换；融入了对 QoS 的支持，与核心网级别的端到端 QoS 相一致；支持 IPv4 和 IPv6 等具有 QoS 保证的协议；支持内部状态快速转变的多种 MAC 协议状态；为上下行链路快速分配所需资源，并根据信道环境的变化自动选择最优的数据传输速率；提供终端与网络间的认证机制；与现有的蜂窝移动通信系统可以共存，降低网络部署成本；包含各个网络间的开放型接口。

1. 系统性能指标

表 6.1 和表 6.2 分别给出了 IEEE 802.20 提出的系统性能指标，以及在不同场景下的

频谱效率的指标。

表 6.1 IEEE 802.20 系统性能指标

参　　数	目　标　值	
移动性	最高达 250km/h	
频谱效率	＞1b/s/Hz/cell	
工作频率	＜3.5GHz 的许可频段	
单小区覆盖半径	＜15km(广域网)	
带宽	1.25MHz	5MHz
用户峰值速率(下行)	＞1Mb/s	＞4Mb/s
用户峰值速率(上行)	＞300kb/s	＞1.2Mb/s
单小区峰值速率(下行)	＞4Mb/s	＞16Mb/s
单小区峰值速率(上行)	＞800kb/s	＞3.2Mb/s
双工方式	FDD 和 TDD	
MAC 帧往返时延(RTT)	＜10ms	
安全模式	AES(高级加密标准)	

表 6.2 不同场景下的频谱效率

参　　数	下　　行		上　　行	
移动速率/(km/h)	3	120	3	120
频谱效率/(b/s/Hz/cell)	2.0	1.5	1.0	0.75

从性能指标中,可以看出:

(1) 在移动性上,IEEE 802.20 相比 IEEE 802.16 具有很大的优势——可支持的最高速率为 250km/h,已经达到传统移动通信技术(如 2G 和 3G)的性能。可见,它将是 IEEE 步入移动通信领域的基石。

(2) 在频谱效率上,IEEE 802.20 远远高于当前的主流移动技术。举例来说,对于下行链路中的频谱效率,CDMA 2000 1x 最高为 0.1b/s/Hz/cell,EV-DO 最高为 0.5b/s/Hz/cell,而 IEEE 802.20 却大于 1b/s/Hz/cell。因此,对于运营商来说,IEEE 802.20 的到来是一个福音——花相同价钱买来的频谱资源,可以提供更高速率的接入服务。这既是 IEEE 802.20 自身强有力的"卖点",更是移动通信技术发展的大势所趋。

(3) 对于非视距(NLOS)环境下的系统覆盖,IEEE 802.20 的单小区覆盖半径为 15km,属于广域网技术;而 IEEE 802.16 的单小区覆盖半径小于 5km,属于城域网技术。这说明 IEEE 802.20 与 IEEE 802.16 的目标市场不同,它们不存在直接的竞争。直接与 IEEE 802.20 形成竞争的是 WCMDA 等 3G 技术和 HSDPA 等 3G 演进技术。

(4) IEEE 802.20 规定其 MAC 帧往返时延小于 10ms,加上无线链路控制层和应用层上产生的处理时延,足以满足 ITU-T 的 G.114 所规定的电话语音传输最大往返时延(＜300ms)的要求,因而完全可以基于 IEEE 802.20 来提供优质的无线 VoIP 语音业务。

(5) 在下行链路,IEEE 802.20 可以提供大于 1Mb/s 的峰值速率,远远高于 3G 技术的性能指标——步行环境下 384kb/s,高速移动环境下 144kb/s。

2. 纯IP架构

IEEE 802.20秉承了IEEE 802协议簇的纯IP架构。纯IP架构,与3GPP和3GPP2所提出的全IP概念有所不同——前者是核心网和无线接入网都基于IP传输,而后者仅仅实现了核心网的IP化。设计架构的差异使IEEE 802.20与其他3G技术相比具有明显的优势:

(1) 其物理层和MAC层都专为突发型分组数据业务而设计,并能够自适应无线信道环境,因此在处理突发性数据业务方面具有与生俱来的优越性。而WCMDA等3G技术虽然对语音业务能够很好地支持,但因为其设计初衷是要保持与GSM等2.5G技术的兼容,所以对数据业务的支撑力度显得较为单薄。

(2) 组网方式灵活简单,便于融合现有的IP网络和未来的基于IMS的核心网。

(3) 可充分利用现有的基于IP的各种协议,易于实现灵活的业务部署。

数据业务将逐渐成为未来移动应用的主体,因此与之相对应的纯IP架构将是未来移动通信技术发展的方向。实际上,3GPP和3GPP2已经认识到他们目前的系统在提供数据业务方面的局限性,并尝试在原有的系统框架基础上,在下行链路中采用分组接入技术。例如,3GPP的R5引入了HSDPA技术,以大幅提高IP数据下载速率和流媒体速率。

6.4.2 IEEE 802.20与其他技术间的关系

当前,移动通信技术标准繁多,不同的技术之间既互补,又相互竞争。下面具体分析一下IEEE 802.20与当前各种主流技术间的关系。

1. 与IEEE 802.11、IEEE 802.16间的关系

IEEE 802.11标准及其子集是无线局域网的主流标准之一,也被称为Wi-Fi。该标准的制定工作起步较早,技术相对成熟,其中IEEE 802.11g(峰值速率为54Mb/s)在商用中比较普及,IEEE 802.11n(峰值速率为100Mb/s)也已经有产品面世。

IEEE 802.16标准及其子集是针对微波和毫米波频段(2～11GHz)提出的无线城域网(WMAN)技术标准,也被称为WiMAX。其峰值速率可达70Mb/s,并具有较强的移动性,因而得到了业界的普遍关注和支持。

上述两种技术标准主要是针对牧游式的无线接入,提供步行速率的移动性。与它们不同的是,IEEE 802.20的目标市场定位于无线广域网,强调它对高速移动性的支持。

可见,这3种技术存在很强的互补性。若将它们混合组网,取长补短,将是一种非常好的全网覆盖解决方案,原因是:

(1) 可以基于IEEE 802.21(媒质无关切换: Media Independent Handover)实现这3种技术间的无缝切换:当用户处于热点地区时,切换到IEEE 802.11或IEEE 802.16的网络,以获得更高的接入速率;当用户离开热点地区时,切换到IEEE 802.20的网络,这样可以在保证较高接入速率的前提下,获得更好的移动性。

(2) 因为这3种技术在系统架构上都是纯IP的,所以相互间的接口简单,只要其共享的核心网是标准的IP网,就可以实现相互间的互联。

(3) 同样,因为3者的纯IP架构,使得它们具有较强的相似性,所以其多模终端可以达到较高的集成度,从而降低成本。

但是,随着IEEE 802.16e标准的提出(已于2005年12月正式发布),IEEE 802.20与

IEEE 802.16之间确实存在着一定的竞争关系。这是因为IEEE 802.16e在IEEE 802.16a的基础上增强了移动性,其用户移动速率可高达150km/h,这使得两者的目标市场产生了一定的重叠。但从系统覆盖的角度来看,IEEE 802.20是广域网技术,而IEEE 802.16是城域网技术,所以两者之间主要体现互补性。

2. 与3G技术间的关系

所谓3G技术,是指以WCDMA、CDMA2000和TD-SCDMA三大标准为基础的第三代蜂窝移动通信系统。因为这三大技术标准在技术特性和性能指标上相差无几,所以将其作为一个整体,来讨论它们与IEEE 802.20之间的关系。

表6.3从目标市场和技术特点入手,对IEEE 802.20和3G两种技术进行了比较。从表6.3中可以看出,两者确实存在较多的相似性,也就导致了它们之间的竞争性。

表6.3 IEEE 802.20与3G技术的对比

	IEEE 802.20	3G
目标市场	(1) 高移动性、高吞吐量数据应用; (2) 对称数据服务; (3) 对数据服务时延敏感度要求高; (4) 全球移动和漫游	(1) 高移动性、语音业务和低速率数据应用; (2) 非对称数据服务; (3) 对数据服务时延敏感度要求低; (4) 全球移动和漫游
技术特点	(1) 全新的空中接口(物理层和MAC层); (2) 属于广域网技术; (3) 以OFDM、MIMO为物理层核心技术; (4) 工作于3.5GHz以下的许可频段; (5) 典型信道带宽小于5MHz; (6) 纯IP架构; (7) 主要针对移动多媒体应用; (8) 高效的上下行数据传输效率; (9) 低时延架构	(1) 基于GSM或IS-41的演进,已有较成熟的空中接口(WCDMA、CDMA2000和TD-SCDMA); (2) 属于广域网技术; (3) 以CDMA为物理层核心技术; (4) 工作于2.7GHz以下的许可频段; (5) 典型信道带宽小于5MHz; (6) 以基于电路交换的架构为主; (7) 主要针对移动语音业务; (8) 数据传输效率下行一般,上行较低; (9) 高时延架构

(1) 两者的目标市场重叠较大。首先,它们都是广域网技术。其次,IEEE 802.20具有低时延架构,可以基于VoIP技术来提供高质量的语音业务。也就是说,它可以支持3G所能提供的全部业务。

(2) 在物理层核心技术上,IEEE 802.20更先进,因而拥有更具吸引力的性能优势。

(3) IEEE 802.20的纯IP架构使它在组网成本上具有较明显的价格优势。因而,在部署广域网时,性价比高的IEEE 802.20将更受运营商青睐。

虽然IEEE 802.20在技术上优于3G,但是其产品的市场化还尚需时日,短期内不可能撼动3G的市场地位。另外,目前3G已经取得了实质性进展,制造商和运营商都进行了大量投入,他们不会轻易放弃3G技术。同时,电信监管部门也不会让已有的投资付诸东流。所以,从市场发展的角度来看,IEEE 802.20只能作为3G的补充,它们之间主要体现互补与合作的关系。

3. 与3GPP LTE间的关系

LTE(Long Term Evolution)是国际标准化组织3GPP在2004年底提出的研究计划,

旨在提高3G技术在宽带无线接入市场的竞争力。它分为两个阶段：研究项目(Study Item)阶段,主要完成需求的定义和候选技术的征集、评估工作；工作项目(Work Item)阶段,主要讨论和起草标准的细节。

LTE的市场定位是弥补3G技术在分组接入方面的不足,它的技术特性与IEEE 802.20极为相似：都是针对广域网的移动通信技术,LTE支持最高的移动速率为350km/h,并且能在15～120km/h的移动速度下提供高性能的服务；物理层技术都是基于OFDM和MIMO,频谱效率都很高,并且摆脱了高通公司的CDMA专利制约；都支持低的时延,LTE的接入网时延在10ms以内,控制平面时延小于100ms；都是基于IP的架构,LTE的目标是建立一个无线接入网与固网融合的纯IP的核心网,以满足宽带无线接入的需求。

市场定位与技术特性的相似性,最终导致IEEE 802.20与LTE之间的完全竞争性。在标准化历程中,IEEE 802.20虽占先机,但优势不明显。在业界的影响力上,目前LTE已明显占上风,4G早已全面商用,5G商用化进程也在积极推进中,但IEEE 802.20受到高通的支持,也不容小视。将来二者在市场上的竞争必然异常激烈。

6.4.3　IEEE 802.20展望

高移动性和高吞吐量必然是未来无线通信市场的重要需求。IEEE 802.20正是为满足这一需求而专门设计的宽带无线接入技术,并具有性能好、效率高、成本低和部署灵活等特点。IEEE 802.20在移动性上优于IEEE 802.16和IEEE 802.11,在数据吞吐量上强于3G技术,其设计理念也符合下一代技术的发展方向,因而确实是一种非常有前景的无线技术。但是,它的正式标准还未出台,产业链的形成也尚需时日,同时它还要面对3GPP LTE(4G/5G技术)等的竞争,所以现在还很难判定它在未来市场中的位置。不过,IEEE 802.20的出现确实在整个移动通信行业产生了"鲶鱼效应",有力地促进了同类技术的不断更新和发展。对于它今后的技术走向和市场化发展,我们应该继续保持关注,但更看好LTE/5G技术的前景。

习　　题

填空题

1. 无线广域网对应的IEEE标准是________。
2. IEEE 802.20支持的最大移动速度是________。
3. IEEE 802.20在物理层技术上,以________和________为核心。
4. IEEE 802.20在设计理念上,采用基于分组数据的________架构。

参考文献

[1]　John R,Vacca. 无线宽带网络手册——3G、LMDS与无线Internet[M]. 北京：人民邮电出版社,2004.

[2]　Jamalipour A. 无线移动因特网：体系结构、协议及业务[M]. 北京：机械工业出版社,2005.

[3]　周武旸,姚顺铨,文莉. 无线Internet技术[M]. 北京：人民邮电出版社,2006.

[4]　张昊,倪卫明. 下一代无线广域网技术全面解析[EB/OL]. http://media.ccidnet.com/art/2619/

20070713/1144373_1. html.

[5] 汪俊峰. IEEE 802.20：移动性和传输速率的完美结合[EB/OL]. http://www. ic160. com/bbs/2006-8-16/2006816111936. htm.

[6] 中国互联网协会. 新的无线标准 IEEE 802.20 将对 3G 构成威胁[EB/OL]. http://www. isc. org. cn/20020417/ca262618. htm.

第7章

移动 Ad Hoc 网络

移动 Ad Hoc 网络是支持移动计算的主要网络环境，是目前和未来发展前景看好的一种组网技术，如无线传感器网络、无线 Mesh 网络等。很多无线网络本质上都基于移动 Ad Hoc 网络的思想。本章在介绍移动 Ad Hoc 网络的定义、发展和特点后，重点介绍了移动 Ad Hoc 网络的 MAC 协议、路由协议、IP 地址分配、功率控制、QoS 和安全等问题，旨在让读者对移动 Ad Hoc 网络有较为全面的认识，从而为进一步展开深入研究奠定良好的理论基础。

7.1 概 述

7.1.1 移动 Ad Hoc 网络产生的需求背景

移动计算与通信装置（如蜂窝电话机、微型计算机、手持数字装置、个人数字助理、可佩戴计算机等）的迅速增长正在推动信息社会的变革。我们正在从个人计算机时代（即一个人一个计算装置）过渡到随遇计算时代（Ubiquitous Age）。在随遇计算时代，一个用户能够随时随地根据需要同时使用多个电子平台访问所需要的全部信息。随遇装置的特性决定了使无线网络成为其互连的最简单的解决方法，因此，无线领域在过去的十年呈指数增长。移动用户可以使用其蜂窝电话机查阅电子邮件，浏览互联网；携带有手提计算机的旅客可以在机场、火车站，以及其他公共场合进行网上冲浪；旅客可以使用出租车上的全球定位系统（Global Positioning System，GPS）终端来确定到达目的地的行驶路线；研究人员在参会时可以采用无线局域网连接手提计算机的方式交换文件和其他信息；在家里，用户可以在手持装置和台式计算机之间传输数据和文件。

移动装置不仅体积越来越小、价格越来越便宜、使用越来越方便、功能越来越强大，而且运行的应用和网络服务越来越多，从而推动移动计算设备市场的爆炸性增长。互联网和便携式计算机用户的暴涨又进一步推动了移动装置的增长。

在移动装置的所有应用和服务中，网络连接和相应的数据服务毫无疑问是移动用户最迫切需要的服务。当前，这些无线装置之间的大多数连接通过固定基础设施服务提供方或者专用网络来实现。例如，两部蜂窝电话机之间通过蜂窝网络中的 BSC 和 MSC 来建立连接，膝上型计算机通过无线访问点连接到互联网上。基础设施网络提供了许多方法给移动装置获取网络服务，这可能会花费大量的时间和很高的代价去建立必要的基础设施。存在这样的情况：在给定地理区域内没有用户需要的网络连接。例如，一个考察队或者一个旅游团到达某个没有通信基础设施的区域如何保持联系地进行各自的活动?人们在灾后基础设施被毁条件下如何迅速地协调重建?此时,提供所需要的连接和网络服务就成为一种挑战。

军事作战的动态特性意味着战场军事通信不能依靠访问固定的、预先建立好的通信基础设施。纯无线通信也存在局限性,无线信号易受干扰,高于100MHz的射频几乎不能进行超视距的传输。

这些问题首先涉及移动问题;第二涉及不需要基础设施支持的问题;第三涉及动态自组织组网问题;第四涉及网络必须能够快速展开的问题。为此,研究人员提出了不需要基础设施支持的移动Ad Hoc解决方案,即通过自动配置,使移动装置相互连接,建立既灵活,功能又强的移动Ad Hoc网络(Mobile Ad Hoc Network,MANET)。这样,移动节点不仅能够相互通信,而且还能够通过Internet网关节点接收Internet服务,有效地将Internet服务延伸到没有基础设施的区域。这里,ad boc是拉丁语,本来的意思是"仅为此目的",英文表达为for this purpose only,并且通常还有"临时的"含义,由于其自组织、临时性的特点,通常将移动Ad Hoc网络译为移动自组织网络。

移动Ad Hoc网络是复杂的分布式网络系统,是自组织、自愈网络,由无线移动节点组成;无线移动节点可以自由而动态地自组织成任意临时性Ad Hoc网络拓扑,从而允许人们和装置在没有预先存在的通信基础设施(如灾后重建环境)的环境中进行无缝地互连互通。移动Ad Hoc网络中的每个节点具有足够的智能连续侦听和寻找其他邻近节点,动态地确定数据分组的最佳传输路径,而把分组逐跳逐跳地转发到网络中的任何其他节点,避免自动愈合网络节点的移动、RF传播条件变化、节点被毁等原因造成的网络结构上的任何损伤。

移动Ad Hoc网络几乎涉及所有方面:从战机、战舰、坦克、战士到普通家庭消费类产品,例如,汽车、便携式计算机、个人数字助理,以及蜂窝电话。事实上,即使是很小的传感器,也可能包含Ad Hoc通信节点。所以,移动Ad Hoc网络的应用领域非常宽广,需求很大。

7.1.2 移动Ad Hoc网络发展简述

其实,移动Ad Hoc网络技术不是一种新技术,到目前为止,已经有40多年的发展历史,它实际上源自早期的分组无线网络技术,正式的移动Ad Hoc网络(简称MANET)的定义1997年才由IETF给出。以前,移动Ad Hoc网络的研究和开发大多数由美国政府,尤其是由美国国防部高级研究计划局(Defense Advanced Research Projects Agency,DARPA)来支持。下面通过介绍移动Ad Hoc网络的一些重要工程项目,来描述移动Ad Hoc网络的发展历史。图7.1给出了移动Ad Hoc网络的历史发展概况。

移动Ad Hoc网络的思想最早可追溯到1968年的ALOHA网络。ALOHA网络的研究目标是为了将夏威夷的教育设备连接在一起。ALOHA采用固定基站和分布式信道访问管理,为之后分布式信道访问技术的研究和开发提供了基础。ALOHA协议是单跳协议,不支持路由功能。

历史上,移动Ad Hoc网络主要用于战术网络,用于加强战场通信和提高战场通信系统的生存能力。移动Ad Hoc网络建立一个合适的框架体系来解决这些问题,提供多跳无线

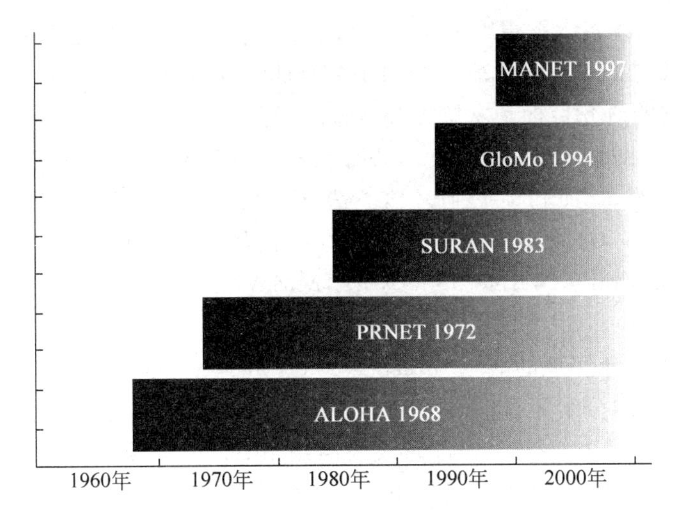

图 7.1　移动 Ad Hoc 网络的发展历史发展概况

网络，不需要预先建立好的通信基础设施，也不需要超视距的连接。

受到 ALOHA 网络和早期固定分组交换网络开发成功的鼓舞，DARPA 在 1972 年开始研制分组无线网络(Packet Radio Network，PRNET)。PRNET 的研究目标是为了将数据分组交换技术引入到无线环境中，开发军用无线数据分组网络。PRNET 是多跳网络，提供集中式和分布式的操作管理机制。正是由于 PRNET 的研制成功，才使人们认识到多跳技术能够提高网络容量。PRNET 采用分布式体系结构，由广播电台组成，中心控制成分达到最低程度；它综合了 ALOHA 和 CSMA 两种信道访问协议，支持动态共享广播电台信道；采用多跳存储转发路由技术克服广播电台覆盖范围小的问题，能够在广阔地理区域内有效地进行多用户通信。PRNET 的成功证明了移动 Ad Hoc 网络思想的可行性。

在路由协议方面，PRNET 首先引入了主动多跳路由算法，其工作原理如下：每个节点维护一张其相邻分组电台(Packet Radio，PR)和到达这些相邻 PR 的链路质量列表。通过 PR 主动向其他所有 PR 广播其存在，来建立路由。使用一种特定的分组无线组织包(Packet Radio Organization Packet，PROP)进行主动广播。

但是，PROP 广播导致传输大量的控制分组，这就限制了网络的扩展性。事实上，在 PRNET 中，网络中的 PR 数量不能超过 138 个。相邻 PR 数量也被限制在 16 个之内。PRNET 中的分组电台和控制设备体积大、功耗大，从而限制了系统的处理能力。

抗毁无线网络(Survivable Radio Network，SURAN)是美国 DARPA 于 1983 年开发的，主要解决 PRNET 遗留的问题、网络扩展性、安全、处理能力，以及能量管理。SURAN 的主要研究目标是开发网络算法，采用这些网络算法使网络能够扩大到数万个节点；能够对抗安全攻击；能够采用低成本、低功耗小型电台支持复杂的分组无线网络协议。SURAN 的研究成果是在 1987 年成功开发了低成本分组电台(Low-cost Packet Radio，LPR)技术，采用数字直接序列扩频电台，电台内置以 Intel 8086 处理器作为处理平台的综合分组交换模块。此外，开发了一组先进网络管理协议，采用动态分群的分层网络拓扑来支持网络扩展性。采用广播密钥管理提高了电台的自适应能力、安全性、传输容量。

到了 20 世纪 80 年代后期和 90 年代初期，随着 Internet 基础设施的增长，微型计算机革命使得初期分组无线网络思想更加实用、更加切实可行。为了使全球信息基础设施支持无线移动环境,DoD在1994年启动了DARPA全球移动(Global Mobile,GloMo)信息系统计划。GloMo计划的研究目标是支持无线装置之间随时随地的以太网类多媒体连接;解决所谓的移动Ad Hoc网络的M^3(移动(Mobile)、多跳(Multihop)、多媒体(Multimedia))问题;设计几种网络,例如,加利福尼亚大学圣迭戈分校开发的无线Internet网关(Wireless Internet Gateway,WING)采用平面对等网络体系结构;而GTE Internet的多媒体移动无线网络(Multimedia Mobile Wireless Network,MMWN)采用基于分群技术的分层网络体系结构。

美国陆军在1997年实现的战术Internet(Tactical Internet,TI)是迄今为止所实现的规模最大的移动无线多跳分组无线网络。TI采用直接序列扩频的时分多址电台,数据传输速率为几十千位每秒,节点之间采用经过修改的商用Internet协议进行网络互联。这使人们认识到:商用有线协议不能处理拓扑变化问题,以及数据速率低而比特误码率高的无线链路。

1999年,美国海军陆战队提出了另外一个移动Ad Hoc网络,即增强型沿海战场先进概念技术示范(Extending the Littoral Battle-space Advanced Concept Technology Demonstration,ELBACTD),用于演示海军舰艇部队作战概念。从海上舰船到地面,海军陆战队队员需要通过空中中继进行跨视距(Over The Horizon,OTH)通信。网络需要配置大约20个节点,采用Lucent公司的WaveLAN和VRC-99A来建立访问和与骨干网的连接。ELBACTD成功演示了采用空中中继连接视距外的用户。

从上面可以看到,开发移动Ad Hoc网络具有很强的军事背景,其研究还在继续进行。即使是现在,DARPA也正在支持多种研究项目,例如,未来战斗系统(Future Combat System,FCS)、联合战术电台系统(Joint Tactical Radio System,JTRS)、美国空军(United States Air Force,USAF)航空网特别工作组制定的《航空网体系结构》,均包括了移动Ad Hoc网络问题。

移动Ad Hoc网络在军事方面有着时间久远的传统,对商用移动Ad Hoc网络的开发和研究也已经有若干年历史。1997年6月成立了Internet工程任务组(Internet Engineering Task Force,IETF)的MANET工作组(简称IETF MANET工作组),这极大地推动了商用移动Ad Hoc网络的开发和研究。IETF MANET工作组的任务非常关键,因为IETF MANET工作组是当前唯一能够确保通过引入一种广泛采纳的网络协议而实现移动Ad Hoc网络协议互操作性的组织,移动Ad Hoc网络的叫法也从此开始。

成立IETF MANET工作组是为了将改进的、新开发的路由技术规范标准引入到当前的Internet协议栈中。IETF MANET工作组的工作目标如下:

(1) 将各个领域的单个目标的路由协议标准化。

(2) 解决在预定应用环境中的安全问题。

(3) 有可能解决层次化的更为先进的服务问题,如在原有路由技术之上进行多目标传输和服务质量QoS的扩展。

IETF MANET工作组还受到其他商用动机的推动,例如,IEEE 802.11无线局域网标准、欧洲的HiperLAN2无线局域网标准。此外,蓝牙是第一个商用Ad Hoc无线系统。蓝牙技术是由1998年成立的蓝牙专用兴趣组开发的。

当前，IETF MANET 工作组正在致力于移动 Ad Hoc 网络协议的标准化工作，已经完成标准化的路由协议有 OLSR、TBRPF、AODV、DSR。本章将简单描述这几个典型的路由协议。

7.1.3　移动 Ad Hoc 网络的定义

到底什么是移动 Ad Hoc 网络？下面给出一个全面的描述。

移动 Ad Hoc 网络由一组无线移动节点组成，是一种不需要依靠现有固定通信网络基础设施的、能够迅速展开使用的网络体系，所需人工干预最少，是没有任何中心实体、自组织、自愈的网络；各个网络节点相互协作，通过无线链路进行通信、交换信息，实现信息和服务的共享；网络节点能够动态地、随意地、频繁地进入和离开网络，而常常不需要事先示警或通知，而且不会破坏网络中其他节点的通信。移动 Ad Hoc 网络节点可以快速地移动，必须既作为路由器，又作为主机，能够通过数据分组的发送和接收进行无线通信。因此，网络节点在网络中的位置是快速变化的，缺少通信链路的情况也是经常发生的。

移动 Ad Hoc 网络是对等网络。这是移动 Ad Hoc 网络与使用基站和固定基础通信设施的蜂窝网络之间的一个重要区别。移动 Ad Hoc 网络中任何两个节点之间的无线传播条件受制于这两个节点的发射功率，当这个无线传播条件足够充分时，这两个节点之间就可直接进行通信。假如源节点和目的节点之间没有直接的链路，那么就使用多跳路由，如图 7.2 所示。在多跳路由中，一个分组从一个节点转发到另一个节点，直到该分组到达目的节点为止。当然，为了在源节点和目的节点之间寻找路由，甚至为了确定是否存在一条至目的节点的路由，合适的路由协议是必需的。因为在移动 Ad Hoc 网络中没有中心单元，所以必须使用分布式协议。

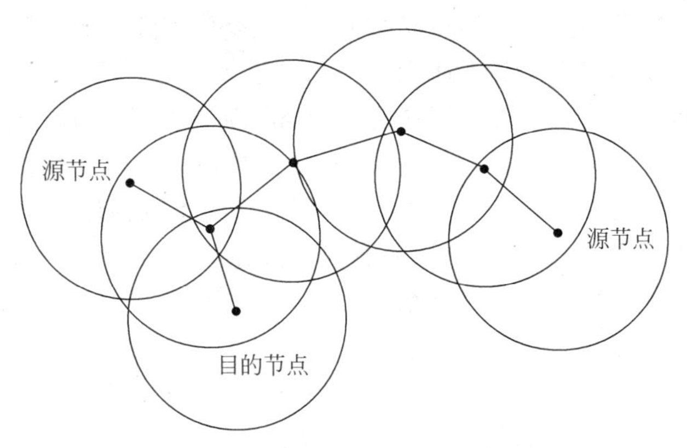

图 7.2　多跳 Ad Hoc 通信的一个例子

移动 Ad Hoc 网络中的节点具有游牧特性：节点在一定区域内自由移动，动态地产生和拆毁其与其他节点的关系。具有同一目的的一组节点能够产生节点编队（即节点群），并且一起移动，这类似于军队的编队和旅游中的旅行团队。除了无线连接的局限性和安全限制外，移动 Ad Hoc 网络中的节点能够在任何时候、不受任何限制地相互通信。这种网络节点的例子有步行者、士兵、无人操纵的机器人等。可以安装网络节点的移动平台的例子有小汽车、卡车、公共汽车、坦克、火车、飞机、直升机、轮船等。

移动 Ad Hoc 网络将作为数据通信网络，这是一种能够在任意通信环境下迅速展开使用的、能够对网络拓扑变化做出及时响应的通信网络。因为移动 Ad Hoc 网络是打算在任何地方都可展开使用的,所以可能就不考虑原有的网络基础设施。因此,移动 Ad Hoc 网络中的移动节点很可能是该网络中的唯一组成单元。不同的随时间和位置而变化的移动模式和电波传播条件可能导致移动 Ad Hoc 网络中相邻节点之间的连接断断续续、零散。其最终结果就是移动 Ad Hoc 网络是一个时变的网络。

移动 Ad Hoc 网络与其他 Ad Hoc 通信网络的区别之处在于,网络拓扑变化迅速、受网络规模大小和节点移动影响。移动 Ad Hoc 网络范围跨距大,而且含有数百个到几千个网络节点。移动 Ad Hoc 网络节点安放在其移动模式相异的各种平台上。在移动 Ad Hoc 网络内部可能有极大的变化:节点运动速度(从静止节点到高速飞行器)、运动方向、加速/减速,以及路线限制(例如,小汽车必须在公路上行驶,但是坦克却没有这个限制)。步行者受制于建筑物,而飞行器在一定的高度范围下却可以位于任何地方。尽管存在这种变动性,但是人们还是期望用移动 Ad Hoc 网络来提供多种传输类型,包括从纯数据传输,纯话音传输,到话音和数据的综合传输;话音和图像的综合传输;话音、数据、图像的综合传输,甚至很可能带有某种限制的视频传输。

与大多数传统无线网络相比,在设计和操作移动 Ad Hoc 网络中所遭遇的主要挑战来源于缺乏集中式实体、节点迅速移动的可能性,以及所有通信都是在无线媒介上进行这个事实。在标准的蜂窝无线网络中,有很多集中式实体,如基站、移动交换中心(Mobile Switching Center,MSC)、归属位置登记处(Home Location Registry,HLR),以及来访者位置登记处(Visitor Location Register,VLR)。在移动 Ad Hoc 网络中,没有预先存在的网络基础设施,这些集中式实体也不存在。蜂窝无线网络中的集中式实体执行网络协调功能。移动 Ad Hoc 网络中缺乏这些集中式实体,要求分布式算法来执行这些网络功能。特别地,依赖于集中式 HLR/VLR 的移动管理、依赖于基站/MSC 支撑的媒介访问控制方案的这些传统算法在移动 Ad Hoc 网络中是不适用的。

移动 Ad Hoc 网络中的所有网络实体之间的通信都是在无线媒介上进行的。由于无线通信对传播损伤显得很脆弱,所以网络节点之间的连接没有保障。实际上,断断续续的、零散的连接可能是很平常的。由于无线带宽有限,所以无线带宽的使用应该最小化。最后,由于有些移动设备可能是手持的,其供电资源有限,所以所要求的发射功率也应该最小化。由于移动节点的传播范围大大小于整个网络的覆盖范围,所以两个节点之间的通信常常需要通过中间节点来中继,如使用多跳路由,因此,移动 Ad Hoc 网络常常是一个多跳的分组无线网络。网络节点的迅速移动和变化多样的传播条件,使网络信息(如路由表)也在不断地被更新。频繁地网络重构会引起频繁地交换控制信息,以便及时地反映网络的当前状态。然而,这种信息的短生命期意味着此信息的大部分可能从未被使用,因此,用来分发路由更新信息的带宽被浪费。尽管有这些特性,但是在设计移动 Ad Hoc 网络时仍然需要考虑网络的可靠性、抗毁性、有效性,以及易管理性。

由于移动 Ad Hoc 网络不存在孤立的终端和电台单元,所以移动 Ad Hoc 网络的网络拓扑或者是单跳的,或者是多跳的。单跳网络节点从源节点把数据分组直接发送到目的节点,而多跳网络节点是使用其他节点来中继自己的分组传输的。

多跳延长了传输时延,但是提高链路传输速率可以补偿多跳增加的传输时延。多跳实际上有利于端到端传输时延。多跳通信对于在有效的频率范围内与一个远程节点的通信是必需的。

基于上述讨论，对移动 Ad Hoc 网络具有以下要求：

(1) 强壮的路由算法和移动管理算法：用于提高网络的可靠性和有效性，比如降低任何网络设备从网络中孤立出来的机会。

(2) 自适应算法和协议：用于对频繁变化的无线传播、网络和传输条件做出调整。

(3) 低开销的算法和协议：用于保护无线通信资源。

(4) 源节点和目的节点之间的多条路由(截然不同的路由)：用于减少某些节点附近的碰撞，提高网络的可靠性和抗毁性。

(5) 强壮的网络体系结构：用于避免对网络失效的敏感，避免高级节点(有特权的节点)周围的碰撞，避免遭到无效路由信息的惩罚。

大范围远距离传输会引起干扰，因为大范围远距离传输导致竞争相同的网络带宽的节点数增加了，所以减少了网络节点可以使用的有效带宽。因此，在图 7.3 所示的单跳 Ad Hoc 网络例子中，使用多跳是有好处的，或者将传输范围控制在最小的范围内也是有好处的。

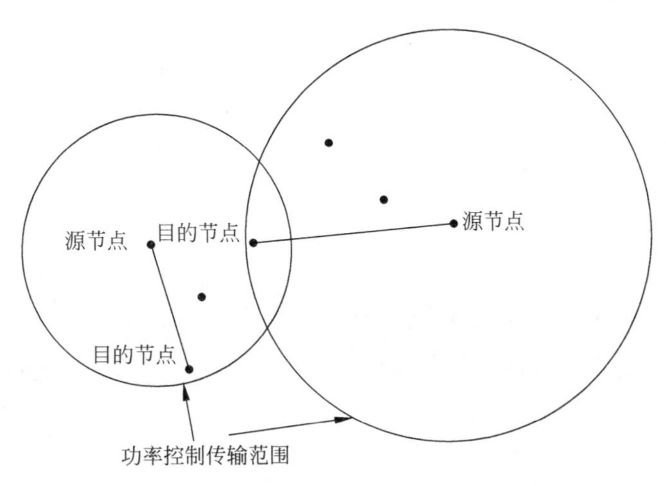

图 7.3　单跳 Ad Hoc 通信的一个例子

总之，多跳网络由于以下原因而好于单跳网络：

(1) 增强了网络的扩展性。

(2) 减少了干扰。

(3) 提高了整个网络的吞吐量。

(4) 降低了应用所关心的时延。

(5) 降低了数据传输中的能量消耗。

关于移动 Ad Hoc 网络的定义，有两点需要强调：

第一，移动 Ad Hoc 网络和无线 Ad Hoc 网络概念上有细微区别。移动 Ad Hoc 网络强调节点是移动的，而无线 Ad Hoc 网络不强调节点的移动性，节点可能移动，也可能静止，所以无线 Ad Hoc 网络实际上包含了移动 Ad Hoc 网络，有些无线 Ad Hoc 网络的大部分节点移动性很差，如无线 Mesh 网络，有很多节点，甚至静止，比如无线传感器网络。有的文献中常常把无线 Ad Hoc 网络等同于移动 Ad Hoc 网络，本书主要采用移动 Ad Hoc 网络的概念。

第二,无线局域网也有自组网应用模式(Ad Hoc mode),但是与这里的移动 Ad Hoc 网络定义的自组网不同,因为前者仍然是一个单跳的网络。

7.1.4 移动 Ad Hoc 网络的特点

一个移动 Ad Hoc 网络由若干移动平台(例如,带有多个主机和无线通信装置的路由器)组成,这里将移动平台称为"节点",各个节点自由地随处任意移动。节点可以安放在飞机、船只、卡车、小汽车上,甚至可以安放在人身上或者非常小的装置上。每个路由器可能有多个主机。一个移动 Ad Hoc 网络是一个自治的移动节点系统。这种系统可以独立工作,也可以通过网关和接口与固定网络连接。对于后一种操作方式,移动 Ad Hoc 网络连接到固定网络上时,通常按照"末端"(Stub)网络方式工作。末端网络传输其内部节点产生的信息,或者将信息传输到其内部节点,但不允许末端网络传输的信息既不是其内部节点产生的信息,也不是其内部节点接收的信息(即不允许末端网络完成传输网络的功能)。

移动 Ad Hoc 网络节点配备有无线发射机、无线接收机、天线(可能是全向的(广播)、高定向的(点对点)、易于操控,或者某些组合)。在一给定时刻,根据节点的位置及其发射机和接收机的覆盖区域、发射功率等级、同频信道干扰程度,按照随机、多跳图方式或者 Ad Hoc 网络方式,实现节点之间的无线连接。节点移动或者调整发射功率和接收参数,会使 Ad Hoc 拓扑随着时间的推移而变化。

从前面的描述中可以得到,移动 Ad Hoc 网络至少具有以下共同特性和要求:

(1) 分布式操作

由于移动 Ad Hoc 网络节点不能够依靠固定基础设施或者中心管理,所以移动 Ad Hoc 网络节点必然是分布式的。由于当前的大多数通信系统,包括电信通信网络和部分 Internet 服务都是集中式的,所以对当前的网络功能必须重新设计,才能够应用到分布式环境中。例如,这些功能包括寻址和认证。

(2) 带宽有限、链路容量易变

无线链的容量明显低于有线信道。无线环境具有带宽有限、比特误码率高、链路质量和链路容量起伏波动等问题。考虑到多址访问、衰落、噪声、环境干扰等因素的影响后,无线通信的实际吞吐量常常比最大无线传输速率低得多。这些现象对于当前的 Internet 协议(如 TCP)是没有考虑的。因此,Internet 协议也必须修改或者重新设计,才能够适应于移动 Ad Hoc 网络环境。

总的应用需求很可能常常接近或者超越网络容量。由于移动网络常常是固定网络基础设施的延伸,所以移动 Ad Hoc 网络用户需要类似于固定网络的服务。这些需求将随着多媒体计算和网络联合应用的不断升级而不断增大。

(3) 移动性与网络拓扑动态性

移动 Ad Hoc 网络节点自由地任意移动。这必然导致网络拓扑动态变化。因此,网络拓扑(通常是多跳的)可能随机、迅速、不可预测地变化,并且可能由双向链和单向链组成。移动首先限制了网络扩展性,必须开发更为合适的路由协议。

(4) 设备限制

假如不考虑诸如汽车、战舰,以及战士之类的不同传达手段,那么剩下需要考虑的就是诸如传感器之类的手持设备，或者更小的设备。这些小设备受到设备本身的若干特性的限制，包括电池能量、设备的处理能力。这些限制还对协议设计和应用设计提出了一些要求。因此，最重要的系统设计优化准则可能是节能。

移动 Ad Hoc 网络跨越多个不同的终端。其应用和技术千变万化。因此，定义一个典型的移动 Ad Hoc 网络，或者描述一个典型的移动 Ad Hoc 网络节点几乎是不可能的。尽管移动 Ad Hoc 网络从应用到应用都可能是变化的，但是仍然能够找到某些代表性的例子。

图 7.4 给出一个移动 Ad Hoc 网络的例子：网络由 8 个节点组成，全部通过无线与其相邻节点连接。即使在一个移动 Ad Hoc 网络内部，网络节点容量，以及所使用的低层传输技术也可能是变化的。此外，一个节点能够支持多种通信技术。

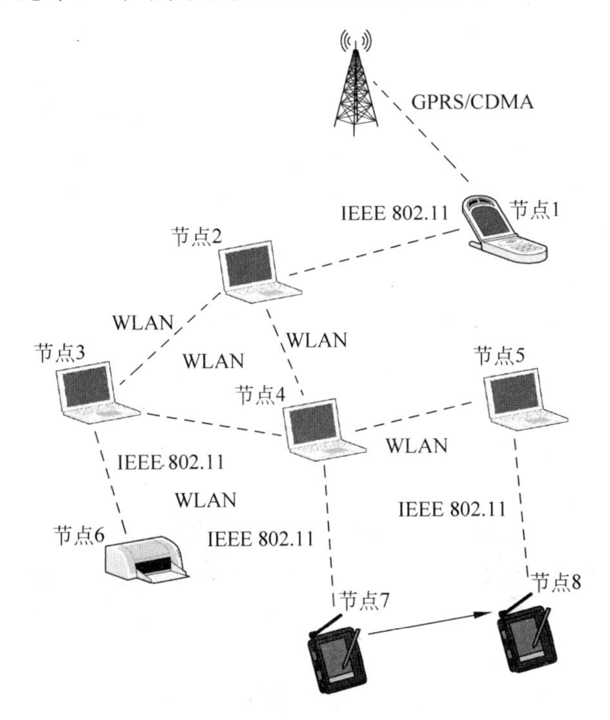

图 7.4　移动 Ad Hoc 网络的例子

节点还能够相互移动，从而中断现有链路，建立新链路。图 7.4 表示了移动 Ad Hoc 网络的这一重要特性：节点 7 向右移动，结果节点 4 和节点 7 之间的链路连接中断，但是却重新建立了节点 5 和节点 7 之间的链路连接。移动 Ad Hoc 网络可能包含有连接固定基础设施的链路或者网关，将蜂窝电话系统与移动 Ad Hoc 网络互连起来。

(5) 物理安全有限

移动无线网络一般比固定网络更加易受物理安全威胁。应该仔细考虑偷听、哄骗、拒绝服务攻击不断提高的可能性。通常将现有的链路安全技术应用到无线网络中，以降低安全威胁。移动 Ad Hoc 网络的非集中式控制特性提供额外的安全强壮性，对抗集中控制网络中单个点上出现的安全漏洞。

此外，有些网络(例如，移动军用网络或者高速网络)可能规模相当大(例如，每个路由区域内几十个，或者数百个节点)，不只是移动 Ad Hoc 网络要求扩展能力。因此，根据前面所述特性,很可能需要实现扩展能力的机制。

这些特性为协议设计建立一组基本假设和协议设计所关心的性能问题。它们是指导较高速、半静态固定 Internet 内路由设计的延伸。

7.1.5 移动 Ad Hoc 网络中的问题

正如很多人已经预测的那样,移动 Ad Hoc 网络能够满足人们将来通信的很多需求。无线短距离通信装置可以嵌入到很多产品中,几乎每个人都将携带一个无线交流器。这就给移动 Ad Hoc 网络提供了应用的可能性。但是,因为仍然还有很多移动 Ad Hoc 网络问题有待解决,所以移动 Ad Hoc 网络面临许多挑战和问题。

1. 消费者应用

移动 Ad Hoc 网络在消费者市场很有潜力,但是在这种可能性变成现实之前还有许多难点必须解决。移动 Ad Hoc 网络在消费者应用中要遇到与移动 Ad Hoc 网络在其他应用中遇到的同样问题,但是又有自己特殊的问题。

只使用网络而不依靠其他传输测定移动节点的位置非常困难。因此,消费者特别应该有目的地进行协作。现在对此还没有合适的解决方法,但是,假如电子兑现变得更加普遍,那么电子兑现可能就是一种解决方法。

目前不存在移动 Ad Hoc 网络的覆盖范围,即使在移动 Ad Hoc 网络登录大市场之后,其覆盖范围也是不规则的。这是一个真正的鸡与蛋的问题,因为节点密度太低,根本不能形成网络。当然,可以从个人 Ad Hoc 网络(Personal Ad Hoc Network,PAN)开始发展,PAN 本来就不需要与规模较大的网络交互,但是这个问题仍然存在。

2. 外部系统连接

很多应用都需要连接到某些外部系统,尤其是连接到 Internet。当然,从网络观点来看这是有利的,但是从边沿节点观点看却是非常麻烦的,尤其是对于能量很宝贵的手持装置。

将移动 Ad Hoc 网络与 Internet 连接起来是有利的。例如,提供与 Internet 连接的边沿节点可以将自己作为一个默认路由器而进行广播。这个"边沿节点"通过移动 IP 按照外部代理未工作,还能够提供全服务移动。但是,将 Internet 连接到移动 Ad Hoc 网络中的任意一个节点是极不确定的。因此,获得典型的 Internet 服务、集中授权和集中管理功能是有问题的。

3. 带宽有限

与有线固定连接相比,无线带宽是一种非常宝贵的资源。除了有效数据传输速率较低以外,还引起了路由协议设计的问题,因为带宽必须尽可能多地留给真正的数据传输。在考虑具体的不同路由协议的时候,有效带宽还限制了网络扩展性,因为网络规模越大,必须发送的路由更新就越多,传输距离越长。

再综合考虑到电池供电能力极度有限,那么,有限带宽还有增大时延,甚至丢失其他用户传输的可能。这在瓶颈节点上可能特别有害。

4. 扩展性

动态网络拓扑可能缺乏累加性,引起了直接扩展性问题。缺乏累加导致路由表更大。节点移动甚至是一个更大的问题,因为节点移动会使路由信息发生变化,而为了维护路由表,就必须将控制信息发送到网络中。当节点相互之间快速移动时,还必须发送更多的控制信息。控制信息的增多减少了有效带宽，这就限制了网络扩展性。所发送的控制信息的数量依赖所使用的具体算法，并且影响某些其他问题，如收敛时间长，或者时延太大。

网络扩展性不仅受到节点移动的影响，而且还受到具体应用的时延要求的影响。因此，只要带宽、收敛、时延问题是可控制的扩展，那么网络就是可扩展的。

5. 电池能量极其有限

大多数移动 Ad Hoc 网络设备都是小体积的手持式装置，其电池供电能力极其有限。例如，在传感器应用中，电池甚至决定一个设备应用的寿命。因此，电池能量的应用也是要研究的关键问题之一。

首先，分组转发功耗很大。因此，这就对移动节点将自己作为中间转发节点起了限制作用。但是，转发节点实际是必需的，因为如果没有有效的转发节点，那么移动 Ad Hoc 网络就不能工作。在消费者应用中，这个问题还会导致节点试图获取免费的网络服务，而自己不会提供转发服务。

通过改变发射功率，可以控制电池的使用。使用较小的发射功率尽管引起多跳问题，但是可以节省能量。多跳网络使得路由算法更加苛刻，其操作需要消耗更多的功率，这又是移动 Ad Hoc 网络的另一个主要的功率消耗问题。

按需发送路由信息，或者不要频繁地发送路由信息，也可以节省能量。路由更新频率与电池能量使用之间的平衡考虑是工程设计的主要部分之一，因为移动 Ad Hoc 网络路由协议的路由更新频率较低，常常导致时延变长。通过开发其他技术来控制能量的使用，如采取休眠方式等，也不失为好的途径。

6. 安全

移动 Ad Hoc 网络的许多特点使得其在所有层次上都存在特别脆弱的安全问题。移动 Ad Hoc 网络使用开放媒介，其网络拓扑动态变化。协作算法和集中式基础设施的缺乏使得固定网络机制无法应用到移动 Ad Hoc 网络环境中去。移动 Ad Hoc 网络面临如下 3 种具体的不同威胁。

(1) 无线媒介使得移动 Ad Hoc 网络在面对从被动偷听到主动干扰范围内的许多攻击显得非常脆弱。移动 Ad Hoc 网络没有明确的保护线，使得自己很难防护这些攻击，因此任何一个节点都不得不为直接攻击和间接攻击做准备。

(2) 移动 Ad Hoc 网络节点是自治的，能够独立地到处随机移动，这就使得自己变成比较容易被捕捉的目标。与固定网络相比，被捕捉的节点更难被检测出来，这是因为移动 Ad Hoc 网络的协作特性，而使得攻击造成的损害可能要严重得多。例如，某个节点通过分发错误的路由信息，就能最终造成整个网络瘫痪，或者使网络最终变得更加糟糕，能够截获通过自己转发的所有信息。

(3) 安全问题或许是最严重的威胁，是由分布式决策、缺乏集中式基础设施、缺乏集中式安全证书权威机构造成的。这些原因引起路由协议信息安全，以及全部信息安全方面的一些问题，这是因为可信赖的密钥和安全证书的分发更加困难，数量也更少。尤其是移动 Ad Hoc 网络规模很大的时候，要知道其中哪个节点是安全节点实在太困难。

总之，移动 Ad Hoc 网络中的信息能够在终端用户完全不知情的情况下被偷听、被篡改。网络服务很容易被拒绝，所发送的信息可能正在经过很多可能不能信赖的节点。原理上讲，一个攻击者不得不等待几个新目标，而不是主动跟踪几个目标。由于移动 Ad Hoc 网络的网络协议是相互协作、共同完成的,所以整个移动 Ad Hoc 网络更加脆弱,尤其是目前的设备还没有性能良好的认证机制,来对某个特定用户的特定设备进行认证。在移动 Ad Hoc 网络环境中,跟踪特定用户的问题是移动 Ad Hoc 网络最具吸引力的工作目标之一。

7.2 移动 Ad Hoc 网络的 MAC 层

在移动 Ad Hoc 网络中,节点移动、无线信道脆弱、缺乏中心协调机制是在设计 MAC 协议时必须仔细考虑的问题。

7.2.1 Ad Hoc MAC 协议分类

由于移动 Ad Hoc 网络没有预先确定的基站来协调信道访问,因此许多集中式媒介访问控制设计思想在移动 Ad Hoc 网络中都无效。这里不介绍集中式媒介访问控制协议,而是介绍移动 Ad Hoc 网络的媒介访问控制协议。

移动 Ad Hoc 网络的媒介访问控制协议大致包括 3 类:一是竞争协议(Contention Protocol),二是分配协议(Allocation Protocol),三是竞争协议和分配协议的组合协议,也称混合协议(Hybrid Protocol)。这 3 种协议的区别在于各自的信道访问策略不同。

1. 竞争协议的概念和特点

竞争协议使用直接竞争来决定信道访问权,并且通过随机重传来解决碰撞问题。ALOHA 协议和载波侦听多址访问(CSMA)协议就是竞争协议的典型例子。除了时隙化 ALOHA 协议,大多数竞争协议都使用异步通信模式。碰撞回避也是一个关键性设计问题,这需要通过某种控制信令形式来实现。

由于竞争协议简单,因而在低传输载荷条件下运行良好。例如,碰撞次数很少,导致信道利用率高、分组传输时延小。传输载荷的增大,往往使协议性能下降,碰撞次数增多。在传输载荷很重的时候,竞争协议可能随着信道利用率下降而变得不稳定。这就可能导致分组传输时延呈指数形式增大,以及网络服务崩溃,即使能够成功交付分组,也只能够成功交互少数几个分组。

2. 分配协议的概念和特点

分配协议使用同步通信模式,采用某种传输时间安排算法将时隙映射为节点。这种映射导致一个发送时间安排决定了一个节点在其特定的时隙(可以使用一个时隙,也可以使用多个时隙)内允许访问的信道。大多数分配协议建立无碰撞的发送时间安排,安排的发送时间长度(按照时隙个数计算)是建立协议性能的基础。时隙可以静态分配,也可以动态分配,从而分别得到固定长度的传输时间安排、可变长度的传输时间安排。

分配协议往往在中等到繁重传输载荷条件下运行良好,只有在这种条件下,才可能利用所有的时隙。分配协议即使在传输载荷非常繁重的时候,也能够保持稳定。这是由于大多数分配协议确保每个节点、每帧至少可以无碰撞地访问一个时隙。另一方面,分配协议的缺点是在轻传输载荷条件下表现不利,这是因为人为时隙化信道而引入的时延,结果分配协议的时延相对竞争协议非常大。

3. 混合协议的概念和特点

混合协议可以被简单描述为两种或者更多种协议的组合。但是,这里将混合 MAC 协议中的“混合”定义局限为只包含竞争协议要素和分配协议要素的综合。混合 MAC 协议能够保持所组合的各个访问协议的优点，同时又能避免所组合的各个协议的缺陷。因此，一个混合协议的性能在传输载荷轻的时候近似表现为竞争协议的性能，而在传输载荷重的时候近似表现为分配协议的性能。

7.2.2　竞争类 MAC 协议

根据所使用的碰撞回避机制，竞争协议可以进一步分成无碰撞回避机制的竞争协议和有碰撞回避机制的竞争协议。ALOHA 协议由无碰撞回避机制的竞争协议组成，这类协议只是简单地通过随机重传来对碰撞做出反应。但是，大多数竞争协议都使用某种形式的碰撞回避机制。

1. ALOHA 协议

ALOHA 协议企图以强制性的争夺方式共享信道带宽。最早的 ALOHA 协议是由夏威夷大学（the University of Hawaii）作为 ALOHANET 项目的一部分而开发的。ALOHA 协议的主要特性是缺乏信道访问控制。当一个节点有分组需要发送的时候，允许该节点立即发送。ALOHA 协议的碰撞问题非常严重，需要某种形式的反馈机制来保证分组交付，例如自动重传请求（Automatic Repeat Request，ARQ）。当一个节点发现其分组无法成功交付的时候，该节点只是简单地重新安排该分组的重传。

ALOHA 协议的信道利用率非常低，因为根据 ALOHA 协议发送的分组极易被碰撞而受损伤。使用同步通信模式能够大幅度提高 ALOHA 协议的性能。时隙化 ALOHA 协议强迫每个节点一直等到一个时隙开头的时候，才开始发送其分组。这就缩短了分组易受碰撞的时间周期，从而使得 ALOHA 协议的信道利用率提高了一倍。时隙化 ALOHA 协议的一个改进版，即持续参数 p 的时隙化 ALOHA 协议，使用持续参数 $p(0<p<1)$ 来确定一个节点在一个时隙内发送一个分组的概率。减小持续参数 p，可以减少碰撞次数，但是同时却增大了时延。

2. 载波侦听多址访问（CSMA）协议

传统上，无线局域网（WLAN）一直在使用异步随机访问协议。异步访问协议的一个最常见的版本就是 CSMA。载波侦听通过测试发射机附近的信号强度来努力避免碰撞。然而，碰撞的发生不是在发送方一侧，而是在接收方一侧。因此，载波侦听没有提供避免碰撞所必需的所有信息。这就导致了多跳 CSMA 网络（包括 DARPA 的分组无线网 PRNET）中一个失效的主要原因，即“隐含终端（Hidden Terminal）”问题。

有许多 MAC 协议都使用载波侦听来避免正在进行传输的碰撞。这些协议首先确定信道上是否有分组正在传输。如果确定信道上没有分组正在传输（即信道空闲），那么就立即发送分组。如果确定信道上有分组正在传输（即信道忙），那么就禁止发送分组。

当信道忙的时候，持续 CSMA 协议要连续不断地侦听信道，以便确定信道上的分组传输何时结束。当信道返回到空闲状态的时候，CSMA 协议立即发送分组。当多个节点都在等待空闲信道的时候，就会发生碰撞。非持续 CSMA 协议通过应用随机选择而减少了这种碰撞的可能性。每当检测到一次信道忙的时候，源节点就简单地等待一段随机确定的时间之后开始重新检测信道。这个过程按照指数递增的随机时间间隔长度重复进行，直到发送信道空闲为止。

持续参数p的CSMA协议是持续CSMA协议和非持续CSMA协议的折中。在持续参数p CSMA协议中,按照时隙来考虑信道,但是时隙又不是同步时隙。每个时隙的长度等于最大传播时延,载波侦听从每个时隙的开头进行。假如信道侦听为空闲,那么节点以概率p(0<p<1)发送一个分组。这个过程一直进行下去,直到该分组发送完毕,或者信道变为忙状态为止。如果信道侦听为忙,那么强迫源节点等待一段随机确定的时间之后再重新开始这个过程。

在CSMA中,隐含终端问题会提高碰撞次数,从而降低网络的容量;在网络密度较高的情况下,隐含终端问题造成的碰撞次数会大大增加,从而造成常常建立不起通信链路,网络通信会趋于瘫痪。由于显现终端问题对节点发送做了不必要的推迟处理,所以也会降低网络的容量。

3. 基于控制分组握手的访问控制协议

1) 多址访问与碰撞回避(MACA)协议

多址访问与碰撞回避(Multiple Access with Collision Avoidance,MACA)协议使用控制分组握手诊断来减轻隐含终端干扰和使显现终端个数最少。MACA协议采用两种固定长度的短分组,即请求发送(Request To Send,RTS)和允许发送(Clear To Send,CTS)。节点A需要对节点B发送的时候,首先给节点B发送一个RTS分组,RTS分组包含发送数据的长度。节点B若接收到RTS分组,并且当前不在退避之中,则立即应答CTS分组,CTS分组也包含发送数据的长度。节点A接收到CTS分组后,立即发送其数据。旁听到RTS分组的任何节点推迟其全部发送,直到有关CTS分组完成为止(包括CTS分组发送时间和接收节点从RTS分组接收方式转换到CTS分组发送方式所需的时间)。旁听到CTS分组的任何节点推迟其支送,推迟时间长度等于预定数据发送所需的时间(其中包括RTS分组和CTS分组)。

采用这种算法,任一节点旁听到RTS分组后将其发送推迟足够长时间,这样发送节点A才能够正确接收回送的CTS分组。旁听到CTS分组后的所有节点避开与节点A发送来的数据碰撞。因为CTS是从接收节点发出的,所以对称性确保能够与节点A发送来的数据碰撞的每个节点均处在CTS分组的覆盖范围内(区域内其他发送导致CTS分组可能不会被其覆盖范围内的所有节点接收到)。注意:能够旁听到RTS分组但是旁听不到CTS分组的节点处在发送节点的传输覆盖范围内,但是不在接收节点的传输覆盖范围内,可以在发送完CTS分组之后开始发送,不会引起碰撞。这是因为这些节点不在接收节点(不会碰撞数据发送)的传输覆盖范围内。

2) MACAW协议

MACAW协议是MACA协议的改进版,增加了两个新的控制分组RRTS和DS。MACAW协议通过以下措施强化MACA协议:应用载波侦听来避免RTS控制分组之间的碰撞,使用正确应答ACK分组来辅助丢失分组的迅速恢复。为了防止正确应答ACK分组的碰撞,源节点发送数据(Data Sending,DS)控制分组来提醒显现节点正确应答ACK分组即将发送。

3) FAMA协议

信道获取多址访问(Floor Acquisition Multiple Access,FAMA)协议要求发送一个或者多个分组的节点在发送之前首先获取信道。获取信道的方法是采用RTS-CTS控制分组交互，RTS、CTS、数据分组均在同一个信道上传输。可能存在多个 RTS 分组和 CTS 分组遭遇碰撞，但是数据分组发送总是不会被碰撞的。

一个节点(源节点)为了获取信道，或者采取载波侦听，或者采取分组侦听发送一个 RTS 分组。接收节点成功接收到 RTS 分组后，给源节点回送一个 CTS 分组。源节点成功接收到 RTS 分组后，知道自己已经获得到达接收节点的信道。获得信道后，信道占有节点或者其任何接收节点就能够在该信道上无碰撞地发送数据分组和应答。在信道占有节点及其通信节点之间，可以在 FAMA 协议上面实现任何可靠的链路控制协议，其实现方法是：强迫没有获得信道的节点等待一段预先确定的最小时间(至少等于最大传播时延的两倍)，然后才能够获取信道。

为了确保在互为隐含的竞争发送节点(已经提出了信道申请，即发送了一个 RTS 分组)之间强迫执行信道获取操作成功，保证一个接收节点回送的 CTS 分组持续足够长的时间(或者重复足够多次)，以便对抗任何没有接收到 RTS 分组的隐含发送节点得到应答。

当一个节点有数据需要发送，但是却没有获得信道或者检测出信道正被别的节点占用的时候，该节点必须重新安排其信道获取操作，此时可以采用不同的持续策略或者退避策略。

非持续载波侦听 FAMA(FAMA-NCS)协议是 FAMA 协议的一个衍生版，综合了非持续载波侦听机制和 RTS-CTS 分组交互机制。FAMA-NCS 协议类似于 IEEE 802.11 MAC 协议。

一个 RTS 分组的长度大于最大信道传播时延与处理时延之和，以便避免一个节点在另一个节点已经开始接收 RTS 分组之前就旁听到一个完整的 RTS 分组。

在 FAMA-NCS 协议中，一个 CTS 分组的长度大于一个 RTS 分组的长度，最大信道往返时间是发送到接收的转换时间和处理时间的总和。CTS 分组长度与 RTS 分组长度的关系确定了在信道上 CTS 分组优于 RTS 分组，并且起支配作用。一旦一个节点已经开始发送 CTS 分组，那么该节点传输范围内同时发送 RTS 分组的任何其他节点在退出发送方式之前(即已开始发送的 CTS 分组的一个传播时延内)将至少接收到该 CTS 分组主体的一部分，接着进行退避，因而随后发送来的数据分组不会遇到碰撞。主导 CTS 分组起到忙音的作用，提供干扰信号，阻止 CTS 分组发送节点传输覆盖范围内可能的干扰发射机。

FAMA 协议的另一个版本是非持续性分组侦听 FAMA-NPS 协议。FAMA-NPS 协议没有采用载波侦听，基本上是 MACA 协议的改进版。

若采用分组侦听的 FAMA 协议解决隐含终端问题，则 CTS 分组必须发送多次，这就意味着只是在全连通网络中，才能够有效支持信道获取，而 FAMA-NPS 协议假定用于全连通网络，一个 CTS 分组只发送一次。RTS 分组和 CTS 分组的持续时间相同，大于一个最大来回时间。

一个节点需要发送一个数据分组，且又不要求接收一个 CTS 分组或者一个数据分组的时候，首先给目的节点发送一个 RTS 分组。一个节点正在处理一个正确 RTS 分组的时候，推迟其任何 RTS 分组的发送，推迟时间由正被处理的这个 RTS 分组确定；假如这个 RTS 分组是发送给这个节点的，那么该节点回送一个 CTS 分组，等待足够长的时间，以便发送节点发送的一个数据分组完整传输到本节点；接着等待一段随机时间，之后再发送 RTS 分组。

FAMA-NPS协议的一个重要特点是发送前不需要侦听信道。节点只是在接收和认识到一个完整的RTS分组或者CTS分组之后才推迟其发送。如果没有恰当的预防措施，数据分组可以与RTS分组碰撞。

4) IEEE 802.11 MAC协议

大家熟知的分布式基本无线媒介访问控制(Distributed Foundation Wireless Medium Access Control,DFWMAC)是具有分布式协调功能(Distributed Coordination Function, DCF)的IEEE 802.11MAC协议，这个访问协议的基础就是载波侦听多址访问与碰撞回避(Carrier Sense Multiple Access with Collision Avoidance,CSMA/CA)协议。

开发CSMA/CA协议是为了解决隐含节点问题。CSMA/CA协议在CSMA协议中结合使用握手协议。在CSMA/CA协议中，发送节点必须首先发送一个请求发送(Request To Send,RTS)分组。RTS分组包含接收节点的识别码，这样，只有该RTS分组指定的接收节点，才能够用允许发送(Clear To Send,CTS)分组来应答该RTS分组。其他移动节点接收到RTS或者CTS分组，则推迟其发送，推迟的时间由RTS和CTS握手控制分组中的网络分配矢量(Network Allocation Vector,NAV)来确定。

5) MACA-BI协议

准许式多址访问与碰撞回避协议MACA(MACA By Invitation,MACA-BI)将MACA协议的控制分组握手对话反过来。在这种情况下，目的节点通过给源节点发送一个请求接收(Request To Receive,RTR)控制分组来初始化分组传输。源节点使用分组传输来响应这个轮询分组(即RTR控制分组)。因此，网络中每个节点必须以某种方式预测其相邻节点何时有分组要发送给自己。这就要求网络中每个节点必须维护一张其相邻节点及其传输特征的列表。为了防止碰撞，节点还必须与它们的轮询机制保持同步，其方法是与相邻节点共享这张列表信息。

4. 忙音类多址访问协议

1) 忙音多址访问(BTMA)协议

忙音多址访问(Busy Tone Multiple Access,BTMA)协议把整个带宽划分为两个独立的信道。主要的数据信道(Data Channel)用于传输数据分组，占据大半带宽。控制信道(Control Channel)用于传输特殊的忙音信号。忙音信号用于表示在数据信道上出现数据发送。这些忙音信号对带宽需求不是很强烈，所以控制信道带宽相对较小。

BTMA协议的工作原理如下：一个源节点有一个分组要发送的时候，首先收听控制信道上的忙音信号。假如控制信道空闲，即没有检测到忙音信号，那么源节点可以开始发送其分组，否则，源节点重新安排该分组到以后某个时间重新发送。任何节点检测到数据信道上的发送动作的时候，就立即开始往控制信道上发送忙音信号，依次继续进行，直到数据信道上的发送动作停止为止。

BTMA协议防止发送源节点两跳远以外的所有节点访问数据信道。这样较大程度地减轻了隐含节点干扰，降低了碰撞概率。但是，显现节点的增加却很明显。其结果是数据信道的利用率严重不足。

2) 双忙音多址访问(DBTMA)协议

双忙音多址访问(Dual Busy Tone Multiple Access,DBTMA)协议采用RTS分组来初始化信道请求。然后使用两个带外忙音来分别保护RTS分组和数据分组。一个忙音是发送忙音，表示为 BT_t，由发送方设置，用于保护 RTS 分组。另一个忙音是接收忙音，表示为 BT_r，由接收方设置，用于应答 RTS 分组和为随后的数据分组提供连续保护。检测到忙音的节点推迟其在信道上发送 RTS 分组。使用 RTS 分组和 BT_r 信号，显现终端就能够初始化数据分组单的发送。而且，隐含终端能够应答 RTS 分组的请求，以及初始化数据分组的接收，同时在发送方和接收方进行数据分组的传递。

由于使用了 RTS 分组和由接收节点设置的接收忙音，DBTMA 协议完全解决了隐含终端问题和显现终端问题。发送节点设置的忙音为 RTS 控制分组提供碰撞保护，从而提高了 RTS 控制分组被成功接收的概率，其结果是吞吐量得到提高。DBTMA 协议优于在单信道上使用 RTS/CTS 分组对话机制的其他 MAC 协议，以及所有使用单个忙音的 MAC 协议。

3）接收机初始化忙音多址访问（RI-BTMA）协议

接收机初始化忙音多址访问（Receiver Initiated-Busy Tone Multiple Access，RI-BTMA）协议通过只让目的节点发送忙音来尽力减少显现节点的数量。一个节点检测到数据信道上的发送之后，不是立即往控制信道上发送忙音，而是监视即将送来的数据，以确定自己是否为该数据的目的节点。这个决策需要花费一定的时间，尤其是在噪声环境中信息被损坏的时候，这个决策花费的时间更多。在决策期间，原始传输仍然易受碰撞的损伤。这在高速传输系统中尤其麻烦，因为在高速传输系统中分组传输时间可能很短。

4）无线碰撞检测（WCD）协议

无线碰撞检测（Wireless Collision Detect，WCD）协议本质上是 BTMA 协议和 RI-BTMA 协议的组合协议，其组合方法是在控制信道上使用两种不同的忙音信号。WCD 协议的作用是在开始检测主信道（数据信道）的时候类似于 BTMA 协议，例如，往忙音控制信道上发送碰撞检测（Collision Detect，CD）信号。一旦节点确定自己是目的节点的时候，就立即表现出 RI-BTMA 协议的特性。在这种情况下，目的节点停止发送 CD 信号，然后开始发送反馈音（Feedback-Tone，FT）信号。这样，WCD 协议将显现节点个数降到最低程度，同时又防止传输受到隐含节点的干扰。

上面这些忙音协议的特点是设计简单，其要求增加的硬件复杂程度是最低程度。由于其独特的特性，总体性能最好的是 WCD 协议；其次是 RI-BTMA 协议；最后是 BTMA 协议。而且，忙音协议的性能对硬件切换时间的敏感性较弱，这是因为假设节点能够同时在数据信道和控制信道上发送和接攻。但是，射频频谱有限的无线通信系统可能不能实现单独的控制信道和数据信道。在这种情况下，使用带内信令的碰撞回避是必要的。

7.2.3 分配类协议

两种截然不同的分配协议是静态分配协议（Static Allocation Protocol）和动态分配协议（Dynamic Allocation Protocol），其区别在于计算传输时间安排的方法不同。静态分配协议使用集中式传输时间安排算法，该算法事先为每个节点静态地分配一个固定的传输时间安排。这种传输时间安排等效于以太网接口卡的 MAC 地址分配。动态分配协议使用分布式传输时间安排算法，该算法按需计算传输时间安排。

1. 时分多址访问（TDMA）协议

根据时隙的分配策略，时分多址访问（Time Division Multiple Access，TDMA）协议可以分为固定分配类 TDMA 和动态分配类 TDMA 两种。

对于固定分配类TDMA,由于传输时间是事先分配的,所以静态分配协议的传输时间安排算法要求将全网络系统参数作为输入。TDMA协议按照网络中的最大节点数量来做出其传输时间安排。对于一个有N个节点的网络,TDMA协议使用的帧的长度为N个时隙,每个节点分得唯一的一个时隙。因为在每帧中每个节点能够唯一地一次访问一个时隙,所以对任何类型的分组(例如,单目标传输分组,或者多目标传输分组)都不存在碰撞的威胁,而且,信道访问时延受帧长的限制。由于系统规模和帧长之间的等价性,所以典型的TDMA协议在大规模的网络系统中表现拙劣,即扩展性差。

在移动Ad Hoc网络中,节点可以没有任何事先告警,就被激活,或者被关闭,自由移动导致网络拓扑易变。结果,通常无法获得,或者很难预测网络整体参数,如节点总数和最大节点数,因此研究开发了只使用本地参数的分配协议。一个本地参数涉及指定的网络内的有限范围,比如一个参考节点的x跳范围内的节点数量(称为一个x-跳邻域(x-hop neighborhood))。动态分配协议使用这些本地参数来为节点确定分配传输时隙。因为本地参数很可能随时间而变化,所以传输时间安排算法按照分布式方式工作,并且周期性地重复执行,以便适应网络变化。

动态分配协议通常按照两个步骤工作:第一步包括节点为了访问其随后的发送时隙而竞争一组预留时隙。由于没有基站的协调作用,所以这一步的竞争要求每个节点共同协作,确定和修改时隙分配。在第一步竞争成功准许一个节点访问一个或者多个发送时隙后,第二步就是发送分组。

下面详细介绍移动Ad Hoc网络的两个有代表性的动态分配协议:一个是五步预留协议(FPRP),另一个是跳频预留多址访问(HRMA)协议。

2. 五步预留协议(FPRP)

考虑移动Ad Hoc网络中TDMA广播传输时间的安排问题。移动Ad Hoc网络的多跳网络拓扑允许带宽的空间复用。不同的节点只要相距得足够远,而且不会相互干扰,则可以同时使用相同的带宽。给节点分配发送时隙的问题称作传输时间安排。要考虑在使用Omni定向天线的单信道移动Ad Hoc网络中安排广播发送传输时间的问题。广播是指当一个节点发送的时候,该节点周围一跳远范围内的所有相邻节点都接收这个广播分组。广播传输时间安排在网络控制/网络组织期间非常有用,因为在这段时间,网络节点必须互相协调地控制操作。此时,无冲突广播传输时间安排要求任何两个同时发送的节点之间的距离必须至少等于三跳。

五步预留协议(the Five-Phase Reservation Protocol, FPRP)是一个单信道、基于TDMA的广播传输时间安排协议。FPRP使用竞争机制,网络节点使用竞争机制与其他节点互相竞争,以获取TDMA广播时隙。FPRP不存在“隐含终端”问题,能够快速而高效地做出预留,碰撞概率可以忽略不计。FPRP是全分布式协议,可以并行操作,因此具有可扩展性。FPRP采用多跳随机贝叶斯(Bayesian)算法计算竞争概率,使预留过程收敛更快。

FPRP允许移动Ad Hoc网络的节点预留TDMA广播时隙和做出广播传输时间安排,将信道访问和图形添色功能结合起来同时执行,同时无须任何集中机制或者限制可扩展性。在提供足够精确的时间同步信号的条件下,FPRP要求最小的节点计算能力,易于实现,节点能够区别出是一个分组到达,还是多个分组到达。FPRP在由相同节点构成的网状拓扑网络中表现很好,能够准确估计网络中的节点密度,并将其嵌入到协议中。仿真实验结果表明，FPRP 能够以低得合理的开销做出性能优良的传输时间安排，网络规模大小和节点移动对 FPRP 的影响不大。因此，FPRP 非常适合用于大规模的移动 Ad Hoc 网络。

3. 跳频预留多址访问（HRMA）协议

跳频预留多址访问（Hop-Reservation Multiple Access，HRMA）协议是针对 ISM 频段跳频电台设计的。由于市场上已经提供商用电台和基于微处理器的控制器，所以移动 Ad Hoc 网络将在计算机通信中发挥重要作用。移动 Ad Hoc 网络把分组交换技术延伸到移动用户环境中，能够在紧急情形下迅速安装，具有自组织能力。自组织能力使得移动 Ad Hoc 网络在很多应用中极富吸引力，其中包括将 Internet 无缝地延伸到无线移动环境中。

ISM 频段无须许可证，使得该频段对于移动 Ad Hoc 网络很有吸引力。此外，市场上提供了许多工作在 915MHz、2.4GHz，以及 5.8GHz 频段的商用电台。因此，开发移动 Ad Hoc 网络节点（分组电台）的 MAC 协议能够高效地共享 ISM 频段，这对于将来访问这种网络非常关键。

在 ISM 频段上，电台使用跳频扩频（FHSS）技术，或者直接序列扩频（DSSS）技术，在一个跳频频率上所允许的最大驻留时间是 400ms，在该驻留时间内以 1Mb/s 的速率在同一跳频频率上将整个分组发送完毕。另一方面，当节点移动和使用高速数据速率（1Mb/s）的时候，发送分组将发送节点和接收节点保持同步在相同的跳频频率上不是一件简单的事情。假如按照 FCC 的 ISM 频段规定，以及遵循现有的 COTS 电台特性，那么设计使用极慢速跳频（即在同一个跳频频率上将整个分组发送完毕）作为无线信道的时分复接和频分复接的组合 MAC 协议非常及时。

HRMA 协议利用极慢速 FHSS 的时隙化属性，采用两个类似于 IEEE 802.11MAC 协议的请求发送（Request To Send，RTS）分组和允许发送（Clear To Send，CTS）分组的相互交互，通过竞争实现跳频频率。HRMA 协议使用一个公共跳频序列，允许一对节点预留一个跳频频率，以便该节点对能够在该预留频率上无干扰地进行通信。通过在一个发送节点和一个接收节点之间交换 RTS 分组/CTS 分组的竞争方式预留一个跳频频率。RTS/CTS 分组的成功交换导致完成一个跳频频率的预留，并且通过从接收节点发送给发送节点的预留分组，可以将一个已被预留的跳频频率保持为预留，预留分组可以防止那些能够产生干扰的节点试图使用该预留跳频频率。一个跳频频率被预留之后，发送节点就能够在该预留跳频频率上发送数据，发送数据的持续时间可以大于通常的一个跳频频率的驻留时间。使用一个公共跳频频率，以便允许节点之间相互同步。HRMA 协议保证在出现隐含终端干扰的情况下，不会在源节点或者接收节点上发生数据分组或者应答分组与任何其他分组碰撞。仿真实验结果表明，HRMA 协议在稳定网络中达到极高的吞吐量。实际中，可以通过简单的退避策略，来保证网络能稳定工作。

HRMA 协议允许多个系统合并在一起，也允许节点加入已有的系统。HRMA 协议的特点是，使用简单的半双工慢速跳频电台来实现，而不使用载波帧听。

7.2.4　混合类协议

1. 混合时分多址访问（HTDMA）协议

混合时分多址访问（Hybrid TDMA，HTDMA）协议是竞争协议（载波侦听多址访问与碰撞回避（CSMA/CA）协议、虚拟载波侦听 RTS/CTS 协议）和时分多址（TDMA）协议的混合协议,是增强型 TDMA(Evolutionary TDMA,E-TDMA)协议的衍生版。

HTDMA 协议允许节点在网络结构和带宽需求发生变化的时候为这些节点分配 TDMA 传输时隙。该协议同时做出两个 TDMA 时间安排,每个时间安排用于不同的目的和同一个信道的不同部分。第一个时间安排是竞争时间安排,由一个相对较长的时隙组成,分成 4 个时间片:第一个时间片是随机等待时间,用于避免许多节点在同一时刻同时进行发送;第二个时间片是时隙请求时间,用于发送 RTS 时隙请求分组;第三个时间片是时隙应答时间,用于传输 CTS 时隙应答分组;第四个时间片用于广播传输时间安排更新,本时间片不是必需的。竞争时间安排用于各个节点竞争所需的若干个时隙,所以被称作竞争时间安排(Contend-schedule)。第二个时间安排用于用户信息的传输,所以被称作用户信息时间安排(UserInfo-schedule),由 N 个长度均等于 T_{slot} 的时隙组成。这里的所有预留都是一跳预留。在用户信息时间安排中,一个节点能够按需地向其相邻节点中的单个、多个、所有目标发送信息而预留不等的带宽数量(时隙个数)。用户信息时间安排和竞争时间安排都反映了网络的拓扑结构。当网络拓扑和带宽需求变化时,这些时间安排相应地被做出调整,以便维护没有碰撞的传输。

使用 HTDMA 协议的时候,网络中的所有节点按照平等的方式参与到做出传输时间安排的过程中,做出传输时间安排的过程同时在整个网络中进行。节点不用按照某种顺序等待为其传输而做出时间安排。节点通过竞争许可方式来决定哪些节点能够预留传输时隙,很多节点能够同时获得这种许可,并且做出其传输时间安排。这就降低了开销,同时提高了强壮性。每个节点负责自己的传输时间安排。一个节点能够预留一个没有碰撞的时隙,用于向其一组相邻节点进行发送。假如网络中某些拓扑变化而使得另一个发送引起其中某个接收节点开始遭受碰撞,那么该发送节点就能够从这个接收节点获知这种碰撞情况,然后停止在该时隙内的发送。假如需要,该发送节点能够预留另一个时隙。发送完成之后,发送节点释放该时隙,该时隙可以被预留为另一个发送。节点只需要与其一跳远范围内的相邻节点交换信息。

2. TDMA 和 CSMA 的混合协议

一种综合时分多址访问(TDMA)协议和载波侦听多址访问(CSMA)协议的协议是永久地给网络中的每个节点分配一个固定 TDMA 协议传输时间安排,但是节点仍然有机会通过基于 CSMA 协议的竞争来收回或者重新使用任何空闲时隙。节点可以在其分得的时隙内立即访问信道,最大可以发送两个数据分组。想在一个未分配时隙内发送一个分组的节点,必须首先通过载波侦听来确定该时隙的状态。假如该时隙空闲,那么每个竞争节点尝试在某个随机选择的时间间隔内只发送一个分组。

如图 7.5 所示,为了提供随机信道访问,每个空闲时隙的大部分都被消耗了。

隐含节点也可能干扰一个节点成功使用其分得时隙的能力,因此,应该防止节点使用正好已分配给位于两跳远处的节点的时隙。尽管在固定无线通信系统中这是能够实现的,但是本协议没有描述在移动环境中如何实现。多目标分组传输的可靠性也只是在分得时隙内才有保证。

3. ADAPT 协议

ADAPT 协议解决隐含节点干扰问题的方法是:将基于 CSMA 协议以及使用碰撞回避握手的竞争协议综合到 TDMA 协议分配协议中。如图 7.6 所示,每个时隙划分成 3 个时

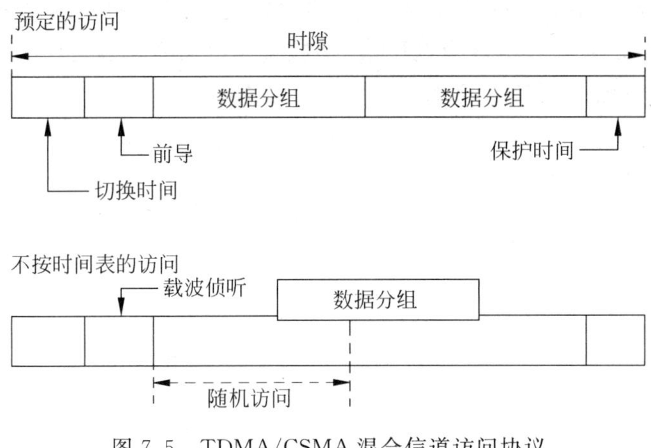

图 7.5 TDMA/CSMA 混合信道访问协议

段：优先级时段、竞争时段、发送时段。在优先级时段，节点初始化一个与预定目的节点进行碰撞回避握手，达到向外公布自己将要使用其分得时隙的目的。这就保证了所有隐含节点都意识到即将来临的分组发送。竞争时段用于节点需要在一个未分配时隙内访问信道时竞争该时隙。一个节点当且仅当在其优先级时段内信道保持为空闲的条件下，才能够进行竞争。发送时段用于发送分组。发送时段的信道访问按照如下方法确定：所有节点在其分得时隙的发送时段都可以访问信道。一个节点在一个未分配时隙的竞争时段成功完成了 RTS/CTS 控制分组握手过程之后，就可以访问发送时段。所有在竞争时段握手失败的竞争则按照指数退避算法加以处理。

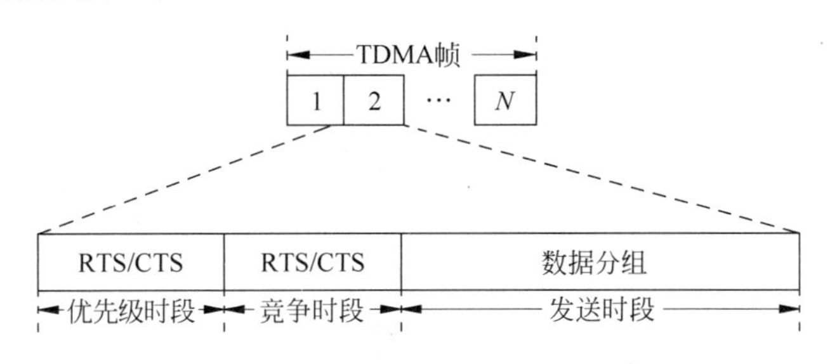

图 7.6 ADAPT 协议

许多仿真结果证明，ADAPT 协议能够有效地按照优先等级次序维护对分得时隙的访问，并且在网络拓扑稀疏的情况下表现出很高的信道利用率。但是，这些仿真结果没有把任何物理限制考虑在内，例如传播时延和硬件切换时间，这些物理限制可能会使整个协议开销得到较大的增加。另外，在竞争时段使用的握手机制不支持多目标分组传输。

4. ABROAD 协议

ABROAD 协议通过改变 ADAPT 协议的竞争机制而支持多目标分组传输。因为优先级时段的 RTS/CTS 控制分组的主要作用是通知节点在一个分得时隙内的活动情况，所以在优先级时段，ABROAD 协议中的 RTS/CTS 分组与 ADAPT 协议中的 RTS/CTS 分组完全相同。但是，在竞争时段使用一个 RTS/CTS 控制分组对话会因为 CTS 应答分组之间的潜在碰撞，即信息闭塞(Information Implosion)而失败。ABROAD 协议使用失败反馈响应来避免这个问题。一个节点在竞争时段检测到一个碰撞后，就使用失败 ACK(Negative-

CTS,NCTS)做出响应,否则不发送任何其他响应信息。有几种情况会发生这种类型的握手失败。但是,仿真结果和分析证明,发生这种握手失败的概率非常小,例如,低比特误码率网络发生这种握手失败的概率小于4%。

5. AGENT 协议

AGENT 协议综合了 ADAPT 协议的单目标分组传输能力和 ABROAD 协议的多目标分组传输能力,结果得到一个通用的媒体访问控制(MAC)协议,该协议能够提供整个单跳传输范围内的有效传输服务。AGENT 协议使用的帧结构和时隙结构,以及优先级时段的握手对话与 ADAPT 协议的帧结构和时隙结构,以及优先级时段的握手对话完全相同。竞争时段的控制分组建立在 ADAPT 协议和 ABROAD 协议的联合基础之上。

6. Meta-协议

Meta-协议是一种综合多个 MAC 协议的更为通用的框架体系。Meta-协议框架体系将现有的任何一组 MAC 协议组合成一种单一的混合解决办法。这个混合协议本质上是并行地运行每个组成协议。对每个组成协议做出的决策进行加权平均,依此决定是否发送。Meta-协议框架体系的特性确保混合协议总能够匹配最佳组成协议的性能,而无须知道组成协议匹配网络状况中的不可预知的变化。这种组合是完全自动的,而且只需要本地网络反馈信息。

7.3 移动 Ad Hoc 网络的网络层

7.3.1 Ad Hoc 路由协议分类

可以根据网络节点获取路由信息的方法来对移动 Ad Hoc 网络的路由算法进行分类,也可以根据网络节点使用的、用于计算优先路由的信息类型来对路由算法进行分类。根据后者,移动 Ad Hoc 网络的路由算法大致可以分成链路状态算法和距离矢量算法两大类。运行链路状态路由协议的网络节点使用拓扑信息做出路由选择决策;运行距离矢量路由协议的网络节点使用距离,以及在某些情况下至目的节点的路径信息来做出路由选择决策。距离矢量路由算法遇到一个无法彻底解决的无穷计算问题,而链路状态路由算法却不存在这个问题。这也正是 DARPA 在早期的 PRNET 中使用距离矢量路由算法,而在改进后的 PRNET 中使用链路状态路由算法的一个主要原因。根据前者,移动 Ad Hoc 网络的路由算法大致也可以分成两大类:一类称为表格驱动类路由协议;另一类称为源节点初始化按需驱动类路由协议。

表格驱动类路由协议又称主动式路由协议。主动式路由协议尽力维护网络中每个节点至所有其他节点的一致的最新路由信息。主动式路由协议要求网络中的每个节点都建立和维护一个或多个存储路由信息的表格。主动式路由协议对于网络拓扑变化的反应是:向整个网络传播路由更新信息,因而从网络一致性的观点来达到维护整个网络路由信息的一致性。各个主动式路由协议的差异主要表现在两个方面:一是与路由选择有关的、所必需的路由表格数量的差异;二是有关由网络拓扑变化引起的路由变化信息在整个网络中传播方法的差异。

源节点初始化按需驱动类路由协议又称反应式路由协议,或者简称为按需路由协议。

按需路由协议不同于表格驱动类路由协议。按需路由协议只有在源节点需要的时候，才创建路由，这也正是“按需”的含义所在。当网络中一个节点（这个节点称为源节点）需要一条路由到达某个目的节点的时候，源节点就初始化网络内的路由寻找进程。一旦找到一条路由，或者所有可能的路由重新排列都已检测完毕，则结束网络内的路由寻找进程。一旦创建了一条路由，那么就立即按照某种路由维护机制维护该条路由，直至出现下列情况之一时，才停止该路由的维护。

（1）沿着从源节点至目的节点的路径已无法再访问到目的节点（路由异常中断）。

（2）已不再需要该路由。

归入主动式路由协议类的有 C. E. Perkins 和 Pravin Bhagwat 在 1994 年提出的目的节点序列号距离矢量路由协议 DSDV、美国加州大学 Santa Cruz 分校的 S. Murthy 和 J. J. Garcia-Luna-Aceves 在 1996 年提出的无线路由协议（WRP），以及 DBF 协议等。

归入源节点初始化按需驱动路由协议类的有 C. E. Perkins 和 E. M. Royer 在 1999 年提出的 Ad Hoc 按需距离矢量路由协议 AODV、D. B. Johnson 和 D. A. Maltz 在 1996 年提出的移动 Ad Hoc 网络源动态路由协议 DSR、V. D. Park 和 M. S. Corson 在 1997 年提出的时序路由算法 TORA、C-K Toh 在 1996 年提出的基于网络中移动节点之间的相互关系的路由协议 ABR 等。

7.3.2　主动式路由协议

1. 最优化链路状态路由（OLSR）协议

移动 Ad Hoc 网络的最优化链路状态路由（Optimized Link State Routing，OLSR）协议是经典链路状态算法的最优化版本，以便满足移动无线局域网的要求。OLSR 协议中的主要概念是多点中继（MultiPoint Relay，MPR）。MPR 是被专门选定的节点，用于在泛洪过程中转发广播消息。这种多点中继技术比经典泛洪机制极大地降低了信息开销。经典泛洪机制要求每个节点将其第一次接收到的每个消息进行重传。在 OLSR 协议中，只有选做 MPR 的节点，才产生链路状态消息。因此，通过使在网络中泛洪的控制消息最少，从而实现第二次优化。第三次优化是，一个 MPR 节点可能选择只报告其自己与其 MPR 选择器之间的链路。因此，对比经典链路状态算法，OLSR 协议的局部链路状态信息分布在网络中。OLSR 协议使用这些局部链路状态信息计算路由，提供最佳路由（按照跳数来衡量）。因为 MPR 在这种网络中运行得很好，因此 OLSR 协议特别适用于规模大、节点密度高的网络。

OLSR 协议的操作独立于其他协议，对低层链路层未作任何假设。

OLSR 协议沿袭 HiperLAN 的转发和中继的概念。OLSR 协议是在 IPANEMA 项目（欧几里得计划的一个组成部分）和 PRIMA 项目（RNRT 计划的一个组成部分）中开发出来的。

2. 基于反向路径转发的拓扑分发（TBRPF）协议

基于反向路径转发的拓扑分发（Topology Dissemination Based on Reverse-Path Forwarding，TBRPF）是一个主动式链路状态路由协议，是专门为移动 Ad Hoc 网络设计的，它提供逐跳的到达每个目的节点的最短路径路由。TBRPF 协议有两个版本：一个是局部拓扑 TBRPF 协议；另一个是全拓扑 TBRPF 协议。IETF MANET 工作组已于 2004 年 2 月完成对局部拓扑 TBRPF 协议的标准化，其编号为 RFC 3684，将局部拓扑 TBRPF 协议纳入经验(Experimental)类。这里只介绍RFC3684,即局部拓扑TBRPF协议。

运行局部拓扑TBRPF协议(以下简称TBRPF协议)的每个节点使用改进过的Dijkstra算法,根据其拓扑表中存储的部分拓扑信息计算一棵源节点树(提供到达所有可达节点的路径)。为了使开销最小,每个节点只将其源节点树的一部分报告给相邻节点。TBRPF协议联合使用周期性更新和差异更新来保持所有相邻节点能够得到所报告的那部分源节点树。每个节点有一个选项,用于报告其他拓扑信息(甚至为整个网络的拓扑),以及为高速移动网络提供经过改进的、强壮的拓扑信息。TBRPF协议使用"差异"HELLO消息寻找相邻节点,HELLO消息只报告相邻节点状态已经发生变化的那部分。因此,TBRPF协议的HELLO消息比其他链路状态路由协议(如OSPF)的HELLO消息要少得多。

7.3.3 按需路由协议

1. Ad Hoc按需距离矢量路由(AODV)协议

Ad Hoc按需距离矢量(AODV)路由协议是为Ad Hoc网络的节点设计的。AODV路由协议提供对动态链路状况的快速自适应,处理开销和存储开销低,网络利用率低(路由控制开销低),确定到达Ad Hoc网络内的目的节点的单目标传输路由。

AODV路由协议计算网络组成移动节点之间的动态、自启动、多跳路由,以便用这些移动节点建立和维护一个Ad Hoc网络。AODV路由协议给移动节点提供快速获取到达新目的节点的路由的能力,不要求节点维护到达那些没有处在通信状态中的目的节点的路由。AODV路由协议给移动节点提供及时响应网络拓扑中的链路变化和链路中断的能力。AODV路由协议的操作是开环的,在Ad Hoc网络拓扑变化之时(通常情况下,就是节点在网络内移动),通过避免Bellman-Ford"无穷计算"问题来提供快速收敛。当链路中断的时候,AODV路由协议使受到影响的那些节点能够得到有关链路中断信息通知,这样,这些受影响节点就能够将使用该中断链的路由变成无效。

AODV路由协议的一个明显特征是每个路由条目均使用一个目的节点序列号。目的节点序列号由目的节点产生,与目的节点发送给路由请求节点的任何路由信息组合在一起。使用目的节点序列号能够确保路由是开环的,并且编程简单。如果在到达同一个目的节点的两条路由中选择一条,那么要求路由请求节点选择序列号较大的那条路由。

2. 基于节点间相互关系的路由协议(ABR)

在基于节点间相互关系的路由协议中,把移动节点移动范围分成3类。

(1) 源节点、目的节点、中间节点的移动。移动Ad Hoc网络中的一条路由由源节点(Source,SRC)、目的节点(Destination,DEST)和/或多个中间节点(Intermediate Nodes,IN)构成。这些组成节点中的任何一个或者多个的移动都会影响其组成路由的有效性。

(2) 子网桥接器移动节点的移动。除了上面提到的节点移动之外,在两个虚拟移动子网之间完成子网桥接器功能的移动节点的移动可能导致虚拟子网分割成更小的子网。同时,有些移动节点可能使子网合并,结果形成更大的子网。

(3) 移动节点的同时移动。在实际应用中,SRC、IN和DEST同时移动的情况是存在的。需要一致性来确保多个路由重构或者更新最终汇聚一点,以及不存在死锁和过时的、陈旧的路由。

基于相互关系路由(Associativity-Based Routing,ABR)协议是广播路由协议和点对点路由协议的混合体。ABR 协议只为确实需要路由的源节点维护路由。但是，ABR 协议没有根据存储在 IN 里的备用路由信息进行路由重构(因此避免了过时路由)。ABR 协议的路由决策由 DEST 完成，只有最好的路由会被选中和使用，所有其他可能的路由保持无效，从而避免了分组重复。由于利用相互关系规则，ABR 选出的路由寿命更长。

3. 源动态路由(DSR)协议

源动态路由(Dynamic Source Routing，DSR)协议是一个专门为多跳无线 Ad Hoc 网络设计的简单且高效的路由协议，多跳无线 Ad Hoc 网络由移动节点组成。使用 DSR 协议时，网络是完全自组织(Self-Organizing)的、完全自构(Self-Configuring)的，不需要任何现有的网络基础设施或者网络管理设备。各个网络节点相互协作，为每个其他节点转发分组，从而允许不在直接无线传输范围内的节点跨越多跳传输空间进行通信。由于网络中的节点到处移动，或者加入网络，或者离开网络，以及由于诸如干扰源之类的无线传输条件的变化，所以，所有的路由都是由 DSR 协议动态地、自动地确定和维护。因为到达目的节点需要的中间节点的数量及中间转发跳序列可能随时变化，所以产生的网络拓扑可能非常丰富，而且可能迅速变化。

DSR 协议提供快速反应式服务，以便帮助确保数据分组的成功交付，即使在节点移动或者其他网络状况变化的条件下，也是如此。

DSR 协议由下列两个主要机制组成，这两个机制共同作用于移动 Ad Hoc 网络，完成源路由的寻找和维护。

(1) 路由寻找(Route Discovery)机制：源节点 S 希望给目的节点 D 发送一个分组的时候，使用路由寻找机制来获取一条到达目的节点 D 的源路由。路由寻找机制只有在源节点 S 需要给目的节点 D 发送一个分组，并且还不知道到达目的节点 D 的路由的时候，才能使用。

(2) 路由维护(Route Maintenance)机制：当源节点 S 正在使用一条到达目的节点 D 的源路由的时候，源节点 S 使用路由维护机制能够检测出这种情况：如果网络拓扑已经发生了变化，那么源节点 S 不能够再使用那条到达目的节点 D 的源路由，因为该条路由上的一条链已经不再起作用。当路由维护指出一条源路由已经中断而不再起作用的时候，为了将随后的数据分组传输给目的节点 D，源节点 S 能够尽力使用任何一条偶然获知的到达目的节点 D 的路由，或者能够重新调用路由寻找机制找到一条新路由。只有在源节点 S 正在真正使用一条源路由给目的节点 D 发送分组的时候，源节点 S 才使用路由维护机制维护这条源路由。

在 DSR 协议中，路由寻找机制和路由维护机制均完全按需操作。特别是，DSR 协议不像其他的路由协议那样在网络内需要某个网络层次的某种周期性分组。例如，DSR 协议不使用任何周期性路由广播分组、任何周期性链路状态探测分组或者周期性相邻节点探测分组，DSR 协议也不依靠网络低层协议中的这些周期性功能。当所有的节点相互之间近似为静态，并且当前通信所需的所有路由已经全部被找到的时候，这种完全按需操作特性，以及没有周期性操作允许 DSR 协议产生的分组开销数量始终成比例地下降，直至最终等于零。当节点又开始移动或者通信模式发生变化的时候，DSR 协议的路由分组开销只根据跟踪当前正在使用的路由所需要的那些操作来自动确定。对当前正在使用的路由没有产生影响的网络拓扑变化不予关心和处理，DSR 协议也不会对此做出任何响应。

DSR 协议维护的所有状态都是“软状态”,因为任何状态的丢失都不会影响 DSR 协议的正确操作;所有状态都按需建立,所有状态在丢失之后如果仍然需要,则能够很容易得到迅速恢复,而又不会对 DSR 协议产生太大的影响。DSR 协议只使用软状态,使得 DSR 协议具有很强的能力处理,如路由分组丢失或者延迟、节点失效之类的问题。特别是,一个节点出现故障后又重新启动的 DSR 节点能够轻松快速地重新入网;如果故障失效节点正在作为一条或者多条路由的一个中间节点为其他节点转发分组,那么这个节点在重新启动后能够快速恢复其分组转发功能,很少,甚至不会中断 DSR 协议的操作。

节点在响应单个的路由寻找的过程中,以及通过从旁听到的其他分组中得到的路由信息,能够获悉和存储到达任何一个目的节点的多条路由。支持多条路由到达同一个目的节点使得对路由变化的反应迅速得多,因为具有多条路由到达同一个目的节点的节点在其正在使用的那条路由已经中断而不能再使用的情况下,可以试用已经存储的另一条路由。这种存储多条路由的处理方法还避免了每当正在使用的路由中断而不能再使用时,执行一次新的路由寻找进程所必需的开销。分组发送节点选择和控制其分组的传输路由,与多条路由支持一起提供所定义的载荷平衡之类的特性。此外,因为发送节点能够避免所选路由中出现重复的转发节点,所以很容易保证使用的所有路由都是开环路由。

DSR 协议的路由寻找机制和路由维护机制的操作使得单向链和不对称路由很容易得到支持。特别是,在无线网络中,由于不同的天线,或者不同的传播模式,或者不同的干扰源,两个节点之间的链在两个方向上很可能工作得同样不好。

7.3.4 混合路由协议

1. 域路由协议(ZRP)

域路由协议(Zone Routing Protocol,ZRP)为可重构无线网络通信环境中所面临的路由寻找和路由维护提供了一种灵活的解决方法。ZRP 把两种根本不同的路由方法综合成一种路由方法。根据反应式路由请求/路由应答机制进行各个路由选择域之间的路由寻找。而路由选择域内路由则使用主动式路由协议来维护到达其域内所有节点的最新路由信息。

路由选择域维护需要的域内控制信息通信量随着路由选择域的增大而增大。但是,通过使用边界广播机制,就能够使用路由选择域拓扑信息大幅度减少各个域之间的控制信息通信量。如果网络节点移动性极强、路由极不稳定,那么主动式-反应式的混合路由协议($\rho>1$)产生的 ZRP 平均控制信息总通信量少于纯反应式泛洪搜索路由协议($\rho=1$)的控制信息通信量。纯反应式路由协议似乎更适合路由稳定性更高的网络。而且,活动性强(频繁地路由请求)的网络,主动性操作越强的网络产生的开销越少(更适合较大的路由选择域)。

如果网络活动性弱,网络瞬间负载一般由每次路由寻找产生的控制信息通信量决定。因此,即使在反应式路由协议使 ZRP 平均控制信息通信量最少的情况下,ZRP 在路由选择域半径相对较大时表现出的时延也仍然最小。通过使路由控制信息通信量最少,ZRP 提供路由的速度比泛洪搜索路由协议提供路由的速度快 1.5~2 倍。

2. 抢先式路由协议

在两类移动 Ad Hoc 网络的路由协议中,表格驱动类算法要求周期性地将路由更新信息传播到整个网络中,这样可能产生很大的开销(由于“路由信息”的传输),影响了带宽的使用、吞吐量以及功率的使用。表格驱动类路由协议的优点是:无须消耗路由寻找的开销,总

是能够得到到达任何目的节点的路由。与此正好相反的是，在按需路由协议中，源节点必须等到已经找到一条路由，但是其传输开销低于表格驱动类路由算法，后者的很多路由更新是为从未使用过的路径而进行的。因此，在路径维护开销和路径建立与修复所需要的时间之间存在一种折中和平衡。

在这两种类型的路由算法中，只有在活动路由中断之后，才寻找备用路由。与典型的分组传输时延（在一条路径被“确定失效”之前的若干次重试必定超时）比较，中断路由检测代价很高。因此，当一条路径中断时，分组在检测出该条路径中断和建立一条新路径之前，经历很大的时延。

将抢先式路由维护和路由选择引入到 Ad Hoc 路由协议中，在链路处于中断危险中（但是在连接断开之前）寻找备用路径。更加明确地说，当两个节点 A 和 B 正在移动离开对方的传输覆盖范围的时候，那么使用节点 A 到达节点 B（也包括节点 B 到达节点 A）的活动路由的源节点会得到路径很可能中断的警告。借助这种提前警示，源节点就可以提前初始化路由寻找进程和切换到更为稳定的路径上，以便避免可能的路由彻底中断。而且，当一条路径中断不可避免时，路径寻找时延变小。

抢先式路由维护算法结合按需路由算法和表格驱动算法的优点：由于只是由中断的活动路由触发路由更新，所以路由开销仍然保持在低水平状态；由于提前进行纠正操作，所以所需切换时间最少。尽管按需路由算法只有在需要的时候才初始化路由寻找进程，其路由开销最低，但是这种操作是反应式的。因此，当路径中断的时候，流的连接被打断，待发送分组需要等待一段时延。这就增大了分组的平均传输时延，加剧了分组传输时延的变化（抖动）。抢先式解决方法是抢先寻找其他路径，在很多情况下，在中断之前切换到质量好的备用路径上，从而使传输时延最小，传输时延抖动最轻。

7.3.5 多径路由技术

现在最流行的移动 Ad Hoc 网络路由方法是按需路由法。按需路由协议（如 DSR 协议、AODV 路由协议）大多数是采用一个会晤一条路由的策略。按需协议的推动力是按需协议的“路由开销”（通常按照所发送的路由分组数量与数据分组数量之比来测量），一般低于最短路径协议的路由开销。按需路由协议不是通过周期性地交换路由消息来持续维护整个网络拓扑的路由表，而是只在节点需要给目的节点发送数据分组的时候才建立路由，并且只维护这些活动路由。源节点通过泛洪特定的分组来搜索目的节点和寻找到达目的节点的路由。只有活动路由的链路中断，才会被更新，而且，因为不需要周期性地交换路由表，所以控制开销最小，路由信息得到有效的利用。但是，如果有中等数量到大量的路由需要维护（例如，当有中等数量到大量正在进行的对等通信的时候），那么按需路由协议的路由开销仍然有可能接近最短路径的开销。这是由于按需协议依靠泛洪技术来寻找路由，泛洪就是源节点（或者任何寻找路由的节点）在整个网络中泛洪一个查询分组，以便寻找到达所需目的节点的一条路由。当节点移动导致原有路由中断而需要一条新路由时，泛洪对于路由维护也是必需的。泛洪需要占用一定数量的网络带宽，而网络带宽在无线网络中是非常珍贵的。因此，对频繁的全网泛洪进行有效的控制对于按需协议的高效性能非常重要。

多径路由可以降低泛洪的频次，其方法是：在一次泛洪查询过程中探测多条可能的路由，以低成本提供足够的冗余度。多径路由能够提高通信节点对带宽的有效利用，响应网络拥塞和突发传输，提高分组交付的可靠性。

多径路由思想并不是一种新的路由思想。多径路由思想由于提供了一种简单机制来分配通信量、平衡网络载荷，以及提供容错能力，所以一直在电路交换网络和分组交换网络中受到人们的偏爱。

目前，研究较为成熟的移动 Ad Hoc 网络多径路由协议主要有 4 种。

(1) Ad Hoc 按需多径距离矢量路由协议(Ad Hoc On-Demand Multipath Distance Vector，AODMV)。

(2) 多径源动态路由协议。

(3) 最大节点不相交按需多径路由协议。

(4) 分离多径路由(Split Multipath Routing，SMR)。

如果想对这些协议深入了解，可查阅相关参考文献。

7.3.6 多目标路由协议

多目标路由协议也叫多播或组播路由协议。多目标传输(也叫组播或多播，Multicasting)是将数据分组发送给由一个目的地址指定的一组主机。多目标用于面向节点组的计算。越来越多的应用必须是点对多点传输。多目标服务对于团队密切协作的应用非常重要，如要求共享文本和图片、召开音频和视频会议。网络中采用多目标技术有许多好处：对于需要将同一个分组发送给多个接收节点的应用，采用多目标传输技术替代采用单目标传输针对每个接收节点单独发送，链路带宽消耗最小，发送节点、转发节点的处理最少，分组交付时延最短，因而能够降低通信开销。

即使在有线网络中，维护多目标组成员信息和构建最佳多目标树也是一个复杂的任务。在移动 Ad Hoc 网络中，节点经常不可预测地移动，导致网络拓扑频繁、快速、任意变化；无线链路相对于有线信道带宽较窄；每个节点的传输距离有限；由于信道误码、传输碰撞、多径衰落、多址干扰等原因，并不是所有消息都能够传输到达预定接收节点；为了提供跨越整个网络的通信，从源节点到目的节点的路由可能需要经过若干个中间相邻节点。所有这些都使得移动 Ad Hoc 网络的多目标技术更加复杂。

下面简要介绍 4 个典型的多目标路由协议：MAODV、ABAM、ODMRP、ADMR。

1. MAODV 协议

AODV 路由协议的多目标操作协议(Multicast Operation of the Ad Hoc On-Demand Distance Vector Routing Protocol，MAODV)同样采用 AODV 协议的 RREQ/RREP 消息，但是增加了一条新消息——多目标激活(Multicast Activation，MACT)消息。当节点加入多目标组的时候，建立一棵多目标树，多目标树由多目标组成员和连接多目标组成员的节点组成。多目标组成员可以在任何时候加入多目标组，也可以任何时候脱离所在的多目标组。一个多目标组有一个组长节点，负责维护本组的多目标组序列号。多目标组成员必须同意作为多目标树上的路由器(即必须能够转发多目标分组)。

2. 基于相互关系的多目标(ABAM)路由协议

基于相互关系的多目标(Associativity-Based Ad Hoc Multicast，ABAM)路由协议是移动 Ad Hoc 网络的一种按需多目标路由协议，简称为相互关系多目标路由协议。ABAM 协议主要根据节点之间的相互关系稳定性为每个多目标会唔建立一棵根部在多目标发送节点的多目标树。一个节点的相互关系稳定性即该节点与其相邻节点之间的空间、时间、连接、功率稳定性。一个节点 A 接收到的另外一个节点 B 发送的信标数量超过预先确定的一个数值后，则得到相互关系稳定性，该数值包含节点 A 的相邻节点的信号强度和连续操作时限(Power Life)。由于所建立起的多目标树是稳定树，所以所需要的多目标树重建较少，因而通信性能得到改善。

ABAM 协议包含 3 个组成部分：①多目标树建立；②多目标树重建；③多目标树删除。

3. 按需多目标路由协议(ODMRP)

按需多目标路由协议(On-Demand Multicast Routing Protocol，ODMRP)是基于网格的多目标路由协议，而不是基于多目标树的多目标路由协议。ODMRP 协议能够在节点移动和拓扑变化条件下建立网格和提供多条路由，将多目标分组交付给目的节点。ODMRP 协议避免了无线移动网络中多目标树的缺点(如连接断续、传输集中、多目标树频繁重建、多目标共享树的路径非最短路径等)。ODMRP 采用转发组(Forwarding Group)概念为每个多目标组建立一个网格。转发组是一个节点集，负责在任何成员节点对之间的最短路径上转发多目标数据。ODMRP 也采用按需路由技术来降低开销和改善协议的扩展性。ODMRP 采用软状态法维护多目标组成员节点。节点离开所在多目标组时无须使用直接消息。信道资源使用的减少，存储开销的降低，以及较为丰富的连接使得 ODMRP 在无线移动网络中更具有吸引力。

ODMRP 的主要优点概括如下：①信道利用率低(即信道开销低)、存储开销低；②使用最新的最短路由；③节点移动支持能力强；④维护和使用多条冗余路径；⑤利用无线环境的广播特性；⑥具有单目标路由能力。

4. 自适应按需驱动多目标路由(ADMR)协议

自适应按需驱动多目标路由(Adaptive Demand-Driven Multicast Routing，ADMR)协议是美国卡内基-梅隆大学开发的一个移动 Ad Hoc 网络多目标路由协议。ADMR 协议的非按需组成部分较少。

在 ADMR 协议中，只要网络中至少存在一个源节点和一个接收节点，则建立基于源节点的转发树。ADMR 协议监视多目标源节点应用的传输模式，据此能够检测出转发树上的链路中断，以及源节点已经变成非活动状态和不再发送任何数据分组。ADMR 协议如果检测出转发树上的链路中断，则初始化本地修复进程，若本地修复失败，则进行全网范围内的修复。ADMR 协议如果检测出源节点已经变成非活动状态和不再发送任何数据分组，则只需终止多目标转发状态，无须直接发送一条多目标转发树取消消息。为了在源节点暂时停止发送数据的时候也能够监视多目标转发树上的链路中断，ADMR 协议发送数量有限的继续维持分组，继续维持分组之间的间隔时间依次逐步增大。当源节点在一段时间内已经没有发送任何数据，并且这段时间长度已导致严重偏离源节点发送模式的时候，则停止发送。继续维持分组，只需取消整个转发树。严重偏离源节点发送模式意味着源节点很可能有一段时间处于非活动状态，在这种情况下继续维持网络中的路由状态将是浪费。当转发树上的某些树枝对于分组转发不再是必需的时候，ADMR 协议自动剪掉这些树枝。树枝修剪决策是根据接收不到下行节点的被动应答，而不是依靠直接转发一条树枝修剪消息做出的。

采用 MAC 层多目标发送、沿着具有多目标组转发状态的节点之间的最短时延路径将每个多目标数据分组从发送节点转发给多目标接收节点。

为了处理网络分割,ADMR协议偶尔发送一个现有的多目标数据分组(而不是采用网络泛洪),代替该数据分组的多目标分发。只是在给多目标组发送新数据的时候,才会偶尔采用数据泛洪(例如,每隔几十秒钟时间使用一次数据泛洪)。数据泛洪不是ADMR协议要求的协议机制,不代表ADMR协议的核心功能。

ADMR协议不要求传输GPS信息(或者其他位置信息,或者其他控制信息),就能够检测出网络中移动性何时太强,以至于不能建立起多目标状态。ADMR协议检测出过强的网络移动性后,暂时切换到泛洪方式,对每个数据分组采用泛洪传输,经过一段短暂时间后,由于网络移动性可能已经减弱,所以ADMR协议又试图重新按照多目标路由高效操作。

ADMR协议的新特征概括如下:

(1) ADMR协议没有采用控制分组的周期性全网泛洪、相邻节点的周期性探测,以及路由表的周期性交换;ADMR协议不要求内核。

(2) ADMR协议根据应用发送模式调整其操作,高效检测链路中断情况,使不再需要的路由状态时间期满。

(3) 通过沿着多目标树发送数量有限的继续维持分组来处理突发源,以便将无数据和无连接区别开。

(4) ADMR协议采用被动确认进行有效的多目标树自动修剪。

(5) 如果没有接收节点,那么源节点只需偶尔泛洪现有的数据分组(以便从网络分割中正确恢复),不需要发送其他数据分组或者控制分组。

(6) ADMR协议无须使用GPS、其他定位信息,或者其他控制传输,就能够检测强移动性,并且能够切换到泛洪方式工作一段时间,然后再返回到正常的多目标操作方式。

7.3.7 路由协议的性能分析与评价

为了判定一个路由协议的优劣,需要一些定性和定量的性能指标,来测量路由协议的适用性和性能。这些指标应该“独立于”任何给定的路由协议。

1. 定性性能指标

下面列出移动Ad Hoc网络路由协议所要求的定性指标(读者可以根据这些基本要求去认识和分析每个移动Ad Hoc网络路由协议)。

(1) 分布式操作

这是要求移动Ad Hoc网络路由协议必需的一个特性。

(2) 开环

一般要求避免诸如最坏情形出现的问题,如少量分组在网络中无止境地来回传递,TTL之类的Ad Hoc解决方法能够约束这个问题,但是一般需要更加结构化的、结构良好的方法,这样能够得到更好的总体性能。

(3) 基于需求的操作

不假定传输在网络中均匀分布(以及不停地维护所有节点之间的路由),而是让路由算法按需地自适应传输模式。假如能够灵活地实现,那么就能够更加有效地利用网络能量和带宽资源,其代价是路由寻找时延增大。

(4) 主动式操作

这是正好与按需操作相反的操作。在某些环境下，按需操作引入的时延可能是不可接收的。假如带宽和能量允许，那么在这种环境中值得采取主动式操作。

(5) 网络安全

一个移动 Ad Hoc 网络如果没有某种形式的网络级安全或者链路级安全，则在面对很多形式的攻击时显得很脆弱。在没有适当安全保护的无线网络中进行这些攻击，也许相对简单。对网络传输信息进行偷听、重放，操控分组头信息，修改路由信息。尽管在有线网络基础设施和有线网络路由协议中也存在这些安全问题，但是维护移动 Ad Hoc 网络传输媒介的“物理”安全却要困难得多(因为无线传输媒介是开放性传输媒介)。移动 Ad Hoc 网络需要充分的安全保护，防止协议操作被恶意修改和破坏性修改。

(6) “休眠”操作

由于节能，或者某些其他原因要求节点暂停工作(但又不是关电完全停止工作，常常将此称为“静默”)，所以一个移动 Ad Hoc 网络的节点能够任意长时间地停止发送/接收(即使信息接收要求打开发射功率)。路由协议应该能够包容这种节点休眠周期，而不致产生不利结果。这种属性可能要求通过标准接口的密切耦合链路层协议。

(7) 单向链路的支持

在设计移动 Ad Hoc 网络路由算法时，通常假定双向链路。很多路由算法在单向链路上不能正常工作。但是，单向链路在无线网络中确实存在。通常是存在足够多的双向链路，以至于单向链路的使用具有有限的额外价值。当两个 Ad Hoc 区域之间只存在一对单向链路(其方向正好相反)的唯一双向连接时，充分利用这两条单向链路则很有价值。

2. 定量性能指标

下面列出用于评估移动 Ad Hoc 网络路由协议性能的定量指标(读者可以根据这些基本要求去认识和分析每个移动 Ad Hoc 网络路由协议)。

(1) 端到端的数据吞吐量和数据时延

对数据传输路由性能的统计测量(如均值、方差、分布)非常重要。这两个指标是对一个路由策略的功效的测量。从使用路由的其他策略外部来测量路由策略，说明路由策略的表现程度。

(2) 路由获取时间

路由获取时间指当发出路由请求后，建立路由所需要的时间。这个指标是专门对按需路由算法的一种特殊形式的“外部”端到端时延的测量。

(3) 乱序交付百分率

该指标是对无连接路由性能的外部测量。传输层协议关心该指标，如 TCP 是按序交付的协议，因此希望该指标越低越好。

(4) 效率

假如数据路由功效是对路由策略性能的外部测量，那么效率就是对路由功效的“内部”测量。为了实现给定的数据路由性能，两种不同的路由策略依据其内部效率可能产生不同的开销。路由协议效率可能会，也可能不会直接影响数据路由性能。假如控制信息和用户数据共享同一个容量有限的信道，那么控制信息过多常常影响数据路由的性能。

以下 3 个描述路由协议“内部”效率的比率很有用(也可能还有其他比率)。

① 发送数据比特平均数量/交付数据比特平均数量。这个比率可以看作是对在一个网络内交付数据的比特效率的测量。这个比率也间接地给出数据分组经过的平均跳数。

② 发送控制比特平均数量/交付数据比特平均数量。这个比率是对路由协议交付数据时控制开销的比特效率的测量。计算这个比率时不仅包含路由控制分组的比特数量,而且还包含数据分组分组头中的比特数量。换句话说,只要不是数据的信息,就是控制开销,而且应该归入该路由算法的控制开销中。

③ 发送的数据分组和控制分组平均总数量/交付的数据分组平均数量。这个比率不是按照比特单位测量路由算法的纯效率,而是试图反映路由协议的信道访问效率,因为基于竞争的链路层的信道访问代价很高。

此外,在测量路由协议性能时必须考虑网络中的网络信息。应该改变的必要参数包括:

- 网络规模。按照节点数量测量。
- 网络连接。表示一个节点的平均密度(即一个节点的相邻节点的平均数量)。
- 拓扑变化速率。指网络拓扑正在变化的速率。
- 链路容量。指按照比特/秒测量的链路有效传输速率,其中不包含多址访问、编码、成帧等造成的传输速率的损失。
- 单向链比例。这个比例说明一个路由协议的效能随着单向链路数量的变化而变化的情况。
- 传输模式。这个参数说明一个路由协议适应非均匀传输模式或者突发传输模式的能力。
- 移动性。无论在何种环境中,一个路由协议与网络拓扑的时间、空间关系如何?在这些环境中,仿真移动 Ad Hoc 网络节点移动性的最合适模型是什么?
- 休眠节点的比例和休眠频率。一个路由协议当存在休眠节点和唤醒节点时,性能表现怎样?

一个移动 Ad Hoc 网络协议应该在一个较宽的网络参数范围内有效地发挥作用。从小范围内的 Ad Hoc 协作组到大范围的移动、多跳网络。前面讨论的移动 Ad Hoc 网络的特征、评估指标不同于传统的有线多跳网络。无线网络环境资源的稀缺,使传输带宽相对有限,能量也相对有限。

总之,移动 Ad Hoc 网络正在激起人们的兴趣,其实现工程折中很多,并富有挑战性。各种性能问题需要新的网络控制协议。一个路由协议较适合于某个特定的网络参数集,而不太适合于其他的网络参数集。在提供一个协议描述时,应该同时提到该协议的“优点”和“缺陷”,以便于为该协议的使用确定一组合适的网络参数。一个协议的属性通常可以定性表述,例如,一个路由协议是否能够支持最短路径路由。可以根据属性的定性描述对路由协议做出大致分类,为更详细的协议性能的定量评估建立基础。随着移动 Ad Hoc 网络技术的不断发展和有关成果的不断成熟,这里介绍的指标和方法也将继续变化和发展。

7.4 移动 Ad Hoc 网络的 IP 地址分配技术

在 IP 网络中,移动装置的 IP 地址分配是最重要的网络配置参数之一。一个移动装置在没有分得一个空闲 IP 地址及其相应子网掩码地址之前,无法参与网络中的单目标通信。

地址分配是面向 MANET 网络实际应用的第一步。

如果一个 MANET 网络通过一个网关连接到一个有线网络，那么这个 MANET 网络中的所有节点应该共享同一个网络地址，以便简化这个 MANET 网络和所连接有线网络之间的路由问题。也就是说，MANET 网络节点的地址或者为 IPv4 专用地址，或者为 IPv6 的相同特定前缀。因此，一个移动节点能够启动与有线网络中的某个节点之间的通信。对于一个有线网络节点启动与一个 MANET 网络节点的通信，则必须采用移动 IP 技术。

对于小规模的 MANET 网络，人工分配 IP 空闲地址可能既简单，又高效。但是，对于大规模 MANET 网络，移动节点自由地入网和脱网，所以人工分配 IP 空闲地址就变得非常困难，且不切实际。在此简要介绍移动 Ad Hoc 网络的 IP 地址自动动态分配技术。

针对 MANET 网络地址分配问题面临的难题，一个切实可行的自动配置算法应该处理以下 3 种情形。

情形 A：一个移动节点加入一个 MANET 网络，然后永久离开。

情形 B：一个 MANET 网络分割成若干个互不连接的部分，随后各个分割部分又合并在一起。

情形 C：两个孤立的、已配置的 MANET 网络合并在一起。

MANET 网络的 IP 地址分配协议应该满足如下要求：

(1) 在 IP 地址分配中不应该存在地址冲突，即在任意给定时刻不应该存在两个或者更多节点使用同一个 IP 地址。

(2) 一个节点只有处在网络中的时候，才会分得一个 IP 地址。节点退出网络后，其 IP 地址应该可以用来分配给其他节点。

(3) 一个节点只有在整个网络用完其可用 IP 地址的时候，才应该拒绝一个 IP 地址。也就是说，如果任何一个节点有一个空闲 IP 地址，那么这个 IP 地址就应该分配给地址请求节点。

(4) IP 地址分配协议应该处理网络分割和合并的问题。当两个不同的分割部分合并在一起的时候，可能存在两个或者更多节点使用同一个 IP 地址的问题。这种重复地址应该检测出来和得到解决。

(5) IP 地址分配协议应该确保只有得到授权的节点，才能够得到配置和被允许访问网络资源。

就性能指标而言，要求一个切实可行的自动配置算法通信开销低、均匀分布、时延小、扩展性强、复杂性低等。

MANET 网络 IP 地址的分配方法有如下 3 种类型：冲突检测分配法、无冲突分配法、最大努力分配法。

1. 冲突检测分配法

冲突检测分配法采用“试验和错误”策略为 MANET 网络中的新节点寻找空闲 IP 地址。新节点试验性地选择一个 IP 地址，然后请求所在网络中的所有其他已配置节点认可这个 IP 地址的选择。如果网络中某个已配置节点的 IP 地址等于新节点选择的这个 IP 地址，则会出现地址冲突(即地址出错)，因而新节点就会收到该节点的否认应答，然后新节点重新试验性地选择另外一个 IP 地址，重复上述过程，直到接收到网络中所有已配置节点的认可应答后为止，然后新节点就使用其最后选择的 IP 地址作为其常用地址。冲突检测分配法的例子有 Charles E、Perkins 等人建议的 Ad Hoc 网络 IP 地址自动配置方法。

2. 无冲突分配法

无冲突分配法假定参与地址分配的节点具有互不相交的地址池(即各自地址池中的地址互不相同),据此给一个新节点分配一个空闲地址。因此,参与地址分配的节点能够确信所分配的地址是互不相同的。动态配置与分布协议(Dynamic Configuration and Distribution Protocol,DCDP)就是一个无冲突分配算法,该算法起初是为有线网络的自动配置而提出的。在 DCDP 中,每当加入一个新节点时,一个已配置节点将其地址池一分为二,一半分给新节点,另一半留给自己。

无冲突分配法的一个优点是能够处理情形 B 的地址问题。即使网络分割成若干个部分,不同分割部分中的节点仍然具有不同的地址池,因此,所分配的地址也各不相同。当分割部分重新连接在一起的时候,无须做任何处理。至于情形 C 的地址问题,如果两个 MANET 网络从相同的预留地址块开始配置,那么这两个 MANET 网络合并在一起后,则很可能发生地址冲突问题。

3. 最大努力分配法

在最大努力分配法中,负责地址分配的节点尽其所知地给一个新节点分配一个空闲地址,新节点同时采用地址冲突检测方法保证其分得的地址是一个空闲地址。

最大努力分配法的一个例子是分布式动态主机配置协议(Distributed Dynamic Host Configuration Protocol,DDHCP)。DDHCP 维护一个全分配状态,所有节点使用同一个地址池,这个地址池称为全网地址池(Global Address Pool)。这就意味着,所有移动节点都被跟踪和记录,所以知道哪些 IP 地址已经被使用,哪些 IP 地址是空闲地址。当一个新节点加入到 MANET 网络时,其附近的一个相邻节点可以为其选择一个空闲 IP 地址。最大努力分配法仍然存在地址冲突问题,其原因在于全网地址池中的同一个地址有可能被分配给几乎同时加入网络的两个或者两个以上的新节点。

DDHCP 的一个优点是:DDHCP 能够很好地与主动式路由协议结合在一起工作,因为每个节点进行周期性广播。DDHCP 的另一个优点是:DDHCP 仔细考虑了网络的分割和合并。网络分割后,由含有最小 IP 地址的节点产生分割识别码(ID),然后将分割 ID 周期性地广播到整个分割区域中。因此,通过分割 ID(借助于周期性交换的 HELLO 消息)就能够检测网络的分割和合并。当各个分割部分重新连接在一起后,则初始化地址冲突检测和地址解析进程。

综上所述,IP 地址自动配置就是将一个整数集 R 中的各个数分配给不同的节点。冲突检测分配法和最大努力分配法使用随机猜测,然后通过冲突检测广播确保不存在重复地址。无冲突分配法将整数集 R 分成若干个不相交的子集 R_1、R_2、…、R_m,并从中随机选择一个子集。

7.5 移动 Ad Hoc 网络的功率控制

可达性(Accessibility)和便携性(Portability)在移动 Ad Hoc 网络中是一对矛盾的综合体。一方面,为了提高分组的可达性,可以提高发射机的发射功率,提高信号质量和增加发送节点周围可直达的相邻接点数量,这样增加和加快了发送节点的能耗;另一方面,便携性对装置的体积、重量、供电提出了较苛刻的要求，一般是体积小、重量轻、电池供电，这又对可达性产生了不少的影响，因此，必须综合平衡考虑可达性和便携性。

无线装置在“任何地方、任何时候”都可以使用的时候作用最大。但是，实现这一目标的约束之一是无线装置的供电能力有限，尤其是无线传感器、便携式移动 Ad Hoc 网络节点、车载无线通信设备等的供电能力非常有限。电池供电能力有限，因此无线通信的一般约束是移动终端的连续操作时间短。功率管理是无线通信领域中最富挑战性的一个问题。

7.5.1 功率消耗源

关于网络操作的功率消耗源可以分成两种类型：与通信有关的功率消耗源，与计算有关的功率消耗源。

在移动 Ad Hoc 网络中，通信涉及源节点、中间节点，以及目的节点对收发信机的使用。发射机用来发送控制、路由请求与响应，以及数据分组（发送节点产生的或者转发的）。接收机用来接收数据分组和控制分组，其中有些分组是传输给接收节点的（即接收节点就是目的节点），而有些分组是需要接收节点转发的。理解无线装置中的移动电台的功率特性对于设计高效通信协议非常重要。一部典型的移动电台可能存在 3 种工作方式：发射、接收、备用。发射方式功耗最大，备用方式功耗最小。例如，Proxim RangeLAN2 2.4GHz 1.6Mb/s 的 PCMCIA 卡的发射功耗为 1.5W、接收功耗为 0.75 W、备用方式功耗为 0.01W。此外，发射方式和接收方式之间的转换通常需要 6～30μs。例如，Lucent 15dBm 2.4GHz 2Mb/s WaveLAN PCMCIA 卡的发射功耗为 1.82W、接收功耗为 1.80W、备用方式功耗为 0.18W。因此，在能量资源有限条件下的协议开发目标是：对于一个给定通信任务，收发信机的使用最优化。

这里考虑的计算主要集中在协议处理方面，主要包括 CPU 和主存储器的使用，以及在极小程度上使用磁盘或者其他组件。此外，数据压缩技术（用于减小分组的大小，因而减少能量的使用）由于增加了计算，而可能增加功耗。

可能需要对计算成本和通信成本进行综合、平衡考虑。用于实现低成本通信的技术可能导致计算需求的提高，反之，用于降低计算需求的技术可能导致通信成本的提高。因此，以能量效率为目标而开发的协议应该努力平衡通信成本和计算成本。

7.5.2 功率控制

移动 Ad Hoc 网络的功率控制就是每个节点按照分布式方式为每个分组选择发射功率。因为功率等级的选择将从根本上影响移动 Ad Hoc 网络许多方面的操作，所以功率控制是一个复杂的问题。

(1) 发射功率等级决定接收节点接收信号的质量。

(2) 发射功率等级决定发射的传输距离。

(3) 发射功率等级决定干扰其他接收节点的量级。

由于如下因素：

(1) 功率控制影响物理层。

(2) 由于传输距离影响路由算法，所以功率控制影响网络层。

(3) 由于干扰产生碰撞，所以功率控制影响传输层。

使功率控制对系统总体性能具有多方面的影响:

(1) 由于媒介与传输范围内其他节点数量有关,所以功率等级决定媒介访问控制的性能。

(2) 功率等级选择影响网络连接,因此影响分组的交付能力。

(3) 功率等级影响网络吞吐量。

(4) 功率控制影响媒介的竞争、转发跳数量,因此影响端到端时延。

(5) 发射功率影响能量消耗的重要性能指标。

如果在 OSI 协议栈的很多协议设计中采用固定功率等级,那么功率等级的变化将引起故障。

(1) 改变功率等级可能产生单向链,节点 i 的功率等级足够高,节点 j 能够接收到节点 i 的发送,但是节点 i 却不能接收到节点 j 的发送。

(2) 在很多路由协议中都间接假定是双向链。

(3) 诸如 IEEE 802.11 之类的 MAC 协议都间接依靠双向链的假设。例如,节点 j 发送的 CTS 控制分组只能够阻止能够接收到该 CTS 控制分组的节点停止发送,但是可能还存在节点 j 能够接收到的功率更高的其他节点,ACK 应答分组也假定双向链。

(4) 许多路由协议采用路由反转技术。例如,AODV 和 DSR 路由协议中的路由应答分组都将路由请求分组经过的路由反转。

因此,发射功率控制是一个交叉层设计问题,影响协议栈的各个层次,影响吞吐量、时延、能量消耗等几个关键性能的测量。

7.5.3 通用节能途径

移动 Ad Hoc 网络能量效率协议设计可以采用如下通用节能途径。

(1) 尽力减少分组重传

分组重传引起不必要的功耗,可能产生很大的传输时延。在移动 Ad Hoc 网络中,引起分组重传的原因有 3 个方面:一是无线信道固有的传输误码;二是分组传输碰撞;三是节点移动引起的链路中断、网络拓扑变化。

在无线网络中,衰落、干扰、噪声等原因引起的高误码率导致分组不能正确接收(因为接收到的分组经过检错/纠错处理之后仍然包含误码),甚至无法识别分组同步序列而导致整个分组丢失,因此不能彻底避免分组重传。应该在链路层采用检错/纠错能力强的编码,可以采用自动重传请求(ARQ)和前向纠错(FEC)的综合差错控制机制来节省功率(即 ARQ 重传与长分组 FEC 的综合平衡),在信道状况很差的时候可以不发送。物理层应该具有较强的抗干扰能力,尽力提高分组的首次接收成功率。

分组传输碰撞导致分组丢失而引起分组重传,因此应该在 MAC 层尽可能地排除分组传输碰撞。此外,节点频繁移动引起链路不断变化(不断丢失原有的链路,同时又不断出现新的链路),链路的变化引起网络拓扑的变化,从而导致传输途中的分组发生碰撞、丢失,或者变得不可达,所以要在无线移动网络中完全排除分组传输碰撞也许是不可能的。网络层的路由协议应该及时适应网络的变化,尽快发现目的节点不可达。

(2) 收发信机的高效使用

在通常的广播环境中,接收机始终保持开机状态,因而存在一定的功耗。移动电台接收机接收所有的分组，并且只为接收移动节点转发分组。IEEE 802.11 无线局域网协议采用这种默认机制，要求接收机通过信道连续监视来保持信道的连续跟踪。一种解决方法是：只要节点确定自己在一段时间内无须接收数据，则关闭该节点的收发信机，如 PAMAS 协议采用的就是这种方法。

移动电台在从发射方式切换到接收方式，以及从接收方式切换到发射方式的时候会消耗一定的时间和功率。按照时隙分配许可的协议开销大。因此，这种收发转换是影响协议性能的一个关键因素。如果可能，为了减少收发转换，应该将邻近时隙分配给移动终端发射或者接收，从而降低功耗。这样也有助于移动节点在申请带宽的时候通过使用一个单独的预留分组来请求多个发送时隙，从而降低预留开销，使带宽利用率和能量效率得到提高。

(3) 设置优先级，根据节点供电能力调度分组发送

对于诸如 GSM 之类的有中心无线网络，如果移动终端给基站发送数据发送请求，则中央时间安排机制在基站计算系统发送时间安排，其能量效率更高。但是，分布式时间安排算法则是每个移动节点独立计算时间安排，由于信道容量和传输误码，移动节点不可能满足所有的预留请求，而且时间安排计算需要消耗能量(各个移动节点独立计算时间安排消耗的能量总和大于基站集中计算时间安排消耗的能量)，因而分布式时间安排算法对于以能量效率为设计目的的协议应慎重使用。

在时间安排中可以考虑设置优先级，也可以考虑移动节点的电池供电能力。允许储能耗尽而可能关机的低功率移动节点立即发送。在低功率条件下，允许移动节点重新安排其各个传输流之间已分得的时隙也有助于提高能量效率。允许立即发送高优先级传输，而不用等待原先安排的时间。

(4) 节点能耗的控制与管理

能量效率路由协议有助于平衡每个节点承载的传输量。若让路由协议建立的路由确保全部节点同等地耗尽各自的电池能量，则可以实现能量效率路由协议。其中一个相关机制是避免路由经过电池能量较低的节点，但是却需要一种机制来分发节点的电池能量信息。减慢路由更新周期能够节能，但是在用户移动速率较高时减慢路由更新周期可能产生无效路由。提高能量性能的另一种方法是利用无线网络的广播特性进行广播传输和多目标传输。也可以通过改变节点发射功率来控制网络拓扑，得到的网络拓扑满足某些网络特性。

(5) 暂停组成单元的操作

在 OS 层提出的各种节能技术的一个共同因素是根据检测到的持续停止状态暂停某种特定子单元(如磁盘、存储器、显示器等)。

关于一些具体的功率控制协议，在此不具体介绍，读者可参阅相关文献。

7.6　移动 Ad Hoc 网络的 QoS 问题

在移动 Ad Hoc 网络上运行多媒体应用，如视频电话和按需多媒体，正在成为普适计算(Ubiquitous Computing)和普适通信(Ubiquitous Communication)环境中的一个完整部分。将多媒体应用和移动 Ad Hoc 网络综合在一起的一个重要的认可准则就是提供端到端的服务质量(Quality of Service，QoS)，例如，访问多媒体数据的高成功率，以及数据恢复时的有限制的端到端时延和满意的吞吐量。

7.6.1 服务质量参数

服务质量通常定义为把分组流从源节点传输到目的节点的时候,网络必须满足的一个服务要求集合。网络节点受到终端用户指定的服务要求的控制。期望网络按照端-端性能向终端用户保证一组可测量的、预定的服务属性,如时延、带宽、分组丢失概率、时延变化(抖动)等。功率消耗和服务覆盖范围是另外两个 QoS 属性,这两个属性对移动 Ad Hoc 网络很特别。QoS 参数可以按照一种参数,或者比例可变的多个参数的一个集合来定义。

QoS 参数可能是凹面的(concave),或者加性的(additive)。带宽是凹面的,意思就是端-端带宽是一条路径上所有链路中最小的,时延和时延抖动是加性的。端-端时延(抖动)是一条路径上所有链路的时延(抖动)的累加。

7.6.2 移动 Ad Hoc 网络提供 QoS 支持所面临的问题与困难

移动 Ad Hoc 网络不同于有线 Internet 网络基础设施。这种差别使得在移动 Ad Hoc 网络环境下支持 QoS 引入了独特的问题和困难,逐条列述如下。

(1) 不可预测的链路特性。无线媒介是非常难以预测的,分组碰撞对于无线网络是固有的,信号传播面临诸如信号衰落、干扰,以及多径干扰等困难,所有这些特性都使得测量(如一条无线链路的带宽和时延)变得不可预测。

(2) 隐含终端问题。多跳分组中继传输引入了隐含终端问题。当两个节点的信号相互不在对方的电波传播的直接覆盖范围之内的时候,隐含终端问题就会在这两个节点之间的某个公共中间节点上发生。

(3) 节点移动。节点移动导致动态的网络拓扑。当两个节点移动而相互直接进入对方的电波传播覆盖范围之内的时候,就动态地形成这两个节点之间的链路;当两个节点移动而相互不在其对方的电波传播的直接覆盖范围之内的时候,就动态地拆除这两个节点之间的链路。

(4) 路由维护。网络拓扑的动态特性和通信媒介的变化特性使得精确维护网络状态信息变得非常困难。因此,移动 Ad Hoc 网络中的路由算法不得不依靠本来就不精确的信息来工作。此外,在移动 Ad Hoc 网络环境中,节点可以在任何时候进入网络,也可以在任何时候离开网络。已建立起来的路由即使在数据传输过程中,也可能中断,从而导致需要以最低开销和最小时延来维护和重建路由。

具有 QoS 意识的路由应当要求在路由器(中间节点)上预留资源。但是,随着网络拓扑的变化,中间节点也随着变化,结果产生新的路径,所以,使用路由中的更新进行资源预留维护变得很困难。

(5) 有限的电池寿命。移动装置通常都依靠有限的电池能量来工作。提供 QoS 下的资源分配必须考虑与资源使用相对应的电池剩余能量和电池消耗速率。因此,提供 QoS 的所有技术应该具有能量意识,而且是能量高效使用的。

(6) 安全。安全可以看成 QoS 的一个属性。没有足够的安全,未授权的访问和使用会干扰 QoS 协商;无线网络的广播特性可能引起更多的安全暴露;无线网络的物理媒介本来就不安全;所以,需要为移动 Ad Hoc 网络设计具有安全意识的路由算法。

7.6.3　折中原理

移动 Ad Hoc 网络的动态性归因于多种原因。例如，易变和多变的链路特性、节点移动、变化的网络拓扑、可变的应用要求，在这种动态环境下提供 QoS 是非常困难的。为移动 Ad Hoc 网络提供 QoS 的两个折中原理是：软 QoS 和 QoS 自适应。

软 QoS 的意思就是在连接建立之后，可能存在一个短暂的时间周期，此时，QoS 技术规范得不到满足。但是，可以通过在总的连接时间内的总的未满足时间之比来量化 QoS 满足等级。这个比率不应该高于某个门限值。

在固定等级 QoS 方法中，一个预留通过一个 n 维空间上的一个点来表示，n 维空间的坐标定义为服务的特性。在动态 QoS 方法中，允许一个预留指定一个值的范围，而不是单个值的一个点。使用这种方法，随着有效资源的变化，网络能够在预留范围内重新调整资源分配。要求应用能够适应这种重新分配。这种情况的一个例子就是层次化的实时视频，它需要最小带宽保证，在附加资源有效时允许增强级 QoS。QoS 自适应也可以在各层上进行。例如，物理层应该通过自适应地提高或者降低发射功率来跟踪传输质量的变化。链路层应该对链路差错率的变化做出反应，包括使用自动重传请求(ARQ)技术。较复杂的技术涉及自适应误码纠错机制，根据传输质量的变化增加，或者减少误码纠错编码数量。就像链路层关心易变的比特误码率一样，在网络层观察到的主要是有效吞吐量(带宽)和时延的变化。

7.6.4　处理方法

1. 从单一网络层次上支持 QoS

按照层次化观点讨论移动 Ad Hoc 网络提供 QoS 的问题。首先从物理层开始，然后到应用层。

2. 层间处理法

除了在单一网络层上研究 QoS 支持以外，现在已经做了一些努力引导设计和实现移动 Ad Hoc 网络的层与层之间的 QoS 框架体系。

7.7　移动 Ad Hoc 网络的安全问题

7.7.1　移动 Ad Hoc 网络面临的安全威胁

在实现移动 Ad Hoc 网络安全目标的过程中，移动 Ad Hoc 网络的显著特点造成了挑战和机会共存。

第一，无线链路的使用使移动 Ad Hoc 网络易受攻击者影响。链路攻击者的范围从被动偷听到主动伪装、信息重放、信息失真。偷听可能使对手能获取秘密信息，破坏机密性。主动攻击使对手能删除信息、加入错误信息、修改信息，或伪装成一个节点，从而破坏网络的可用性、完整性、鉴权和非否定性。

第二，在敌对环境(如战场)中漫游而缺乏相关物理保护的节点，有着不可忽视的、被危害的可能性。因此，为了达到更高的安全性，移动 Ad Hoc 网络应该有一个无中心实体的分配体系结构。将任何集中化的实体引入到移动 Ad Hoc 网络中的安全解决方案都可能导致明显的缺点。也就是说,如果这个集中实体是有害的,那么整个网络都可能被破坏。

第三,因为移动 Ad Hoc 网络在拓扑结构和成员数(如节点频繁地加入和离开网络)两方面的不断变化,所以移动 Ad Hoc 网络是动态的,其节点之间的动态关系也将随之变化。例如,当某些节点被检测到有害时,与其他的无线移动网络(如移动 IP)不同,移动 Ad Hoc 网络中的节点可以动态地适应与之相关联的管理领域。任何静态配置的安全方案都是不够的,移动 Ad Hoc 网络的安全机制需要快速地适应这些变化。

第四,一个移动 Ad Hoc 网络可能包括成百上千个节点。所以,移动 Ad Hoc 网络的安全机制应该是可升级的、可扩展的,以运作一个大的网络。

7.7.2 安全目标

对于移动 Ad Hoc 网络来说,安全是很重要的,特别是那些对安全很敏感的应用更是需要安全保护。为了维护移动 Ad Hoc 网络的安全,需要考虑以下安全属性: 实用性、机密性、完整性、认证和非否定性。

(1) 实用性(Availability)。用来保证网络服务即使在遭到拒绝服务 DoS 攻击时,仍稳定存在(保证网络服务的顽存性)。能够在移动 Ad Hoc 网络的任何层次上发起拒绝服务 DoS 攻击。在物理层和媒介访问控制(MAC)层,对手可能使用人为干扰妨碍物理层通信。在网络层,对手可能破坏路由协议,产生错误路由分组,或者堵塞网络,或者使网络断开。在更高层,对手可能降低高层服务。瞄准这样一个安全目标的就是密钥管理服务。对任何一个安全结构体系来说,密钥管理服务都是一个很重要的服务。

(2) 机密性(Confidentiality)。保证某些信息永远不会暴露给未授权实体。敏感信息的网络传输(如战略军事信息和战术军事信息在网络中的传输)要求保密。将这些信息泄露给对手可能带来毁灭性后果。在某些情况下,路由信息也必须保密,因为路由信息对对手在战场上识别他们的身份和定位他们的目标非常有价值。

(3) 完整性(Integrity)。保证被传输的信息永远不会被破坏。因为消息或者可能因为良性的故障而被破坏(如无线电波传输的损伤),或者可能因为网络中的恶意攻击而被破坏。

(4) 认证(Authentication)。使得一个节点能够确保识别与之通信的同等节点的身份。如果没有认证,对手可能装作为一个节点,未经授权便访问网络资源和敏感信息,同时,还妨碍其他节点操作。

(5) 非否定性(Non-Repudiation)。保证消息源不能拒绝发送信息。非否定性对探测和隔离危及网络安全的节点很有用。当节点 A 从节点 B 接收到一个错误消息时,非否定性使节点 A 能够通过这条错误消息指控节点 B,并使其他节点确信节点 B 是危及网络安全的。

7.8 移动 Ad Hoc 网络的应用

移动 Ad Hoc 网络的特性决定了其不仅具有极高的军事应用价值,而且还具有很高的商业应用价值。理论上,移动 Ad Hoc 网络理论、技术是普适计算(Ubiquitous Computing)

和普适通信(Ubiquitous Communication)的一个重要组成部分。

美国国防部 DoD 一直是移动 Ad Hoc 网络的主要开发者。因此,Ad Hoc 网络的市场有相当大一部分是面向军事应用的。但是,由于技术的快速发展,商用市场也正在开发移动 Ad Hoc 网络产品,不仅 Ad Hoc 网络通信产品的功能变得更加强大,而且正在出现新的一轮数据通信产品和应用。

用户需求也在不断提高。人们过去习惯于蜂窝电话和 Internet,但是现在人们希望任何时候、任何地点都能够通信,希望能够方便地得到类似的服务。移动 Ad Hoc 网络为此能够提供一些新的可能。

移动 Ad Hoc 网络可应用于军事、工业、消费者,因此,各种可能的不同应用是庞大的。这里介绍一些典型的应用例子,讨论移动 Ad Hoc 网络在这些典型应用例子中的作用及其要求。其中有些应用可以被严格分类,如政府应用;而另外一些应用,如个人区域网络,则适用于所有用户群体。

1. 会议

目前,办公室环境安装有大量的计算机,当办公室局域网基础设施不能使用的时候,就更需要这些计算机共同协作、共同处理。会议可能是最典型的移动 Ad Hoc 网络应用的例子,其主要问题是与外部系统连接的问题。

移动 Ad Hoc 网络比有线以太网更方便,比使用蜂窝网或者 Internet 更便宜、更安全。

2. 个人区域网络

今天,人们拥有各种手持个人设备,例如数码相机、MP3 放映机、移动电话、个人数字助理(PDA)。目前,这些设备的使用大都是独立的、互不相关的,但是在将来,这些设备的使用可能是相互关联的。个人区域网络(PAN)的思想就是要建立一个高度本地化的网络,使信息在这些设备之间无缝地传递。当然,将来这种移动 Ad Hoc 网络节点可以放在眼镜、皮带之中,并且这个概念还适用于更为广泛的家庭电子学。

为了建立这些网络,人们需要价廉、传输距离短的无线链路技术。IEEE 802.11、蓝牙就是最适用的。蓝牙思想非常适合移动 Ad Hoc 网络,但是,蓝牙的 PICONET、SCATTERNET 网络结构存在信息传输时延长、网络结构不理想等问题。因此,还有很多从物理层到网络层的问题需要解决。

3. 紧急事件服务

从紧急事件服务观点来看,能够建立不需要任何固定基础设施的通信是至关重要的。当然,如果能够得到这种覆盖面广的基础设施,就没有必要使用移动 Ad Hoc 网络。但是,假如已有的基础设施被损坏,或者已不能再适用,或者由于其他原因覆盖范围太小,那么情况会怎样?

移动 Ad Hoc 网络能够克服这些问题。例如,在灾难、大规模罢工,或者自然灾害期间,还应该明白盲点造成服务中断的频次要大得多,如在海中、在地下,或者没有电源。

移动 Ad Hoc 网络能够让警察、消防人员、其他紧急事件工作人员在这种环境中工作,但是却带来某些更为严重的威胁,例如安全威胁。没有中心管理可能会带来某些困难。特别是,由于网络应用和网络服务的重要性正在日益增长,所以安全程度也越来越高。

4. 传感器尘埃

微处理器的处理能力和存储容量已经得到极大提高,这就使得能够开发体积更小而功能却更强的无线设备。硬件技术和工程设计的最新发展已经降低了无线设备和微型电机系统的成本和功耗,减小了它们的体积。

这种发展使得有可能开发包含一个或者多个微小传感器、一个电源、具有计算能力和通信能力的自治、紧凑、低成本的移动网络节点。这种传感器尘埃节点(Dust Nodes)可能就几立方毫米大小,所以其体积小得足够在空中停留数个小时,甚至是数天时间。

这种技术将非常适用于很多不同的用户群,例如:

(1) 紧急事件工作人员可以使用这些传感器来检测可能的危险化学品或者有害气体。

(2) 军事上,也可以使用 Ad Hoc 设备来做(1)的事情(例如战争气体),或者进行智能操作。在前两种应用中,传感器可以安置在飞机等平台上,采集所需要的信息。

(3) 工业上,可以使用传感器来控制工业过程,或者寻找故障。

在很多情况下,电池的寿命可能就是传感器的整个寿命。因此,传感器尘埃应用是极具挑战性的产品,对 Ad Hoc 数据传输和路由协议提出了极其严格的功耗要求。第 8 章将专门介绍无线传感器网络。

尽管各种各样的大量移动 Ad Hoc 网络应用是可行的,但是要找到现成的移动 Ad Hoc 网络商用产品却要困难得多。其主要原因是能够买到的移动 Ad Hoc 网络商用产品仍然非常稀少。另一个原因是,商用产品通常不是按照移动 Ad Hoc 网络产品来销售的。例如,能够揭示使用移动 Ad Hoc 网络的一些其他应用有:对等通信(Peer Communication)、网状网络(Mesh Networking)、普适通信(Ubiquitous Communication)。

目前,消费者还不能购买到任何商用产品,主要原因在于使用蓝牙技术和 IEEE 802.11 技术时遇到的问题。目前,蓝牙芯片和 IEEE 802.11PC 卡只支持 Ad Hoc 连接。因此,不能认为蓝牙芯片和 IEEE 802.11PC 卡就是真正的移动 Ad Hoc 网络商用产品。

某些军用系统、其他战术产品,包括紧急事件、探险,以及通信,可能使用移动 Ad Hoc 网络。事实上,在工业部门,移动 Ad Hoc 网络已经用在嵌入式的复杂综合系统之中。

尽管移动 Ad Hoc 网络商用产品的范围极小、可用信息极少,但是市场上仍然有一些移动 Ad Hoc 网络产品。除了复杂的综合产品外,还包括一些应用,如对等网络客户、蓝牙和 IEEE 802.11 网络仿真器及其支持多跳连接的软件。

习 题

填空题

1. ________网络是移动设备构造的网络。

2. 无线 Mesh 网络和无线传感器网络本质上属于________。

单选题

使用( )网络能够动态互连移动无线设备(这些移动无线设备必须包含路由功能)。

A. 自组织　　B. MANET　　C. MONET　　D. WLAN

名词解释

MANET

参考文献

[1] Dharma Prakash Agrawal, Qing-An Zeng. Introduction to Wireless and Mobile Systems[M]. 北京：高等教育出版社，2003.

[2] Kaveh Pahlavan, Prashant Krishnamurthy. Principles of Wireless Networks: A Unified Approach[M]. 北京：科学出版社，2003.

[3] Andrew S, Tanenbaum. Computer Networks(fourth edition)[M]. 北京：清华大学出版社，2004.

[4] 郑相全，等. 无线自组网技术实用教程[M]. 北京：清华大学出版社，2004.

[5] 陈林星，曾曦，曹毅. 移动 Ad Hoc 网络——自组织分组无线网络技术[M]. 北京：电子工业出版社，2006.

[6] 王金龙，王呈贵. Ad Hoc 移动无线网络[M]. 北京：国防工业出版社，2004.

第8章

无线传感器网络

无线传感器网络是一种应用性的网络。它是以前面几章介绍的各种网络技术为基础的，所以前面的许多技术(特别是移动 Ad Hoc 网络技术，从某种程度上可以认为无线传感器网络是一种特殊的移动 Ad Hoc 网络)可以用到无线传感器网络中，但由于无线传感器网络应用的特殊性，它又有很多新的问题需要解决，本章将对这些内容进行介绍，使读者对无线传感器网络建立初步的认识。

8.1 无线传感器网络概述

微电子技术、计算技术和无线通信等技术的进步，推动了低功耗多功能传感器的快速发展，使其在微小体积内能够集成信息采集、数据处理和无线通信等多种功能。无线传感器网络(Wireless Sensor Network，WSN)由部署在监测区域内大量的廉价微型传感器节点组成，通过无线通信方式形成的一个多跳的自组织的网络系统，其目的是协作地感知、采集和处理网络覆盖区域中感知对象的信息，并发送给观察者。传感器、感知对象和观察者构成了传感器网络的 3 个要素。如果说 Internet 构成了逻辑上的信息世界，改变了人与人之间的沟通方式，那么，无线传感器网络就是将逻辑上的信息世界与客观上的物理世界融合在一起，改变人类与自然界的交互方式。人们可以通过传感网络直接感知客观世界，从而极大地扩展现有网络的功能和人类认识世界的能力。美国《商业周刊》和《MIT 技术评论》在预测未来技术发展的报告中，分别将无线传感器网络列为 21 世纪最有影响的 21 项技术和改变世界的十大技术之一。无线传感器网络、塑料电子学和仿生人体器官又被称为全球未来的 3 大高科技产业。

8.2 无线传感器网络的体系结构

1. 网络结构

无线传感器网络结构如图 8.1 所示。无线传感器网络系统通常包括传感器节点(sensor node)、汇聚节点(sink node)和管理节点。大量传感器节点随机部署在监测区域(sensor field)内部或附近，能够通过自组织方式构成网络。传感器节点监测的数据沿着其他传感器节点逐跳地进行传输，在传输过程中监测数据可能被多个节点处理，经过多跳后路由到汇聚节点，最后通过互联网或卫星到达管理节点。用户通过管理节点对传感器网络进行配置和管理，发布监测任务，以及收集监测数据。

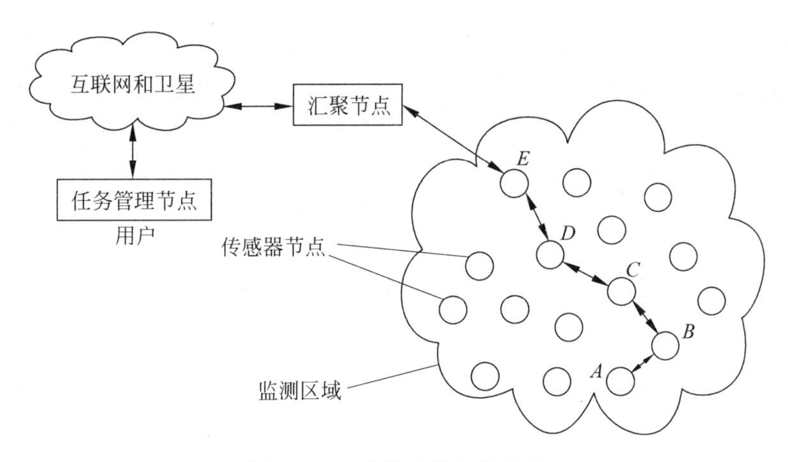

图 8.1 无线传感器网络结构

传感器节点通常是一个微型的嵌入式系统，它的处理能力、存储能力和通信能力相对较弱，通过携带能量有限的电池供电。从网络功能上看，每个传感器节点兼顾传统网络节点的终端和路由器双重功能，除了进行本地信息收集和数据处理外，还要对其他节点转发来的数据进行存储、管理和融合等处理，同时与其他节点协作完成一些特定任务。目前传感器节点的软硬件技术是传感器网络研究的重点。

汇聚节点的处理能力、存储能力和通信能力相对比较强，它连接传感器网络与 Internet 等外部网络，实现两种协议栈之间的通信协议转换，同时发布管理节点的监测任务，并把收集的数据转发到外部网络上。汇聚节点既可以是一个具有增强功能的传感器节点，有足够的能量供给和更多的内存与计算资源，也可以是没有监测功能，仅带有无线通信接口的特殊网关设备。

2. 传感器节点结构

传感器节点由传感器模块、处理器模块、无线通信模块和能量供应模块 4 部分组成，如图 8.2 所示。传感器模块负责监测区域内信息的采集和数据转换；处理器模块负责控制整个传感器节点的操作，存储和处理本身采集的数据，以及其他节点发来的数据；无线通信模块负责与其他传感器节点进行无线通信，交换控制消息和收发采集数据；能量供应模块为传感器节点提供运行所需的能量，通常采用微型电池。

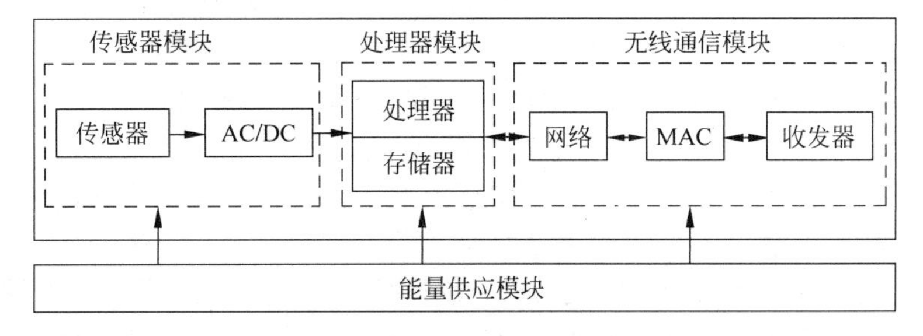

图 8.2 传感器节点体系结构

3. 协议栈

随着传感器网络的深入研究,研究人员提出了多个传感器节点上的协议栈。图 8.3(a)所示是早期提出的一个协议栈,这个协议栈包括物理层、数据链路层、网络层、传输层和应用层,与互联网协议栈的5层协议相对应。另外,协议栈还包括能量管理平台、移动管理平台和任务管理平台。这些管理平台使得传感器节点能够按照能源高效的方式协同工作,在节点移动的传感器网络中转发数据,并支持多任务和资源共享。各层协议和平台的功能如下:

- 物理层提供简单但健壮的信号调制和无线收发技术。
- 数据链路层负责数据成帧、帧检测、媒体访问和差错控制。
- 网络层主要负责路由生成与路由选择。
- 传输层负责数据流的传输控制,是保证通信服务质量的重要部分。
- 应用层包括一系列基于监测任务的应用层软件。
- 能量管理平台管理传感器节点如何使用能源,在各个协议层都需要考虑节省能量。
- 移动管理平台检测并注册传感器节点的移动,维护到汇聚节点的路由,使得传感器节点能够动态跟踪其邻居的位置。
- 任务管理平台在一个给定的区域内平衡和调度监测任务。

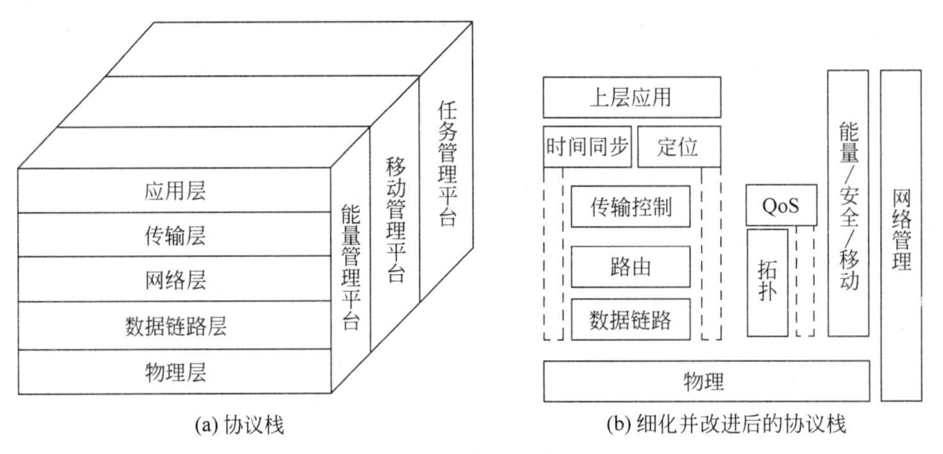

(a) 协议栈　　(b) 细化并改进后的协议栈

图 8.3　无线传感器网络协议栈

图 8.3(b)所示的协议栈细化并改进了原始模型。定位和时间同步子层在协议栈中的位置比较特殊。它们既要依赖于数据传输通道进行协作定位和时间同步协商,同时又要为网络协议各层提供信息支持,如基于时分复用的MAC协议,基于地理位置的路由协议等很多传感器网络协议都需要定位和同步信息。所以,在图 8.3(b)中用到L形描述这两个功能子层。图 8.3(b)右边的诸多机制一部分融入到图 8.3(a)所示的各层协议中,用以优化和管理协议流程;另一部分独立在协议外层,通过各种收集和配置接口对相应机制进行配置和监控。如能量管理,在图 8.3(a)中的每个协议层次中都要增加能量控制代码,并提供给操作系统进行能量分配决策;QoS管理在各协议层设计队列管理、优先级机制或者带宽预留等机制,并对特定应用的数据给予特别处理;拓扑控制利用物理层、数据链路层或路由层完成拓扑生成,反过来又为它们提供基础信息支持,优化MAC协议和路由协议的协议过程,提高协议效率,减少网络能量消耗;网络管理则要求协议各层嵌入各种信息接口,并定时收集协议运行状态和流量信息,协调控制网络中各个协议组件的运行。

8.3　无线传感器网络的特点

第 7 章指出移动 Ad Hoc 网络是一个由几十到上百个节点组成的、采用无线通信方式的、动态组网的、多跳的移动性对等网络。其目的是通过动态路由和移动管理技术传输具有服务质量要求的多媒体信息流，通常节点具有持续的能量供给。

无线传感器网络虽然与移动 Ad Hoc 网络有相似之处，但同时也存在很大差别。无线传感器网络是集成了监测、控制，以及无线通信的网络系统，节点数目更庞大(上千，甚至上万)，节点分布更密集；由于环境影响和能量耗尽，节点更容易出现故障；环境干扰和节点故障易造成网络拓扑结构的变化；通常情况下，大多数传感器节点是固定不动的。另外，传感器节点具有的能量、处理能力、存储能力和通信能力等都十分有限。传统无线网络的首要设计目标是提供高服务质量和高效带宽利用，其次才考虑节约能源；而传感器网络的首要设计目标是能源的高效使用，这也是无线传感器网络和传统移动 Ad Hoc 网络最重要的区别之一。

总结起来，无线传感器网络的特点概括如下。

1. 大规模网络

为了获取精确信息，在监测区域通常部署大量传感器节点，传感器节点数量可能达到成千上万，甚至更多。传感器网络的大规模性包括两方面的含义：一方面是传感器节点分布在很大的地理区域内，如在原始大森林采用传感器网络进行森林防火和环境监测，需要部署大量的传感器节点；另一方面，传感器节点部署很密集，在一个面积不是很大的空间内，密集部署了大量的传感器节点。

无线传感器网络的大规模性具有如下优点：通过不同空间视角获得的信息具有更大的信噪比；通过分布式处理大量的采集信息能够提高监测的精确度，降低对单个节点传感器的精度要求；大量冗余节点的存在，使得系统具有很强的容错性能；大量节点能够增大覆盖的监测区域，减少洞穴或者盲区。

2. 自组织网络

在无线传感器网络应用中，通常情况下，传感器节点被放置在没有基础结构的地方。传感器节点的位置不能预先精确设定，节点之间的相互邻居关系预先也不知道，如通过飞机播撒大量传感器节点到面积广阔的原始森林中，或随意放置到人不可到达或危险的区域。这样就要求传感器节点具有自组织的能力，能够自动进行配置和管理，通过拓扑控制机制和网络协议自动形成转发监测数据的多跳无线网络系统。

在无线传感器网络使用过程中，部分传感器节点由于能量耗尽或环境因素造成失效，也有一些节点为了弥补失效节点、增加监测精度而补充到网络中，这样在传感器网络中的节点个数就动态地增加或减少，从而使网络的拓扑结构随之动态地变化。无线传感器网络的自组织性要能够适应这种网络拓扑结构的动态变化。

3. 动态性网络

无线传感器网络的拓扑结构可能因为下列因素而改变：①环境因素或电能耗尽造成的传感器节点出现故障或失效；②环境条件变化可能造成无线通信链路带宽变化，甚至时断时通；③无线传感器网络的传感器、感知对象和观察者这 3 个要素都可能具有移动性；④新节点的加入。这就要求无线传感器网络系统要能够适应这种变化,具有动态的系统可重构性。

4. 可靠的网络

无线传感器网络特别适合部署在恶劣环境或人类不宜到达的区域,传感器节点可能工作在露天环境中,遭受太阳的暴晒或风吹雨淋,甚至遭到无关人员或动物的破坏。传感器节点往往采用随机部署,如通过飞机撒播或发射炮弹到指定区域进行部署。这些都要求传感器节点非常坚固,不易损坏,适应各种恶劣环境条件。

由于监测区域环境的限制以及传感器节点数目巨大,不可能人工"照顾"每个传感器节点,网络的维护十分困难,甚至不可维护。传感器网络的通信保密性和安全性也十分重要,要防止监测数据被盗取和获取伪造的监测信息。因此,无线传感器网络的软硬件必须具有鲁棒性和容错性。

5. 应用相关的网络

无线传感器网络用来感知客观物理世界,获取物理世界的信息量。客观世界的物理量多种多样,不可穷尽。不同的传感器网络应用关心不同的物理量,因此对传感器的应用系统也有多种多样的要求。

不同的应用背景对无线传感器网络的要求不同,其硬件平台、软件系统和网络协议必然会有很大差别。所以,无线传感器网络不能像 Internet 一样,有统一的通信协议平台。对于不同的无线传感器网络应用虽然存在一些共性问题,但在开发无线传感器网络应用中,更关心无线传感器网络的差异。只有让系统更贴近应用,才能做出最高效的目标系统。针对每一个具体应用来研究无线传感器网络技术,这是无线传感器网络设计不同于传统网络的显著特征。

6. 以数据为中心的网络

目前的互联网是先有计算机终端系统,然后再互连成为网络,终端系统可以脱离网络独立存在。在互联网中,网络设备用网络中唯一的 IP 地址标识,资源定位和信息传输依赖于终端、路由器、服务器等网络设备的 IP 地址。如果想访问互联网中的资源,首先要知道存放资源的服务器 IP 地址。可以说,目前的互联网是一个以地址为中心的网络。

无线传感器网络是任务型的网络,脱离无线传感器网络谈论传感器节点没有任何意义。无线传感器网络中的节点采用节点编号标识,节点编号是否需要全网唯一取决于网络通信协议的设计。由于传感器节点随机部署,构成的无线传感器网络与节点编号之间的关系是完全动态的,表现为节点编号与节点位置没有必然联系。用户使用无线传感器网络查询事件时,直接将所关心的事件通告给网络,而不是通告给某个确定编号的节点。网络在获得指定事件的信息后汇报给用户。这种以数据本身作为查询或传输线索的思想更接近自然语言交流的习惯。所以,通常说无线传感器网络是一个以数据为中心的网络。

例如,在应用于目标跟踪的无线传感器网络中,跟踪目标可能出现在任何地方,对目标感兴趣的用户只关心目标出现的位置和时间,并不关心哪个节点监测到目标。事实上,在目标移动的过程中,必然是由不同的节点提供目标的位置消息。

8.4 无线传感器网络的应用

无线传感器网络的应用前景非常广阔,能够广泛应用于军事、环境监测和预报、医疗护理、智能家居、建筑物状态监控、复杂机械监控、城市交通、空间探索、大型车间和仓库管理,以及机场、大型工业园区的安全监测等领域。随着传感器网络的深入研究和广泛应用，无线传感器网络将逐渐深入到人类生活的各个领域。

1. 军事应用

无线传感器网络具有可快速部署、可自组织、隐蔽性强和高容错性的特点，因此非常适合在军事上应用。利用传感器网络能够实现对敌军兵力和装备的监控、战场的实时监视、目标的定位、战场评估、核攻击和生物化学攻击的监测和搜索等功能。

通过飞机或炮弹直接将传感器节点播撒到敌方阵地内部，或者在公共隔离带部署传感器网络，就能够非常隐蔽而且近距离准确地收集战场信息，迅速获取有利于作战的信息。传感器网络是由大量的、随机分布的节点组成的，即使一部分传感器节点被敌方破坏，剩下的节点依然能够自组织地形成网络。传感器网络可以通过分析采集到的数据，得到十分准确的目标定位，从而为火控和制导系统提供精确的制导。利用生物和化学传感器，可以准确地探测到生化武器的成分，及时提供情报信息，有利于正确防范和实施有效的反击。

无线传感器网络已经成为军事 C^4ISRT(Command，Control，Communication，Computing，Intelligence，Surveillance，Reconnaissance and Targeting)系统必不可少的一部分，受到军事发达国家的普遍重视，各国均投入了大量的人力和财力进行研究。美国 DARPA(Defense Advanced Research Projects Agency)很早就启动了 SensIT(Sensor Information Technology)计划。该计划的目的就是将多种类型的传感器、可重编程的通用处理器和无线通信技术组合起来，建立一个廉价的、无处不在的网络系统，用以监测光学、声学、震动、磁场、湿度、污染、毒物、压力、温度、加速度等物理量。

2. 环境监测和预报系统

随着人们对环境的日益关注，环境科学所涉及的范围越来越广泛。无线传感器网络在环境研究方面可用于监视农作物灌溉情况、土壤空气情况、牲畜和家禽的环境状况和大面积的地表监测等，可用于行星探测、气象和地理研究、洪水监测等，还可以通过跟踪鸟类、小型动物和昆虫进行种群复杂度的研究等。

基于无线传感器网络的 ALERT 系统中就有数种传感器用来监测降雨量、河水水位和土壤水分，并依此预测爆发山洪的可能性。类似地，无线传感器网络可实现对森林环境监测和火灾报告，传感器节点被随机密布在森林之中，平常状态下定期报告森林环境数据，当发生火灾时，这些传感器节点通过协同合作会在很短的时间内将火源的具体地点、火势的大小等信息传送给相关部门。

无线传感器网络还有一个重要应用就是生态多样性的描述，能够进行动物栖息地生态监测。美国加州大学伯克利分校 Intel 实验室和大西洋学院联合在大鸭岛(Great Duck Island)上部署了一个多层次的无线传感器网络系统，用来监测岛上海燕的生活习性。

3. 医疗护理

无线传感器网络在医疗系统和健康护理方面的应用包括监测人体的各种生理数据，跟踪和监控医院内医生和患者的行动，医院的药物管理等。如果在住院病人身上安装特殊用途的传感器节点，如心率和血压监测设备，医生利用无线传感器网络就可以随时了解被监护病人的病情，发现异常能够迅速抢救。将传感器节点按药品种类分别放置，计算机系统即可帮助辨认所开的药品，从而减少病人用错药的可能性。还可以利用无线传感器网络长时间地收集人体的生理数据，这些数据对了解人体活动机理和研制新药品都是非常有用的。

人工视网膜是一项生物医学的应用项目。在SSIM(Smart Sensors and Integrated Microsytems)计划中,替代视网膜的芯片由100个微型的传感器组成,并置入人眼,目的是使得失明者或者视力极差者能够恢复到一个可以接受的视力水平。传感器的无线通信满足反馈控制的需要,有利于图像的识别和确认。

4. 智能家居

无线传感器网络能够应用在家居中。在家电和家具中嵌入传感器节点,通过无线网络与Internet连接在一起,将会为人们提供更加舒适、方便和更具人性化的智能家居环境。利用远程监控系统,可完成对家电的远程遥控,如可以在回家之前半小时打开空调,这样回家的时候就可以直接享受适合的室温,也可以遥控电饭锅、微波炉、电冰箱、电话机、电视机、录像机、电脑等家电,按照自己的意愿完成相应的煮饭、烧菜、查收电话留言、选择录制电视和电台节目,以及下载网上资料到计算机中等工作,也可以通过图像传感设备随时监控家庭安全情况。

利用无线传感器网络可以建立智能幼儿园,监测孩童的早期教育环境,跟踪孩童的活动轨迹,可以让父母和老师全面地研究学生的学习过程,回答一些诸如:“学生A是否总是待在某个学习区域内?”“学生B是否常常独处?”等问题。

5. 建筑物状态监控

建筑物状态监控(Structure Health Monitoring,SHM)是利用无线传感器网络来监控建筑物的安全状态。由于建筑物不断修补,可能会存在一些安全隐患。虽然地壳偶尔的小震动可能不会带来看得见的损坏,但是也许会在支柱上产生潜在的裂缝,这个裂缝可能会在下一次地震中导致建筑物倒塌。用传统方法检查,往往要将大楼关闭数月。

作为CITRIS(Center of Information Technology Research In the Interest of Society)计划的一部分,美国加州大学伯克利分校的环境工程和计算机科学家们采用无线传感器网络,让大楼、桥梁和其他建筑物能够自身感觉并意识到它们本身的状况,使得安装了无线传感器网络的智能建筑自动告诉管理部门它们的状态信息,并且能够自动按照优先级进行一系列自我修复工作。未来的各种摩天大楼可能就会装备这种类似红绿灯的装置,从而建筑物可自动告诉人们当前是否安全、稳固程度如何等信息。

6. 其他方面的应用

复杂机械的维护经历了“无维护”“定时维护”,以及“基于情况的维护”3个阶段。采用“基于情况的维护”方式能够优化机械的使用,保持过程更加有效,并且保证制造成本仍然低廉。其维护开销分为几个部分:设备开销、安装开销和人工收集分析机械状态数据的开销。采用无线传感网络能够降低这些开销,特别是能够去掉人工开销。尤其是目前数据处理硬件技术的飞速发展和无线收发硬件的发展,新的技术已经成熟,可以使用无线技术避免昂贵的线缆连接,采用专家系统自动实现数据的采集和分析。

无线传感器网络可以应用于空间探索。借助于航天器在外星体撒播一些无线传感器网络节点,可以对星球表面进行长时间的监测。这种方式成本很低,节点体积小,相互之间可以通信,也可以和地面站进行通信。NASA的JPL(Jet Propulsion Laboratory)实验室研制的Sensor Webs就是为将来的火星探测进行技术准备。该系统已在佛罗里达宇航中心周围的环境监测项目中实施测试和完善。

2003年,《计算机世界》第8期题为“智能微尘:魔鬼还是天使?”的文章指出:智能微尘(英特尔公司提出并将要开发的体积微小的传感器节点)带来的用途是显而易见的。以我国西气东输及输油管道的建设为例,由于这些管道在很多地方都要穿越大片荒无人烟的地区,这些地方的管道监控一直都是一道难题,传统的人力巡查几乎是不可能的事,而现有的监控产品,往往复杂且昂贵。智能微尘的成熟产品布置在管道上将可以实时地监控管道的情况。一旦有破损或恶意破坏,都能在控制中心实时了解到。如果智能微尘成熟,仅西气东输这样的一个工程就可能节省上亿元的资金。电力监控方面同样如此,因为电能一旦送出,就无法保存,所以电力管理部门一般都会要求下级部门每月层层上报地区用电要求,并根据需求配送。但是,使用人工报表的方式根本无法准确统计这项数据,国内有些地方供电局就常常因数据误差太大而遭上级部门罚款。如果使用智能微尘来监控每个用电点的用电情况,这种问题就将迎刃而解。加州大学伯克利分校的研究员称,如果美国加州将这种产品应用于电力使用状况监控,电力调控中心每年将可以节省7亿～8亿美元。

8.5　无线传感器网络的MAC协议

MAC协议处于网络协议的底层部分,对无线传感器网络的性能有较大影响,是保证无线传感器网络高效通信的关键网络协议之一。

传感器节点的能量、存储、计算和通信带宽等资源有限,单个节点的功能比较弱,而无线传感器网络的强大功能是由众多节点协作实现的。多点通信在局部范围需要MAC协议协调其间的无线信道分配,在整个网络范围内需要路由协议选择通信路径。在设计无线传感器网络的MAC协议时,需要着重考虑以下几个方面:

(1) 节省能量。无线传感器网络的节点一般是以干电池、纽扣电池等提供能量,而且电池能量通常难以进行补充,为了长时间保证无线传感器网络有效工作,MAC协议在满足应用要求的前提下,应尽量节省使用节点的能量。

(2) 可扩展性。由于传感器节点数目、节点分布密度等在无线传感器网络生存过程中不断变化,节点位置也可能移动,还有新节点加入网络的问题,所以无线传感器网络的拓扑结构具有动态性。MAC协议也应具有可扩展性,以适应这种动态变化的拓扑结构。

(3) 网络效率。网络效率包括网络的公平性、实时性、网络吞吐量以及带宽利用率等。

在上述3个方面中,普遍认为重要性依次递减。由于现在传感器节点的能量供应问题没有得到很好解决,传感器节点本身不能自动补充能量或能量补充不足,节约能量成为传感器网络MAC协议设计首要考虑的因素。在传统网络中,节点能够连续地获得能量供应,如在办公室有稳定的电网供电,或者可以间断但及时地补充能量,如笔记本电脑和手机等;整个网络的拓扑结构相对稳定,网络的变化范围和变化频率都比较小。因此,传统网络的MAC协议重点考虑节点使用带宽的公平性,提高带宽的利用率,以及增加网络的实时性。由此可见,传感器网络的MAC协议与传统网络的MAC协议注重的因素正好反序,这意味着传统网络的MAC协议不适用于无线传感器网络,需要研究和提出新的适用于传感器网络的MAC协议。

在无线传感器网络中,人们经过大量实验和理论分析,总结出可能造成网络能量浪费的主要原因包括如下几方面:

(1) 如果MAC协议采用竞争方式使用共享的无线信道,节点在发送数据的过程中,可能会引起多个节点之间发送的数据产生碰撞。这就需要重传发送的数据,从而消耗节点更多的能量。

(2) 节点接收并处理不必要的数据。这种串音(overhearing)现象造成节点的无线接收模块和处理器模块消耗更多的能量。

(3) 节点在不需要发送数据时一直保持对无线信道的空闲侦听(idle listening),以便接收可能传输给自己的数据。这种过度的空闲侦听或者没必要的空闲侦听同样会造成节点能量的浪费。

(4) 在控制节点之间的信道分配时,如果控制消息过多,也会消耗较多的网络能量。

传感器节点无线通信模块的状态包括发送状态、接收状态、侦听状态和睡眠状态等。单位时间内消耗的能量按照上述顺序依次减少:无线通信模块在发送状态消耗能量最多,在睡眠状态消耗能量最少,接收状态和侦听状态下的能量消耗稍小于发送状态。基于上述原因,传感器网络MAC协议为了减少能量的消耗,通常采用"侦听/睡眠"交替的无线信道使用策略。当有数据收发时,节点就开启无线通信模块进行发送或侦听;如果没有数据需要收发,节点就控制无线通信模块进入睡眠状态,从而减少空闲侦听造成的能量消耗。为了使节点在无线模块睡眠时不错过发送给它的数据,或减少节点的过度侦听,邻居节点间需要协调侦听和睡眠的周期,同时睡眠或唤醒。如果采用基于竞争方式的MAC协议,就要考虑尽量减少发送数据碰撞的概率,根据信道使用的信息调整发送的时机。当然,MAC协议应该简单高效,避免协议本身开销大、消耗过多的能量。

目前,针对不同的无线传感器网络应用,研究人员从不同方面提出了多个MAC协议,但对传感器网络MAC协议还缺乏一个统一的分类方式。可以按照下列条件分类MAC协议:第一,采用分布式控制,还是集中控制;第二,使用单一共享信道,还是多个信道;第三,采用固定分配信道方式,还是随机访问信道方式。按照第三种分类方法,可以将无线传感器网络的MAC协议分为3类。

(1) 采用无线信道的时分复用方式(Time Division Multiple Access,TDMA),给每个传感器节点分配固定的无线信道使用时段,从而避免节点之间相互干扰,包括基于分簇网络的MAC协议、DEANA(Distributed Energy-Aware Node Activation)协议、基于周期性调度的协议、TRAMA(Traffic Adaptive Medium Access)协议、DMAC协议等。

(2) 采用无线信道的随机竞争方式,节点在需要发送数据时随机使用无线信道,重点考虑尽量减少节点间的干扰,包括IEEE 802.11MAC、S-MAC(sensor-MAC)、T-MAC(timeout-MAC)、SIFT协议等。

(3) 其他MAC协议,如通过采用频分复用或者码分复用等方式,实现节点间无冲突的无线信道的分配。

8.6 无线传感器网络的路由协议

路由协议负责将数据分组从源节点通过网络转发到目的节点,它主要包括两个方面的功能:寻找源节点和目的节点间的优化路径,将数据分组沿着优化路径正确转发。移动Ad Hoc、无线局域网等传统无线网络的首要目标是提供高服务质量和公平高效地利用网络带宽，这些网络路由协议的主要任务是寻找源节点到目的节点间通信延迟小的路径，同时提高整个网络的利用率，避免产生通信拥塞，并均衡网络流量等，而能量消耗问题不是这类网络考虑的重点。在无线传感器网络中，节点能量有限且一般没有能量补充，因此，路由协议需要高效利用能量，同时传感器网络节点数目往往很大，节点只能获取局部拓扑结构信息，路由协议要能在局部网络信息的基础上选择合适的路径。无线传感器网络具有很强的应用相关性，不同应用中的路由协议可能差别很大，没有一个通用的路由协议。此外，无线传感器网络的路由机制还经常与数据融合技术联系在一起，通过减少通信量而节省能量。因此，传统无线网络的路由协议不适应于无线传感器网络。

与传统网络的路由协议相比，无线传感器网络的路由协议具有以下特点：

(1) 能量优先。传统路由协议在选择最优路径时，很少考虑节点的能量消耗问题。无线传感器网络中节点的能量有限，延长整个网络的生存期成为传感器网络路由协议设计的重要目标，因此需要考虑节点的能量消耗，以及网络能量均衡使用的问题。

(2) 基于局部拓扑信息。无线传感器网络为了节省通信能量，通常采用多跳的通信模式，节点有限的存储资源和计算资源使得节点不能存储大量的路由信息，不能进行太复杂的路由计算。在节点只能获取局部拓扑信息和资源有限的情况下，如何实现简单高效的路由机制是无线传感器网络的一个基本问题。

(3) 以数据为中心。传统的路由协议通常以地址作为节点的标识和路由的依据，无线传感器网络中大量节点随机部署，所关注的是监测区域的感知数据，而不是具体哪个节点获取的信息，不依赖于全网唯一的标识。无线传感器网络通常包含多个传感器节点到少数汇聚节点的数据流，按照对感知数据的需求、数据通信模式和流向等，以数据为中心形成消息的转发路径。

(4) 应用相关。无线传感器网络的应用环境千差万别，数据通信模式不同，没有一个路由机制适合所有的应用，这是无线传感器网络应用相关性的一个体现。设计者需要针对每一个具体应用的需求，设计与之适应的特定路由机制。

针对无线传感器网络路由机制的上述特点，根据具体应用设计路由机制时，要满足下面的无线传感器网络路由机制的要求：

(1) 能量高效。无线传感器网络路由协议不仅要选择能量消耗小的消息传输路径，而且要从整个网络的角度考虑，选择使整个网络能量均衡消耗的路由。传感器节点的资源有限，无线传感器网络的路由机制要能够简单而且高效地实现信息传输。

(2) 可扩展性。在无线传感器网络中，检测区域范围或节点密度不同，造成网络规模大小不同；节点失败、新节点加入以及节点移动等，都会使网络拓扑结构动态发生变化，这就要求路由机制具有可扩展性，能够适应网络结构的变化。

(3) 鲁棒性。能量用尽或环境因素造成传感器节点的失败，周围环境影响无线链路的通信质量，以及无线链路本身的缺点等，这些无线传感器网络的不可靠特性要求路由机制具有一定的容错能力。

(4) 快速收敛性。无线传感器网络的拓扑结构动态变化，节点能量和通信带宽等资源有限，因此要求路由机制能够快速收敛，以适应网络拓扑的动态变化，减少通信协议开销，提高消息传输的效率。

针对不同的无线传感器网络应用，研究人员提出了不同的路由协议。但到目前为止，仍缺乏一个完整和清晰的路由协议分类。根据不同应用对传感器网络各种特性的敏感度不同,可以将路由协议分为4种类型。

(1) 能量感知路由协议。高效利用网络能量是传感器网络路由协议的一个显著特征,早期提出的一些无线传感器网络路由协议往往仅考虑了能量因素。为了强调高效利用能量的重要性,在此将它们划分为能量感知路由协议。能量感知路由协议从数据传输中的能量消耗出发,讨论最优能量消耗路径,以及最长网络生存期等问题,如能量路由算法和能量多路径路由算法。

(2) 基于查询的路由协议。在诸如环境检测、战场评估等应用中,需要不断查询传感器节点采集的数据,汇聚节点(查询节点)发出任务查询命令,传感器节点向查询节点报告采集的数据。在这类应用中,通信流量主要是查询节点和传感器节点之间的命令和数据传输,同时传感器节点的采样信息在传输路径上通常要进行数据融合,通过减少通信流量节省能量,如定向扩散(Directed Diffusion,DD)路由协议和Boulis等人提出的谣传路由(rumor routing)协议。

(3) 地理位置路由协议。在诸如目标跟踪类应用中,往往需要唤醒距离跟踪目标最近的传感器节点,以得到关于目标的更精确位置等相关信息。在这类应用中,通常需要知道目的节点的精确或者大致地理位置。把节点的位置信息作为路由选择的依据,不仅能够完成节点路由功能,还可以降低系统专门维护路由协议的能耗,如GEAR(Geographical and Energy Aware Routing)路由协议、GEM(Graph Embedding)路由和基于边界定位的地理路由协议。

(4) 可靠的路由协议。无线传感器网络的某些应用对通信的服务质量有较高要求,如可靠性和实时性等。在无线传感器网络中,链路的稳定性难以保证,通信信道质量比较低,拓扑变化比较频繁,要实现服务质量保证,需要设计相应的、可靠的路由协议,如基于不相交路径的多路径路由协议、ReInForM(Reliable Information Forwarding using Multiple paths)和SPEED协议。

8.7 无线传感器网络的拓扑控制

在无线传感器网络中,传感器节点是体积微小的嵌入式设备,采用能量有限的电池供电,它的计算能力和通信能力十分有限,所以除了要设计能量高效的MAC协议、路由协议以及应用层协议之外,还要设计优化的网络拓扑控制机制。对于自组织的无线传感器网络而言,网络拓扑控制对网络性能影响很大。良好的拓扑结构能够提高路由协议和MAC协议的效率,为数据融合、时间同步和目标定位等很多方面提供基础,有利于延长整个网络的生存时间。所以,拓扑控制是传感器网络中的一个基本问题。

在无线传感器网络中,网络的拓扑结构控制与优化有着十分重要的意义,主要表现在以下几个方面:

(1) 影响整个网络的生存时间。无线传感器网络的节点一般采用电池供电,节省能量是网络设计主要考虑的问题之一。拓扑控制的一个重要目标就是在保证网络连通性和覆盖度的情况下,尽量合理高效地使用网络能量,延长整个网络的生存时间。

(2) 减少节点间通信干扰,提高网络通信效率。无线传感器网络中的节点通常密集部署,如果每个节点都以大功率进行通信,会加剧节点之间的干扰,降低通信效率,并造成节点能量的浪费。另一方面,如果选择太小的发射功率,会影响网络的连通性,所以,拓扑控制中的功率控制技术是解决这个矛盾的重要途径之一。

(3) 为路由协议提供基础。在无线传感器网络中,只有活动的节点,才能够进行数据转发,拓扑控制可以确定由哪些节点作为转发节点,同时确定节点之间的邻居关系。

(4) 影响数据融合。无线传感器网络中的数据融合指传感器节点将采集的数据发送给骨干节点,骨干节点进行数据融合,并把融合结果发送给数据收集节点。骨干节点的选择是拓扑控制的一项重要内容。

(5) 弥补节点失效的影响。传感器节点可能部署在恶劣环境中,在军事应用中甚至部署在敌方区域中,所以很容易受到破坏而失效。这就要求网络拓扑结构具有鲁棒性,以适应这种情况。

虽然无线传感器网络在某种程度上可视为一种 Ad Hoc 网络,但相对于一般意义上的 Ad Hoc 网络来说,它要面临的环境更加复杂多变,其节点部署更为密集,节点能量更加有限,无线链路更容易受到干扰,节点也更容易失效,所以必须研究适应于无线传感器网络的、面向具体应用的、更为高效的拓扑控制算法。

无线传感器网络拓扑控制主要研究的问题是:在满足网络覆盖度和连通度的前提下,通过功率控制和骨干网节点选择,剔除节点之间不必要的通信链路,形成一个数据转发的优化网络结构。具体地讲,无线传感器网络中的拓扑控制按照研究方向可以分为两类:节点功率控制和层次型拓扑结构组织。功率控制机制调节网络中每个节点的发射功率,在满足网络连通度的前提下,均衡节点的单跳可达邻居数目。层次型拓扑控制利用分簇机制,让一些节点作为簇头节点,由簇头节点形成一个处理,并转发数据的骨干网,其他非骨干网节点可以暂时关闭通信模块,进入休眠状态,以节省能量。

目前在功率控制方面,已经提出了 COMPOW 等统一功率分配算法,LINT/LILT 和 LMN/LMA 等基于节点度数的算法,CBTC、LMST、RNG、DRNG 和 DLSS 等基于邻近图的近似算法。在层次型拓扑控制方面,提出了 TopDisc 成簇算法,改进的 GAF 虚拟地理网格分簇算法,以及 LEACH 和 HEED 等自组织成簇算法。但是,这些算法往往考虑不够全面,只是针对网络拓扑的某一方面进行了优化设计。例如,TopDisc 算法仅考虑在保证网络覆盖度的前提下,使全网中所形成的簇个数尽量少,而没有考虑节点的剩余能量和网络的鲁棒性等问题;基于地理网格分簇的 GAF 及其改进算法需要节点的精确位置信息;基于邻近图的近似算法需要的邻近节点信息过多且运算量较大,现阶段在传感器网络中还不实用。可见,传感器网络的拓扑控制还不够完善,大部分算法处于理论研究阶段,而且,随着传感器网络技术的发展,拓扑研究的分类已经没有那么严格,往往是多种方式的结合,并引入启发性、数据捎带等机制,以达到节省能量和快速形成拓扑的目的。

除了传统的功率控制和层次型拓扑控制,人们也提出了启发式的节点唤醒和休眠机制。该机制能够使节点在没有事件发生时设置通信模块为睡眠状态,而在有事件发生时及时自动醒来并唤醒邻居节点,形成数据转发的拓扑结构。这种机制重点在于解决节点在睡眠状态和活动状态之间的转换问题,不能够独立作为一种拓扑结构控制机制,因此需要与其他拓扑控制算法结合使用。

8.8 无线传感器网络的定位技术

在无线传感器网络中,位置信息对传感器网络的监测活动至关重要,事件发生的位置或获取信息的节点位置是传感器节点监测消息中所包含的重要信息,没有位置信息的监测消息往往毫无意义。因此,确定事件发生的位置或获取消息的节点位置是传感器网络最基本的功能之一,对无线传感器网络应用的有效性起着关键的作用。

在无线传感器网络的各种应用中,监测到事件之后关心的一个重要问题就是该事件发生的位置。如在环境监测应用中需要知道采集的环境信息所对应的具体区域位置;对于突发事件,如需要知道森林火灾现场位置,战场上敌方车辆运动的区域,天然气管道泄漏的具体地点等。对于这些问题,传感器节点必须首先知道自身的地理位置信息,这是进一步采取措施和做出决策的基础。

无线传感器节点通常随机布放在不同的环境中执行各种监测任务,以自组织的方式相互协调工作,最常见的例子是用飞机将传感器节点布放到指定的区域中。随机布放的传感器节点无法事先知道自身位置,因此传感器节点必须能够在布放后实时地进行定位。传感器节点自身定位就是根据少数已知位置的节点,按照某种定位机制确定自身的位置。只有在传感器节点自身正确定位之后,才能确定传感器节点监测到的事件发生的具体位置,这需要监测到该事件的多个传感器节点之间相互协作,并利用它们自身的位置信息,使用特定定位机制确定事件发生的位置。在无线传感器网络中,传感器节点自身的正确定位是提供监测事件位置信息的前提。

定位信息除用来报告事件发生的地点外,还具有下列用途:目标跟踪,实时监视目标的行动路线,预测目标的前进轨迹;协助路由,如直接利用节点位置信息进行数据传递的地理路由协议,避免信息在整个网络中扩散,并可以实现定向的信息查询;进行网络管理,利用传感器节点传回的位置信息构建网络拓扑图,并实时统计网络覆盖情况,对节点密度低的区域及时采取必要措施,等等。因此,在传感器网络中,传感器节点的精确定位对各种应用有着重要的作用。

全球定位系统(Global Position System,GPS)是目前应用最广泛、最成熟的定位系统,通过卫星的授时和测距对用户节点进行定位,具有定位精度高、实时性好、抗干扰能力强等优点。但是,GPS适应于无遮挡的室外环境,用户节点通常能耗高、体积大,成本也比较高,需要固定的基础设施等,这使得它不适用于低成本自组织的无线传感器网络。在机器人领域中,机器人节点的移动性和自组织等特性,使其定位技术与无线传感器网络的定位技术具有一定的相似性。但是,机器人节点通常携带充足的能量供应和精确的测距设备,系统中机器人节点的数量很少,所以这些机器人定位算法也不适用于无线传感器网络。

在无线传感器网络中,传感器节点能量有限、可靠性差、节点规模大且随机布放、无线模块的通信距离有限,对定位算法和定位技术提出了很高的要求。无线传感器网络的定位算法通常需要具备以下特点。

(1) 自组织性:传感器网络的节点随机分布,不能依靠全局的基础设施协助定位。

(2) 健壮性:传感器节点的硬件配置低、能量少、可靠性差,测量距离时会产生误差,算法必须具有较好的容错性。

(3) 能量高效：尽可能地减少算法中计算的复杂性，减少节点间的通信开销，以尽量延长网络的生存周期。通信开销是传感器网络的主要能量开销。

(4) 分布式计算：每个节点计算自身位置，不能将所有信息传送到某个节点进行集中计算。

根据节点位置是否确定，传感器节点分为信标节点和位置未知节点。信标节点的位置是已知的，位置未知节点需要根据少数信标节点，按照某种定位机制确定自身的位置。在传感器网络定位过程中，通常会使用三边测量法、三角测量法或极大似然估计法确定节点位置。根据定位过程中是否实际测量节点间的距离或角度，把传感器网络中的定位分类为基于距离的定位和距离无关的定位。

基于距离的定位机制就是通过测量相邻节点间的实际距离或方位来确定未知节点的位置，通常采用测距、定位和修正等步骤实现。根据测量节点间距离或方位时所采用的方法，基于距离的定位分为基于TOA的定位、基于TDOA的定位、基于AOA的定位、基于RSSI的定位等。由于要实际测量节点间的距离或角度，基于距离的定位机制通常定位精度相对较高，所以对节点的硬件也提出了很高的要求。距离无关的定位机制无须实际测量节点间的绝对距离或方位，就能够确定未知节点的位置，目前提出的定位机制主要有质心算法、DV Hop算法、Amorphous算法、APIT算法等。由于无须测量节点间的绝对距离或方位，因而降低了对节点硬件的要求，使得节点成本更适合于大规模传感器网络。距离无关的定位机制的定位性能受环境因素的影响小，虽然定位误差相应有所增加，但定位精度能够满足多数传感器网络应用的要求，是目前大家重点关注的定位机制。

8.9　无线传感器网络的时间同步机制

时间同步是需要协同工作的无线传感器网络系统的一个关键机制，如测量移动车辆速度需要计算不同传感器检测事件时间差，通过波束阵列确定声源位置节点间时间同步。NTP协议是Internet上广泛使用的网络时间协议，但只适用于结构相对稳定、链路很少失败的有线网络系统；GPS能够以纳秒级精度与世界标准时间(UTC)保持同步，但需要配置固定的高成本接收机。同时，在室内、森林或水下等有掩体的环境中无法使用GPS。因此，它们都不适合应用在无线传感器网络中。

Jeremy Elson和Kay Romer在2002年8月的HotNets-I国际会议上首次提出并阐述了无线传感器网络中的时间同步机制的研究课题，在传感器网络研究领域引起了关注。目前已提出了多个时间同步机制，其中RBS、TINY/MINI-SYNC和TPSN被认为是3个基本的同步机制。RBS机制是基于接收者-接收者的时钟同步：一个节点广播时钟参考分组，广播域内的两个节点分别采用本地时钟记录参考分组的到达时间，通过交换记录时间来实现它们之间的时钟同步。TINY/MINI-SYNC是简单的、轻量级的同步机制：假设节点的时钟漂移遵循线性变化，那么两个节点之间的时间偏移也是线性的，可通过交换时标分组来估计两个节点间的最优匹配偏移量。TPSN采用层次结构实现整个网络节点的时间同步：所有节点按照层次结构进行逻辑分级，通过基于发送者-接收者的节点对方式，每个节点能够与上一级的某个节点进行同步，从而实现所有节点都与根节点的时间同步。

8.10 无线传感器网络的安全技术

无线传感器网络作为任务型的网络，不仅要进行数据的传输，而且要进行数据采集和融合、任务的协同控制等。如何保证任务执行的机密性、数据产生的可靠性、数据融合的高效性，以及数据传输的安全性，就成为无线传感器网络安全问题需要全面考虑的内容。

为了保证任务的机密布置和任务执行结果的安全传递和融合，无线传感器网络需要实现一些最基本的安全机制：机密性、点到点的消息认证、完整性鉴别、新鲜性、认证广播和安全管理。除此之外，为了确保数据融合后数据源信息的保留，水印技术也成为无线传感器网络安全的研究内容。

虽然在安全研究方面，无线传感器网络没有引入太多的内容，但无线传感器网络的特点决定了它的安全与传统网络安全在研究方法和计算手段上有很大的不同。首先，无线传感器网络的单元节点的各方面能力都不能与目前 Internet 的任何一种网络终端相比，所以必然存在算法计算强度和安全强度之间的权衡问题，如何通过更简单的算法实现尽量坚固的安全外壳是无线传感器网络安全的主要挑战；其次，有限的计算资源和能量资源往往需要综合考虑系统的各种技术，以减少系统代码的数量，如安全路由技术等；另外，无线传感器网络任务的协作特性和路由的局部特性使节点之间存在安全耦合，单个节点的安全泄漏必然威胁网络的安全，所以在考虑安全算法的时候，要尽量减小这种耦合性。

无线传感器网络 SPINS 安全框架在机密性、点到点的消息认证、完整性鉴别、新鲜性、认证广播方面定义了完整有效的机制和算法。安全管理方面目前以密钥预分布模型作为安全初始化和维护的主要机制，其中随机密钥对模型、基于多项式的密钥对模型等是目前最有代表性的算法。

8.11 无线传感器网络的数据管理

从数据存储的角度看，无线传感器网络可被视为一种分布式数据库。以数据库的方法在无线传感器网络中进行数据管理，可以将存储在网络中的数据的逻辑视图与网络中的实现进行分离，使得无线传感器网络的用户只需要关心数据查询的逻辑结构，无须关心实现细节。虽然对网络所存储的数据进行抽象会在一定程度上影响执行效率，但可以显著增强无线传感器网络的易用性。美国加州大学伯克利分校的 TinyDB 系统和 Cornell 大学的 Cougar 系统是目前具有代表性的无线传感器网络数据管理系统。

无线传感器网络的数据管理与传统的分布式数据库有很大的差别。由于传感器节点能量受限且容易失效，数据管理系统必须在尽量减少能量消耗的同时提供有效的数据服务。同时，无线传感器网络中节点数量庞大，且传感器节点产生的是无限的数据流，无法通过传统的分布式数据库的数据管理技术进行分析处理。此外，对无线传感器网络数据的查询经常是连续的查询或随机抽样的查询，这也使得传统分布式数据库的数据管理技术不适用于无线传感器网络。

无线传感器网络的数据管理系统的结构主要有集中式、半分布式、分布式以及层次式结构，目前大多数研究工作均集中在半分布式结构方面。无线传感器网络中数据的存储采用网络外部存储、本地存储和以数据为中心的存储3种方式。相对于其他两种方式，以数据为中心的存储方式可以在通信效率和能量消耗两个方面获得很好的折中。基于地理散列表的方法便是一种常用的以数据为中心的数据存储方式。无线传感器网络中，既可以为数据建立一维索引，也可以建立多维索引。DIFS系统中采用的是一维索引的方法，DIM是一种适用于无线传感器网络的多维索引方法。无线传感器网络的数据查询语言目前多采用类似SQL的语言。查询操作可以按照集中式、分布式或流水线式查询进行设计。集中式查询由于传送了冗余数据而消耗额外的能量；分布式查询利用聚集技术可以显著降低通信开销；而流水线式聚集技术可以提高分布式查询的聚集正确性。无线传感器网络中，对连续查询的处理也是需要考虑的方面，CACQ技术可以处理无线传感器网络节点上的单连续查询和多连续查询请求。

8.12　无线传感器网络的数据融合

无线传感器网络存在能量约束。减少传输的数据量能够有效地节省能量，因此在从各个传感器节点收集数据的过程中，可利用节点的本地计算和存储能力处理数据的融合，去除冗余信息，从而达到节省能量的目的。由于传感器节点的易失效性，无线传感器网络也需要数据融合技术对多份数据进行综合，提高信息的准确度。

数据融合技术可以与无线传感器网络的多个协议层次进行结合。在应用层设计中，可以利用分布式数据库技术，对采集到的数据逐步筛选，达到融合的效果；在网络层中，很多路由协议均结合了数据融合机制，以期减少数据传输量；此外，还有研究者提出了独立于其他协议层的数据融合协议层，通过减少MAC层的发送冲突和头部开销，达到节省能量的目的，同时又不损失时间性能和信息的完整性。数据融合技术已经在目标跟踪、目标自动识别等领域得到了广泛应用。在无线传感器网络的设计中，只有面向应用需求设计针对性强的数据融合方法，才能最大限度地获益。

数据融合技术在节省能量、提高信息准确度的同时，要以牺牲其他方面的性能为代价。首先是延迟的代价，在数据传送过程中寻找易于进行数据融合的路由、进行数据融合操作、为融合而等待其他数据的到来，这3个方面都可能增加网络的平均延迟。其次是鲁棒性的代价，无线传感器网络相对于传统网络有更高的节点失效率以及数据丢失率，数据融合可以大幅度降低数据的冗余性，但丢失相同的数据量可能损失更多的信息，因此相对而言也降低了网络的鲁棒性。

习　　题

填空题

1. 无线传感器网络本质上属于________。

2. 无线传感器网络节点包括4个模块，分别是________、________、________、________。

名词解释

无线传感器网络

参考文献

[1] Dharma Prakash Agrawal,Qing-An Zeng. Introduction to Wireless and Mobile Systems[M]. 北京：高等教育出版社,2003.

[2] Kaveh Pahlavan,Prashant Krishnamurthy. Principles of Wireless Networks：A Unified Approach [M]. 北京：科学出版社,2003.

[3] 孙利民,李建中,陈渝,等. 无线传感器网络[M]. 北京：清华大学出版社,2005.

[4] 宋文,王兵,周应宾. 无线传感器网络技术与应用[M]. 北京：电子工业出版社,2007.

第9章

无线 Mesh 网络

无线 Mesh 网络(Wireless Mesh Network,WMN,又称无线网状网、无线网格网等)究竟是什么样的网络?应该说,和无线传感器网络一样,无线 Mesh 网络也是一种面向应用的网络,仍然主要以前面几章介绍的各种网络技术为基础,特别是和移动 Ad Hoc 网络技术有着非常密切的联系,由于无线 Mesh 网络的特殊应用目的,它又有很多新的特性,本章将对其进行简要介绍,使读者对无线 Mesh 网络有一个初步的了解。

9.1 概　　述

9.1.1 无线 Mesh 网络的起源

无线 Mesh 网络这个名词出现的时间并不长,大约出现在 20 世纪 90 年代中期以后,而真正引起人们特别关注只是在最近两年。WMN 的出现并非偶然,与很多新技术出现的背景一样,WMN 的出现是应用需求直接推动的结果。如图 9.1 所示,传统的基于基站方案的无线通信系统是通过"最后一千米"的无线接入,为用户提供无线接入服务,这也是蜂窝无线通信系统的雏形。但随着无线用户数目的增加,系统有限的频谱资源制约着系统的容量,使其开始无法适应业务需求的增长,于是出现了空间资源复用概念的蜂窝移动通信系统。真

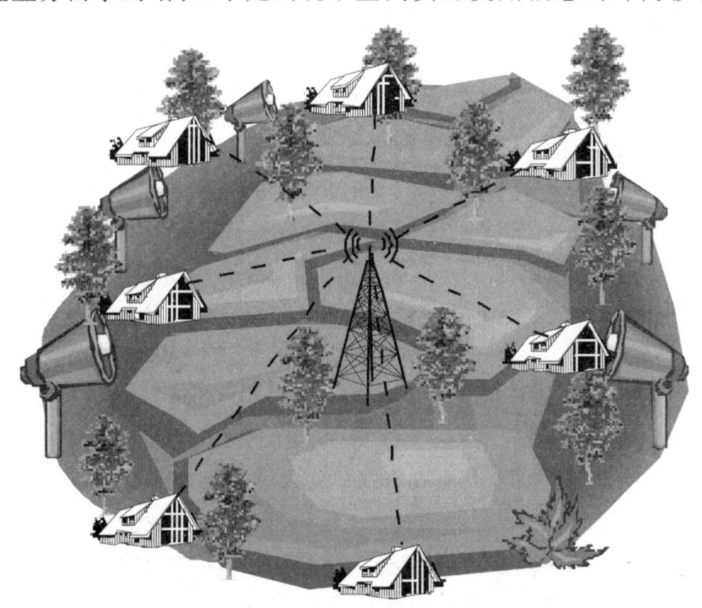

图 9.1　传统基站方案的无线通信系统

正意义上的蜂窝移动通信系统的出现,大大缓解了用户业务与系统资源之间的矛盾。

蜂窝移动通信系统在应用上有它的局限性。从投资收益角度看,它只适用于人口稠密、有永久用户业务需求的地区。对于用户移动性较大、不适于建立大功率基站的应用场合,如对于军事通信中的战场临时通信需求,移动 Ad Hoc 网络技术一直在悄悄地与蜂窝移动通信技术平行发展;但由于军事通信技术的特殊性,就如同 CDMA 等扩频通信技术一样,这一先进技术在相当长的一段时期内并没有在民用通信领域得到很好应用。不过,随着技术的发展,一些保密技术相继被解密并转化为民用,因而,近几年移动 Ad Hoc 网络技术逐渐成为移动通信领域的热点问题,并取得了许多令人瞩目的成果。然而,在经过一段时间的“高烧”之后,人们开始理智地思考移动 Ad Hoc 网络一些深层次的问题,例如,除了军事通信应用之外,在民用领域,它的真正价值在哪里?如何将这一投入无数人力与物力的技术应用到人们的日常生活领域?军事通信与民用通信的应用区别在哪里?移动 Ad Hoc 网络技术能否直接应用于民用?与此同时,无线局域网(Wireless Local Area Network,WLAN)的发展已进入技术成熟期,它有效延伸了因特网的覆盖范围,赋予了用户一定的移动性。一些没有取得移动通信网络运营牌照的运营商也期望通过布置热点地区接入点(Access Point, AP),将原本并没有应用于商业网络的 WLAN 技术推向市场。但是,客观地说,WLAN 的商业化进程在很多地区并不成功。除商业运作和业务等原因之外,WLAN 在技术上的缺陷也是显而易见的。WLAN 无法做到像蜂窝网络一样无处不在的信号覆盖。再回过头看蜂窝移动通信系统,3G/4G 系统由于政治、经济和技术等原因得不到人们期望的发展速度与规模。那么,无线通信究竟该向何处去?

一般认为,移动 Ad Hoc 网络由于其应用环境和技术成本等原因,不适合直接应用到民用通信领域,在通信网络中,最大的民用通信业务应该是包括 VoIP 业务在内的因特网业务。民用通信用户的移动性行为远低于军事通信用户,所以为了能够实现无线通信中无处不在的(Ubiquitous)通信目标,需要基于移动 Ad Hoc 网络的技术基础,开发出一种完全适用于民用通信的无线多跳网络技术,于是 WMN 技术就随着这一需求而出现。

2000 年初,业界的几个重要事件引起了人们的特别关注,其中之一是美国 ITT 公司将其为美国军方研发的战术移动通信系统的一些专利技术转让给了 MeshNetworks 公司,该公司借此开发了一系列具有自主知识产权的无线多跳网络民用产品——WMN 全套技术产品,并在市场上获得了极大的成功。与此同时,诺基亚、北电网络、Tropos、SkyPilot、Radiant Networks 和 Firetide 等多家公司开发的 WMN 产品相继问世。从此,WMN 进入了飞速发展的时期,同时也给移动 Ad Hoc 网络本身的发展注入了新的活力。其间,摩托罗拉公司极看好 MeshNetworks 公司的发展,于 2005 年成功地将其收于麾下。

WMN 本质上属于移动 Ad Hoc 网络的范畴(图 9.2),它与后者的最大区别在于,前者的用户终端相对来说移动性较低,WMN 一般不是作为一个独立的区络形态存在,而是因特网核心网的无线延伸。通常会有一个或多个网关节点(Gateway,也称 Neighborhood Access Point,邻居接入点)与因特网高速相连,家庭或办公室等用户通过自身的无线接入点与网关节点相连。对于网关节点信号覆盖之外的区域,用户节点负责来往业务的中继或转发,从而实现大范围的廉价和快速信号覆盖。显然,这种方式的组网省去了网络建设初期昂贵的基础设施建设投资,比传统的点到多点方式的无线接入有很多无可比拟的优点。

与 WMN 最密切相关的网络技术有 WLAN 和无线宽带接入网(Wireless Broadband

Access Network,WBAN)技术(如WMAN和WWAN)。图9.3为WMN与这两种网络技术的关系示意图。

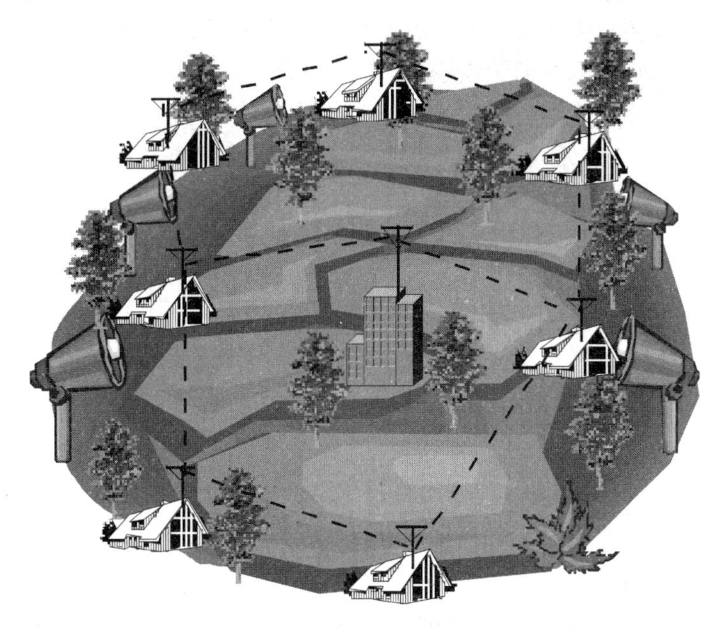

图9.2 WMN结构示意图

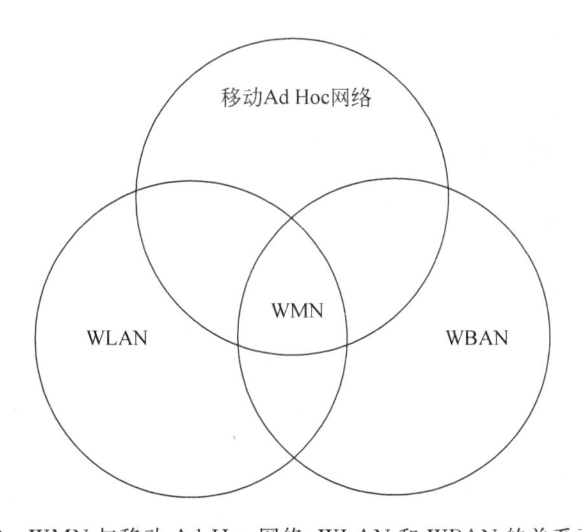

图9.3 WMN与移动Ad Hoc网络、WLAN和WBAN的关系示意图

由此可见,WMN的出现既不是偶然的,也不是孤立的,现在WMN的热点问题中的MAC协议、路由协议、移动TCP等很多都是在IEEE 802.11MAC协议、移动Ad Hoc网络的路由协议和传输控制协议等基础上发展起来的,并且仍然在不断地改进和完善中。

9.1.2 移动Ad Hoc网络向无线Mesh网络的演进

移动Ad Hoc网络和WMN技术的发展始终与一些成熟的技术与标准(如WLAN、WiMAX)紧密结合在一起,从而构成大规模的可伸缩性无线网络。一般认为,下一代无线网络(或4G无线网络)不再是一种全新的单一结构的网络技术,而是多种无线网络技术的融合,是一种多级网络形态。其中,各种网络结构并存,在分层结构的底层可以有移动Ad Hoc网络形式的无线传感器网络、简单的无线簇结构或星形结构网络、WLAN、移动终端等,再通过蜂窝接入网、其他宽带无线接入网、Ad Hoc(或Mesh)中继节点构成第二级无线网络,最终接入到第三级IP网络中。

在具体实现上,下一代无线网络将会包含各种技术或标准,如许可证频段的3GPP家族(WCDMA、CDMA2000和TD-SCDMA系统)以及非许可证频段的IEEE 802.11和IEEE 802.16家族的技术与标准,还有跨越了许可证频段和IEEE 802标准两大家族的IEEE 802.20等。

除了以上主流技术以外,下一代无线网络还包括一些非主流的具有自主知识产权的先进网络技术。虽然未来大一统的技术不可能出现,但从技术的发展趋势来看,各种无线通信与网络技术将互相渗透,逐渐走向融合。

如图9.4和图9.5所示,从技术发展角度看,移动Ad Hoc网络也经历了单级平面的专用移动Ad Hoc网络,再演进为与其他网络技术融合的多级的商用化无线网络形态。不过,网络节点的移动性特征和职能开始分化,网络层次越高,节点的处理能力越强,功率越充足,移动性越低;反之,网络层次越低,节点的处理能力越弱,节能问题越严重,移动性越强。所以,虽然各个网络层次均需要解决类似的多址接入、路由和传输控制问题,但为了提高网络的性能,解决同类问题的思路和方法有很大的差异。这也是理论和工程界将移动性较弱的无线Mesh网络从移动性较强的移动Ad Hoc网络中分离出来的主要原因。从此,传统意义上的移动Ad Hoc网络就朝着两个方向发展:一个是以军事等专业或行业应用为背景,仍沿着传统的技术路线发展;另一个是以普通商业应用为目的,以因特网业务为主要传输内容,沿着无线Mesh网络(WMN)的方向发展。

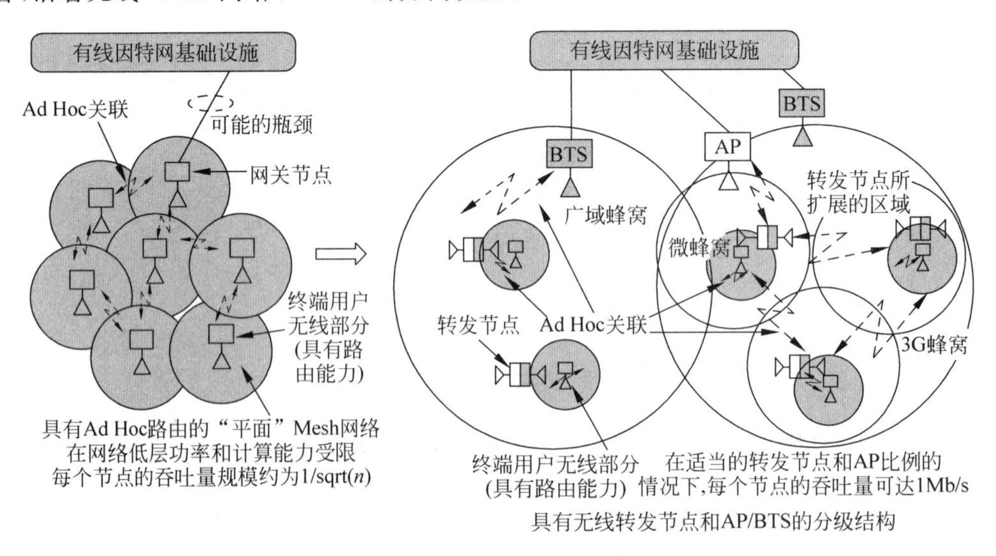

图9.4 移动Ad Hoc网络的演进

实际上,目前进入实用化的移动Ad Hoc网络技术承袭了很多WLAN标准中的技术,但WLAN本质上不是支持多跳网络的技术,所以现有的(图9.6)基于WLAN的移动Ad

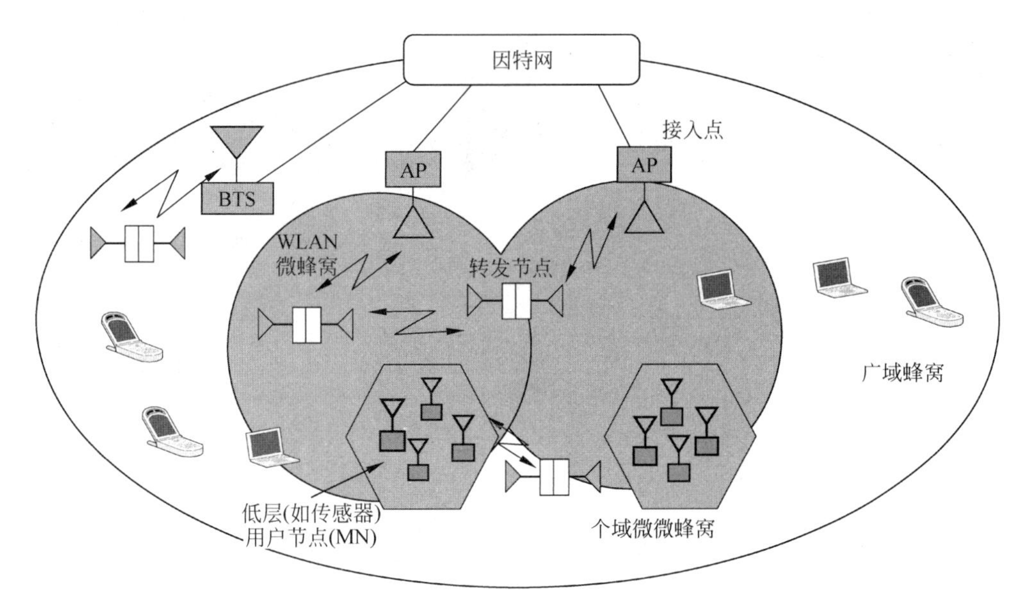

图 9.5　分级移动 Ad Hoc 网络

Hoc 网络需要对 IEEE 802.11 协议和传统的 TCP/IP 协议簇之类的技术标准作一系列改进，包括 MAC 层、网络层和传输控制层协议等。IEEE 802.11s 工作组就是试图解决 IEEE 802.11a/b/g 等协议中不支持多跳网络环境等问题。

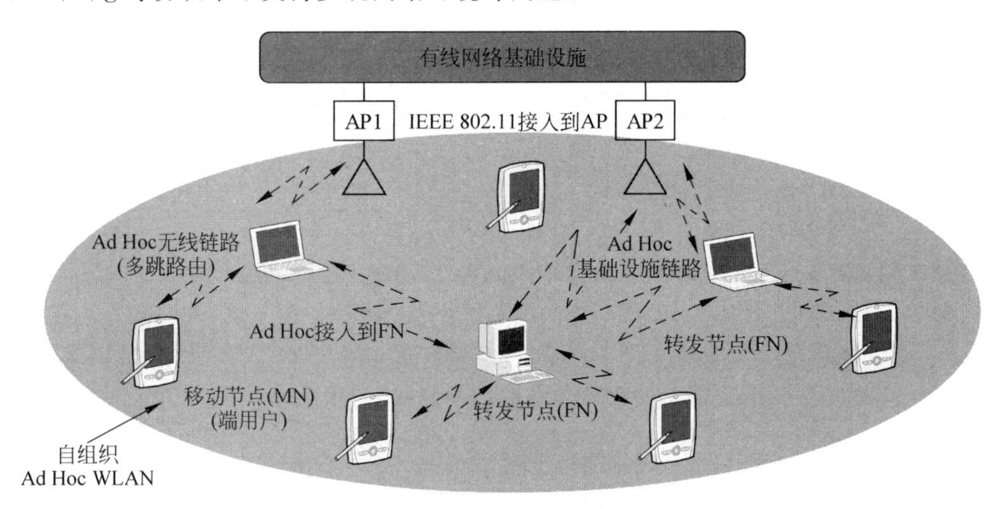

图 9.6　基于 WLAN 的移动 Ad Hoc 网络

目前，无线多跳技术已得到广泛延伸，WMN 中的网关或网桥等设备使 WMN 与现有的蜂窝网、无线传感器网络、WLAN、WiMAX 和 WiMedia 等结合，使用户获得无处不在的网络连接。图 9.7 为期待中的 WiMAX 作为 Wi-Fi Mesh 拓扑回程的示意图。图中，Wi-Fi 为底层的 Mesh 网络，WiMAX 负责更大范围的网络延伸与互联。图 9.8 为期待中的 WiMAX 作为 Mesh 拓扑内回程的示意图。图中，对于 Mesh 拓扑连接，Wi-Fi 具有一系列优点，而对于 Mesh 拓扑之间的回程连接，则由 WiMAX 提供，这样的网络连接具有较高的性价比。

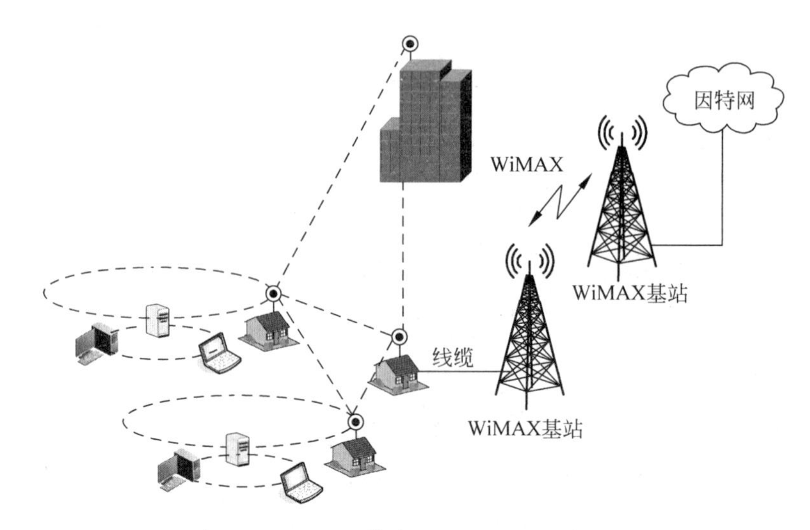

图9.7 WiMAX作为Wi-Fi Mesh拓扑回程

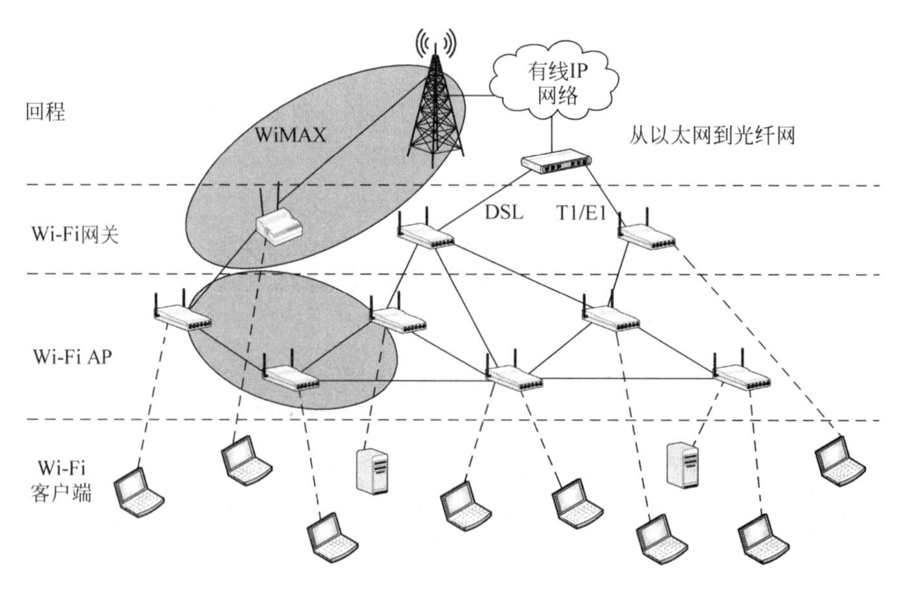

图9.8 WiMAX作为Mesh拓扑内回程

图9.9为WMN的一种复杂形态网,也可以说是未来4G网络的一种形态。图中的移动用户终端既可以先通过Wi-Fi,再通过WiMAX接入到核心网络,也可以直接通过WiMAX接入到核心网络。当然,如果这里的移动终端是Wi-Fi和WiMAX双模终端,则网络接入就具有更大的灵活性。

从移动Ad Hoc网络的发展历史及未来趋势可见,无线网络的多跳连接将成为下一代无线通信网络发展的必然趋势,可以为用户提供真正的无处不在的连接(ubiquitous connection)。

由此可见,下一代无线网络在结构和技术上向Mesh结构演进是必然趋势。众多迹象表明,无线Mesh网络将会与软件无线电、MIMO、OFDM/OFDMA等技术一样,成为下一代无线网络的技术热点。

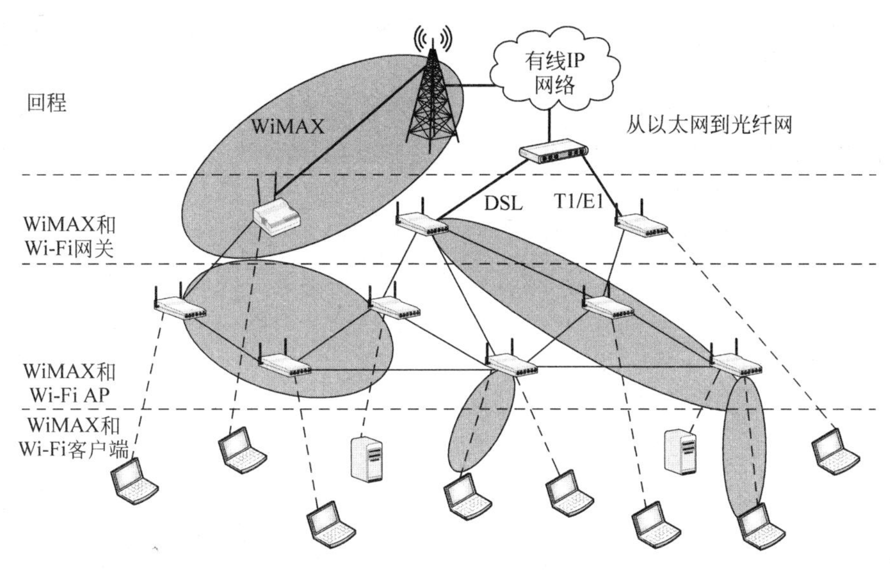

图 9.9　WiMAX 作为客户端的接入网

WMN 是从移动 Ad Hoc 网络分离出来，并承袭了部分 WLAN 技术的新的网络技术。严格地说，WMN 是一种新型的宽带无线网络结构，一种高容量、高速率的分布式网络，它与传统的无线网络有较大的差别。在网络拓扑上，WMN 与移动 Ad Hoc 网络相似，但网络大多数节点基本静态不移动，不用电池作为动力，拓扑变化较小；在单跳接入上，WMN 可以看成是一种特殊的 WLAN。有学者认为，WMN 与移动 Ad Hoc 网络的最大区别在于业务模式的差异。对于前者，节点的主要业务是来往于因特网网关的业务；而对于后者，节点的主要业务是任意一对节点之间的业务流。由于有较高的可靠性、较大的伸缩性和较低的投资成本，WMN 作为一种可以解决无线接入"最后一千米"瓶颈问题的新的方案，被写入到 IEEE 802.16 无线城域网(WMAN)标准和 IEEE 802.15 系列标准之中，目前也开始纳入到 IEEE 802.11s 标准的制定中。WMN 是作为未来 WMAN 核心网最理想的方式之一，极有可能挑战 3G 技术，是构建 B3G/4G 的潜在技术之一，也是迄今为止一种建立大规模移动 Ad Hoc 网络的可行性技术。

9.1.3　无线 Mesh 网络与其他无线网络的主要区别

为了使读者有一个更清晰的认识，在此将无线 Mesh 网络和当前主流的其他无线网络技术做一个比较。

1. 无线 Mesh 网络与蜂窝网络的主要区别

WMN 区别于蜂窝网络的主要特点有以下几个。

(1) 可靠性提高，自愈性强。在 WMN 中，链路为网状结构，如果其中的某一条链路出现故障，节点可以自动转向其他可接入的链路，因而对网络的可靠性有较高的保障，但是在采用星形结构的蜂窝移动通信系统中，一旦某条链路出现故障，就可能造成大范围的服务中断。

(2) 传输速率大大提高。在采用 WMN 技术的网络中，可融合其他网络或技术(如 Wi-Fi、UWB 等)，理论上速率可以达到 54Mb/s，甚至更高。而目前正在发展的 3G 技术，其理论传输速率在高速移动环境中仅支持144kb/s,步行慢速移动环境中支持384kb/s,即使是在静止状态下,才达到2Mb/s。

(3) 投资成本降低。WMN大大节省了骨干网络的建设成本,而且AP、IR(Intelligent Router,智能路由器)、WR(Wireless Router,无线路由器)等基础设备比起蜂窝移动通信系统中的基站等设备要便宜得多。

(4) 网络配置简便,维护快捷。在WMN中,网络的配置更方便,AP、IR、IR、WR等基础设备小巧,且易安装和维护,无须像传统蜂窝移动通信系统那样需要去维护建设在高塔上的基站。另外,网络的扩展也比较方便,只需多增加一些必要的小型设备即可。

2. 无线Mesh网络与WLAN(Wi-Fi)的主要区别

从拓扑结构上看,WLAN是典型的点对多点(Point to Multiple Points,P2MP)网络,而且采取单跳方式,因而数据不可转发。WLAN可在较小的范围内提供高速数据服务(IEEE 802.11b可达11Mb/s,IEEE 802.11a可达54Mb/s),但由于典型情况下WLAN接入点的覆盖范围仅限于几百米,因此如果想在大范围内应用WLAN的这种高速率服务模式,成本将非常高昂。而对于WMN,则可以通过WR对数据进行智能转发(需要对WLAN传统的AP功能进行扩展和改进),直至把它们送至目的节点,从而把接入点服务的覆盖延伸到几千米远。WMN的显著特点就是可以在大范围内实现高速通信。

从协议上看,WMN与移动Ad Hoc网络基本类似。WLAN的MAC协议完成的是本地业务的接入,而WMN则有两种可能:一种是本地业务的接入;另一种是其他节点业务的转发。对于路由协议,WLAN是静态的因特网路由协议+移动IP;但WMN则主要是动态的按需发现的路由协议,只具有较短暂的生命周期。

3. 无线Mesh网络与移动Ad Hoc网的主要区别

WMN与移动Ad Hoc网络很类似,可以把WMN看成是移动Ad Hoc网络技术的另一种版本,或移动Ad Hoc网络的一种特例。然而,两者仍然存在一些各自的特点。

(1) 虽然WMN与移动Ad Hoc网络均是点对点(Point to Point,P2P)的自组织的多跳网络,但从根本上说,WMN由无线路由器构成的无线骨干网组成。该无线骨干网提供了大范围的信号覆盖与节点连接。然而,移动Ad Hoc网络的节点都兼有独立路由和主机功能,节点地位平等,接通性是依赖端节点的平等合作实现的,健壮性比WMN差。

(2) WMN节点移动性低于移动Ad Hoc网络中的节点,所以WMN注重的是"无线",而移动Ad Hoc网络更强调的是"移动"。

(3) 从网络结构来看,WMN多为静态或弱移动的拓扑,而移动Ad Hoc网络多为随意移动(包括高速移动)的网络拓扑。

(4) WMN与移动Ad Hoc网络的业务模式不同,对于前者,节点的主要业务是来往于因特网的业务;对于后者,节点的主要业务是任意一对节点之间的业务流。

(5) 从应用上来看,WMN主要是因特网或宽带多媒体通信业务的接入,而移动Ad Hoc网络主要用于军事或其他专业通信。

9.1.4 无线Mesh网络的主要优缺点

WMN与传统无线网络相比,有以下优点。

(1) 可靠性大大增强。WMN采用的网格拓扑结构避免了点对多点星形结构,如IEEE

802.11 WLAN和蜂窝网等由于集中控制方式而出现的业务汇聚、中心网络拥塞以及干扰、单点故障,而需要额外的可靠性投资成本。

(2) 具有冲突保护机制。WMN可对产生碰撞的链路进行标识,同时选择可选链路与本身链路之间的夹角为钝角,减轻了链路间的干扰。

(3) 简化链路设计。WMN通常需要较短的单跳无线链路,所以不需要安装天线塔,天线通常安装在屋顶、电线杆和灯柱上,这样降低了天线的成本(传输距离与性能),另一方面降低了发射功率,也将随之减小了不同系统射频信号间的干扰和系统自干扰,最终简化了无线链路设计。

(4) 网络的覆盖范围增大。由于WR与IAP(Intelligent AP)的引入,终端用户可以在任何地点接入网络或与其他节点联系,与传统的网络相比,接入点的覆盖范围大大增加,而且频谱的利用率也大大提高,系统的容量得到了增大。

(5) 组网灵活、维护方便。由于WMN本身的组网特点,只要在需要的地方加上WR等少量的无线设备,即可与已有的设施组成无线的宽带接入网。WMN的路由选择特性使链路中断或局部扩容和升级不影响整个网络运行,因此提高了网络的柔韧性和可行性。与传统网络相比,功能更强大、更完善。

(6) 投资成本低、风险小。WMN的初建成本低,AP和WR一旦投入使用,其位置基本固定不变,因而节省了网络资源。WMN具有可伸缩性、易扩容、自动配置和应用范围广等优势,对于投资者来说,在短期内即可获得盈利。此外,WMN一般采用非许可证频段,所以为用户节省了服务支出。

不过,目前来说,WMN也存在以下问题。

(1) 在无线电射频接入方面,有针对单一射频信道的WMN,也有针对多个射频信道的WMN。对不同射频信道的WMN的研究还处于试验研制阶段,性能改善总体来说还不太满意。

(2) 在WMN路由准则和选择算法等方面,目前提出的特别适用于WMN的路由协议寥寥无几。

(3) 在WMN连接性和多路支持方面,每个节点链路连接度也是一个至关重要的问题,并非使用射频信道数越多,网络性能越好。射频信道数增加会带来设备开销和成本上升,同时可能会带来更多的干扰问题。目前,QDMA技术提供了自称最佳的节点链路连接度。

(4) 在WMN带宽利用和资源分配算法方面,目前还没有提出非常有效的可用算法和协议,相关问题还有待研究。

9.2 无线Mesh网络的结构

9.2.1 无线Mesh网络结构的分类

WMN的结构与传统意义上的移动Ad Hoc网络结构有一定的差异。一般来讲,WMN由客户节点、Mesh路由器节点和网关节点组成。但根据网络具体配置的不同,WMN不一定包含以上所有类型的节点。通常,Mesh客户节点可以是笔记本电脑、PDA、Wi-Fi手机、RFID阅读器和无线传感器或控制器等;Mesh路由器可以是普通的PC,也可以是专用的嵌入式系统,如ARM(Advanced Risc Machines)等。

为了提高Mesh网络的灵活性,通常Mesh路由器配置有多个无线接口,各个接口可以是相同的,也可以是不同的。与传统的无线路由器相比,Mesh路由器在很多地方均有增强,除提升了多跳环境下的路由功能以外,对MAC协议、功率控制等也有所改进。

Mesh客户节点也有可能分为两类:一类是普通的WLAN客户节点,这类节点不具有移动Ad Hoc网络典型意义下的信息转发功能,只是作为普通终端设备接入网络;另一类节点既具有普通终端节点的接入功能,又具有路由和信息转发功能,即兼具了无线路由器的功能,但通常这类节点不具备网关或网桥节点的功能。

若按节点的不同功能划分,网络结构可分为基础设施的网络结构、终端设备的网络结构和混合结构。若按结构层次划分,网络又可分为平面结构、多级结构和混合结构。这两种分层思路本质上是相似的,基础设施的网络结构是一种多级结构,而终端设备的网络结构是一种平面结构,下面分别加以介绍。

1. 平面网络结构

图9.10所示为WMN中最简单的一种结构——平面结构。图中所有的节点为对等结构,具有完全一致的特性,即每个节点均包含相同的MAC、路由、管理和安全等协议,既具有客户端节点的功能,也具有能够转发业务的路由器节点的功能。显然,网络中的节点与现有的WLAN等技术不直接兼容。这种结构适用于节点数目较少,且不需要接入到核心网络的应用场合。

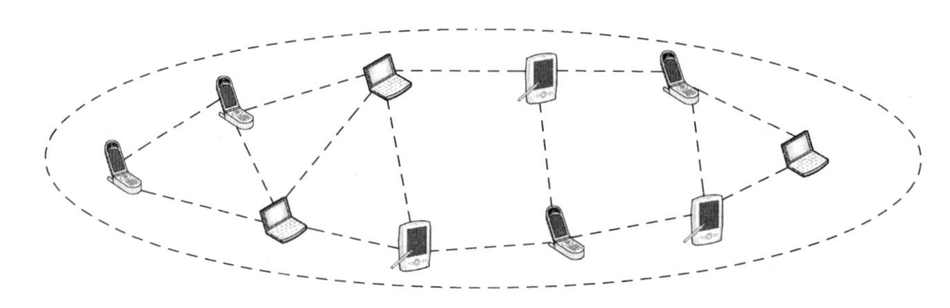

图9.10 WMN平面结构

平面网络结构也称为终端设备网络结构。这时,网络中的节点为具有Mesh路由器功能的增强型终端用户设备。终端用户自身配置RF装置,通过无线信道的连接形成一个点到点的网络。这是一种任意网状的拓扑结构,节点可以任意移动,网络拓扑结构会动态变化。在这种环境中,由于终端的无线通信覆盖范围有限,两个无法直接通信的用户终端可以借助其他终端的分组转发功能进行数据通信。在任一时刻,终端设备在不需要其他基础设施的条件下可独立运行,可支持移动终端较高速率的移动,快速形成宽带网络。终端用户模式事实上就是一种Ad Hoc网络结构模式,它可以在没有或不便利用现有网络基础设施的情况下提供一种通信支撑环境。

2. 多级网络结构

图9.11所示为WMN典型的多级结构,分为上层和下层两个部分。在这种结构中,终端节点可以是普通的VoIP手机、笔记本电脑和无线PDA等。这些终端节点设备通过Mesh路由器(相当于WLAN中的AP)接入到上层Mesh结构的网络中,实现网络节点的互连互通。

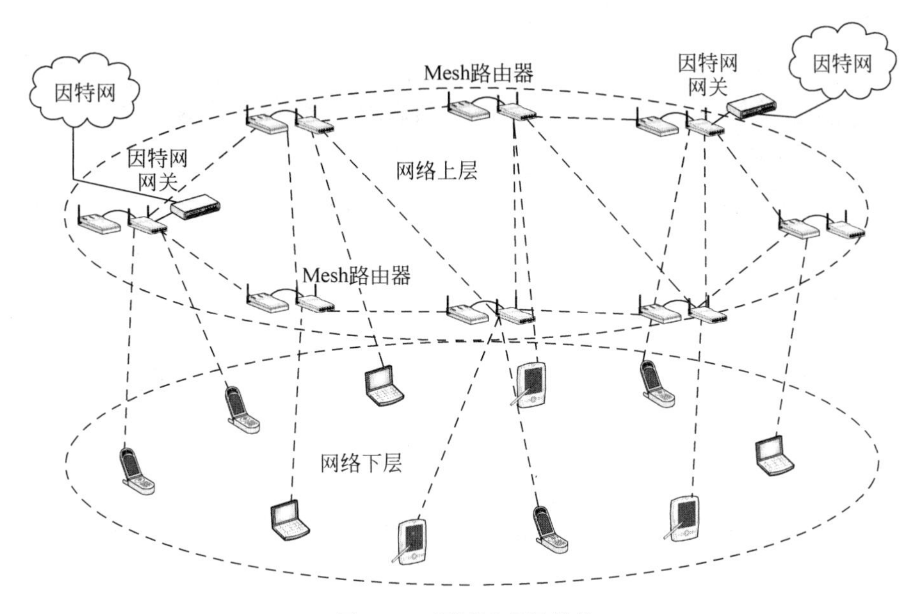

图 9.11 WMN 多级结构

该结构模式在接入点(Mesh 路由器)与终端用户之间形成无线回路。移动终端通过 Mesh 路由器的路由选择和中继功能与网关节点形成无线链路,网关节点通过路由选择及管理控制等功能为移动终端选择与目的节点通信的最佳路径,从而形成无线回路。同时,移动终端通过网关节点也可与其他网络相连,从而实现无线宽带接入。这样的结构降低了系统建设成本,也提高了网络覆盖率和可靠性。

这种结构的另一个优点是网络可以兼容市场上已有的设备,但缺点是任意两个终端节点之间不具备直接通信的功能。

3. 混合网络结构

图 9.12 所示的混合结构为以上两种结构的混合。在这种结构中,终端节点已不是目前市面上仅仅支持 WLAN 的普通设备,而是增加了具有转发和路由功能的 Mesh 设备,设备之间可以以 Ad Hoc 方式互连,直接通信。一般来说,终端节点设备需要具有同时能够支持接入上层网络 Mesh 路由器和本层网络对等节点的功能。

在以上各种结构中,为了简明起见,没有再细分 Mesh 路由器的种类。实际上,在构建 WMN 的典型应用时,上层的网络边缘路由器,还需要具有网关或网桥节点的功能,以便与 IP 核心网相连,接入因特网。

由于上述结构中的两种接入模式具有优势互补性,因此同时支持这两种模式的设备可以在一个广阔的区域内实现多跳方式的无线通信;移动终端既可以与其他网络相连,实现无线宽带接入,又可以与其他用户直接通信;并且可以作为中间的路由器转发其他节点的数据,送往目的节点。所以,WMN 不仅可以看作是 WLAN 与移动 Ad Hoc 网络融合的一种网络,也可看作是因特网的一种无线版本。

值得一提的是,目前的热点技术 WiMAX 因其远距离下的高容量(近 50km 的覆盖距离以及高达 70Mb/s 的宽带接入)等优势,引起了众多无线宽带接入提供商的注意。从这些网络提供商保护投资的角度出发,如果要迅速发展 WiMAX,必然要与目前已经蓬勃发展的

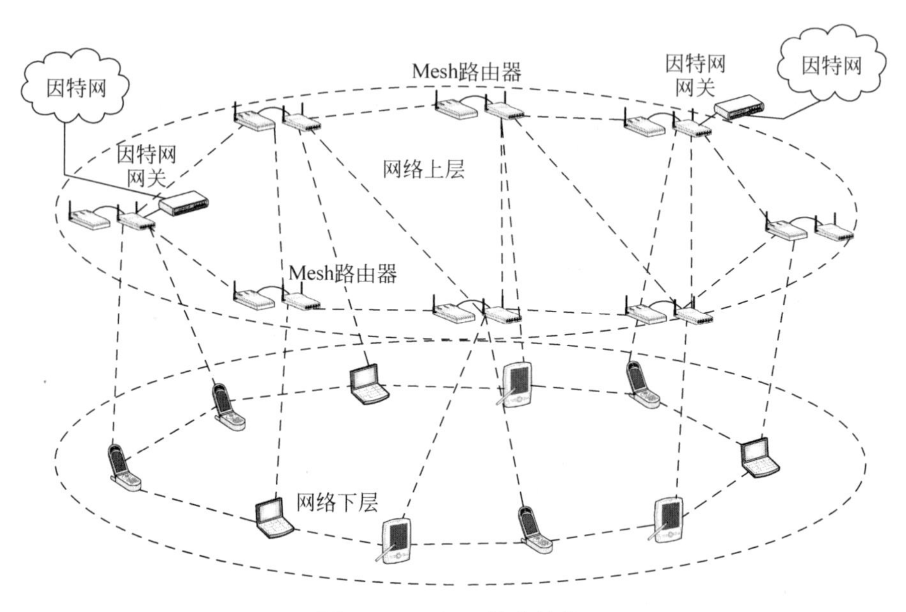

图 9.12 WMN 混合结构

Wi-Fi 相融合。从组网结构上讲,可以采用两种融合模式:①在 WLAN 中,因为 AP 的覆盖范围非常有限(典型距离为数百米),用户在热点地区以外,可以采用 WiMAX 接入网络享受服务。但是,这种接入方案需要在终端设备中配置双网卡。②采用 WMN 的组网模式,即采用双层结构,骨干网采用 WiMAX 技术,接入网采用 Wi-Fi,其网络结构如图 9.7 所示。

图 9.13 是 2004 年底北电网络公司开始为中国某城市设计与部署的超级城市(Super City)WMN 的结构。该结构属于上述的分级结构,其中 WMN 部分的网络接入点(NAP)和无线接入点(AP)是该网络的核心部分。

该结构的着眼点是延伸 WLAN 的覆盖,提供城域范围的无线宽带接入,所以终端设备不需要进行大规模的更新或改造,普通的支持 WLAN 接入的移动无线终端设备(Mobile Radio Terminal,MRT)仍可使用。这些普通设备作为网络的底层。网络的第二层为无线 Mesh 层,由分组转发和路由功能的网络接入点路由器(Network Access Point-Router,NAP-R)组成,NAP-R 具有可伸缩性,实现了弹性覆盖,理论上说,可构成任意规模的信号覆盖。在无线 Mesh 层的边缘 NAP-R 节点上扩展了网关功能,由这些节点与第三层的城市分布式网络互联,最后,再与 IP 数据骨干网互联。

由于该网络已成为无线的商业数据网络,所以 NOSS(Network Operation and Support Service)系统作为网络系统的一部分,实现对网络的运营与管理。

9.2.2 IEEE 802 标准簇对 Mesh 结构的支持

WMN 是一种基于多跳路由、对等网络技术的高速率、高容量的新型网络结构,它本身可以动态地不断扩展、自组网、自配置、自动修复、自我平衡。支持的业务包括分散控制与管理、Web 业务、联合式的标识、IP 电话与多媒体业务和非许可证的无线业务。这样的业务需求决定了它必须具有如下特点:无传统的通信基础设施,采用多跳转发的传输机制,宽带数据速率,端到端的 IP 支持,支持语音和视频业务,内置定位系统(非 GPS),支持高达

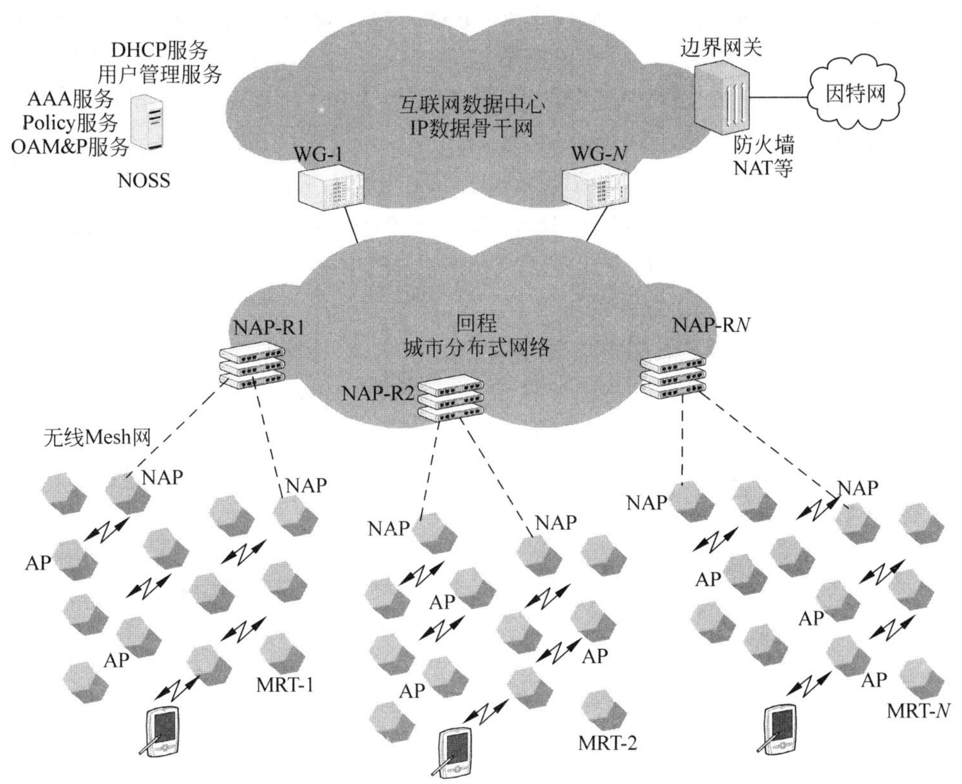

图 9.13 为中国某城市设计与部署的超级城市 WMN 的结构

400km/h 的车辆移动速度等。

针对以上网络特点，工业标准化组织已经开始着手为其制定新的标准，以满足各种网络业务的需要。其中，IEEE 802.11、IEEE 802.15、IEEE 802.16 和 IEEE 802.20 等都建立了为 WMN 制定新标准的子工作组。

1. IEEE 802.16 对 Mesh 结构的支持

IEEE 802.16 标准体系的主要目标，是开发工作于 2～66GHz 频段的无线接入系统空中接口物理层(PHY)和 MAC 规范，同时还有与空中接口协议相关的一致性测试，以及不同无线接入系统之间的共存规范。其中，IEEE 802.16 是一个点对多点视距条件下的标准，设计用于大业务量的业务接入。IEEE 802.16a 是它的补充版本，增加了对非视距和网状结构(Mesh Mode)的支持。IEEE 802.16 和 IEEE 802.16a 经过修订统一命名为 IEEE 802.16d。

IEEE 802.16a 使用 2～11GHz 频段，占用 20MHz 带宽时速率可达 75Mb/s，采用 SC2/OFDM/OFDMA/OFDMA2 物理层体制；点对多点大蜂窝工作时，主要采用 OFDM/OFDMA 体制。标准不支持用户终端的移动性，支持的常用接入距离为 7～10km，最大可达 50km，从而使其成为适合“最后一千米”接入的解决方案。IEEE 802.16a 是按照支持因特网业务需求设计的，采用快速调度、自适应编码调制和自动重发技术实现无线链路的分组化，于 2003 年 1 月发布。IEEE 802.16d 标准于 2004 年 5 月正式颁布，作为对 IEEE 802.16

和 IEEE 802.16a 标准的进一步补充和完善,重点是增强设备的互操作性。该协议标准中同时设计了对点到多点和 Mesh 两种拓扑结构的支持。

2002 年,IEEE 802 成立了固定移动宽带无线接入(FMBWA)研究组,在 IEEE 802.16a/d 基础上增加移动能力,将 BWA 变为 FMBWA,形成了 IEEE 802.16e 标准。IEEE 802.16e 使用 2~66Hz 频段,采用与 IEEE 802.16a 同样的工作体制,在占用 5MHz 带宽时上、下行链路最高速率都可以达到 15Mb/s,频谱效率为 3b/s/Hz,支持本地和地区的移动性,支持漫游和切换,移动速度可以达到 120km/h。IEEE 802.16e 的主要问题是切换问题,要求尽量少改变 IEEE 802.16a 的物理/MAC 层标准。

基于单跳 IEEE 802.16 点到多点体制,IEEE 802.16 标准定义了建立 Mesh 网连接的基本信息流和数据格式。因为 WiMAX 技术可以在创建大范围无线回程(backhaul)网络中应用,因此,Mesh 模式中应用了基于回程的 WiMAX。

Mesh 网络由单个中心节点控制,这个节点称为 Mesh 基站(WiMAX 基站); Mesh 基站作为 WiMAX Mesh 到外网的接口,如图 9.14 所示。

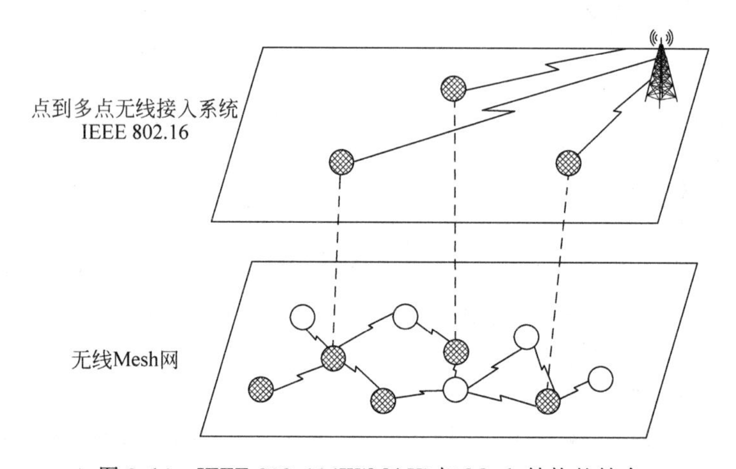

图 9.14 IEEE 802.16(WiMAX)与 Mesh 结构的结合

工作在高 G 频段上的固定宽带无线接入系统受视距传输的限制,无法直接面向许多终端用户,但却能实现很高的系统容量。Mesh 网中的众多网关节点则需要一个连接到骨干网的接口,这一接口如果采用光纤等有线技术,在网络规划时将受到极大限制。因此,将上述两种网络结合起来,通过固定宽带无线接入系统,实现网关节点到骨干网的接入将是一个非常有效的方案。基于同样的道理,WMN 也可以与无线局域网相结合,将位于同一个较大区域的多个 WLAN 通过 Mesh 方式连接起来。一方面,可以实现 WLAN 之间的互通,另一方面,也可以使多个 MLAN 共享网络出口。这样,通过将 WMN 和其他无线接入技术相结合,就可以形成一个层次化的宽带无线接入网络。

图 9.15 为 WiMAX(IEEE 802.16)基于 Mesh 结构的无线宽带接入结构图,其中 4 个 Mesh 子网“AirHood”分别由称为“AirHead”的基站连接,基站连接到回程点,通过这个回程点,信息传输到网管系统服务器,最终连到因特网。该网络结构更好地解决了覆盖问题,容纳多用户接入。

2. IEEE 802.11s 对 Mesh 结构的支持

最初的 IEEE 802.11 业务主要限于数据传输,速率最高只能达到 2Mb/s,但随后提出

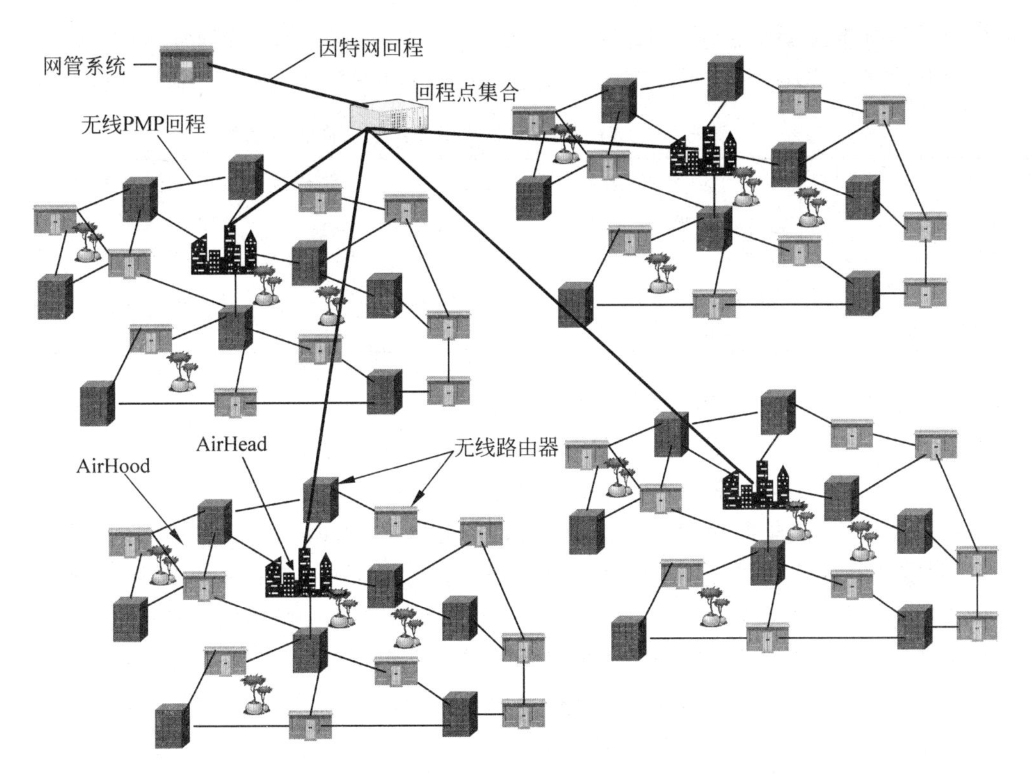

图 9.15 WiMAX 基于 Mesh 的无线宽带接入结构图

的 IEEE 802.11b 和 IEEE 802.11a/g 峰值速度可以分别达到 11Mb/s 和 54Mb/s，而研究中期望的 IEEE 802.11n 的速度可以达到 100Mb/s。这就使得现有的电缆和 DSL 连接限制了家庭和办公网络的连接速度。倘若能跳过这些有线部分，则可以克服这一问题，同时减少铺设和维护以太网电缆的开销。至此，WMN 的思想被引入。

虽然已有 Mesh 试验网使用 WLAN 技术，但已有的 IEEE 802.11Ad Hoc 模式的 MAC 层协议的不可伸缩性使得网络性能很差，不适合多跳的 WMN。为了将其商用，IEEE 新成立了一个 IEEE 802.11s 子工作组，制定标准化的扩展服务集(ESS)，即 IEEE 802.11s 专门为 WMN 定义了 MAC 和 PHY 层协议。在这样的网络中，WLAN 接入点可以像路由器那样转发信息。

如前面所述，针对 IEEE 802.11 Mesh 网络也可以是两种基本结构：基础设施的网络结构和终端设备的网络结构。IEEE 802.11s 工作组为支持这两种结构制定了新的规范。在基础设施的网络结构中，IEEE 802.11s 工作组将定义一个基于 IEEE 802.11 MAC 层的结构和协议，来建立一个同时支持在 MAC 层广播/多播和单播的 IEEE 802.11 无线分布式系统(WDS)；而在终端设备的网络结构中，所有设备工作在 Ad Hoc 模式下的同一平面结构上，使用 IP 路由协议。客户端之间形成无线的点到点的网络，而不需任何网络基础设施来支持。

3. IEEE 802.15 系列对 Mesh 结构的支持

IEEE 802.15 提供了简单、低耗能无线连接的标准，是 IEEE 工作组针对无线个域网(WPAN)开发的，正发展成为包括便携式和移动计算设备的个域网(PAN)或短距离无线网络的标准。该标准主要定义了WPAN的物理层(PHY)和媒体接入控制层(MAC)。工作组中又分几个子工作组,相应子工作组与其定义内容对照见表9.1。

表9.1 IEEE 802.15各子工作组定义内容

IEEE 802.15子工作组	定义内容	IEEE 802.15子工作组	定义内容
IEEE 802.15.1	蓝牙1.1版	IEEE 802.15.3a	UWB
IEEE 802.15.1a	蓝牙1.2版	IEEE 802.15.4	低数据速率及ZigBee
IEEE 802.15.2	WLAN与WPAN的共存	IEEE 802.15.5	Mesh网络
IEEE 802.15.3	高数据速率		

(1) IEEE 802.15.1对Mesh结构的支持

IEEE 802.15.1是IEEE提出的第一个取代有线连接的WPAN技术标准,它与蓝牙1.1版技术规范相兼容,具备了一定的QoS特性,基本上属于增强型蓝牙1.1版技术规范。它为采用封装形式、低成本的无线通信设备(如笔记本电脑、PDA、蜂窝电话及其他便携式手持机)制定技术规范,同时提供与因特网的连接。蓝牙的网络拓扑基于自组织(Ad Hoc)网络模式,提供了点对点或点对多点的连接,最多8个设备构成微微网。在同一区域,重叠的多个微微网可以构成散射网,同一蓝牙设备可以加入多个微微网,从而实现多个微微网的桥接。由于蓝牙组网方式灵活多样,且支持多跳,所以有力地支持了WMN结构。

(2) IEEE 802.15.2对Mesh结构的支持

IEEE 802.15.2的主要目标是为IEEE 802.15 WPAN发展推荐应用,它可以与在开放频率波段工作的其他无线设备(如IEEE 802.11设备)共存,为其他IEEE 802.15标准提出修改意见,以提高与其他在开放频率波段工作的无线设备的共存性能。2003年8月批准的IEEE 802.15.2就是解决WPAN与WLAN之间的共存的标准,此协议标准为多种技术融入WMN提供了支持。

(3) IEEE 802.15.3对Mesh结构的支持

IEEE 802.15.3工作组正为消费类电子及通信设备提供短距离无线连接的高速WPAN制定标准。这种高速WPAN工作在与IEEE 802.11b/g相同的2.4GHz频段,由于功率较小,所以覆盖范围大约在10m。它的应用主要分为两个方向:一是提供类似图像和声音这样的大数据量业务的传输;二是提供分布式实时视频和高保真音频的服务。

IEEE 802.15.3的PHY层工作在2.4~2.4835GHz之间的频段上,具有5种数据传输速率,由11Mb/s到55Mb/s以每11Mb/s递增。然而,即便是速率最高的55Mb/s,想提供前面所述的大数据量业务,也显得捉襟见肘。于是,IEEE 802.15.3的一个子工作组IEEE 802.15.3a进一步发展制定了基于多带OFDM联盟(MBOA)的PHY层,使用超宽带(UWB)技术达到高达480Mb/s的峰值传输速率。直接序列UWB(DS-UWB)方案则声称可以达到1.3Gb/s的传输速率。使用UWB技术的网络具有很多优势。例如,通信保密性高、功耗低、花费小、准确定位和超高的带宽,这些特点正是WMN所需的。美中不足的是,这种技术通信距离有点短,大约在10m以内。然而,WMN中节点间多跳转发信息的特点,使得UWB这种短距离技术恰恰成为其应用的杀手锏。

IEEE 802.15.3为WPAN制定了MAC层规范,以支持Ad Hoc网络,并为多媒体业务提供QoS保障。各节点组成集中控制和定向连接的Ad Hoc网络称为微微网。一个微微网由一个微微网控制器(PNC)和多个设备(DEV)组成。任意一个设备都可作为一个PNC。然而,随着这种高速的传输能力对消费类电子供应商的吸引,其集中式控制欠佳的灵活性也愈发限制了技术的发展。毕竟使用UWB的设备之间通常是自发地形成Ad Hoc点对点的连接,需要的是简单的操作和移动性的支持。因而,MBOA正试图将PNC的作用淡化,为形成一种分布式控制的网络制定新的IEEE 802.15.3 MAC层协议。这种新的MAC层可以支持集中式和分布式两种拓扑结构。MBOA制定的MAC层标准的目标是:

- 优化的Ad Hoc点对点连接。
- 快速建立连接和断开连接(<1s)。
- 新建网络自配置。
- 分裂网络自愈合。
- 网络间节点的移动性支持。
- 支持同步和异步服务。
- 节能。
- 干扰最小化。
- 支持Mesh网络。

(4) IEEE 802.15.4对Mesh结构的支持

IEEE 802.15.4标准是为低数据速率、长电池寿命和低设备开销要求的遥测技术制定的。ZigBee联盟正在制定运行在IEEE 802.15.4的MAC和PHY层以上的高层协议,如图9.16所示。它的网络层支持多种网络拓扑结构,如星形、簇形和Mesh。在一个Mesh拓扑中,定义了一个协调节点,负责启动网络和选择一些关键的网络参数。在路由协议中使用了"请求-应答"算法,来排除非最佳路径。

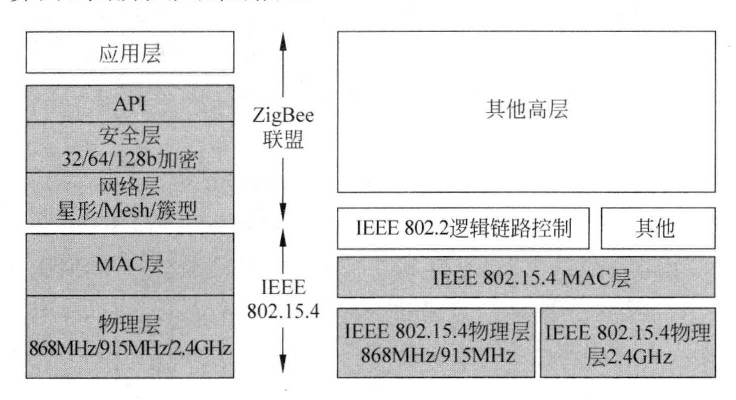

图9.16 ZigBee协议结构

IEEE 802.15.4为应用于Mesh网络的设备制定PHY层标准。其中,物理层定义了一些参数,如频谱、带宽、发送功率和接收器灵敏度等。此标准中,频段定义在868MHz/915MHz和2.4GHz,最小发射功率为1mW,并且可以根据需要通过发射功率控制器(TPC)来调整发射功率,保证在100m范围内数据能可靠传送。这些参数的设置也是为了能更好地支持WMN。

假设在一个WMN中有若干发射器同时工作,则存在经授权的无线服务之间相互干扰的潜在危机。WMN本身是通过多条短距离链路来替代一条长距离链路,这就意味着在一个 WMN 中,发射器的功率必须低到保证一条良好链路所需信噪比的级别(同时也是为了节约电池的能量)。与此同时,WMN 中发射器相对较低的功率级也会相应降低对其他 WMN 接收器的干扰。

目前,IEEE 802.15.4 标准工作在 902~928MHz 和 2400~2483.5MHz ISM 频段,主要原因是很多非许可证设备都工作在这些频段上,而且使用这些频段不会对一些政府管制的频谱造成影响。但是,如果 WMN 要想工作在 5725~5850MHz ISM 频段,就需要进行严格的技术分析和选择,以不影响同样工作在这一频段的雷达系统。

WMN 节点的通信路径比较短,很可能使用的是较高的频段,而这样的频段往往传输损耗较大。高频无线电信号(>10GHz)被雨滴和气体分子的反射与吸收会随着频率的增大而增加。这种信号的最大可用范围在一定意义上依赖于由恶劣天气造成的干扰的可容忍度。频率范围越广,就越容易受到天气的影响,因为频率越高,无线电信号越容易被大气吸收。例如,水蒸气可以吸收接近 20GHz 的无线电信号,氧气对 60GHz 的无线电信号吸收能力最强。虽然大气的吸收作用对很多无线电系统造成了不良影响,但是 WMN 系统也许可以通过这种自然现象来限制干扰信号的范围,从而从根本上提高其频率的复用率。

IEEE 802.15.4 也为应用于 Mesh 网络的设备制定 MAC 层标准。在此 MAC 层中,通过 CSMA/CA 机制控制接入信道。如果高层检测到信道吞吐量下降到规定门限值以下,则 MAC 层将在可用信道间执行能量检测扫描,高层将根据这个扫描结果切换到最低能耗的信道上。这也是为了保证电池的低消耗而制定的。另外,IEEE 802.15.4 MAC 层还对流量进行了控制,对帧结构进行了定义,这里不再一一赘述。

(5) IEEE 802.15.5 对 Mesh 结构的支持

IEEE 802.15.5 目前还在开发中,最终定位于 WMN 的 MAC 层,且不需要 ZigBee 或 IP 路由支持。此外,拟议中的 IEEE 802.15.6 为非官方标准,采用频段将会是太赫兹级,组合了光和无线电技术,理论速率达数太比特每秒。

4. IEEE 802.20 对 Mesh 结构的支持

IEEE 802.20 即移动宽带无线接入(Mobile Broadband Wireless Access,MBWA)工作组成立于 2002 年 12 月,致力于为移动用户开发一个标准,支持在 3GHz 频段可靠地进行高速无线数据传输。同时,在室内、室外环境中支持 WMN 结构。与 IEEE 802.16e 相同的是,IEEE 802.20 也需要为无线移动宽带接入定义一种新的空中接口,但是二者在工作频段、发展历程及支持高速移动性等方面有所不同。现就其对 PHY 和 MAC 所做的工作进行简要介绍。

IEEE 802.20 在 PHY 层上主要引入了 FLASH-OFDM 技术。这种扩频技术将可用无线频谱分成一系列空间上相等、频率上正交的频率块,同时使用了快速调频技术。这样,它便可支持大量用户的接入和数据的传输,并且安全性很高,比现有网络的空中接口在容量和频谱利用率方面均有大幅提高。它在 1.25MHz 和 5MHz 两种信道下的各个参数见表 9.2。

IEEE 802.20 MAC 层支持低数据速率的专用控制信道,并能为大量的现时用户和业务流提供服务。它的自由竞争接入降低了整个执行时间,感觉上与有线网络相差无几,并且可以快速地对现时用户进行调度(例如,可在正浏览网页和正下载网页的用户间调度)。

表9.2 IEEE 802.20 PHY层参数

参　　数	1.25MHz	5MHz
移动性	250km/h	
频谱效率	＞1b/s/Hz/cell	
峰值用户速率(下行)	＞1Mb/s	＞4Mb/s
峰值用户速率(上行)	＞300kb/s	＞1.2Mb/s
峰值用户总速率(下行)	＞4Mb/s	＞16Mb/s
峰值用户总速率(上行)	＞800kb/s	＞3.2Mb/s
频谱	＜3.5GHz	

IEEE 802.20为PHY和MAC层制定的规范不仅在网络容量上进行了提升和在高速情况下实现了宽带无线连接，更重要的是它支持移动性，并且提供了网络间的漫游和切换(例如从MBWAD到WLAN)。这些改进均有力地支持了WMN的发展。但是，IEEE 802.20是一个全新的技术标准，有很多具体的技术问题有待解决，而且它同现在的移动通信网络并不兼容，要利用它实现通信，需要巨大的投入，并不是一蹴而就的事情。

9.3 无线Mesh网络MAC协议

本节介绍WMN MAC协议。在MAC协议上，WMN继承了IEEE 802.11标准中的很多技术，特别是IEEE 802.11s标准更是专门针对传统的IEEE 802.11 MAC协议扩展成为支持网状结构的新的协议。另外，IEEE 802.16 MAC协议也支持网状结构，前面已经提到，这里不再赘述。下面主要介绍几种专门针对WMN设计的MAC协议，其中包括速率自适应多跳网MAC协议、多信道Mesh网MAC协议等。

9.3.1 速率自适应多跳网MAC协议

随着无线通信技术的发展和器件性能的提高，无线网络有能力支持更高的数据传输速率。同时，由于无线信道的时变特性，无线信道的质量是随时变化的，因此支持的数据传输速率也是时变的。在这种情况下，如果使用传统的、固定的传输模式，则不能够适应网络的动态时变特性，对系统资源来讲是一个巨大的浪费。随之而来的问题是，如何提高网络的性能，根据网络的时变特性来对传输模式进行动态调整，最大限度地利用网络有效带宽，从而使网络性能最大限度地得到利用。

速率自适应多跳网MAC协议的方案是运用自适应调制和编码技术，从而可以最大限度地利用信道的容量，根据不同终端报告的信道情况，提供个性化的调制方式。在本方案中，无线设备能够支持多种调制方式，即多种速率，并动态地从中进行选择。在信道情况较好的情况下，采用较高的传输速率，从而增加系统的吞吐率，并且由于信道的自适应是通过改变调制和编码的方式实现，而不是像功率控制那样单纯改变发射功率，因此系统中干扰变化很小。同时，由于调制方式的选择是根据信道现在的状态作出的，因此选择也更准确。用户既可以选择最佳速率选择的方式，又可以让设备通过对以前传输情况的统计，来选择一个相对固定的较好速率进行传输。

1. 速率自适应原理

高数据速率通常通过高效的调制方式来实现。调制将要传输的数据进行变换,使其适合在物理介质上传输。数字调制将要传输的数据变换成为一个符号序列,每一个符号根据使用的调制方式不同,可能由几个比特构成。然后,符号以一定的速率在物理介质上传输。

调制方式的好坏,是通过传输数据的准确性来衡量的。在无线移动网络中,由于路径衰落、干扰等因素,接收端的信噪比(SNR)是不同的。这种不同的SNR,也引起了不同的误比特率(BER)。信噪比越小,在接收端对收到的信号进行正确的解调就越困难。要想得到较高的数据传输速率,就要应用调制深度较高的调制方式,在传输速率与BER之间取一个折中:传输速率越高,误比特率越大。对于每一种调制方式,BER随着SNR的增大而减小。而对于一种给定的SNR,BER随着数据传输速率的增大而增大。

速率自适应技术,是指在不同的信道条件下,选用适当的数据传输速率(调制方式)来实现网络的最大吞吐量。在有线网络中,这种技术已经得到应用,同时,人们正试图将这种技术应用于无线网络中。为了实现速率的自适应,有两个方面比较关键:信道质量估计和速率的选择。信道质量估计是利用时变信道的状态来估计未来信道的质量。问题包括选用哪个参数作为信道质量的度量(包括SNR、信号强度、误符号率、BER)和统计的时间。速率的选择是利用信道质量的预测来选择一个最佳的速率。人们通常通过设置门限的方法实现速率的选择。

在以上影响速率自适应技术的诸多因素中,如何准确地对信道质量进行估计是最重要的。显然,不恰当的信道估计将导致不恰当的速率选择,反而会使网络的性能恶化。因此,要使用最能反映信道状态的信息作为信道状态的判据。在接收端,需要知道一个分组是否收到、是否有错误等一系列信息。因此,收集数据最关键。当然,如何保证实时性也是重要的,数据需要及时反馈,以尽量减少时延。

2. 基于接收器的自适应速率算法实现

基于接收器的自适应速率(Receiver-Based AutoRate,RBAR)算法的核心思想是允许接收端来选择合适的数据分组的传输速率,通过RTS/CTS分组来携带信息进行速率选择信息的交换。其优点如下:

(1) 信道质量的评估与传输速率的选择基于接收端当前的状态,这就保证了所做的信道评估是实时准确的,因此速率选择更为准确。

(2) 因为速率的选择是在RTS/CTS握手期间交换的,信道质量的评估更接近数据分组传输时的情况。

(3) 若应用到IEEE 802.11 MAC协议,只需要对IEEE 802.11 MAC协议进行较小的改进。

在RBAR算法中,在发送端,由其选择一个速率(如最近一次成功发送给接收者的速率),然后将发送速率与数据分组的大小保存到RTS分组中。邻居节点接收到RTS分组后,会算出请求保持的时间D_{rts},然后此节点会改变自身的NAV。当接收者收到发送端发送的RTS后,会根据自己的统计信息,对信道进行估计,然后选择一个最适合的速率,通过CTS回传给发送端。其他节点收到CTS后,通过相同的计算过程来改变自身的NAV,以防止冲突发生。最后,当发送端收到CTS后,以协商的速率向接收端发送数据分组。

以上算法可以很好地和标准的 IEEE 802.11 MAC 协议进行融合,而不需要对 IEEE 802.11 MAC 进行很大的修改。

9.3.2 多信道 Mesh 网 MAC 协议

现有的 WMN 基本上都是采用单信道 MAC 协议。这种技术限制了整个网络的数据传输速率与网络容量,因为根据无线信道特点,当一个节点向另一个节点传输数据的时候,为了避免冲突,两个节点的所有邻节点都不能够进行数据传送(图 9.17),这就极大地限定了整个网络的容量。尽管现有的 IEEE 802.11a/b/g 与 IEEE 802.16 协议在物理层技术上有了很大的进步,如采取了一些有效的功率控制等方法,但仍然不能从根本上满足今天人们对网络带宽日益增大的需求。IEEE 802.11a/g 标准标称的带宽为 54Mb/s,但这只是在峰值速率,而在真正应用过程中,由于用户接入时会发生多用户冲突、丢包错误等,因此真正的可达带宽几乎只有标称值的一半。另外,随着接收双方通信距离的增大,数据传输速率会显著下降。而在多跳 WMN 中,由于多跳的原因,数据在收发过程中面临节点冲突的可能性会增加;由于隐藏终端与暴露终端问题,网络吞吐量也会大幅度下降。

幸运的是,IEEE 802.11b/g 标准和 IEEE 802.11a 标准分别提供 3 个和 12 个没有交叠的信道(频点),使相邻的节点可以同时使用不同的信道。如果网络中的节点能够同时使用多个信道(图 9.18),就可以提高网络吞吐量。

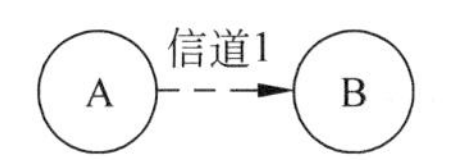

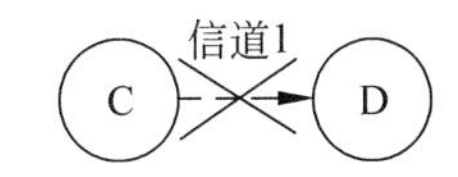

图 9.17 单信道 MAC 协议下节点数据传输

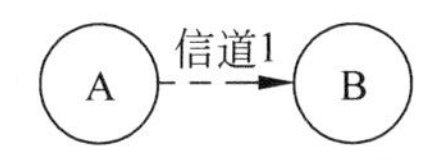

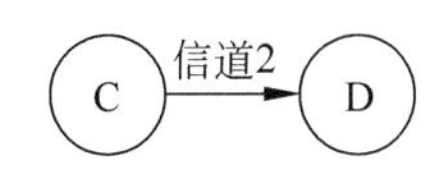

图 9.18 多信道 MAC 协议下节点数据传输

实际上,早在移动 Ad Hoc 网络的设计中,人们就用了多信道的设计思想,来提高网络的传输速率与网络容量。WMN 是 Ad Hoc 网络的一种特例,因此,我们仍然可以采用多信道 MAC 机制,来设计 WMN 的多信道 MAC 协议。

多信道 MAC 协议概括起来,主要有以下几种。

按控制信道分,有专用控制信道的多信道 MAC 协议和无专用控制信道的多信道 MAC 协议。前者采用专用的射频(一直在控制信道上)传递控制信息,这样能够更有效地传递控制信息,但信道的利用率不高。而后者不能够有效地传递控制信息。

按节点射频分,有多射频多信道 MAC 协议和单射频多信道 MAC 协议。前者每个节点有多个射频,这样节点可以同时在多个信道上传输数据,可以在多个信道上实现"边说边听"的功能,更有效地控制节点的传输。

下面列举几个具有代表性的 WMN 多信道 MAC 协议。

1. 动态信道分配(DCA)多信道 MAC 协议

DCA 多信道 MAC 协议是有专用控制信道、两个 RF 的多信道 MAC 协议。在 DCA 多信道 MAC 协议中,假定有 1 个控制信道,N 个数据信道,每个信道具有相同的带宽。控制信道用来解决信道的冲突和为每个终端分配信道的问题,数据信道用来传输数据。每个终端有两个半双工的收发器,即控制收发器和数据收发器。控制收发器在控制信道上与其他终端交换控制信息,得到接入数据信道的权力;数据收发器会动态地切换到一个数据信道上来传输数据。

在这种 MAC 协议中,每个终端设备包括两个数据结构:一个是 CUL;另一个是 FCL。CUL 称为信道使用表。每个表的条目 CUL[i]保存着邻居节点和它本身的一个记录。CUL[i]有 3 个域:CUL[i].host 是它的邻节点号,CUL[i].ch 是 CUL[i].host 使用的信道,CUL[i].rel_time 是信道释放的时间。每个节点分布式地保存一个 CUL 表,实时更新。但由于网络时延等,记录的信息可能不准确。FCL 为空闲信道表,是依据 CUL 动态计算出来的。

节点 A 要与节点 B 进行通信时,发送 RTS 到节点 B,RTS 附带节点 A 的 FCL。节点 B 收到 RTS 与 FCL 后,与它自己的 CUL 对比,找到一个可用的数据信道,然后回复 CTS。节点 A 收到节点 B 的 CTS 后,发送一个 RES(Resource)分组,防止邻节点使用此信道。同样,节点 B 用 CTS 抑制它的邻节点使用此信道。所有这些数据交互都是通过控制信道来传送的。

DCA 多信道 MAC 协议是一种简单的多信道 MAC 协议,它提高了网络的吞吐量,降低了网络时延,通过使用专用的控制信道,使路由发现、路由维护、地址解析等广播信息有效地传输。但是,由于使用了专用控制信道,信道的利用率不高。

2. 多信道单收发器 MAC 协议

如果考虑成本和兼容性,单个收发器用在单频上是优选的硬件平台。因为提供单个收发器,每个网络节点一次只能有一条活跃的信道,但不同的节点可同时在不同的信道上运行,以增加系统的容量。在单收发器节点构造的 WMN 中,每个节点要承担两种业务,即自身信号覆盖范围之内的接入业务和其他节点的转发业务。如果使用单一信道,那么相邻节点间的业务会因为使用相同频率的信道而产生干扰,从而降低了系统的容量。因此,如何利用多个信道协调 Mesh 节点之间的通信,是多信道单收发器的 MAC 协议的关键所在。在此种类型的研究中比较典型的有 MMAC 协议与 SSCH 协议。

多信道 MAC(MMAC)协议没有专用控制信道,1 个射频。在 MMAC 协议中,每个节点配置一个半双工收发器,同时,每个节点是同步的。每个节点的所有信道上都定义了一种数据结构,称为 PCL(可选信道表),表中的数据记录了这个节点可以使用的最优信道。在此基础上,把信道分类为 3 种状态。

高优先(HIGH):这个信道在当前的信标内正在被节点使用。如果信道在这个状态,那么节点在下一次传输的时候,优先选取这个信道作为数据信道。因为这样,发送端就不用调节射频到新的频率,延迟就会减小。

中优先(MID):这种信道在节点传输范围内还没有被使用。如果没有前一种状态的信道,这种状态的信道就是最好的。

低优先(LOW):这种信道已被至少一个邻节点选取。

在节点初始化的时候,PCL 表中所有的信道都置为 MID 状态;如果在源端与目的端协商了一个信道,在双方的 PCL 表中将相应的信道记录为 HIGH 状态。通过动态改变信道的状态,可以实现信道的选择。

由于没有专用控制信道,每个节点在每个信标周期的开始,都在公共信道上监听,通过发送或接收控制信息,实现控制信道的信息传输,这与 IEEE 802.11 节能机制有些相似。

该协议将时间划分为多个同步信标区,每区包含一个 ATIM(信道协商窗口)和一个数据发送区。在 ATIM 中预定信道,在数据发送区发送数据,这样节点之间就可以互相协调选择信道，避免发生数据碰撞。另外，ATIM协议在选取信道上采用源到目的节点对数目最少的信道以及临时同步，来避免多信道的隐藏终端问题。

MMAC协议在一定程度上解决了多信道MAC协议的一些固有问题，使网络容量大大提高。但是，它仍然存在着一些问题。首先，该协议假设RTS-CTS握手协议工作在IEEE 802.11 DCF中，但事实上，RTS-CTS握手协议是DCF中的一个可选功能，并且它会提高设计的难度。其二，在这种多节点多跳的无线网络中很难达到整体的同步。其三，实际操作中信道切换的时间远远大于224μs，信道切换的数量增多会导致系统性能下降。最后，MMAC协议削减了多信道隐藏终端问题，但同时使用RTS-CTS握手协议以及ATIM-ACK协议，又引起了不可忽视的暴露终端问题。

对于SSCH协议，这是将一组无线信道分配给网络节点，类似于频分的概念，它将这些信道看作是正交信道，这样每个设备只具备一对收发器，收发器在不同的信道上来回切换，同一时刻只能在一个信道上接收或者发送，但在同一通信区域内可以有多对节点同时通信(工作在不同的信道上)。这在网络负荷大时比单信道协议有更高的网络吞吐率。该协议使用最优同步和部分同步：最优同步允许所有的信道采用控制传输，避免了控制信道饱和这个瓶颈问题；部分同步使通信节点部分同步于源节点，部分同步于目的节点，允许单跳流的负载分配给多个信道，通信性能得以提高。

SSCH协议中每个节点处理三方面的信道跳变工作。第一，维护节点跳变表，并且调度每个信道的数据分组，其中信道表包含所有节点的信息，以及包含节点准备依次在时隙内交换的一系列信道和交换信道的时间，这些信息可以是过期的，但一定要保证是准确的。第二，对相邻的节点及时传送新的跳变表，只有及时更新信道的变化信息，才能保证相邻节点之间的通信，避免发生碰撞。第三，通过更新节点信道表反映传输模式的改变。在该协议中，每个设备只需要配置一块网卡及维护一个调度信息表，不需要改变IEEE 802.11已有的协议，就可避免同道干扰，并且在正交信道上同时传输多个数据流而不会产生干扰，增加了系统的容量。

3. 基于主信道分配的多信道MAC协议

基于主信道分配的(PCAM)多信道MAC协议是有专用控制信道、3个射频的多信道MAC协议。在PCAM协议中，每个节点配置3个半双工收发器。其中两个收发器——主收发器和第二收发器主要用来传输数据，第三收发器用来传输和接收广播消息。在一些特殊的情况下，第三收发器也可用来传输数据。在PCAM中，主接口卡分配一个确定的信道作为节点的主信道，而这个特定的信道其他节点是知道的。因此，主接口卡可以在主信道上与想要和这个节点通信的节点通信。当然，理想情况下，主信道的分配在两跳的范围内是无重复的，这样就能够保证与邻节点在主信道使用上是无冲突的。第二个收发器主要用作发送数据，它的信道分配是不固定的。图9.19描述了一种可能的通信情况。信道1作为广播信道。当两个节点分配了不同的主信道(Pch)时，发送者将第二个接口卡切换到接收者的主信道上，与接收者进行数据传输。极个别的情况下，如第二个图中，当两个节点有相同的主信道时，节点使用主接口卡进行数据传输。同时，第二接口卡不能在相同的信道上传输数据。因为如果这样，将与主接口卡发生冲突。在第三个图中，接收者使用广播信道作为主信道。在这种情况下，接收端第三个收发器是不能使用的，发送端使用第三个信道来与接收端的主收发器通信。因为主信道是提前分配的，这个方案不需要任何专门控制信道来动态进行信道的协商。与其他方案不同,这里需要进行频繁的信道分配,节点要在一个公共的信道上守候。同时,这种方案又没有信道数量的限制,因为它不需要一个信道来传送控制信息,也就没有控制信道与数据信道的最佳匹配问题。

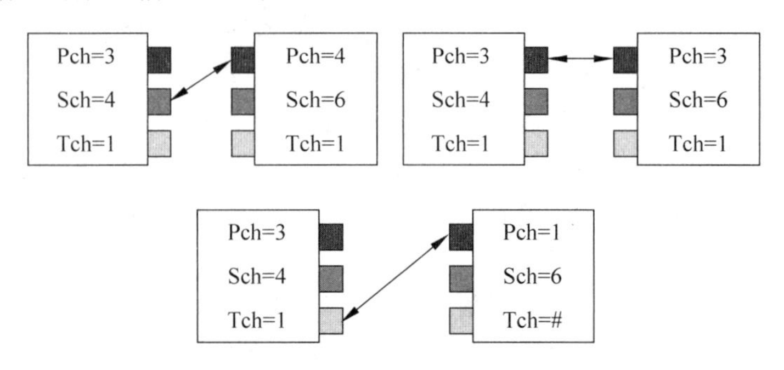

图 9.19 PCAM 多信道 MAC 协议信道分配示意图

在这种方案中,第二个收发器不可能切换到所有的主信道来实现广播。因此,第三个收发器主要用来实现广播数据的收发。系统分配公共信道,所有的第三个收发器都使用这个信道。这种机制可以实现数据信号与控制信号的分离,且路由信息比数据优先级高。该方案广播数据支持性较好,路由发现、路由维护等信息能够较好地传送。节点通过广播信道发送路由请求和接受路由信息。这种协议能够避免隐藏终端的发生,减小了网络时延,为信道性能最差的情况和最低要求进行保守设计。但是,由于每个节点的网络接口卡过多,因此成本高,信道利用率低。

4. 多射频统一协议(MUP)

MUP 是在符合 IEEE 802.11 标准的硬件基础上开发的一种具备多块网卡的多信道方案。该方案不需要改变现有的硬件平台,并且支持现有的应用和网络协议。

图 9.20 所示为 MUP 在链路层的实现,这样网络传输可利用多个接口,而不需要修改应用设备或上层的网络协议栈。为了隐藏多个网络接口的复杂性,MUP 只使用一个虚拟的 MAC 地址取代多个无线网卡使用的物理的 MAC 地址。由于从应用的角度看,只存在一个无线网络接口,所以 MUP 可看作是多 RF 的协议。

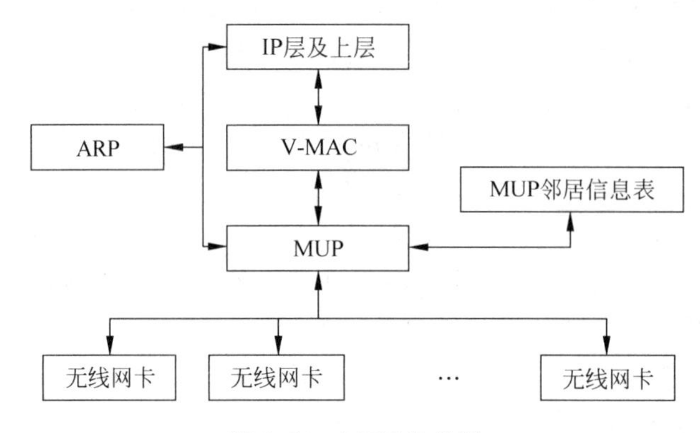

图 9.20 MUP 结构图

MUP 设计的一个关键问题是基于现有的每个信道的情况寻找适合通信的信道,它通过一个信道质量规律的抽象概念来衡量现有每条信道的状态,通过周期地发送探测消息来评价信道质量，然后计算探测消息往返的延迟时间。对于每个存在邻居的节点来说，计算信道的质量不需要考虑邻居节点，因为在MUP中不需要接收和发送使用一致的信道，这样独立的信道选择简化了协议设计。

MUP还有一个重要的组成部分是MUP邻居信息表，见表9.3。节点通过使用该表得知与哪个节点通信，以及哪个节点是支持MUP协议的。该表格还包含每个接口的MAC地址、信道质量及信道选择信息。

表9.3 MUP邻居信息表

域	描　述
邻居(neighbor)	邻居节点的IP地址
状态(status)	显示邻居节点是否支持MUP
MAC列表(MAC list)	一系列与IP地址相连的MAC地址
信道质量列表(Quality list)	一系列与目的MAC地址相连的信道质量值
信道(channel)	当前与该节点通信的优选信道
选择时间(Selection time)	决定选择信道所持续的最长时间
分组时间(Packet time)	该节点发送或接收分组的最长时间
探测时间列表(Probe time list)	无确认的探测信息的时间列表

MUP在实现上可以采用两块IEEE 802.11b网卡，每块网卡支持两个正交信道(图9.21)。该协议通过一个节点和它的邻居节点之间的最短一跳RTT(往返时间)选择网卡，并占用该网卡一段随机时间，以平衡传输负载。在该随机时间过后，MUP利用一个随机的时间间隔来决定何时改变信道，这个时间间隔为10～20s。与此同时，MUP的基于最短RTT的信道选择并不能保证无隐藏节点存在；MUP为每个选择的网卡分配随机时间，由于信道的特点及通信干扰，具备最优性能的网卡获得的时间是随机的，因此这样的机制并不能保证网络性能；MUP在交换信道后存在一种数据分组重新排队的机制，这可以看作是一种TCP的性能，但这种机制在WMN这种多跳网络中会导致端到端的吞吐量降低。

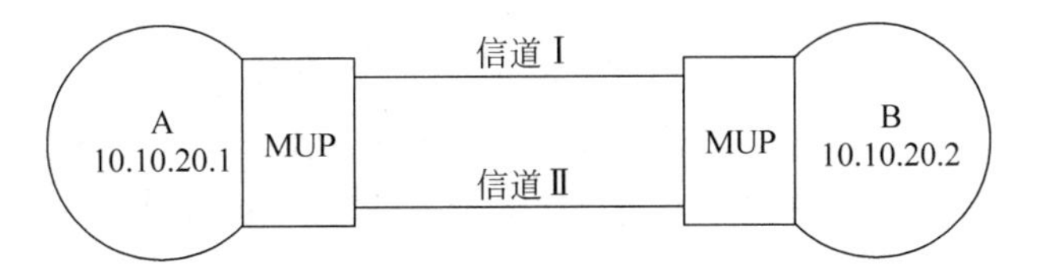

图9.21 采用两个正交信道的MUP示例

MAC协议对WMN的性能有至关重要的影响。WMN的MAC协议研究也是IEEE 802.11s标准中的重要内容。

9.4 无线Mesh网络路由协议

本节介绍WMN的网络路由协议。由于WMN是一种特殊的移动Ad Hoc网络，移动Ad Hoc网络的很多路由协议可以作为WMN路由协议的基础。例如，动态源路由(DSR)协议、基于目的序号距离矢量(DSDV)协议、按需距离矢量(AODV)协议、基于关联性的路由(ABR)协议和基于信号稳定性路由(SSR)协议等，关于这些协议，参见第7章有关内容。

这里主要介绍一些最新的适用于 WMN 的路由协议,包括多径源路由(MSR)协议、多射频链路质量源路由(MR-LQSR)协议、可预测的无线路由协议(PWRP)、单收发器多信道路由协议(MCRP)和其他无线 Mesh 网络路由协议。当然,一些新的成果还不是太成熟,有待于进一步改进和完善。

9.4.1 无线 Mesh 网络路由协议分类

目前出现的一些 WMN 路由协议方案,主要有以下 7 种类型。

1. 多判据路由

许多已有路由协议均使用最小跳数作为路由判据。研究表明,该路由判据在大多数情况下并非有效。对于两节点之间满足最小跳数原则的路径,由于干扰冲突与通信距离等因素的影响,链路性能可能会很差,网络吞吐量也将变得很差。并且,一旦链路遇到干扰冲突时,这种路由往往也不是最优路由。为解决此类因路径质量差而影响网络吞吐量等性能的问题,需要设计一种新的路由判据,该判据能正确反映出链路质量对各指标的影响。

研究人员对几种典型路由判据进行了比较,分别将期望传输次数(ETX)、往返时间(RTT)和数据对延迟时间(PktPair)3 个路由判据与最小跳数(HOP)作为判据进行了对比。当节点完全静止时,ETX 获得了最好的性能,RTT 与 PktPair 由于冲突的影响性能稍差。但是,在网络中节点移动时,HOP 则优于其他 3 种判据,这是因为节点移动时,ETX 不能及时反映出链路质量的变化。

研究表明,以 ETX 为判据的路由协议在 WMN 中加入移动节点时性能还不够完善,需要提出更优的性能判据。同时,单一的路由判据很难反映出链路质量给各个性能指标带来的影响,所以在制定路由判据时,应使用多路由准则来解决此矛盾。

2. 多信道路由

在 WMN 中,使用多信道的方式有很多种,如单收发器多信道、多收发器多信道等方式。

使用多收发器可以在不需要修改 MAC 协议的基础上提升网络性能。MR-LQSR 协议就属于多信道路由协议。仿真结果表明,该方案能够较好地提高网络性能。同时,该协议提出了适应多信道条件下的路由判据 WCEET,综合考虑了不同信道上的时延、带宽等信息。

3. 多径路由

在 WMN 中,所有节点通过路由协议共享网络资源。因此,WMN 路由协议必须满足负载均衡这一要求。例如,当网络中某节点发生拥塞,并成为整个网络的瓶颈节点时,新的业务流应该能“绕过”该节点。可以从两个方面来解决该问题:第一种方法,通过路由发现机制在业务流建立阶段“绕过”网络中的拥塞区;另一种方法是利用路由维护机制,在发现链路拥塞时自动选择其他路径进行数据传输。此外,以 RTT 作为性能判据在一定程度上能达到负载均衡的目的,但是,由于 RTT 受链路质量影响,所以它并不对所有情况都奏效。总之,路由判据需要在一定程度上满足负载均衡的要求。

在源节点与目的节点之间选择多条路径进行数据传输称为多径路由。多径路由技术可以很好地避免单径路由时的网络震荡的影响,还可以在充分利用带宽等网络资源的同时实现负载均衡、路由容错等。在某条链路因为信道质量恶化而不能正常工作时,其他链路可以继续工作，因此，也可以在路由故障时避免路由重建等操作。

基于DSR的多径源路由协议(Multipath Source Routing，MSR)就属于这类协议。

4. 分级路由

随着网络规模的增大，传统的利用广播机制进行路由查找的方法会消耗很多网络资源。同时，由于大规模网络建立路径将花费很长时间，使端到端的时延变大，一旦路径建立，由于路径发生变化又需要消耗很大的网络资源，才能进行路由重建。对于这个问题，通常可以采用后面提到的分级路由思想来解决。

通过分级技术，在簇内与簇间使用不同的路由，分别发挥各种路由的优点，从而实现大规模WMN的路由。若所有的数据业务都需要通过簇头转发，那么簇头将成为整个网络的瓶颈；若数据业务不通过簇头转发，该路由的设计将变得更加复杂。

在分级路由中，首先需要确定特殊的自组织分簇算法。每个簇拥有一个或者多个簇头。在决定簇大小时，必须使其满足两点：第一，必须足够大，保证节点不会轻易地移出所在簇；第二，必须足够小，从而使源路由能够很快地找到目的节点。

5. 跨层路由

路由协议与MAC协议之间的跨层设计是另一个有趣的课题。以往的研究都集中在网络第三层上，但是对于WMN，因为网络的时变特性，路由性能并不理想，所以可以从第二层提取一些状态参数信息作为路由判据。此外，还可以考虑合并MAC与路由层之间的一些功能。

研究表明，跨层设计可以使路由协议收集到节点底层的实际数据传输情况，从而做出正确的路径选择，这对网络性能的提高有很大的意义。

6. QoS路由

如何为用户提供QoS保证也是当前路由研究的一大热点。特别是对于实时业务，如何为其提供QoS支持更是迫切需要解决的问题。QoS路由的主要思想是，首先选择满足用户各种QoS要求的到达目的节点的路径；其次，在路径建立后，若当前路径已经不能满足用户QoS需求，那么节点需要寻找新的路由。

7. 基于地理位置信息的路由

与基于拓扑的路由协议相比，基于地理位置信息的路由参考节点的地理位置信息来传送数据包。基于地理位置信息的路由需要依靠GPS或类似的定位设备，从而增加了成本与复杂性，并且获得目的节点的位置信息还要给网络带来很大的开销。

下面将简要介绍几种具有代表性的WMN路由协议。

9.4.2　多射频链路质量源路由协议

多射频链路质量源路由(Multi-Radio Link-Quality Source Routing，MR-LQSR)协议是微软公司研发的多信道WMN路由协议，它采用一种新的路由性能判据，称为加权的累计传输时间(Weighted Cumulative Expected Transmission Time，WCETT)。WCETT综合考虑了带宽等链路性能参数以及最小跳数等因素。该协议能在吞吐量与时延之间获得一种平衡。

MR-LQSR是在传统的DSR路由协议的基础上改进得到的，但是它又不同于传统的DSR协议。该协议不但需要获得路径中节点和其邻居链路相关的状态信息，而且还要综合链路状态信息来评价链路质量的优劣,从而形成自身的路由准则。相比之下,DSR 把路径中的节点和链路等同对待,简单地把其节点数目进行求和作为路由判定的准则,从而实现最短路径路由选择。MR-LQSR 协议假设 WMN 中所有的 MR 为静态节点,而且,该协议还假设每个节点有多个不同且互不干扰的无线收发器。

每个节点的多信道为提升网络容量提供了新的方法。首先,该设计允许节点同时进行收发操作。另外,单收发器时,通过中继节点后连接的吞吐量将减半,多收发器却不存在该问题。第三,工作于不同频谱的收发器拥有不同的带宽、传输范围和衰落特性。使用不同的收发器可以在提升网络连通性与性能上达到一个折中。最后,IEEE 802.11 收发器变得越来越通用,并且其价格也逐渐降低,这使得使用多收发器变得切实可行。

MR-LQSR 是一种称为累计传输时间的判据和链路状态源路由协议(Link-Quality Source Routing,LQSR)相结合的协议。

9.4.3 可预测的无线路由协议

可预测的无线路由协议(Predictive Wireless Routing Protocol,PWRP)是 Tropos 公司开发的应用于其"Wi-Fi 蜂窝网络户外系统"的私有路由协议。该协议并非只按跳数进行路由选择,而是通过比较数据误包率及其他网络条件来选择特定环境下的最优路径。

该协议是基于传统的有线网络(如因特网)路由协议 OSPF 改进的,针对 Wi-Fi 无线网状小区应用而设计。PWRP 选择可达到最大吞吐量的路径来传输到达有线网关的信息,减小了射频干扰、路径故障,以及业务载荷等因素的影响。该路由协议适用于大规模网络,具有路由开销小等优点。

目前市场上最有竞争力的城域 WMN 技术主要有两种:一种是 Tropos 网络公司推出的支持广大 Wi-Fi 终端设备的基于 PWRP 技术的 MetroMesh 网;另一种是 Intel 公司提出的 WiMAX。两种技术的最大不同是,支持的终端设备技术不同及主要解决的现有网络问题不同。PWRP 技术是基于网络路由的容量改进措施,主要通过软件来实现,解决了多跳网络用户容量规模受限问题,适用于广大中低端设备应用市场。而 WiMAX 技术主要是利用多波段信道分集且基于 MAC 层的改进,主要解决高容量接入问题,特别适用于高速城域无线接入网高端设备应用市场。另外,这两种技术都能解决用户容量问题,但 PWRP 技术在成本上具有很大的优势,对于运营商而言,在无线网络优化设计与规划时选择这两种技术可以统筹考虑,做到优势互补。

Tropos 公司为了集成现有的其他 WMN 技术,早在 2004 年 1 月就提出了分 3 阶段集成 IEEE 802.16、IEEE 802.16e WiMAX 到 MetroMesh 结构中,支持两种不同频段的不同终端用户系统(双模双频)。也就是说,PWRP 路由不但考虑分组错误重传和路由跳数带来的影响,而且还引进了信道分集技术,以改进原有网关。

9.4.4 单收发器多信道路由协议

WMN 的性能通常因用户的增加而迅速降级,信道共享是造成这种情况最主要的原因之一。尽管 IEEE 802.11 标准规定了互不重叠的多信道,但是,传统的移动 Ad Hoc 网络路由大部分只支持单信道。现有大部分设备都是单收发装置,节点在一个时刻只能侦听一个信道,这些因素使多信道路由设计变得十分复杂。

UIUC 大学 Jungmin So 等人提出了一种单收发器多信道路由协议(Multi-Channel Routing Protocol,MCRP)。该协议支持在同一区域中同时使用互不干扰的多信道资源。该协议在网络层完成信道管理工作,MAC 层无须做任何修改,即可使用现有的 IEEE 802.11 DCF 协议。因为利用了多信道资源,网络的性能得到了极大提升。

9.4.5 高吞吐率路由协议

传统 DSR 路由协议与 ETX 判据相结合的路由协议(简称 DSR+ETX 协议)带来的吞吐量十分有限,高吞吐率路由(SrcRR)协议是在分析该 DSR+ETX 协议弊端的基础上提出的。该协议通过多方面的改进,使网络性能得到了极大的提高。在某具体应用中,SrcRR 的吞吐率是原有协议的 5 倍。SrcRR 协议主要运用了以下几种新技术:

(1) 使用自适应传输速率控制算法,该算法比普通 IEEE 802.11b 的性能更好,协议在路由选择时考虑了该算法的影响。

(2) 协议在多次路由错误时才判定发生路由失效,而并非直接采用 IEEE 802.11 的重传报告,该方法避免了因一些突发因素引起的路由失效。

(3) 使用一种快速获取链路丢包率的方法,而不采用传统的泛洪查询法。

(4) 使用一种启发方法避免了因数据包或路由包冲突引起的链路质量降低,进而导致无效路由切换。

9.4.6 射频感知路由协议

射频感知路由协议(Radio Aware Routing Protocol,RARP)主要在 ETX 判据的基础上提出了射频感知路由判据,该判据考虑了丢包率,同时还增加了对数据传输率的感知。仿真表明,使用该判据更能适应实际网络情况。

RARP 是在 DSR 的基础上实现的,其中 ETT 路由判据替换了原有的最短跳数判据。当源节点需要查找到达目的节点的路由时,首先广播路由请求,该请求通过中间节点的转发,最终到达目的节点。中间节点转发该路由请求时,将上游链路的 ETT 值附加到路由请求中。当路由请求到达目的节点后,目的节点将进行路由回复,路由回复携带着路径的累计 ETT 值。源节点将从所有的路径中选择累计 ETT 值最小的路径进行数据发送。

RARP 忽略了原 DSR 的一些优化措施。比如,没有采用中间节点根据路由缓存进行路由回复技术,也没有采用前面讨论的"包拯救"技术。在 WMN 中,大部分移动用户离网关都只有 3 跳或者 4 跳距离,所以该选择是合理的。与以往路由协议不同,RARP 需要探测链路在不同数据传输率下的性能。在 IEEE 802.11a/g 中,一共有 8 种速率可以采用,但是,若对所有的速率均进行探测,将造成很大的系统开销。RARP 从 8 种速率中选择 3 种速率(6Mb/s、4Mb/s 与 54Mb/s)进行测试,此 3 种速率包括两极值及其中间值。

节点以 1s 的时间间隔发送探帧,并且附加 0.1s 的抖动时间。每秒内节点将分别以 3 种速率发送探帧。具体实现时,底层硬件协议必须提供原型支持。为了指定发送速率,必须修改速率控制模块。如果待发送包为探测包,则需要为该包设置数据发送速率。若系统不允许设置下一个数据包的发送速率,探帧需要延时一个数据包的传输时间。

所有路由传输包(数据包与探测包)都将在接口队列中进行排队,直到 MAC 层可以传输该包为止。接口队列是一个先入先出(FIFO)队列,最大队列长度为64。接口队列中,链路探测包比数据包有更高的优先级,其余属性均相同。

RARP考虑了不同速率下的丢包率,所以该协议更具普遍性。在不对速率控制模块进行任何假设的前提下,能准确获取MAC层与物理层的状态信息。

9.5 无线Mesh网络的应用模式

近几年来,WMN技术日新月异,在很多领域的应用都取得了成功。概括起来,WMN的主要应用一是针对家庭用户,二是针对商务用户。针对家庭用户的应用主要是以家庭为单位实现无线上网。针对商务用户的应用,可以是一个企业、学校等单位或者是城市,甚至一个国家,自己建立WMN,实现内部联网或无线访问因特网;也可能是无线局域运营商构筑自己的网络系统,为商务用户提供基本的接入服务和增值服务。

面对WMN的迅速发展,一些致力于其开发和应用的公司,如美国的MeshNetworks(现已被Motorola公司收购)、加拿大的北电网络等,都推出了自己的WMN设备和组网技术,并且应用这些设备和技术成功地解决了一些热点地区的无线接入问题。

本节主要介绍WMN的应用模式。

9.5.1 WISP模式

WISP即无线ISP,又可称为WLAN运营商。随着IEEE 802.11b成为工业标准,运营商已经采用WLAN提供因特网的接入。WISP可以在公共场所(如机场、酒店、咖啡馆、茶馆等地方)架设自己的基站,提供无线上网的服务。用户使用移动终端设备(笔记本电脑、商务手机或PDA)可以在无线覆盖区域安全方便地获得高速因特网接入服务。

1. WLAN的漫游问题

现有的WLAN,在解决热点地区的问题上虽然取得了一定的成绩,但是仍存在很大的局限性。从技术上说,WLAN属于"小岛式覆盖",不能达到全部覆盖。而对运营商来说,提供WLAN业务不需要任何许可,市场门槛低,竞争环境无法得到保证。正因如此,在WLAN的实施中,漫游是最复杂的一个问题,因为它涉及网络交互和处理中的各个层面,包括发现网络、认证、授权、使用跟踪和计费等。但在行业应用中,现在很多解决方案都只单独探讨其中的某个方面,而不是全面解决漫游问题。现在大部分WISP之间签署的是"免费接入协议",因为这些接入协议根本不涉及清算和收入分成处理、通用SSID(Service Set Identifier),这显然违背了WISP进入这个市场盈利的初衷。如果WISP想从漫游中获得利润,就不得不解决存在的一系列问题,从而导致各漫游伙伴之间需要制定统一的标准和接口。

2. WISP的无线技术是WMN

用户的应用利益与市场上业务的结合,是WISP选择使用WMN技术并提供业务服务的动力。在目前的数据市场中,WMN、WLAN和WAP都能支持因特网。在为用户提供服务时,传输速率和覆盖范围成为技术取胜的关键。将3种技术进行对比,WMN和WLAN都能为用户提供高速的传输速率,但是相比WLAN来说,WMN能提供更大的传输范围,因此在两者的选取上,WMN更胜一筹。

WAP是移动蜂窝通信中提供数据分组业务的无线应用协议。它借助GPRS传输分组业务，但速率只有115kb/s，即使升级到3G系统，数据速率最高也仅达2Mb/s。显然，速率上与WMN还是有一定的差距，就覆盖范围而言，两者旗鼓相当。因此，不言而喻，WMN成为WISP的首选。

3. WISP的分类

WISP已经在市场上立住了脚跟，随着市场需求的细化，必定会产生多种不同的WISP，根据它们不同的特征，可以对它们进行分类。

1）由移动运营商发展成的WISP

由移动运营商发展成的WISP也可以称为移动运营商WISP。顾名思义，这种WISP运营商是在经营蜂窝移动业务的同时提供无线因特网接入，为其现有的移动客户提供一种新的增值业务。这是最大的一类，包括一些知名的公司，如瑞典的Telia HomeRun、英国的SonorawGate等。此类WISP的最大用户是那些高端用户，首选的布设地点是那些用户经常活动的热点地区，如酒店、机场和会议中心等。

2）由ISP发展成的WISP

这类ISP在提供有线因特网业务的同时，也可以为他们的用户提供WMN接入的无线因特网业务，ISP一般使用光纤、xDSL、电缆和其他方式为公司或家庭提供因特网接入。他们的WMN业务的用户群是他们现有的客户。现在的市场中没有几家ISP提供WMN，但他们是潜在的WISP，因为他们同样拥有大量的客户数据库、计费系统和其他业务，同样希望在WMN领域有利可图。由于ISP的主要业务是提供因特网业务，他们在提供无线因特网接入方面比其他新手更具有竞争力。

普通用户习惯于从ISP那里获得因特网业务，并且ISP同时具有大量提供因特网业务的经验，可以低价格为WISP业务提供主干传输。他们用宽带线路连接到因特网，同时用灵活的方式为客户提供接入，利用现有的计费系统同样可以为客户提供因特网业务的统一账单和相同的登录面。但是，他们的客户不完全是高端用户，对价格变化比较敏感，所以利润会有所降低。

3）普通的WISP

这类WISP把提供Mesh接入的无线因特网业务作为他们的核心业务。主要在人口密集的地区提供无线因特网的接入，服务的地方可能是机场、酒店，或者是咖啡馆、饭店。但是，他们对地点类型的选择是不相关的，有盈利是第一位。一般来讲，这样的公司规模不大，可以快速反应变化的市场需要，同时能够快速满足客户的需求。但是，他们没有网络建设的经验，又缺少计费系统，这种缺少滚动资金的公司发展就会较慢。此外，他们没有品牌效应，要依赖于ISP或者要租用因特网的连接线路。

4）特定位置的WISP

特定位置的WISP重点是在特定的区域提供无线接入，如只在咖啡馆和机场等。这类WISP有其独特的优势，他们通常拥有所在地的基础设施，由于对周围环境和其客户比较熟悉，很懂得客户的口味和他们需要的业务，便于开拓恰如其分的业务。而当其他WISP想在此地漫游时，只能与这些WISP合作。特定位置的WISP的最大不足是要依靠ISP的主干线路，这不利于吸引其他地方的用户。

5）虚拟 WISP

若一个公司没有自己的网络，而是租用现有 WISP 的网络来提供无线因特网接入业务，这样的公司称为虚拟 WISP。在移动通信中，也有相应的虚拟移动运营商。虚拟 WISP 不需要对网络进行投资，可以专心致力于业务的开发，以推出优良的业务和服务。所以，虚拟 WISP 对用户将很有吸引力，因特网用户并不会在意谁拥有网络，他们关注的是以最低的价格获得尽可能好的业务和服务。

4. WMN 解决方案

WMN 提供大范围的覆盖，同时可以高速处理转发业务，这在一定程度上解决了原来 WLAN 不能解决的问题。当用户从一个热点地区移动到另一个热点地区时，如果是传统的 WLAN，就会发生用户重新注册问题，这就造成了 WISP 漫游管理等方面的不便。而在 WMN 下，因为覆盖面积大，用户移出一个热点地区无线覆盖的可能性就会小一些；即使移出，网络内部的高速转发数据功能也会保证用户顺利地在另一个热点地区继续使用。用户不会感知到自己已经发生漫游，这就可以使各 WISP 保持一个统一的漫游计费管理标准。图 9.22 所示为 WISP 模式的 WMN 解决方案。

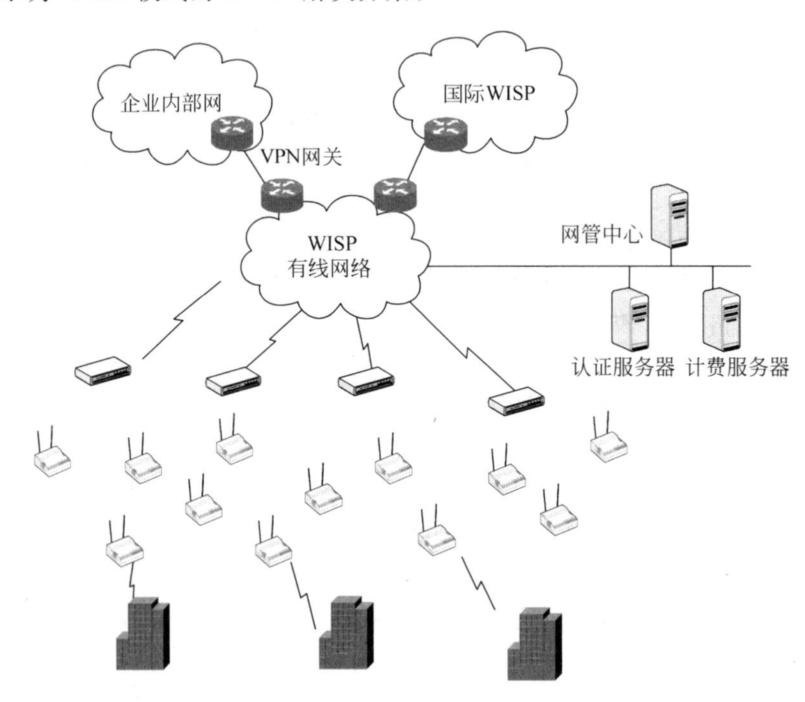

图 9.22　WISP 模式的 WMN 解决方案

9.5.2　因特网延伸模式

几年之前还仅仅是一个梦想的无线移动因特网，目前却改变了整个电信产业的结构。无线移动因特网使用户在移动环境下可以使用网络服务，不单是因特网在移动领域的延伸，它还将因特网与电信技术集合为一个系统，满足人们所有的通信需求。随着 WMN 的日益兴起，新技术为因特网交换技术和路由技术的升级提供了有力保证，使得这种集成因特网技术不再是梦想，而成为现实。

1. 无线因特网发展趋势

移动电话是20世纪70年代投入使用的一项新的通信技术。它的最大特点是：人们不论走到哪里，都能与外界保持通信联络。这是人类通信向"自由之国"迈出的重要一步。30多年来，移动电话的发展大大出乎人们的意料。在近10年时间里，它已经增长了40倍。正当移动通信如日中天时，在20世纪的科技星空里，又一颗耀眼的新星冉冉升起，那便是因特网。现在每天都有60万个新用户加入互联王国，成为它的"臣民"；网上的信息也以每6个月翻一番的速度在火爆增长。因特网不仅已成为信息社会经济发展的引擎，而且正在对改变人类社会的经济结构和生活方式发挥越来越重要的作用。人们或许已经看到，在最近一个时期，移动电话和因特网正在走"强强联合"之路，一个"无线因特网"时代已见曙光。无线因特网不是移动电话技术和因特网技术的简单结合或叠加，它是在创新理念指引下的一项高技术集成，是通信与计算机融合的又一次升级。它使得移动电话能在因特网上得到延伸。也就是说，移动电话不仅有通信功能，还将有作为网络终端，从因特网这个信息的汪洋大海中自由获取信息的功能。这对于移动电话来说真是如虎添翼，注入了无限的生机和活力。另一方面，因特网与移动电话的融合，使因特网解脱了"物理性束缚"，即用户可以不再受自身所处位置的限制，更自由地获取网上信息。这无疑是一场革命性的变革，它必将对移动办公、网上购物和电子贸易等的早日实现起到催化作用。移动电话与因特网的融合，不仅实现了两大技术的优势互补，而且还在很大程度上改变了旧通信的观念和网络访问的基本规则。在无线因特网时代，传统的"上网"方式将改变成为网络主动寻找用户，并能投其所好，将你所感兴趣的信息及时提供给你。向无线因特网进军的号角已经吹响。去年以来，各大移动电话手机生产厂家已纷纷推出各种可以上网的手机，信息家电产品也陆续登台，一个新的、广阔的市场正在形成。在新的市场角逐中，我们还可以看到一个新的"景观"，那就是移动通信产业正在与ISP、ICP产业结成联盟，共同进行市场开发，分享这块诱人的"蛋糕"。另外，无线因特网在悄然走进我们生活的同时，也在和各种无线通信技术相融合，这种融合不断给无线因特网注入新的理念和活力。特别是WMN的日新月异，它特有的优势，将使包括声音、数据和影像在内的多种媒体都能在移动状态下高速进行传输，即实现所谓的多媒体宽带移动通信。

2. 模式特点

与有线因特网相比，移动因特网应用不仅包括那些移动性的应用，还包括传统的有线因特网应用，这是无线因特网加速发展的另一个推动因素。例如，无线移动因特网应用包括移动视频、音频会议和导航服务，还包括许多从有线因特网移植来的应用内容。

结合了WMN技术的移动因特网可以提供高速、大容量的业务处理，其覆盖范围广，使移动用户在位置不断变化的同时，不会感觉到网络服务和性能的差异。此外，融合了QoS的WMN技术将进一步为移动因特网提供更高一层的QoS。

3. 应用方案

在WMN中，人们一般不需任何有线设施，可以随时随地访问因特网，从而实现了移动因特网接入，这大大延伸了因特网的覆盖范围。在一个热点地区，即使移动到另外的区域，由于WMN有快速转发数据功能，网络的时延也不会明显增加，从而为用户提供稳定、快速的因特网服务。图9.23给出了一个WMN接入因特网方案的示例。

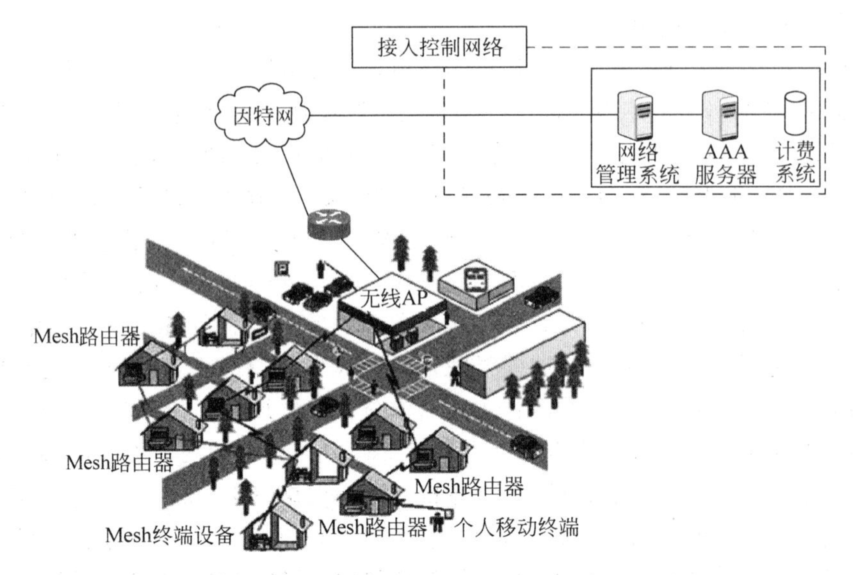

图 9.23 WMN 接入因特网方案

9.5.3 行业应用模式

WMN 在家庭、企业和公共场所等诸多领域都具有广阔的应用前景。

1. 家庭应用

WMN 技术的一个重要用处就是用于建立家庭无线网络。家庭式无线 Mesh 联网可以连接台式 PC、笔记本和手持计算机、HDTV、DVD 播放器、游戏控制台,以及其他各种消费类电子设备,而不需要复杂的布线和安装过程。在家庭 WMN 中,各种家用电器既是网上用户,也作为网络基础设施的组成部分为其他设备提供接入服务。当家用电器增多时,这种组网方式可以提供更多的容量和更大的覆盖范围。WMN 技术应用家庭环境中的另外一个关键好处是它能够支持带宽高度集中的应用,如高清晰度视频等。

2. 企业应用

目前,企业的无线通信系统大都采用传统的蜂窝电话式无线链路,为用户提供点到点和点到多点传输。WMN 则不同,它允许网络用户共享带宽,消除了目前单跳网络的瓶颈,并且能够实现网络负载的动态平衡。在 WMN 中,增加或调整 AP 也比有线 AP 更容易配置、更灵活,安装和使用成本更低。尤其是对于那些需要经常移动接入点的企业,WMN 技术的多跳结构和配置灵活将非常有利于网络拓扑结构的调整和升级。

3. 学校应用

校园无线网络与大型企业非常类似,但也有自己的不同特点。一是校园 WLAN 的规模巨大,不仅地域范围大、用户多,而且通信量也大,因为与一般企业用户相比,学生会更多地使用多媒体;二是网络覆盖的要求高,网络必须能够实现礼堂、宿舍、图书馆、公共场所以及室外等之间的无缝漫游;三是负载平衡非常重要,由于学生经常要集中活动,当学生同时在某个位置使用网络时,就可能发生通信拥塞现象。

解决这些问题的传统方法是在室内高密度地安装 AP,而在室外安装的 AP 数量则很少。但由于校园网的用户需求变化较大,有可能经常需要增加新的 AP 或调整 AP 的部署位置，这会带来很大的成本增加。而使用Mesh方式组网，不仅易于实现网络的结构升级和调整，而且能够实现室外和室内之间的无缝漫游。

4. 医院应用

WMN还为像医院这样的公共场所提供了一种理想的联网方案。医院建筑物构造密集而又复杂，一些区域还要防止电磁辐射，因此是安装无线网络难度最大的领域之一。医院的网络有两个主要的特点：一是布线比较困难，在传统的组网方式中，需要在建筑物上穿墙凿洞，才能布线，这显然不利于网络拓扑结构的变化；二是对网络的健壮性要求很高。如果医院里有重要的活动（如手术），网络任何可能的故障都将会带来灾难性的后果。

采用无线Mesh组网则是解决这些问题的理想方案。如果要对医院无线网络拓扑进行调整，只需要移动现有的Mesh节点的位置或安装新的Mesh节点就可以了，过程非常简单，安装新的Mesh节点也非常方便。WMN的健壮性和高带宽也使它更适合在医院中部署。

5. 旅游休闲场所应用

WMN非常适合于在地理位置偏远、布线困难或经济上不合算而又需要为用户提供宽带无线因特网访问的地方，如旅游场所、度假村、汽车旅馆等。WMN能够以最低的成本为这些场所提供宽带服务。

6. 快速部署和临时安装的应用

对于需要快速部署或临时安装的地方，如展览会、交易会、灾难救援现场等，WMN无疑是最经济有效的组网方法。比如，如果需要临时在某个地方开几天会议或办几天展览，使用Mesh技术组网可以将成本降到最低。

7. 军事应用

军事应用是WMN技术的主要应用领域。WMN因其特有的无须架设网络设施、可快速展开、抗毁性强等特点，已经成为新一代数字化战场通信的首选技术。在现代化战场上，各种作战车辆之间、士兵之间、士兵与军事车辆之间都需要在动态变化的战场条件下保持密切的联系，以完成指挥、部署和协调作战，WMN在这种环境下大有用武之地。战术因特网是一种无中心、自组织、自愈合的无线网络，是数字化部队建设的基础设施，通常应用于师和师以下机动作战部队，为师以下部队提供无缝通信连接。WMN成功地反映了战术因特网的要求，为该网络的实现提供切实可行的保证。

总之，移动因特网的运营模式较固定因特网有清晰明确的收费模式，因此一些传统的ISP都看重提供移动因特网业务这块蛋糕，纷纷成立移动部门，与移动运营商进行密切合作，尽可能将自己在传统因特网上庞大的内容和丰富的应用移植到移动通信网络中。因此，在网络选择的过程中，WMN以其突出的特点，吸引着众多ISP的目光。作为新一代的大范围覆盖的移动网络，WMN可以成功地解决在WLAN下不能完成的任务。

习　　题

填空题

1. 无线Mesh网络本质上属于________。
2. 无线Mesh网络被称为________版本的Internet。

多选题

无线 Mesh 网络的结构主要有(　　)。

A. 平面网络结构　　B. 多级网络结构

C. 混合网络结构　　D. 分布式网络结构

判断题

无线 Mesh 网络中的路由器可以移动,也可以静止,但一般位置相对固定。(　　)

名词解释

无线 Mesh 网络

参考文献

[1] 方旭明,等.下一代无线因特网技术:无线 Mesh 网络[M].北京:人民邮电出版社,2006.

[2] John R,Vacca.无线宽带网络手册——3G、LMDS 与无线 Internet[M].北京:人民邮电出版社,2004.

[3] 刘玉军.现代网络系统原理与技术[M].北京:清华大学出版社,2007.

[4] Jamalipour A.无线移动因特网:体系结构、协议及业务[M].北京:机械工业出版社,2005.

[5] 周武旸,姚顺铨,文莉.无线 Internet 技术[M].北京:人民邮电出版社,2006.

[6] 北电网络.无线网状网(Wireless Mesh Network)——全新的广域宽带无线接入解决方案[C].2005 中国无线电技术大会,2005.

[7] 傲丹,方旭明,马建忠.无线网格网关键技术及其应用[J].电讯技术,2005,42(2):16-22.

[8] 文凯.走近无线 Mesh 网络[J].计算机世界报,2005.

[9] 李明禄.无线网格网改变世界[EB/OL].http://www.ccidnet.com.

[10] 张勇,朱祥华.宽带无线接入技术系列讲座之四——无线 Mesh 网络技术[J].当代通信 2005,(18).

第10章

无线网络与物联网

物联网当前是一个非常热的领域，似乎什么东西都要与物联网扯上关系。其实，物联网的理念和普适计算的理念类似，都期望构建一种无处不在的计算环境，而无线网络技术对于构建无处不在的计算环境有着举足轻重的地位，所以物联网非常需要无线网络技术做支撑，目前很多无线网络技术已经运用在物联网中，更多的应用模式等待发掘。本章拟对无线网络技术在物联网中的作用进行系统分析。

10.1 互联网到物联网的演变

这个时代似乎完全是IT界的天下，IT界是最活跃的，和IT有关的技术、新闻、展会等总是此起彼伏、源源不断，IT技术不仅促生了许多新的产业，也改变了许多传统产业，而今很多东西总喜欢和IT搭上亲。就IT技术自身来说，其发展、更新速度简直惊人，有时让人觉得似乎自己的头脑跟不上IT技术更新的步伐，自以为买了一个新东西，第二天却发现更高级的早已摆在柜台。在此，我们不把IT的范围说得太大，因为IT涉及的范围确实非常大，先说和IT密切相关的计算机和网络两种技术。从1946年第一台计算机诞生到现在也就七十多年的时间，有谁会预测到这么短的时间那么昂贵、奢侈的计算机会变得那么普及，计算机会变得那么小，运算处理能力会变得那么强，变得可以做很多人们以为不可能的事情……再说网络，现代意义上的计算机要从1969年的ARPANET说起，到现在仅仅过去40多年，而现在互联网普及的程度、当今世界对互联网的依赖程度，恐怕世界公认的当初的4个“互联网之父”也没有预测到。

言归正传，人们的眼球已经从互联网迁移到物联网。近几年，从IT界到一些国家首脑，都高度关注传感网、物联网与智慧地球的发展动态，认为这是继20世纪80年代PC、90年代因特网(Internet，又称互联网)、移动通信网之后，将引发IT业突破性发展的第三次IT产业化浪潮。当今世界，信息技术正处于新一轮重大技术突破的前沿。

2009年1月，奥巴马就任总统后第一次举行的美国工商业领袖圆桌会议上，IBM总裁兼CEO彭明盛提出“智慧地球”(smart earth)的新理念，建议投资新一代智慧型基础设施。奥巴马给予积极回应，表示要投资宽带网络等新兴技术，以保持美国在21世纪的竞争优势。表明智慧型基础设施和“智慧地球”将可能上升为美国国家发展战略的动向。

2009年8月7日，温家宝总理到中科院无锡微纳传感网工程技术研发中心考察时说：“当计算机和互联网产业大规模发展时，我们因为没有掌握核心技术而走过一些弯路。在传感网发展中，要早一点谋划未来，早一点攻破核心技术。”提出要加快推进传感网发展，建立中国传感信息中心。2009年9月11日，传感网国家标准工作组在京成立。“感知中国”高峰论坛召开,中国移动称:物联网是“万亿”级产业。2009年11月3日,温家宝总理在北京向首都科技界发表了题为《让科技引领中国可持续发展》时强调,要着力突破传感网、物联网关键技术,及早部署后IP时代相关技术研发,使信息网络产业成为推动产业升级、迈向信息社会的“发动机”。

可见,传感网和物联网技术已成为当前各国科技和产业竞争的热点,许多发达国家都加大对物联网技术和智慧型基础设施的投入与研发力度,力图抢占科技制高点。我国也及时将传感网和物联网列为国家重点发展的战略性的新兴产业之一。

物联网的理念很多地方和当初普适计算的理念非常相似,它们都非常依赖于嵌入式技术、通信技术等,都期望构造一个无处不在的计算环境,要说区别,可能物联网更加强调物,普适计算更加强调人,其实从广义上讲二者没有太多区别,尤其是它们对无线网络技术的依赖性,因为要想构建无处不在的计算环境,无线网络技术绝对不能少,而且很重要,本章要重点谈的就是无线网络技术在物联网中的作用,其实很多技术早已在物联网中广泛运用,这里对其做更系统的梳理、分析。

10.2 物联网技术概述

10.2.1 物联网的概念

物联网的英文名为Internet of Things(IoT),也称为Web of Things,是指通过各种信息传感设备,如传感器、射频识别(RFID)技术、全球定位系统、红外感应器、激光扫描器、气体感应器等各种装置与技术,实时采集任何需要监控、连接、互动的物体或过程,采集其声、光、热、电、力学、化学、生物、位置等各种需要的信息,与互联网结合形成的一个巨大网络。其目的是实现物与物、物与人、所有的物品与网络的连接,方便识别、管理和控制。

物联网是新一代信息技术的重要组成部分,顾名思义,“物联网就是物物相连的互联网”。这有两层意思:第一,物联网的核心和基础仍然是互联网,是在互联网基础上的延伸和扩展的网络;第二,其用户端延伸和扩展到了任何物品与物品之间,进行信息交换和通信。

和传统的互联网相比,物联网有其鲜明的特征:

首先,它是各种感知技术的广泛应用。物联网上部署了海量的多种类型传感器,每个传感器都是一个信息源,不同类别的传感器捕获的信息内容和信息格式不同。传感器获得的数据具有实时性,按一定的频率周期性地采集环境信息,不断更新数据。

其次,它是一种建立在互联网上的泛在网络。物联网技术的重要基础和核心仍旧是互联网,通过各种有线和无线网络与互联网融合,将物体的信息实时准确地传递出去。在物联网上的传感器定时采集的信息需要通过网络传输,由于其数量极其庞大,形成了海量信息,在传输过程中,为了保障数据的正确性和及时性,必须适应各种异构网络和协议。

第三,物联网不仅提供了传感器的连接,其本身也具有智能处理的能力,能够对物体实施智能控制。物联网将传感器和智能处理相结合,利用云计算、模式识别等各种智能技术,扩充其应用领域。从传感器获得的海量信息中分析、加工和处理出有意义的数据,以适应不同用户的不同需求,发现新的应用领域和应用模式。

物联网可以分为 4 类。

(1) 私有物联网(Private IoT):一般面向单一机构内部提供服务。

(2) 公有物联网(Public IoT):基于互联网(Internet)向公众或大型用户群体提供服务。

(3) 社区物联网(Community IoT):向一个关联的"社区"或机构群体(如一个城市政府下属的各委办局:如公安局、交通局、环保局、城管局等)提供服务。

(4) 混合物联网(Hybrid IoT):是上述两种或两种以上物联网的组合,但后台有统一运维实体。

10.2.2 技术架构

从技术架构上看,物联网可分为 3 层:感知层、网络层和应用层。

感知层由各种传感器以及传感器网关构成,包括二氧化碳浓度传感器、温度传感器、湿度传感器、二维码标签、RFID 标签和读写器、摄像头、GPS 等感知终端。感知层的作用相当于人的眼耳鼻喉和皮肤等神经末梢,它是物联网识别物体、采集信息的来源,其主要功能是识别物体,采集信息。

网络层由各种私有网络、互联网、有线和无线通信网、网络管理系统和云计算平台等组成,相当于人的神经中枢和大脑,负责传递和处理感知层获取的信息。

应用层是物联网和用户(包括人、组织和其他系统)的接口,它与行业需求结合,实现物联网的智能应用。物联网的行业特性主要体现在其应用领域内,目前绿色农业、工业监控、公共安全、城市管理、远程医疗、智能家居、智能交通和环境监测等各个行业均有物联网应用的尝试,某些行业已经积累了一些成功的案例。

10.3 物联网中的无线网络技术

物联"网"从其名称就可以看出其肯定和网络息息相关,无线网络在计算机网络中占有举足轻重的地位,物联网必然也和无线网络有着千丝万缕的联系。事实上,在物联网中已经规范使用了许多无线网络技术。由于从技术架构来看,物联网分为 3 层:感知层、网络层和应用层,分析物联网中运用的无线网络技术,可以从物联网技术架构的 3 个层面入手,看无线网络技术可以应用到物联网的哪些技术层面。因为应用层对物理网络的要求没有过多的限制,所以一般在物联网的应用层讨论无线网络技术没有具体的实际意义。无线网络技术对于物联网的支撑作用主要集中在感知层和网络层两个层面。下面主要从这两个层面分析无线网络技术在物联网中的作用,并提出一些应用模式的建议。

10.3.1 物联网感知层中的无线网络技术

1. RFID

RFID 是目前物联网感知层中运用最成熟的无线网络技术之一,属于近场通信技术。本质上,RFID 是一种非接触式的自动识别技术。它通过无线电信号识别特定的目标,并读写相关的数据,而不需要识别系统与这个目标有机械或者是光学接触。它无须人工干预,可用于各种恶劣环境,可识别高速运动的物体,可同时识别多个标签,操作快捷、方便。第二代身份证、奥运门票等都内置RFID芯片,而高速公路上的ETC电子不停车收费系统也使用了RFID技术。目前单从成本看,相比传统的条形码、二维码,RFID标签不具有优势,但在总体技术优势上看,它明显胜过条形码和二维码,随着成本的降低,其整体优势也将更加突出。因此,在RFID标准日益完善成熟的情况下,物联网行业的很多公司目前都从事RFID产品的研发,因为其行业门槛低、投入风险小、技术通用性强、应用适应面广。

不同频段的RFID如今有着不同的市场发展:13.56MHz以下低频RFID技术业界已经累积10年以上的成熟经验;目前业界最关注的是位于中高频段的RFID技术。高频方面,国内业者技术逐渐成熟,正积极推动各项系统应用,860～960MHz超高频RFID技术发展最快,但国内业者技术尚未完全成熟,需要各项示范应用计划带动。2.45～5.8GHz频段由于产品拥挤,易受干扰,技术相对复杂,所以其相关的研究和应用仍处于探索阶段。

中国RFID市场的需求量巨大,国内RFID产业近些年来得到快速发展。电子标签与芯片研发机构目前已开发出国产HF、UHF电子标签,并成熟地实现了规模化的量产,获得各行业的广泛应用。读写器及终端方面已经实现了规模化生产,近年来发展迅速,但总体性能指标上与国外同类产品有一定的差距。

随着国内第二代身份证工程对RFID的需求高峰退去,门禁、交通和IT资产追踪系统成为目前国内RFID增长最强劲的市场。工业自动化行业、医药行业的RFID应用将有所减缓,这将导致RFID行业重新洗牌,未来RFID市场上将出现更多的兼容和合并。

2. ZigBee/无线传感器网络技术

无线传感器网络技术也是目前物联网感知层中运用较成熟的无线网络技术之一,之所以在此将其和ZigBee并列,是因为相比早期的无线传感器网络,基于ZigBee技术的无线传感器网络几乎成为无线传感器网络的标准,类似于以太网在局域网中的地位。早期传感网的设计存在各自为政的局面,在ZigBee联盟标准化工作的推动下,ZigBee技术已经成为传感网设计、开发的最主流技术,世界各大半导体厂商纷纷推出了实现ZigBee物理层功能的芯片,提供了一体化的解决方案,使开发者可以将重点迁移到具体应用上,缩短开发周期。

比如,TI公司推出的CC2430/CC2431、CC2530/CC2531等系列的ZigBee无线SoC,采用通用8051MCU,免费开放全功能协议栈Z-Stack,提供真正低价格单芯片方案,配套推出低价高性能开发系统,大大提升ZigBee技术的竞争力,使基于ZigBee的无线传感器网络在物联网的感知层占据了极其重要的地位。一个传感器加上ZigBee芯片,再加上简单的外围电路,就可以构建一个功能完备的感知节点,缩短了人与物、物与物的数字鸿沟,这正是物联网倡导的理念。

目前,关于ZigBee标签技术的概念也已提出,今后也许像使用RFID标签一样使用ZigBee标签。

《2010—2015年中国无线传感器(WSN)网络行业发展现状及"十二五"发展趋势预测报告》在大量周密的市场调研基础上,主要依据了国家统计局、国家商务部、国家发展和改革委员会、国务院发展研究中心、中国海关总署、无线传感器网络行业相关协会、国内外相关刊物的基础信息以及无线传感器网络行业专业研究单位等公布和提供的大量资料,结合深入的市场调查资料,立足于当前金融危机对全球及中国宏观经济、政策、主要行业的影响,重点探讨了无线传感器网络行业的整体及其相关子行业的运行情况,并对未来无线传感器网络行业的发展环境及发展趋势进行探讨和研判,最后在前面大量分析、预测的基础上,研究了无线传感器网络行业今后的应对策略，给予了合理的授信风险建议，为无线传感器网络企业在当前环境下，激烈的市场竞争中洞察先机，根据行业环境及时调整经营策略，为战略投资者选择恰当的投资时机和公司领导层做战略规划提供了准确的市场情报信息及科学的决策依据，同时对银行信贷部门也具有极大的参考价值。

3. GPS 技术

GPS 技术是一种非常成熟的技术，本质上也是无线通信技术的一种，广义上也可以归到无线网络的范畴。全球定位系统（Global Position System，GPS），是在子午仪卫星系统的基础上发展起来的无线电导航定位系统，是美国继阿波罗登月飞船和航天飞机以后的第三大航天工程，从 20 世纪 70 年代开始研制，历时 20 年，耗资 200 亿美元，于 1994 年全面建成。

RFID 标签中存储着规范化的共用信息，通过无线数据通信网络把它们自动采集到中央信息系统，实现物品（商品）的识别，进而通过计算机网络实现信息交换和共享，实现对物品的管理。要建立一个有效的物联网，有两大难点必须解决：一是规模性，只有具备了规模，才能使物品的智能发挥作用；二是流动性，物品通常都不是静止的，而是处于运动状态，必须保持物品在运动状态，甚至在高速运动状态下都能随时对物品进行监控和追踪。

运动状态下对物品的追踪在当前技术条件下最好是依托 GPS，不同的技术方案有着不同的技术复杂性、成本、实用性等，而成本和实用性则是制约其应用和发展的重要因素。比如，考虑到目前我国是一个移动通信大国，手机的应用十分普及，可以通过 GPS 对物品进行监控与追踪，利用单片机将 GPS 芯片的定位信息进行适当处理，然后由 GSM/CDMA/3G 芯片将物品坐标发送至手机终端，实现物品在流动过程中的实时监控和追踪。当然，也可以直接将采集到的 GPS 定位数据发送到 Internet 中，这样更便于物流的跟踪。

2008 年，由于国际经济形势的影响，国外 GPS 行业也受到了不小的冲击，众多国外 GPS 强手纷纷退出，GPS 市场也日渐低迷。但在国内，受 GPS 消费增长的拉动，再加上近年来我国相关政府部门全力支持导航产业的发展，促使导航产业呈现加速发展的势头。由此可见，GPS 在中国将进入全面增长期，这也正是国内 GPS 企业崛起的好机会。业内人士普遍认为，中国将是未来几年内导航产业最大的新兴市场。加之物联网已被国家提到战略层面，对于 GPS 市场的发展，也有很大的促进作用。

4. 红外技术

红外技术也是一种被广泛使用的无线网络技术。红外数据协会（IrDA）作为一个非营利组织机构成立于 1993 年，其目标是通过发展和支持一些保证硬件和软件协同工作的标准来促进 PC 与其他设备之间的红外线通信链路的使用。该组织于 1994 年 6 月发布了它的第一个标准，该标准中包括串行红外链路规范 SIR，SIR 采用红外替代串口接口缆线。从此，IrDA 发展成为使用最广泛的无线连接技术，2004 年安装了超过 250 000 000 个 IrDA 兼容接口。IrDA 技术提供了一种简单而又安全的方法，用于个人计算机和通信设备之间的文件传输，并且一些应用紧密相关，如 PDA 和笔记本电脑的同步、商务卡和移动电话的数据交换等。除了笔记本电脑和 PDA 的 IrDA 端口以外，2004 年生产了超过 2 亿个配有 IrDA 的移动电话。随着个人移动电话的不断普及以及移动电话中数码摄像头像素的提高，这些 IrDA 链接也可直接用于照片打印和图像文件的传输。

随着物联网技术在安防领域的应用推广，红外技术在物联网感知层的作用体现出来。

物联网大多是现有技术的整合应用,并没有太多的技术创新瓶颈。物联网核心是业务和应用的创新,要在应用层与行业需求结合,实现物联网与专业技术的深度融合和行业的智能化发展。近年来,安防行业信息采集、传感网络、智能分析技术有了较快发展,网络摄像机、智能视频分析、智能化周界报警系统、安全与联动的门禁系统、系统整合与集成等许多都带有物联网的特征。红外技术视线传输的特点,使红外感应器和其他传感器被广泛运用到安防行业的物联网系统之中。

5. 蓝牙技术

应该说蓝牙技术本身及其应用都非常成熟,但目前关于蓝牙技术在物联网中应用的提法还比较少,这里提出来也只是一种设想或者建议,但也并非没有可行性。蓝牙技术组网方便,蓝牙芯片也非常成熟,应该完全可以像 ZigBee 技术一样用来进行传感器节点数据的采集,在此也期待相关实用化的技术方案或系统早日出现。

据报道,吉林大学珠海学院计算机系老师研发出一套新鲜的点名系统,要求学生用个人学号命名手机蓝牙,老师轻敲计算机键盘,逃课者立即现形。学生惊呼:“人类已经无法阻止老师点名了。”

在此不对这种做法是否妥当作评价,我们得到的启示是蓝牙技术与物联网的确存在着千丝万缕的联系,未来肯定存在市场开发空间,比如,可以开发产品化的蓝牙标签(暂且这样称呼)用以物体的识别、管理等,蓝牙技术本身也不用停留在作为各种数码设备互连的陈旧应用模式上。

10.3.2 物联网网络层中的无线网络技术

物联网的网络层主要是依托已有网络作为其传输网络,当然最典型的就是 Internet,而无线网络已经逐步成为现有网络的一个重要组成部分,所以几乎所有的无线网络技术都可以作为物联网的网络层,因此这里不打算像感知层那样详细展开叙述。其实,前面将 ZigBee 无线传感器网络作为物联网的感知层,更准确的说法应该是:传感器本身才是感知层,ZigBee 是一种无线个域网技术,已经属于网络层的范畴了,但目前一般习惯认为整个无线传感器网络都属于感知层。基于此,接下来只简要谈无线局域网技术、无线城域网技术、无线广域网技术、无线 Mesh 网络技术以及卫星通信技术等无线网络技术在物联网网络层中的作用。

在众多无线网络技术中,最重要的是无线局域网技术,没有有线网络可以利用时,从感知层采集的数据最直接的方法是将其送入无线局域网,然后传递到有线网络或者 Internet 中,这样在应用层就可以对数据进行处理。关于技术实现,需要在采集数据的节点上增加支持 IEEE 802.11 无线局域网的 Wi-Fi 芯片。从技术角度看,想通过何种无线网络传输感知层采集到的数据,只需在采集数据的节点上增加相应的通信芯片,但实际没有必要,因为无线局域网是最普遍的无线接入方式,不用把感知节点设计得过于复杂,只要关键的网关节点支持 Wi-Fi 就可以。无线城域网、无线广域网、无线 Mesh 网络一般作为骨干传输网,无线局域网一般是与之相连的,只要接入无线局域网,就可以接入到这些网络中,而且这些网络的无线通信芯片显然比 Wi-Fi 芯片复杂,功耗也较大,没有必要在对功耗一般要求较低的数据采集节点上增加这些芯片。

需要单独说明的是,同样属于无线广域网技术的蜂窝移动通信网络和卫星通信网络,如果要利用这两种无线网络技术进行数据传输，则需要在数据采集节点上增加移动通信芯片和卫星通信芯片，如支持 GSM/CDMA/3G 的芯片。

10.4　无线城市与物联网

当前在全球信息化进程中，无线城市和物联网都是一对出现频率极高的词语，无论是在政府的发展战略报告中，还是在业界的技术方案中，都不断提及二者。

无线网络的发展促成了无线城市理念的普及，无线城市被誉为继水、电、气、交通外的城市第五项公共基础设施，它将成为构建基本公共服务体系的有力支撑。

物联网概念的问世则打破了之前的传统思维，过去的思路一直是将物理基础设施和 IT 基础设施分开，一方面是机场、公路、建筑物，另一方面是数据中心、个人计算机、宽带等。而在物联网时代，钢筋混凝土、电缆将与芯片、宽带整合为统一的基础设施，在此意义上，基础设施更像是一块新的地球。因此，也有业内人士认为物联网是智慧地球的有机构成部分。

可见，无线城市和物联网都被提升到了基础设施的层次，足见其重要性，那么二者是怎样一种关系，如果同样都是基础设施，又该怎样发展它们？

10.4.1　概念剖析

此处的概念剖析无意探究二者的准确定义，因为它们涵盖、涉及了许多相关技术，也没有确切定义，只是为了弄清在全球信息化进程中如何发展无线城市和物联网。

无线城市是指利用多种无线接入技术，为整个城市提供随时随地随需的无线网络接入。业内人士则认为，无线城市首先是一张多层次、全覆盖，具有宽带、泛在、融合特性的信息网络，使得用户根据应用和场景自由切换，随时接入最佳网络，为市民构建一个能够便捷、安全、迅速接入信息世界的通道，它是所有数字化、智慧化信息应用的基础；同时，无线城市也是一张融合了互联网、移动互联网和物联网的信息应用平台，通过聚合大量信息内容和应用，能够为市民的购物、出行、学习、教育、保健等方面提供便利，能够为企业的开张、销售、宣传、管理等方面提供有力工具，能够为政府的政务公开、监督、城市管理等方面提供有益帮助。

前文已经指出物联网是新一代信息技术的重要组成部分，是物物相连的互联网。有两层意思：第一，物联网的核心和基础仍然是互联网，是在互联网基础上的延伸和扩展的网络；第二，其用户端延伸和扩展到了任何物品与物品之间，进行信息交换和通信。物联网的比较完整的定义是通过射频识别(RFID)、红外感应器、全球定位系统、激光扫描器等信息传感设备，按约定的协议，把任何物品与互联网相连接，进行信息交换和通信，以实现对物品的智能化识别、定位、跟踪、监控和管理的一种网络。

从上述概念解析可以看出，二者之间存在很大的交叉性，也有着密切的关系。简言之，物联网使无线城市延伸到人与人、人与物、物与物的信息交互，而无线城市让物联网的信息获取更为便捷。所以，二者的发展不是孤立的，而是相辅相成的。

10.4.2　发展模式分析

由于物联网覆盖更多依赖于无线网络，智慧城市更多依赖于物联网，所以无线城市和物联网协调发展的理念将会更加符合未来发展方向,以无线城市和物联网助力智慧城市建设,应该围绕强政、兴业、惠民,使"无线城市"成为"政务管理的好帮手""推广行业信息化的好平台""民生服务的好工具"。

以下是从福建"无线城市群"建设得到的有关无线城市和物联网发展模式的启示。

1. 强政:提升城市综合管理水平

在城市综合管理领域,中国移动福建公司大力推动福、厦、漳、泉四大物联网示范区建设,让物联网与城市管理"联姻",助力城市交通、环境、公用事业和社区服务的信息化提升。福建"无线城市群"在物联网的映衬下,更加夺目辉煌。

违法搭建、窨井盖丢失、行道树被毁、消防龙头漏水……这些问题是否需要百姓拨打投诉电话,政府职能部门才会来处置?在福州市鼓楼区,这个问题的答案是:否。从2011年开始,福州市鼓楼区政府联手中国移动福建公司运用物联网技术,在全省率先建立数字化网格管理系统以来,一个高效运转的城市管理系统正在逐步生成,它通过信息技术平台及时发现、处理城市管理中的问题,第一时间满足市民百姓的民生需求,使宜居城市建设迈上了新的台阶。

据介绍,数字化网格管理系统就是把每一个城市管理对象如窨井盖、社区消防设施等"锁定"在特定网格上,通过市、区两级信息平台进行365天全覆盖管理。如今,借助数字化网格管理系统,福州城管部门月均处理近2000起事件,既实现了智能化管理,又及时化解了群众纠纷。除了提升城管执法效率外,该系统还对福州鼓楼区各个违法事件频发的重点路段和路口进行监控,通过专用接口进行视频图像播放、视频源选择,实现对城市部件和事件的全方位、全时段的可视化监控管理,并将监控成果与城市管理完美结合,提升城市管理的把控力和实时性。

在小区、工地安装一个"小盒子",一旦噪音超标,"小盒子"就会在第一时间将数据通过TD无线网络传输至城管部门,以形成执法依据,从而营造城市的和谐"声"环境。这个魔力"小盒子"就是无线噪音远程监控系统。中国移动福建公司借助物联网技术,在国内首次以无线方式实现对工地、小区的远程噪音监控,自2008年投入使用以来,厦门、福州等地有关噪音的投诉量大幅下降,部分工地甚至出现了零投诉。

物联网还在城市管理的诸多领域开花结果,借助路灯远程控制系统,城市路灯可以自动调节明暗程度,既节约了电能,又带给城市温馨明亮的灯光效果;借助道路无线视频监控系统,让城市交通管理更加智能快捷;借助旅游自助导览系统,管理部门可以对风景区人流进行精确控制。

2. 兴业:助推传统产业转型升级

2010年,福建省政府办公厅出台的《福建省加快物联网发展行动方案(2010—2012年)》中明确提出,要大力打造工业控制类、农业精细生产类、安全监控类物联网示范应用工程,助力产业升级转型。两年以来,中国移动福建公司"智能安全监控系统""农业无线传感网系统"等物联网信息化项目,已在福建省工业、农业领域崭露头角,从而为全省工农业转型升级提供了一个信息化"助推器"。

厂区内危险气体有没有超标?污染源排放有无安全隐患?经由设置在厂区、矿区内的传感监控点,工作人员可随时通过监控平台,对危险源进行监测……目前,由中国移动福建公司开发的智能安全监控系统,正在福建厦漳泉等地部分石化、地矿企业中大显身手。该系统能够实时监控安全生产的几项重要项目数据，只要某项数据超出正常值，系统马上发送告警信息给相关监控人员，从而提高了安全生产效率。该系统还可对企业的专用车辆进行车辆卫星定位安全服务，对车辆是否偏离运行轨迹、是否超速，以及气液体的压力值等进行实时监测。

“智能安全监控系统”可复制性强，它还可实现对污染源的自动采样和对主要污染因子的在线监测，掌握厂区、库区的污染源排放总量，并将采集的数据自动传输到环保监测中心，也方便了政府环保部门对污染源的监督管理。目前，在厦漳泉等地累计已经有超过 100 家企业使用了该系统，其中有些项目还列入了当地“为民办实事”的重点工作。

基于物联网技术的“农业无线传感网系统”在福建省农业生产领域发挥了积极作用，在诸如大棚菌类、花卉、茶叶等福建特色种植领域，应用该系统后节能可超过 15%，同时还可提高农作物的抗病性和产品的产量、质量。据了解，该系统可通过在种植场所布设传感节点来采集、存储其所在地点的各种土壤和环境参数，并通过无线网络传输至种植者手机，从而实现了对农业生产的无线智能化管理。为扩大“农业无线传感网系统”的应用范围，树立示范效应，中国移动福建公司还与农业部门合作，将无线传感网系统与视频类产品组合包装，在金牌农业、省级龙头企业中试点推广。

物联网就像是一个正在不断转动的“魔方”，将为人们带来更多的创新体验。在中国移动福建公司一系列发展措施的推动下，福建“无线城市群”建设将充分融合物联网和移动互联网应用，为人们打造“无所不有”“无所不能”的智慧生活。

3. 惠民：开启“数字民生”新时代

一部小小的手机，可以是你的“私人医生”，可以成为你的“出行助手”，也能摇身一变成为你的“钱包”，还能帮你建立起一座“亲情桥梁”……在八闽大地上，借助中国移动的 TD 技术和物联网，一部小小的手机正为我们开启一个精彩的“数字民生”时代。

在福州，基于物联网技术开发的“亲情通”手机架起了亲人之间的“关爱桥梁”。“我年纪大了，血压高而且心脏也不好，现在有了这个‘亲情通’，有什么事按个键就行了，这对我们老年人的帮助实在是太大了。”让鼓楼军门社区 86 岁的杨奶奶这么赞不绝口的，就是中国移动福建公司去年推出的“亲情通”手机。据悉，当老人们遇到困难或发生意外时，只需按下“亲情通”上的 SOS 按钮，系统就会将求助信息发送至预先设置好的亲人手机或社区管理员处，方便家人或社区工作人员及时提供帮助。若老人不慎走失时，家人也可通过“亲情通”的位置定位功能准确找到老人。

在厦门，通过手机查看出行线路、预约专家挂号看病已成为常态。如今，市民通过短信、登录手机 WAP 网站等方式登录“厦门市民健康系统服务平台”，就能享受健康历史档案查询、专家预约、短信提醒和自我保健管理等服务。在厦门手机无线城市 WAP 网上，还实时显示主要路段的交通状况，市民可以随时登录为出行做规划参考。

手机小额支付目前在全省热用，一部手机你可以用它乘公交车、买电影票、彩票，甚至要出门远行时，还能通过它订汽车票。如今，在省内一些大型超市，只要掏出安装了 RFID-SIM 卡的手机对准识别器，“哔”的一声就能“刷”手机购物，省去了找零钱的烦恼。手机购彩票也是一项便民的业务，只要移动客户开通“体彩手机投注”业务，就能获得随时随地购彩票、中奖自动通知、奖金自动返回、开奖公告等全方位服务体验。从 2011 年年初开始，中国移动福建公司还推出了“手机汽车票”业务，手机客户随时随地都可通过 WAP 上网登录或拨打12580进行福建省内长途汽车票的查询及订购。

习　　题

填空题

1. 从技术架构上来看,物联网可分为3层:________、________和________。
2. ________被誉为水、电、气、交通外的城市第五项公共基础设施。

名词解释

物联网

简答题

1. 物联网可以分为哪几类?
2. 简述无线网络技术在物联网中的作用。

参考文献

汪涛.无线网络技术在物联网中的作用分析[J].高工物联网,2011(12):62-64.

第11章

移动互联网与“互联网+”

无线网络技术是促成传统互联网向移动互联网演变的重大推手，而移动互联网使传统互联网中的B2B、B2C、C/C等商业模式发生了改变，一种新的商业模式O2O应运而生，一个全新的概念“互联网+”横空出世，本章将讨论移动互联网与O2O模式、“互联网+”概念之间的关系。

11.1 传统互联网到移动互联网的演变

要说传统互联网到移动互联网的演变，完全可以从我们身边的网络谈起，因为网络，或者准确地说互联网早已经渗透入人们生活的方方面面，也不断在改变着人们的生活方式。2014年1月，国内两家知名的互联网行业的巨头（或者说两匹“马”，两个老板都姓马，实属巧合）就因为“打车”与“支付”展开了一场烧钱的拉锯战，为此双方更是不惜投入10亿元的资金，当然从中受益的都是老百姓。打车付钱这本来是生活中很常见的事情，不管是以前的黄包车还是现在的出租车，用了车就付钱，再简单不过了，可偏偏就是这么简单、平常的事情因为互联网的介入变得似乎不是那么简单，这也许就是互联网的力量吧，它改变了我们既有的生活方式，让很多10年、20年或者更多年前不可思议的事情不断在人们的生活中发生。

说到这里，就从参与了那场烧钱之争的打车软件说起，这种软件就装在人们的手机上，比如“滴滴”，目前的手机大多都是智能手机，智能手机也是当前网络的一个主角，甚至风头大过PC之势，这一点也不奇怪，现在一个普通的千元左右的智能手机性能绝对能够超过20世纪80年代的上万元的PC，现在每天都有数以亿计的智能手机在访问网络，这就是所谓的移动互联网，它是当前网络的一个重要的组成部分。

假设你现在在家有急事要出门，公交车不仅拥挤，而且耽误时间，你肯定不想选择，自己开车到时候找车位又是问题，于是你决定选择乘出租汽车。可是，有了网络，有了打车软件，你不需要和以前一样等到了街边再开始叫车，那样可能很久都叫不到车，特别是高峰期，你可能会发现眼前过去的车都是有人的，于是只能等，不断地等，直到等到一辆空车，结果司机告诉你要交班，于是你又开始重新等待。打开你手机上的叫车软件，比如“滴滴”，可以实时用文字发出用车信息，也可以直接语音叫车，这些信息会被软件推送到你周边1～2km范围的出租车司机的手机，他们会根据自己的情况确定是否接你的单，一旦接单，他们就会及时将车开到你的身边，减少了你大量的等待时间。当然，你也可以采取预约叫车的方式。而且，对于司机来说，由于网络和打车软件的介入，也使他们知道自己周边有哪些乘客需要用车，减少了空车的时间，减少了油耗，显然符合低碳环保的思想。用这种叫车方式的好处还不仅在于此,因为你到达目的地后,可以直接使用打车软件进行支付,打车软件支持常见的网络/手机支付工具,如支付宝和微信,这样你出门不用准备现金,司机也不用找零,双方都方便。

当然,从2017年开始,共享单车又风靡全国,出行更加方便。

当你在享受着一切便利的时候,你是否思考过究竟是什么改变了这一切,毋庸置疑,那就是网络。曾几何时,我们总说网络是虚拟的,让人们不要沉溺于虚拟的网络世界,但问题要一分为二地看,要用辩证的思维看,从某个角度看,网络的确构造了一个虚拟世界,但是这个虚拟世界和我们的现实世界是息息相关的,有着千丝万缕的联系,甚至某种程度上控制着人们这个现实世界,这样的例子不胜枚举。其实人们必须认识到人们面对的现实是网络无时无刻不在人们身边,人们的生活离不开网络,任何一次重大技术革命都会对人们的生活产生深远的影响,网络时代人们要学会网络化生存,适应传统互联网向移动互联网的演变。

传统互联网向移动互联网的演变,也使我们从传统媒体时代进入到自媒体(We Media)时代。自媒体又称"公民媒体"或"个人媒体",是指私人化、平民化、普泛化、自主化的传播者,以现代化、电子化的手段,向不特定的大多数或者特定的单个人传递规范性及非规范性信息的新媒体的总称。自媒体平台包括博客、微博、微信、百度官方贴吧、论坛/BBS等网络社区。如果没有移动互联网的普及和大众化,就不可能有自媒体的盛行,不可能让人们几乎可以随时随地去发布自己的所见所闻。

目前,手机已经成为第一大上网终端。种种迹象表明,现今移动互联网发展已进入全民时代。众所周知,支付曾经是银行、银联的山河,但近几年却被第三方支付机构再三"侵袭",尤其在移动支付领域,银行、银联几乎已全面落后于支付宝、微信支付。

如果要给移动互联网下一个定义,就是移动互联网是移动通信和互联网融合的产物,继承了移动随时、随地、随身和互联网分享、开放、互动的优势,是整合二者优势的"升级版本",即运营商提供无线接入,互联网企业提供各种成熟的应用。移动互联网被称为下一代互联网Web 3.0。比如,打车软件"滴滴"、叫餐软件"饿了么"这类应用就是典型的移动互联网应用。移动互联网业务和应用包括移动环境下的网页浏览、文件下载、位置服务、在线游戏、视频浏览和下载等业务。随着宽带无线移动通信技术的进一步发展,移动互联网业务的发展将成为继宽带技术后互联网发展的又一个推动力,为互联网的发展提供了一个新的平台,使得互联网更加普及。并以移动应用固有的随身性、可鉴权、可身份识别等独特优势,为传统的互联网类业务提供了新的发展空间和可持续发展的新商业模式;同时,移动互联网业务的发展为移动网带来了无尽的应用空间,促进了移动网络宽带化的深入发展。移动互联网业务正在成长为移动运营商业务发展的战略重点。

11.2 移动互联网的特点

"小巧轻便"及"通信便捷"两个特点,决定了移动互联网与传统PC互联网的根本不同之处、发展趋势及相关联之处。可以"随时、随地、随心"地享受互联网业务带来的便捷,还表现在更丰富的业务种类、个性化的服务和更高服务质量的保证。当然,移动互联网在网络和终端方面也受到了一定的限制。与传统的桌面互联网相比较，移动互联网具有 5 个鲜明的特性。

1. 便捷性和便携性

移动互联网的基础网络是一张立体的网络，GPRS、3G、4G 和 WLAN 或 Wi-Fi 构成的无缝覆盖，使得移动终端具有通过上述任何形式方便联通网络的特性；移动互联网的基本载体是移动终端。顾名思义，这些移动终端不仅仅是智能手机、平板电脑，还有可能是智能眼镜、手表、服装、饰品等各类随身物品。它们属于人体穿戴的一部分，随时随地都可使用。

2. 即时性和精确性

由于有了上述便捷性和便利性，人们可以充分利用生活中、工作中的碎片化时间，接受和处理互联网中的各类信息。不再担心有任何重要信息、时效信息被错过。无论是什么样的移动终端，其个性化程度都相当高。尤其是智能手机，每一个电话号码都精确地指向一个明确的个体。是的，移动互联网能够针对不同的个体，提供更为精准的个性化服务。

3. 感触性和定向性

这一点不仅仅体现在移动终端屏幕的感触层面，更重要的是体现在照相、摄像、二维码扫描，以及重力感应、磁场感应、移动感应，温度、湿度感应等无所不及的感触功能。基于 LBS 的位置服务，不仅能够定位移动终端所在的位置，甚至可以根据移动终端的趋向性，确定下一步可能去往的位置，使得相关服务具有可靠的定位性和定向性。

4. 业务与终端、网络的强关联性和业务使用的私密性

由于移动互联网业务受到网络及终端能力的限制，因此，其业务内容和形式也需要适合特定的网络技术规格和终端类型。使用移动互联网业务时，所使用的内容和服务更私密，如手机支付业务等。

5. 网络的局限性

移动互联网业务在便携的同时，也受到来自网络能力和终端能力的限制：在网络能力方面，受到无线网络传输环境、技术能力等因素限制；在终端能力方面，受到终端大小、处理能力、电池容量等的限制。

以上这 5 大特性构成了移动互联网与传统桌面互联网完全不同的用户体验生态。移动互联网已经完全渗入到人们的生活、工作、娱乐的方方面面。

11.3　移动互联网的发展趋势

曾几何时，移动互联网还仅仅被人们视作互联网的一个分支。事实上，传统互联网和电信业巨头采取的种种战略转型举措早已深刻说明，移动互联网不单是一种时髦应用，更是一股席卷 ICT(Information Communication Technology，ICT)领域的破坏式的创新浪潮。移动互联网时代摧毁沾沾自喜的领先者、淘汰麻木不仁的守旧者的速度，比当年互联网兴起时对落后者的淘汰速度有过之而无不及。

20 世纪 70 年代和 80 年代，个人计算机和桌面软件掀起了信息产业的第一次浪潮，PC 走进了人们的办公室。进入 90 年代后，互联网掀起了信息产业的第二次浪潮，互联网极大地改变了人们的工作和生活方式,让一大批固守传统生存法则的老牌企业为其对科技变革的漠视与迟钝付出了沉重代价,他们要么饱受经营下滑之苦,要么就此告别历史舞台。移动互联网的发展带来了移动数据流量的井喷,推动了移动网络的升级换代。

移动互联网在短短几年时间里,已渗透到社会生活的方方面面,产生了巨大影响,它处在高速发展期,“变化”仍是它的主要特征,革新是它的主要趋势。

移动互联网的发展趋势为:

(1) 移动互联网超越PC互联网,引领发展新潮流。有线互联网是互联网的早期形态,移动互联网(无线互联网)是互联网的未来。PC只是互联网的终端之一,智能手机、平板电脑、电子阅读器(电子书)已经成为重要终端,电视机、车载设备正在成为终端,冰箱、微波炉、抽油烟机、照相机,甚至眼镜、手表等穿戴之物,都可能成为泛终端。

(2) 移动互联网和传统行业融合,催生新的应用模式。在移动互联网、云计算、物联网等新技术的推动下,传统行业与互联网的融合正在呈现出新的特点,平台和模式都发生了改变。这一方面可以作为业务推广的一种手段,如食品、餐饮、娱乐、航空、汽车、金融、家电等传统行业的APP和企业推广平台,另一方面也重构了移动端的业务模式,如医疗、教育、旅游、交通、传媒等领域的业务改造。

(3) 不同终端的用户体验更受重视。终端的支持是业务推广的生命线。随着移动互联网业务逐渐升温,移动终端解决方案也不断增多。2011年,主流的智能手机屏幕是3.5~4.3英寸(1英寸(in)=2.54cm),2012年发展到4.7~5.0英寸,而平板电脑却以mini型为时髦。但是,不同大小屏幕的移动终端,其用户体验是不一样的,适应小屏幕的智能手机的网页应该轻便、轻质化,它承载的广告也必须适应这一要求。目前,大量互联网业务迁移到手机上,为适应平板电脑、智能手机及不同操作系统,开发了不同的APP,HTML5的自适应较好地解决了阅读体验问题,但是,还远未实现轻便、轻质、人性化,缺乏良好的用户体验。

(4) 移动互联网商业模式多样化

成功的业务,需要成功的商业模式来支持。移动互联网业务的新特点为商业模式创新提供了空间。随着移动互联网发展进入快车道,网络、终端、用户等方面已经打好了坚实的基础,不盈利的情况已开始改变,移动互联网已融入主流生活与商业社会,货币化浪潮即将到来。移动游戏、移动广告、移动电子商务、移动视频等业务模式流量变现能力快速提升。

(5) 用户期盼跨平台互通互联

目前形成的iOS、Android、Windows Phone三大系统各自独立,相对封闭、割裂,应用服务开发者需要进行多个平台的适配开发,这种隔绝有违互联网互通互联之精神。不同品牌的智能手机,甚至不同品牌、类型的移动终端都能互联互通,是用户的期待,也是发展趋势。移动互联网时代是融合的时代,是设备与服务融合的时代,是产业间互相进入的时代,在这个时代,移动互联网业务参与主体的多样性是一个显著的特征。技术的发展降低了产业间,以及产业链各个环节之间的技术和资金门槛,推动了传统电信业向电信、互联网、媒体、娱乐等产业融合的大ICT产业的演进,原有的产业运作模式和竞争结构在新的形势下已经显得不合时宜。在产业融合和演进的过程中,不同产业原有的运作机制和资源配置方式都在改变,产生了更多新的市场空间和发展机遇。

(6) 大数据挖掘成蓝海，精准营销潜力凸显

随着移动带宽技术的迅速提升，更多的传感设备、移动终端随时随地接入网络，加之云计算、物联网等技术的带动，中国移动互联网也逐渐步入“大数据”时代。目前的移动互联网领域仍然以位置的精准营销为主，但未来随着大数据相关技术的发展，人们对数据挖掘的不断深入，针对用户个性化定制的应用服务和营销方式将成为发展趋势，它将是移动互联网的另一片蓝海。

11.4 移动互联网下的 O2O 模式

O2O 由 TrialPay 创始人兼 CEO Alex Rampell 提出，是 Online To Offline 的缩写，是新诞生的电子商务模式，即“线上到线下”。O2O 商业模式的核心很简单，就是把线上的消费者带到现实的商店中去，在线支付购买线下的商品和服务，再到线下去享受服务。在基于 PC 的传统互联网时代，尽管线上线下结合的 O2O 说得过去，但只有移动互联网时代 O2O 的价值才能被真正挖掘出来。本章一开始提到的打车软件就是 O2O 模式的典型代表。当互联网企业都向移动互联网转型时，传统企业做 O2O 更需要抛弃固有的陈旧思维。

老牌电子商务企业在寻求新的增长点，寻找适合中国国情的电子商务发展之道，O2O 商业模式成为老牌电商企业寻求新突破的一种尝试。传统企业要想完全涉足电商，也需要通过一种商业模式敲开电商这扇门，O2O 商业模式是最佳的选择。

在国家政策的推动下，一些传统企业开始筹划着进军电商，可是，对于传统企业来说，始终要明确一点，涉足电商只是企业发展的一个方向，而不是企业发展的全部，电商是企业发展的一部分，也可以说成为以后企业的增长点，但不要完全依赖于电子商务，而且要做好持久战的准备，同时也不要把线下的经验拿到线上运营。虽然，对于传统企业来说，涉足电商最缺少的是网上运营经验和一种适合自身的商业模式，但是传统企业也有自己的优势，如有线下用户群体，有充足的资金和经验丰富的销售团队。那么，如何用自己的优势来弥补自己在电商之路上的不足呢？O2O 商业模式可以成为涉足电商的利刃。

在 O2O 的实际操作方面，航空企业做出了很好的榜样。截至 2011 年，南方航空、海南航空、东方航空和国航都已建立了电子商务平台，人们已经开始习惯在网上定制机票，再按照时间到机场换取。机场上最多的咨询服务就是某航空公司的机票应该在何处换取。与此同时，保险业在线上定制与线下服务的衔接上也有很好表现。葛优笑脸出现在城市的各个角落，平安车险通过在网上选择，就可以得到价格的大致数字，注册登记后则有线下服务人员登门服务，最终完成车险的投保。

对于传统企业来说，要想进军电商，必须跟上电商的大趋势，而新型的 O2O 商业模式可以说是值得引进的模式，但也需要根据自身的情况进行合理借鉴，走中国特色的 OTO 商业模式。如果直接利用 Alex Rampell 所说的 OTO 商业模式，无疑给传统企业出了一个大难题，可以根据传统企业的优势对 O2O 商业模式进行实践型演变，分成两个层面，即“Offline To Online”(“线下到线上”)和“Online To Offline”(“线上到线下”)，在不同的运营时期用不同的 OTO 模式。

企业可以在推广与营销阶段采取“线下到线上”，可以利用自身线下的优势，把线下的用

户群体带到线上来发展,对用户进行合理规划,还要保证线下活动与线上推广相互映射,从而达到推广与营销的最大化,引导客户体验网上生活,优化用户群体。

企业在销售阶段,可以采用一些价格策略,积极鼓励用户在线上支付,这时候是"线上到线下",此时企业可以通过用户的支付信息对用户个性化进行深入挖掘,掌握这些用户数据,可以大大提升对老用户的维护与营销效果。通过分析,还可以提供发现新用户的线索,预判甚至控制用户流量,进而分析用户特征和来源,重新组织合理的推广和营销。

无论是哪一种商业模式的运用,都要根据自己企业的特征、地域性的差和生活化的程度去合理运用,而不是一成不变。找到适合企业的方式才是最重要的,而在寻找的过程中一定会遇到很多问题,如何去化险为夷,这些都需要企业去考虑。总之,没有一个万能的模式,需要不断地去创新,只有这样,才能使移动互联网时代立于不败之地。

另外,O2O模式也进一步催生出线下支付市场的竞争。曾几何时,中国银联在线下支付市场一家独大,但是到2015年时由于采取了各种支付优惠的方式,支付宝和微信支付不知不觉中占领了大部分线下支付场景,简单扫一扫就可以轻松完成支付,用户可以不带钱包,只要带着手机就一切搞定。中国银联被逼无耐,只好联手苹果,于是2016年2月18日凌晨5:00,ApplePay业务在中国上线。ApplePay在中国支持中国工商银行、中国农业银行、中国建设银行、中国银行、中国交通银行、邮政储蓄、招商银行、兴业银行、中信银行、民生银行、平安银行、光大银行、华夏银行、浦发银行、广发银行、北京银行、宁波银行、上海银行和广州银行的19家银行发行的借记卡和信用卡,并将它们与ApplePay关联,就能使用新的支付服务,中国成为全球第五个、亚洲第一个上线该服务的国家。由此可见,移动互联网对商业竞争模式的影响无孔不入、无处不在。

11.5 "互联网+"

在互联网(包括传统互联网和移动互联网)浪潮的席卷下,各行各业不断网络化、移动化,互联网(特别是移动互联网)以其独特的方式推动人类生活发生变革,一个全新的概念"互联网+"成为创业者热议的话题。

2015年3月5日,在十二届全国人大三次会议上,李克强总理在政府工作报告中首次提出"互联网+"行动计划,表示将推动移动互联网、云计算、大数据、物联网等与现代制造业结合,促进电子商务、工业互联网和互联网金融健康发展,引导互联网企业拓展国际市场。可见,"互联网+"已经被国家提高到战略发展层面,而其中移动互联网占据着重要的支撑地位。

事实上,"互联网+"并非简单的互联网与传统行业相结合,它代表的是一种新的经济形态,即充分发挥互联网在生产要素配置中的优化和集成作用,将互联网的创新成果深度融合于经济社会各领域之中,提升实体经济的创新力和生产力,形成更广泛的以互联网为基础设施和实现工具的经济发展新形态。

"互联网+"是工业化、信息化融合的升级版,这种融合不是简单的叠加,不是一加一等于二,一定是大于二。因为互联网具有降低交易成本、促进专业分工和提升效率等优势,目前"互联网+"已全面融入传统行业,如金融、医疗、教育、家政服务、通信、交通、零售等领域,并取得了长足发展。

在金融领域，以支付宝、余额宝为代表，“互联网＋金融”催生了第三方支付、移动支付和网上借贷、金融资产网上销售等业务，一方面弥补了传统金融服务的不足；另一方面也有利于发展民间资本作用，提升资金配置效率和金融服务质量。

在医疗领域，在线挂号、专业咨询、患者互助等服务取得较大发展，不仅方便了患者就诊，而且提供了医疗服务的效率，一定程度上改善了看病难、看病贵等问题。现在，很多人在使用自己手机上的支付宝和微信进行医院挂号。

在教育领域，在线教育新模式开始兴起，人们可以在线进行中小学、大学、职业教育、技能培训等，更有效地整合了线上线下教育资源。与线下教育相比，在线教育可突破时空限制，结合移动终端实现碎片化学习，教学内容更加多元化。现在，在各种交通工具上，经常能发现有人拿着自己的智能手机进行阅读和学习。

在到家服务领域，家庭保洁、搬家服务、小区服务等传统到家服务已经屡见不鲜，但在 O2O 这一新型商业模式光环的加持下，可以刺激市场衍生出新的增长点。目前，O2O 到家服务的门类越来越齐全，覆盖了生活的方方面面，消费者能够轻轻松松地在线下单，足不出户即能在家享受服务，具体包括家政、洗衣、装修、教育、按摩、美容、美甲、美发、厨师等。

在通信领域，“互联网＋通信”有了即时通信，QQ、淘宝旺旺、YY 语音、微信等即时通信工具应用十分普遍，而各类聊天软件 APP 也层出不穷，不仅给人们的日常联络带来了极大的便利，还降低了通信成本。

在交通领域，从国外的 Uber 到国内的滴滴，移动互联网催生了一批打车、拼车、专车软件，不仅方便了人们的日常出行，而且增加了车辆的使用率，提高了效率，减少了汽车尾气排放，有利于建设资源节约型、环境友好型社会。

在零售领域，零售业和互联网的结合更加紧密，淘宝、天猫、京东、当当等电商蓬勃发展，同比增长速度远高于全社会消费品零售总额增速。

事实上，“互联网＋”不仅已全面应用到第三产业，催生了“互联网＋通信”“互联网＋金融”“互联网＋教育”等新业态，而且正在向第一、第二产业渗透。工业方面，互联网从消费品工业向装备制造和能源、新材料等工业领域发展，全面推动传统工业生产方式的转变；农业方面，农产品也从网络销售环节向生产领域延伸，为农业发展带来了新机遇。

因此，“互联网＋”的过程也是传统产业转型升级的过程，而移动互联网则必将在这个过程中发挥巨大的支撑和推动作用。

习　　题

填空题

1. 移动互联网是________和________相融合的产物。
2. 移动互联网中三大手机系统平台是________、________和________。

名词解释

1. 移动互联网
2. O2O 模式
3. “互联网＋”

简答题

1. 简述移动互联网的特点。

2. 简述移动互联网的发展趋势。

参考文献

张毅.互联网+颠覆还是被颠覆[M].广州:中山大学出版社,2015.

实 训 篇

第12章

WLAN项目实践

考虑到当前无线局域网的广泛应用，本章筛选了无线局域网的部分典型实训项目，旨在帮助读者掌握无线局域网构建过程，主要基于锐捷网络的设备展开。

12.1 组建Ad Hoc模式无线局域网

【实验目的】

掌握在没有无线访问接入点(Wireless Access Point，AP)的情况下，如何通过无线网卡直接组建无线局域网，实现移动网络中智能终端设备之间直接互连的方法。

【实验拓扑】

图12.1所示网络场景是组建Ad Hoc模式的无线局域网网络拓扑，表12.1所示为IP地址规划信息。

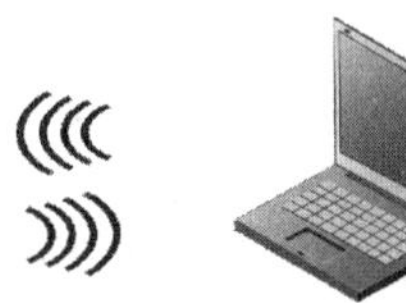

PC1: 192.168.1.1　　PC2: 192.168.1.2

图12.1　组建Ad Hoc无线局域网

表12.1　IP地址规划信息

设备	接口地址	子网掩码	网关	备注
PC1	192.168.1.1	255.255.255.0	—	办公网设备代表
PC2	192.168.1.2	255.255.255.0	—	办公网设备代表

【实验设备】

笔记本电脑(2台)或测试PC(2台)、外置USB无线局域网网卡(2块)。

【实验原理】

Ad Hoc结构无线局域网组网模式是一种省去无线中介无线接入设备(AP)，而临时搭建起的无线对等网结构的无线局域网组网技术。只要安装了无线网卡的计算机，彼此之间就可以通过无线网卡组建临时的无线局域网，实现设备之间的无线互联。

Ad Hoc结构无线局域网的组网原理：通过网络中的一台计算机主机建立点到点连接，

相当于无线网络中的一台虚拟AP，而无线网络中的其他计算机，就可以直接通过这台虚拟AP，进行点对点连接，实现网络互联与共享，如图12.2所示。

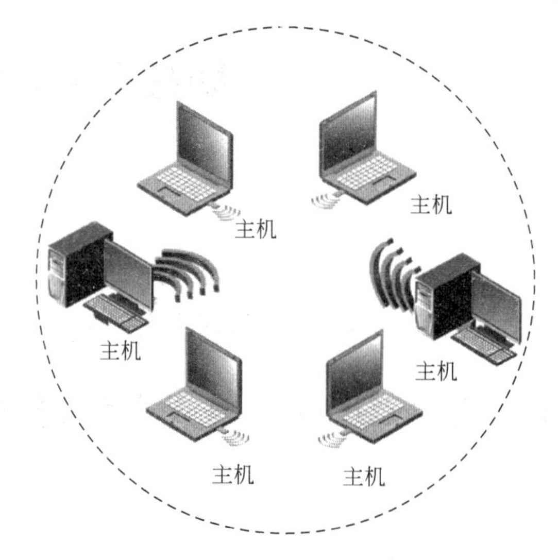

图12.2　Ad Hoc结构无线局域网

由于省去了无线AP设备，Ad Hoc模式的无线局域网的网络架设过程十分简单。在Ad Hoc模式无线网络中，利用无线网卡的属性组建无线局域网。通过在设备的无线网卡设置相同的无线网络标识符号SSID，相同的信道，最终实现通过移动设备之间的无线网络通信。不过，一般的无线网卡在室内环境下传输距离通常为40m左右，当超过此有效传输距离，就不能实现彼此之间的通信，因此该种模式非常适合一些简单，甚至是临时性的无线互联需求。

无线局域网中的Ad Hoc结构，类似于有线网络中的双机互连的对等网络组网模式。

【实验步骤】

(1) 配置PC1无线网卡IP地址。

在PC1计算机上，选择"桌面"→"网络"→"本地连接"→"无线网络连接"命令，打开PC1计算机"打开网络和共享中心"，如图12.3所示。

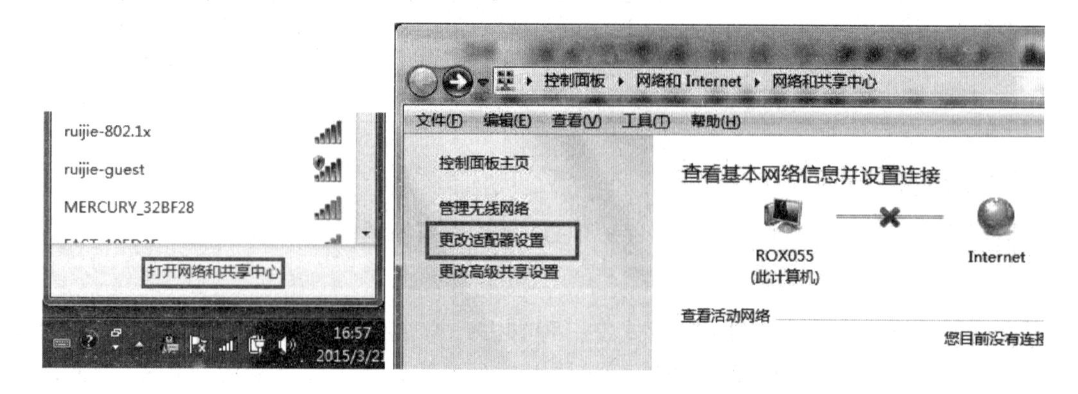

图12.3　打开无线网络连接

单击图 12.3 右边的"更改适配器设置"选择，打开"网络连接"窗口，如图 12.4 所示配置"无线网络连接"属性。

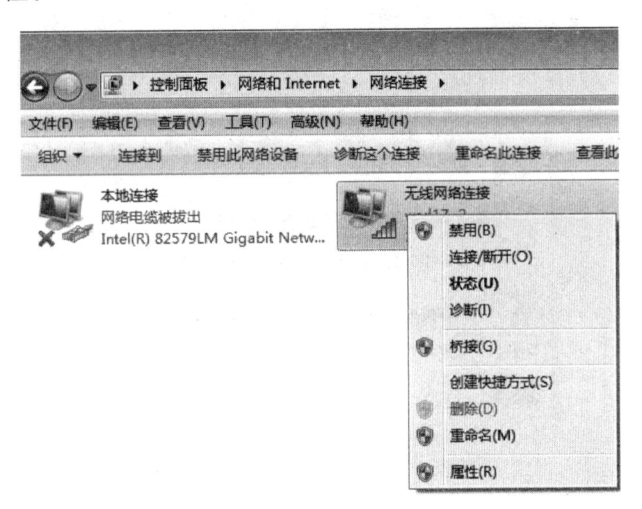

图 12.4　打开无线网络连接窗口

(2) 配置无线网络连接。

选择"无线网络连接"，右击，打开快捷菜单，选择"属性"，打开"无线网络连接属性"对话框。

选中"Internet 协议版本 4(TCP/IPv4)"，单击"属性"按钮，配置 PC1 的无线网卡地址，如图 12.5 所示，输入 PC1 的 IP 地址为 192.168.1.1/24，子网掩码为 255.255.255.0。

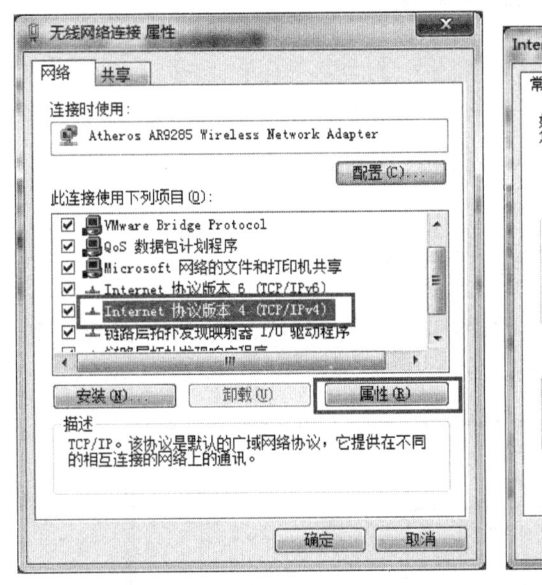

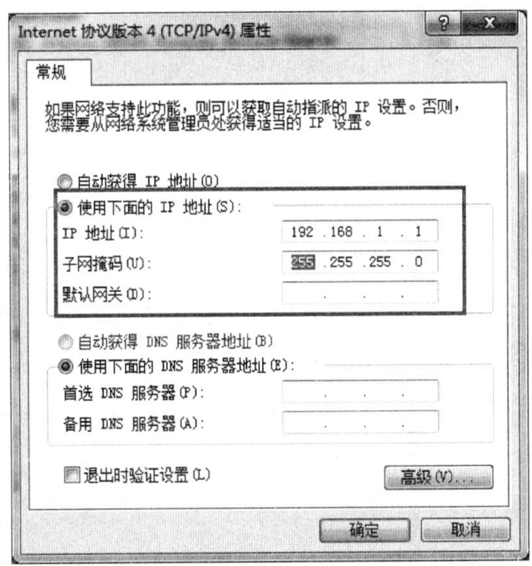

图 12.5　配置 PC1 的无线网卡地址

(3) 配置 PC1 无线网卡的 SSID(服务集标识)。

同样，在 PC1 计算机的右下角单击网络图标，打开"网络和共享中心"，如图 12.3

所示。

在打开的“网络和共享中心”窗口中选择“管理无线网络”,添加新的无线网卡之间相连的 SSID 信息,如图 12.6 所示。

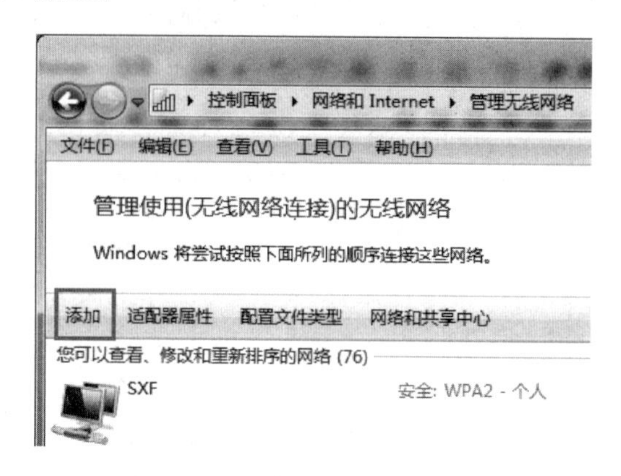

图 12.6 添加新的无线连接 SSID

在图 12.6 左侧单击“添加”按钮,打开“创建临时网络”对话框,如图 12.7 所示。

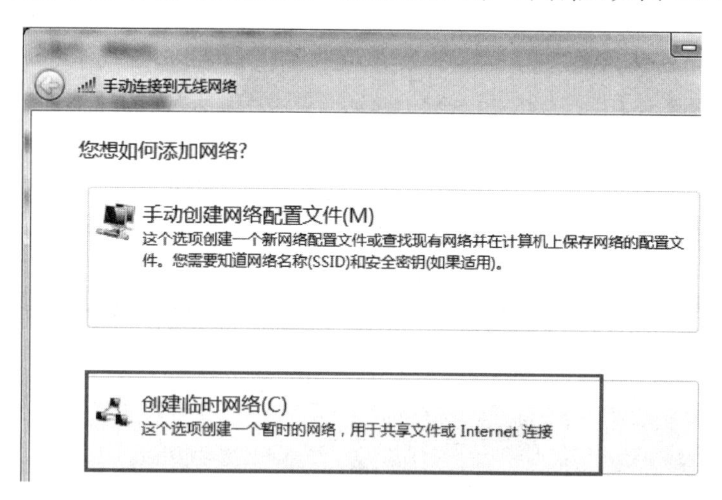

图 12.7 创建临时无线网络

在打开的“手动创建网络配置”对话框中,如图 12.8 所示配置无线 SSID 信息。其中,“网络名”设为“Ruijie”,“安全类型”选择“WPA2-个人”,“安全密钥”设为“12345678”。

为您的网络命名并选择安全选项

网络名(T): Ruijie

安全类型(S): WPA2 - 个人 帮助我选择

安全密钥(E): 12345678 隐藏字符(H)

图 12.8 配置无线 SSID 信息

如图 12.9 所示，完成 PC1 计算机上无线网卡的“临时网络”创建。

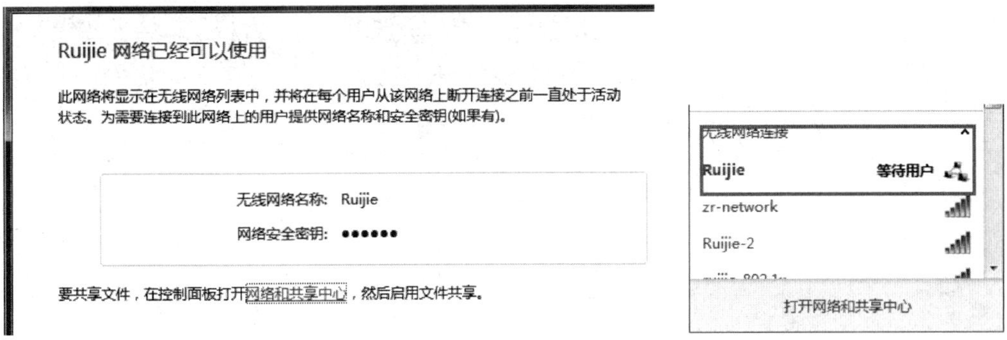

图 12.9　完成“临时网络”创建

（4）配置 PC2 无线网卡地址为 192.168.1.2/24。

按照上述同样方式，完成 PC2 计算机无线网卡地址配置任务，如图 12.10 所示。输入相应的 IP 地址和掩码，PC2 的 IP 地址为 192.168.1.2。

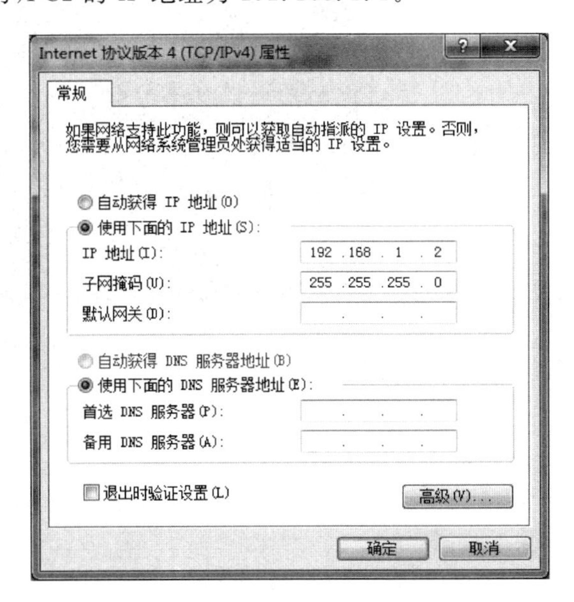

图 12.10　配置 PC2 无线网卡地址

（5）在 PC2 上配置无线网络连接 SSID。

按照上述同样方式，完成 PC2 计算机上无线网卡的“临时网络”创建，过程同上。

此外，也可以使用“搜索附近的 SSID”方式，在 PC2 上实现 PC1 无线 SSID 信号接入。打开 PC2 计算机上的无线网络连接，搜索附近的 SSID，然后输入安全密钥：12345678，单击“确定”按钮，即可实现 Ad Hoc 模式无线局域网的组建，如图 12.11 所示。

如图 12.12 所示，在 PC2 计算机上实现 SSID 为 Ruijie 信号连接，显示为已连接状态，则关联 PC1 无线 SSID 成功。

（6）网络连通性验证。

在 PC2 计算机上，从“开始”菜单调出“运行”窗口，输入“cmd”，转到 DOS 命令测试状态。测试 PC2 与 PC1 的连通性,如图 12.13 所示,实现 Ad Hoc 模式无线局域网组建。

图 12.11　在 PC2 上搜索附近的 SSID

图 12.12　关联 PC1 无线 SSID

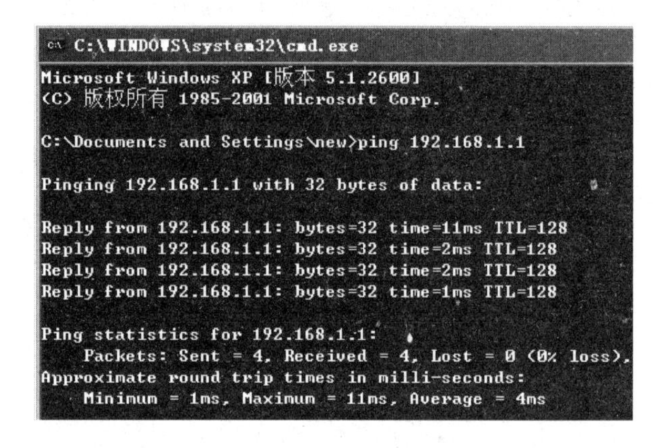

图 12.13　网络测试成功

【注意事项】

(1) 两台移动设备上设置的无线网卡的 SSID 必须一致。

(2) 无线局域网卡默认的信道为 1,如遇其他系列网卡,则要根据实际情况调整无线网卡的信道,使多块无线网卡的信道一致。

(3) 注意两块无线网卡的 IP 地址设置为同一网段。

(4) 无线网卡通过 Ad Hoc 方式互连,对两块网卡的距离有限制,工作环境下一般不建议超过 10m。

(5) 台式机上需要安装外置 USB 无线网卡,安装方法如下。

把外置 USB 网卡插入到计算机 USB 端口,系统自动搜索到新硬件,并提示安装驱动程序,按照要求完成安装,屏幕右下角出现无线局域网络连接图标,包括速率和信号强度,如图 12.14 所示。

图 12.14　无线局域网络连接图标

(6) 在 Windows 7 之前的版本中,使用以下方式配置无线网卡的 SSID 信息。

① 选择“桌面”→“网络”→“本地连接”→“无线网络连接”,如图 12.15 所示。

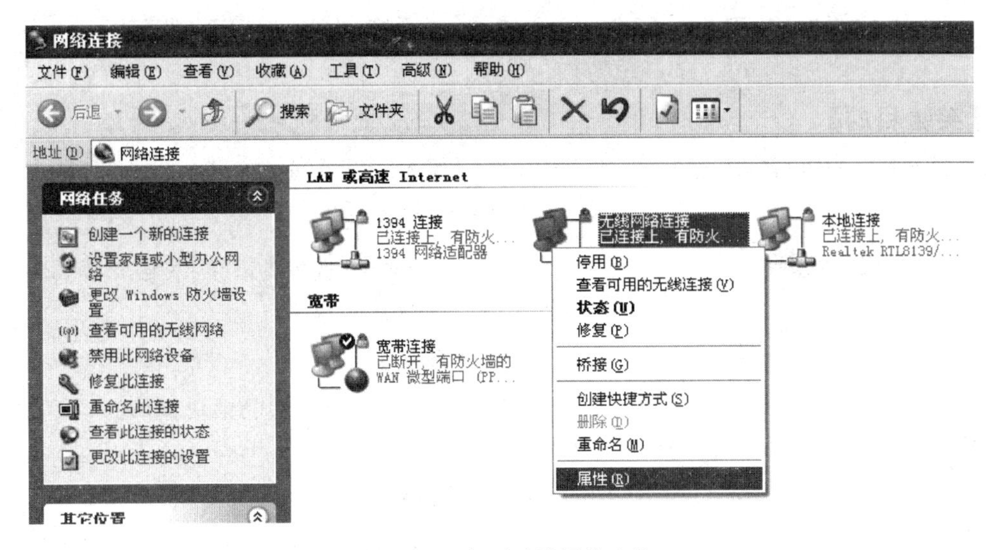

图 12.15　打开无线网络连接

② 设置 PC 无线网卡之间相连 SSID 为 ruijie。

选择“无线网络连接”，右击，打开快捷菜单，进入无线网卡的属性配置项。

在“无线网络连接属性”中选择“首选网络”项，单击“添加”按钮，添加一个新的 SSID 连接，名称为“ruijie”，如图 12.16 所示。

在“无线网络连接属性”中，单击“高级”按钮，在“高级”对话框中选择“仅计算机到计算机(特定)”模式，或者通过第三方“无线网络配置软件”，选择 Ad Hoc 模式，如图 12.17 所示。

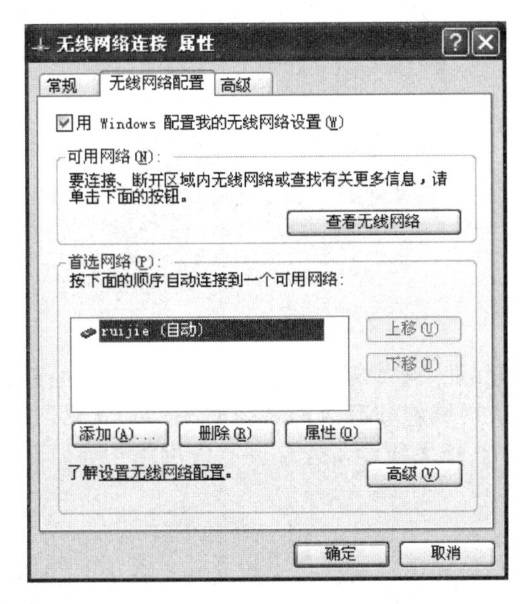

图 12.16　添加新的 SSID 连接

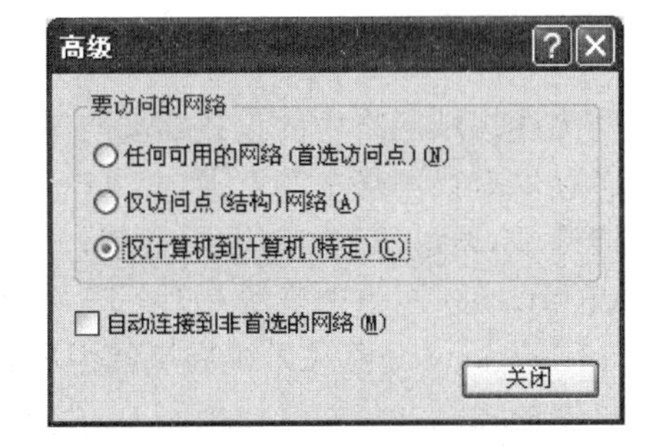

图 12.17　SSID 连接名称

12.2 组建 Infrastructure 模式无线局域网

【实验目的】

配置 FAT AP 设备,组建 Infrastructure 模式的无线局域网。

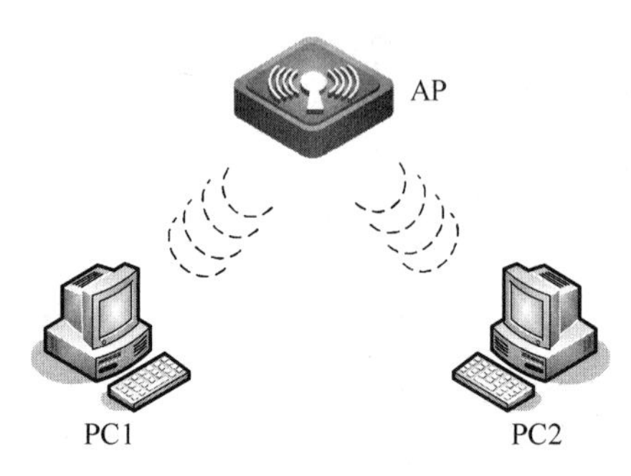

图 12.18 组建 Infrastructure 模式无线局域网

【实验拓扑】

按图 12.18 所示的网络拓扑,组建 Infrastructure 模式无线局域网。

【实验设备】

FAT AP(1 台)、AP 供电模块 E130(1 套)、测试笔记本电脑(2 台)。

【实验原理】

Infrastructure 模式无线局域网是指通过 AP 互连工作模式,可以把 AP 看作是传统局域网中的集线器。因此,Infrastructure 基本结构模式类似传统有线网络的星形拓扑方案,与 Ad Hoc 无线网络模式不同的是,此种模式需要有一台符合 IEEE 802.11b/g 模式的 AP 或无线路由器存在,所有无线网络中的通信都通过 AP 或无线路由器连接,如同有线网络中利用集线器来连接。Infrastructure 模式下的无线局域网通过 AP 或无线路由器的以太网口,把无线网络接入到有线网络中。

无线 AP 是无线接入设备,俗称"热点",如图 12.19 所示。AP 是 WLAN 网络中的重要的组网设备,其工作机制类似有线网络中的集线器。

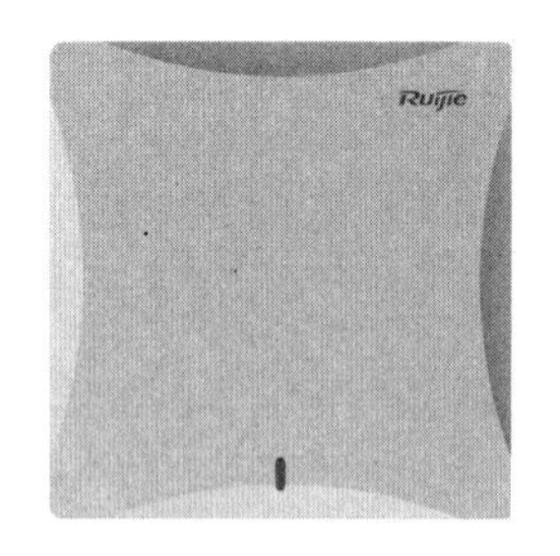

图 12.19 无线 AP 设备

当无线局域网络中的设备需要与有线网络互连,或无线局域网络中的节点之间,需要连接或者存取有线网络中的资源时,AP 作为无线局域网和有线网之间的桥梁。无线网络中的智能终端,通过 AP 实现数据通信;并通过 AP 把无线设备连接到有线网络中,访问有线网络或 Internet 网中的资源,如图 12.20 所示。

Infrastructure 模式无线局域网组网核心是 AP。AP 有 FAT AP 和 FIT AP 区分。

早期的无线办公网建设组网中,由于无线局域网中需要接入无线终端设备少,主要通过在办公室中放一台 AP,该台设备除承担无线射频的信号接入功能外,一般还需要支持 DHCP 服务器、DNS 和 MAC 地址克隆,以及 VPN 接入、无线网络安全管理等安全功能,俗称这种 AP 为 FAT AP,即胖 AP,或者"智能 AP",如图 12.21 所示。

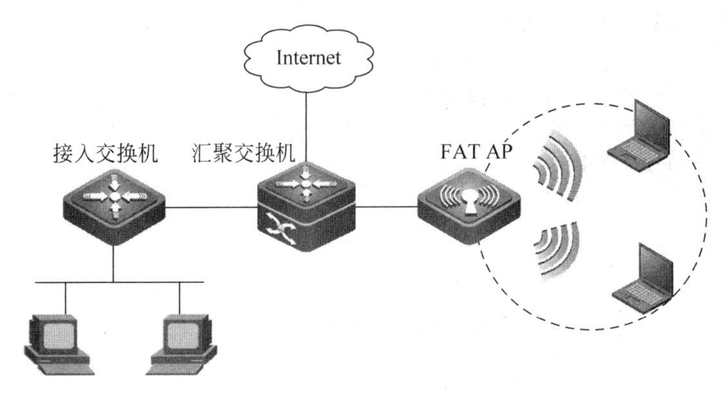

图 12.20　无线 AP 把无线网络接入到有线网络场景

图 12.21　锐捷网络 AP220-SH(C)

业界所谓的胖 AP，除需要把无线终端设备接入到有线网络中外，还需要实现无线网络交换功能、无线网络路由功能、无线网络的安全防范等功能。

胖 AP 一般应用于仅需要较少数量即可完整覆盖的家庭、小型商户或小型办公类场景。SOHO、小型无线网络、小规模无线部署时，胖 AP 是不错的选择。但对于大规模无线部署，如大型企业网无线应用、行业无线应用以及运营级无线网络，胖 AP 则无法支撑如此大规模的部署。因为安装麻烦，而且价格昂贵，并且需要的 AP 越多，管理费用就越高，价格也越贵。同时，由于每台 AP 平均能够支持的用户数只有 30 到 90 台，大型企业如果要部署无线网络，可能需要几百台 AP 来让无线网络覆盖所有的用户。

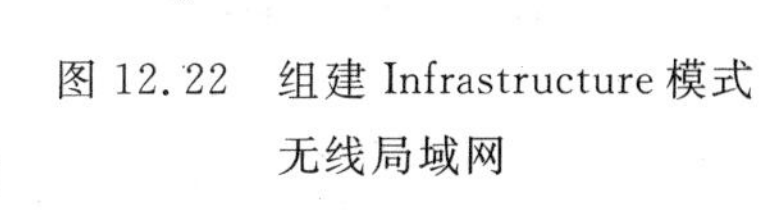

图 12.22　组建 Infrastructure 模式无线局域网

【实验步骤】

(1) 组建 Infrastructure 模式无线局域网。

如图 12.22 所示，连接设备，组建以胖 AP 为中心的无线局域网。注意 POE 电源、AP 连接方式。

(2) 切换 AP 模式为胖 AP。

配置 AP 和配置交换机一样，通过 AP 的 console，使用超级终端方式登录 AP，在 AP 上切换模式为胖 AP 模式。

备注：登录 AP 设备时，如果提示输入密码，默认密码为：ruijie (或 admin)。

```
Password: ruijie
```

```
Ruijie> show ap-mode              !查看 AP 的当前模式
current mode: fit                 !AP 当前模式为 FIT AP(默认为瘦 AP 模式)

Ruijie> ap-mode fat               !修改 AP 的工作模式为 FAT AP (胖 AP 模式)
apmode will change to FAT.
Ruijie#
```

(3) 在 AP 上模式创建用户 VLAN 和 WLAN。

```
Ruijie(config)# vlan 10                                    !创建用户 vlan 10

Ruijie(config)# interface gigabitEthernet 0/1
Ruijie(config-if-GigabitEthernet 0/1)# encapsulation dot1Q 10
                                                           !封装 gi0/1 接口 dot1Q 协议,并映射给 vlan 10
Ruijie(config-if-GigabitEthernet 0/1)# exit

Ruijie(config)# dot11 wlan 1                               !创建无线局域网 wlan 1
Ruijie(dot12-wlan-config)# ssid RUIJIE                     !设置 SSID 信息
Ruijie(dot12-wlan-config)# vlan 10                         !在 wlan 1 和 vlan 10 之间建立关联
Ruijie(dot12-wlan-config)# exit
```

(4) 在 AP 上配置射频口。

```
Ruijie(config)# interface dot11radio 1/0              !打开视频接口 dot11radio 1/0
Ruijie(config-if-Dot11radio 1/0)# encapsulation dot1Q 10
                                                      !在视频口上封装 gi0/1 接口 dot1Q 协议,并映射给 vlan 10
Ruijie(config-if-Dot11radio 1/0)# wlan 1              !该视频接口和 wlan 1 关联
```

```
Ruijie(config)# interface dot11radio 2/0
Ruijie(config-if-Dot11radio 2/0)# encapsulation dot1Q 10
Ruijie(config-if-Dot11radio 2/0)# wlan 1
```

(5) 在 AP 上开启 DHCP 服务。

```
Ruijie(config)# service dhcp                                   !开启 DHCP 服务
Ruijie(config)# ip dhcp pool test                              !设置自动获取的地址池名称为 test
Ruijie(dhcp-config)# network 172.16.1.0 255.255.255.0          !设置自动获取地址池范围
Ruijie(dhcp-config)# default-router 172.16.1.254               !设置默认网关
```

(6) 在 AP 上配置默认网关。

```
Ruijie(config)# interface bvi 10                               !打开桥虚拟口 BVI
Ruijie(config-if-BVI 1)# ip address 172.16.1.254 255.255.255.0
Ruijie(config-if-BVI 1)# exit
```

```
Ruijie(config)# ip route 0.0.0.0 0.0.0.0 172.16.1.254
                                                               !配置 AP 的默认网关(路由)
```

(7) 测试网络连通。

① 分别打开测试计算机(笔记本电脑)。

② 在计算机上查看无线网络连接 ,自动搜索 SSID,如图 12.23 所示。

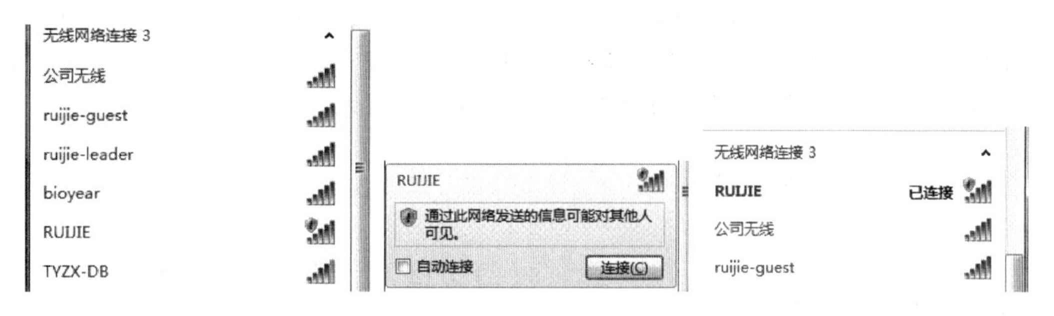

图 12.23 测试计算机实现无线连接

③ 转到 DOS 模式，使用 ipconfig 命令，查询无线终端设备自动获取 IP 地址是否是 172.16.1.0 网段地址。

④ 使用 ping 命令，测试 PC1 计算机到 PC2 连通。通过无线 FAT AP 设备，实现无线局域网中智能终端设备互相通信。

12.3 组建交换机直连 AP 无线办公网

【实验目的】

配置交换机和 FAT AP 设备，组建无线和有线一体无线办公网。

【实验拓扑】

按图 12.24 所示的网络拓扑，组建有线和无线互连一体的无线局域网。

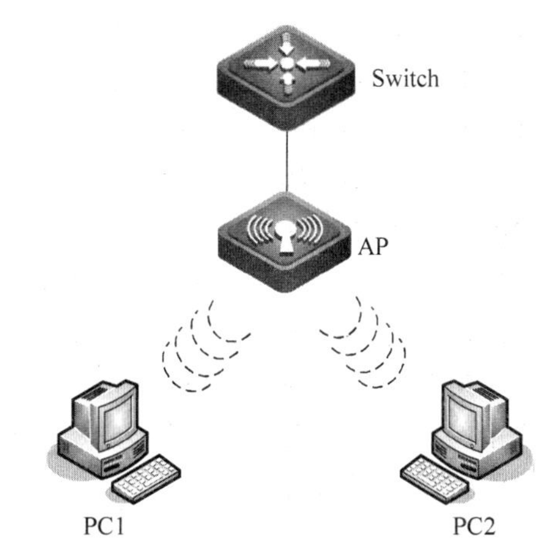

图 12.24 有线和无线互连一体的无线局域网

【实验设备】

交换机 Switch(1 台)、FAT AP(1 台)、AP 供电模块 E130(1 套)、测试笔记本电脑(2 台)。

【实验原理】

无线局域网中的终端接入设备(AP)是无线局域网重要的无线接入设备，通过无线互连的 AP，把无线局域网中的智能终端设备接入到无线局域网中。

按照工作模式不同，通常 AP 可以分为“胖”AP 和“瘦”AP 两种组网类型。本实验中使用到的设备是“胖”AP 设备。其中，FAT AP 产品是家庭、办公室，以及中小型无线局域网络中的重要组网设备，其工作机制类似有线网络中的集线器(HUB)，无线局域网中的终端设备可以通过 FAT AP 进行终端之间的数据传输，也可以通过 FAT AP 的 WAN 口与有线网络互连互通，如图 12.25 所示。

FAT AP 产品普遍应用于 SOHO 办公网络、家庭网络以及小型无线的局域网的场景中。有线网络入户后，针对需要进行无线网络的环境，通过部署 FAT AP 进行室内无线覆盖，室内无线终端可以通过 FAT AP 访问互联网。

其中,FAT AP除具有承担无线信号接入的视频口外,一般还具有WAN、LAN两个接口,支持有线网络和无线信号的接入,支持无线网络的DHCP服务器、DNS无线网络管理,以及VPN接入、防火墙等无线网络安全管理功能,如图12.26所示。

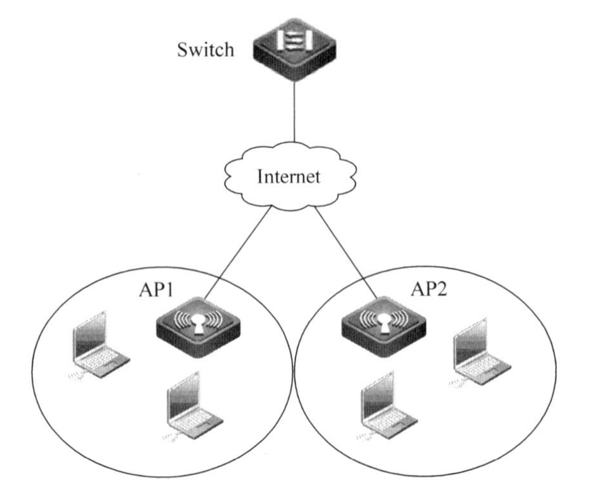

图12.25 FAT AP放装组网模式

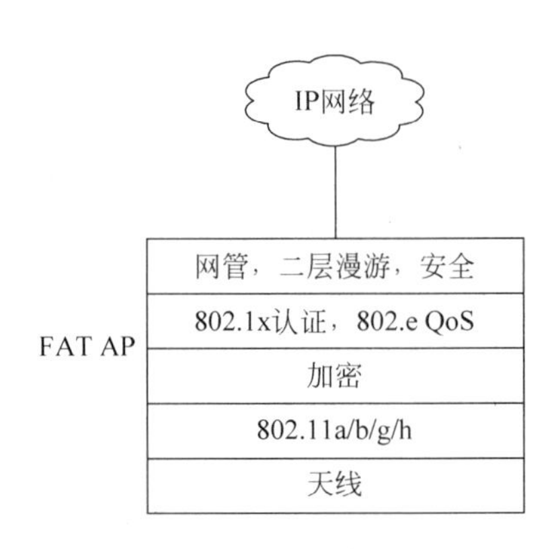

图12.26 FAT AP设备承担的功能

以AP为核心的组网模式,又称为基础架构模式(Infrastructure),它由无线访问节点(AP)、无线工作站(STA)以及分布式系统(DSS)构成,覆盖的区域称基本服务区(BSS)。

其中,AP用于在无线工作站和有线网络之间接收、缓存和转发数据,所有的无线通信都由AP来处理及完成,实现从有线网络向无线终端的连接。AP的覆盖半径通常能达到几百米,能同时支撑几十至几百个用户。

此种模式下,AP构成一个统一的无线工作组,所以其SSID必须相同,其他的认证、加密模式的设置也都需要相同。由于相同或相邻的信道(Channel)存在相互干扰,有必要将相邻的AP使用不同的信道。它不仅能扩展无线覆盖范围,还能在信号重叠区域提供冗余性保障,设置相对简单,所以被广泛采用。

在本实验场景中,使用放装型FAT AP设备实现连接,然后再通过FAT AP设备和有线网络中的接入层的交换机设备连接,把无线局域网连接到有线网络中,建立无线和有线互连一体的无线校园网络。

需要注意的是:在配置过程中,无线AP设备和有线交换机互连时,实现连通的关键是,交换机的连接无线AP的接口必须分配到连接的AP设备上划分的用户vlan中,并在AP的上联有线端口上封装干道协议,才能实现整体网络的连通。

【实验步骤】

(1) 组建Infrastructure模式下的无线局域网。

如图12.24所示,连接设备,组建以有线交换机和无线FAT AP为一体的无线局域网。其中,注意POE电源、FAT AP设备直接的连接方式,连接过程同上。

(2) 切换AP模式为FAT AP。

配置AP设备和配置交换机设备一样,通过AP设备的console,使用超级终端方式登录AP设备,在AP上切换其模式为FAT AP工作模式。

备注：登录 AP 设备时，如果提示输入密码，默认密码为：ruijie（或 admin）。

```
Password: ruijie
```

```
Ruijie>
Ruijie>show ap-mode                !查看 AP 的当前模式
current mode: fit                  !AP 当前模式为 FIT AP(默认为瘦 AP 模式)

Ruijie>ap-mode fat                 !修改 AP 的工作模式为 FAT AP (胖 AP 模式)
apmode will change to FAT.
```

（3）配置 3 层交换机。

```
Ruijie(config)#vlan 10                                          !创建用户 VLAN 的虚拟网关
Ruijie(config)#interface vlan 10
Ruijie(config-vlan)#ip address 172.16.1.1 255.255.255.0         !配置虚拟 SVI 网关
```

```
Ruijie(config)#service dhcp                    !开启无线网络中用户 DHCP 服务
Ruijie(config)#ip dhcp pool USE10
Ruijie(dhcp-config)#network 172.16.10.0 255.255.255.0
Ruijie(dhcp-config)#default-router 172.16.1.1

Ruijie(config)#interface fa0/24                !按照实际连接的接口，这里使用 24 口
Ruijie(config-if-interface)#switch access vlan 10
!把交换机连接 AP 的接口分配到 VLAN 10 中，作为 VLAN 10 中连接的一台 AP 设备，也就是 AP
!必须连接一个指定 VLAN
```

（4）配置无线接入设备 AP。

① 配置 AP 以太网接口，让用户数据正常传输。

```
Ruijie(config)#interface GigabitEthernet 0/1
Ruijie(config-if-GigabitEthernet 0/1)#encapsulation dot1Q 10
                                           !封装相应的 vlan 的干道协议，否则无法通信
```

② 创建用户 VLAN。

```
Ruijie(config)#VLAN 10                     !创建用户 vlan 10
```

③ 创建无线局域网 wlan。

```
Ruijie(config)#dot11 wlan 1                !创建无线局域网 wlan 1
Ruijie(dot12-wlan-config)#ssid RUIJIE      !设置 SSID 信息
Ruijie(dot12-wlan-config)#vlan 10          !wlan 1 必须和 vlan 建立关联
```

④ 封装射频口。

```
Ruijie(config)#interface Dot11radio 1/0
!锐捷无线 AP 设备的 V10.0 版本需要封装在主接口上,V11.0 版本操作系统需要封装在子接口
!上,即 Dot11radio 1/0.10 子接口模式
Ruijie(config-if-Dot11radio 1/0)#encapsulation dot1Q 10
                                          !封装 gi0/1 接口 dot1Q 协议,并映射给 vlan 10
Ruijie(config-if-Dot11radio 1/0)#wlan 1   !该视频接口和 wlan 1 关联
```

备注:Dot11radio 2/0 可以不进行设置。

⑤ 配置默认路由。

```
Ruijie(config)#ip route 0.0.0.0 0.0.0.0 172.16.1.1
```

(5) 测试网络连通。

① 分别打开测试计算机(笔记本电脑)。

② 在测试计算机上查看无线网络连接[图标]是否自动搜索到 SSID,如图 12.27 所示。

图 12.27 测试计算机实现无线连接

③ 分别转到 DOS 模式,使用 ipconfig 命令,查询无线终端设备自动获取到 IP 地址是否是 172.16.1.0 网段地址。

④ 使用 ping 命令,测试 PC1 计算机到 PC2 的网络连通。通过无线 FAT AP 设备,能实现无线局域网中智能终端设备互相通信。

12.4 组建 FIT AP +AC 模式无线局域网

无线局域网组网中用到的瘦 AP 设备(FIT AP),是指需要无线控制器(AC)进行管理、调试和控制的 AP。瘦 AP 设备不能独立工作,只具有网络的接入功能,必须与 AC(无线接入控制器)配合使用。

【实验目的】

配置 AC(AP 控制器)设备,了解 FIT AP +AC 无线局域网组建原理。

【实验拓扑】

按图 12.28 所示的网络拓扑,组建 FIT AP ＋AC 模式无线局域网。

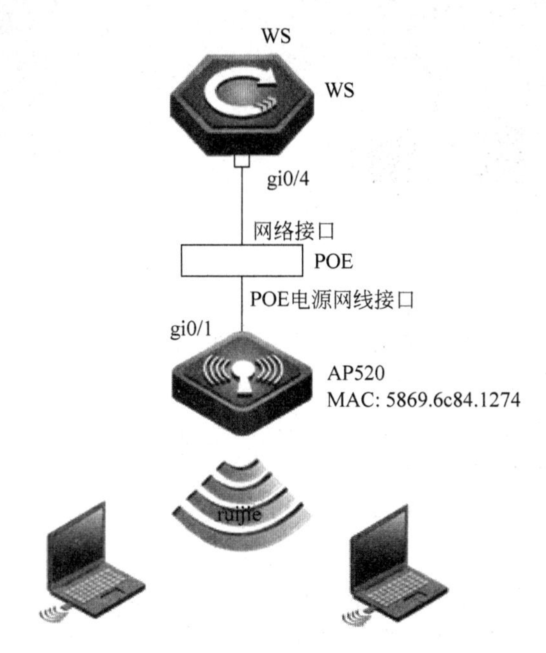

图 12.28 组建 FIT AP ＋AC 模式无线局域网

【实验设备】

FAT AP(1 台)、AP 供电模块 E130(1 套)、测试笔记本电脑(2 台)。

【实验原理】

在大型无线局域网的使用场景中,如公共的候车厅、体育场、酒店,FAT AP 的独立自治性能就变成了自身的缺点。由于 WLAN 覆盖面积较大,接入用户较多,需要部署许多 FAT AP 设备,而每个 FAT AP 又是独立自治的,缺少统一的管控设备,所以管理这些设备就变得十分麻烦。不说别的,光为这些 FAT AP 升一次级就是一场灾难。所以,在大量部署的情况下,FAT AP 会带来很高的管理维护成本。由于独自控制用户的接入,所以 FAT AP 无法解决用户的漫游问题。

一般在中大型使用场景中,人们往往不会选择 FAT AP 架构,因此,在大型企业网以及园区网中,需要部署无线网络 FIT AP,组建 FIT AP ＋AC 组网模式。其中,无线控制器 AC 承担无线网络的管理功能;AP 设备仅承担纯接入功能。

纯接入 AP 也叫瘦 AP(FIT AP)。FIT AP 设备只负责无线局域网中客户端的接入,不承担其余任何其他网络路由以及网络管理功能。在无线局域网的组网方案中,FIT AP 通常作为无线网络覆盖范围的扩展,并与无线局域网控制管理设备 AC 互相连接,以扩大无线网络的覆盖范围。FIT AP 设备能在无线局域网中进行多区域的、多网点的无线覆盖。和 FAT AP 设备不同的是,FIT AP 设备只具有网络的接入功能,不能独立工作,必须通过 AC 进行集中无线的管理、调试和控制,如图 12.29 所示。

图 12.29　大型无线中使用 FIT AP 设备

在厂商提供的 AP 产品中，为充分发挥产品的市场用途，纯粹意义上的 FIT AP 设备不多，多为胖瘦一体 AP 设备，即集 FAT AP 与 FIT AP 的功能于一体。胖瘦一体的 AP 既可以当 FAT AP 使用，又可以当 FIT AP 使用，具体承担哪一种 AP 的功能，需要根据不同的组网环境来进行切换，如图 12.30 所示。

在大型无线局域网组网方案中实施无线组网，使用 FIT AP 设备进行无线覆盖时，必须配合无线控制器(AC，也称无线交换机)进行无线管理、调试和控制，如图 12.31 所示。AC 是无线局域网的组网中重要的网络设备，用来集中管理和控制 FIT AP 设备，包括下发配置、修改相关配置参数、射频智能管理、接入安全控制等。AC 是无线局域网的核心，负责管理无线网络中的所有 FIT AP 设备。

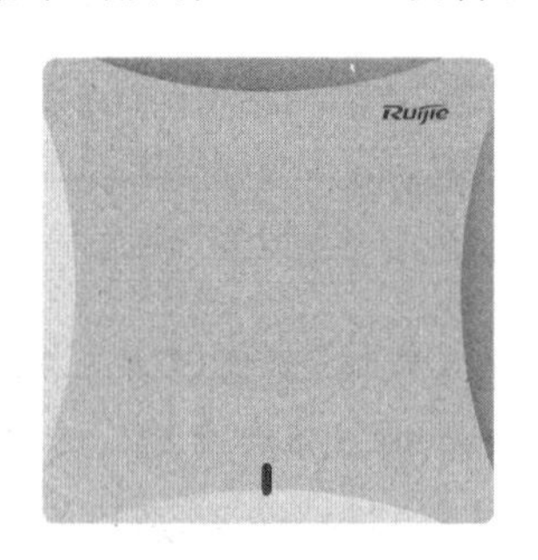

图 12.30　内置天线"胖""瘦"一体无线 AP

图 12.31　无线控制器(AC)

FIT AP 方案组网是新兴的一种 WLAN 组网模式，其相对 FAT AP 放装组网方案中增加了 AC，作为中央集中控制管理设备。AC 在 FIT AP 架构中扮演对 AP 进行管理角色，可以实现对所有 AP 进行管理/认证安全/报文转发/RRM/QOS/漫游集群。

原先在 FIT AP 自身上承载的认证终结、漫游切换、动态密钥等复杂业务功能，转移到 Wireless Switch 上进行，FIT AP 与 Wireless Switch 之间通过隧道方式进行通信，之间还可以跨越 L2、L3 网络，甚至广域网进行连接，减少了单台 AP 的负担，提高了整网的工作效率，如图 12.32 所示。

FIT AP 设备多应用在大型园区网中。使用 FIT AP 设备实现无线局域网的覆盖。FIT AP 设备在组网的过程中，由于 FIT AP 不具有无线局域网的管理功能，所以必须通过安装 AC 设备，组建 FIT AP+AC 的无线网络组网模式。

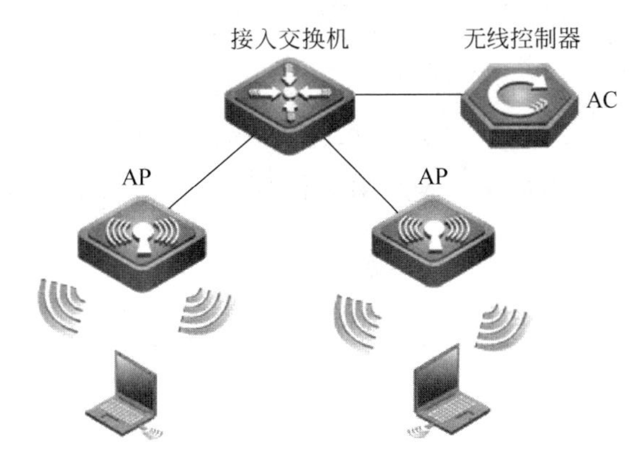

图 12.32 跨越 L2 网络的 FIT AP+AC 无线组网模式

【实验步骤】

(1) 组建 Infrastructure 模式下的无线局域网。

如图 12.28 所示,连接设备,组建 FIT AP+AC 模式无线局域网。

其中,注意 POE 电源、FAT AP 设备直接的连接方式。关于 FIT AP 的 E130 电源模块和 AP 的连接模式,同上一单元连接方式相同。

(2) 切换 AP 模式为 FIT AP。

通过 AP 设备的 console,使用超级终端方式登录 AP 设备,在 AP 上切换其模式为 FIT AP 工作模式。

备注:登录 AP 设备时,如果提示输入密码,默认密码为:ruijie (或 admin)。

```
Password: ruijie

Ruijie>
Ruijie>show ap-mode            !查看 AP 的当前模式
current mode: fit              !AP 当前模式为 FIT AP(默认为瘦 AP 模式)
```

如果不是默认 FIT AP 工作模式,需要通过以下命令,配置 AP 的工作模式为 FIT AP 的工作模式。

```
Ruijie# configure terminal       !进入全局配置模式
Ruijie(config)# ap-mode fit      !修改成 FIT 模式
```

备注:由 FAT AP 模式切换到 FIT AP 模式,AP 设备需要重启操作系统,需要等待几十秒钟时间。

(3) 在 AC 设备上创建用户 vlan,AP vlan。

配置无线控制器 AC 设备和配置交换机设备相同,通过超级终端设备,连接 AC 设备 console 接口,使用超级终端方式登录 AC 设备,配置 AC。

```
Ruijie# configure terminal
Ruijie(config) # vlan 1             !创建 AP 的 vlan
Ruijie(config-vlan) # vlan 2        !用户的 vlan
```

(4) 在 AC 设备上配置 AP、无线用户网关和 loopback 0 地址。

```
Ruijie(config) # interface vlan 1       !配置网关
Ruijie(config-int-vlan) # ip address 172.16.1.1 255.255.255.0
```

```
Ruijie(config-int-vlan) # interface vlan 2
                                    !配置用户的 SVI 接口(必须配置)
Ruijie(config-int-vlan) # ip address 172.16.2.1 255.255.255.0
```

```
Ruijie(config-int-vlan) # interface loopback 0
Ruijie(config-int-loopback) # ip address 1.1.1.1 255.255.255.255
!必须是 loopback 0,用于 AP 查找 AC 地址,其中,DHCP 中的 option138 字段用于告诉 AP 设备无
!线 AC 的 IP 地址,使 AP 可以注册到 AC 上
```

(5) 配置 AC 和 AP 之间通信。

```
Ruijie(config) #
Ruijie(config) #  interface GigabitEthernet 0/4
Ruijie(config-int-GigabitEthernet 0/4) # switchport access vlan 1
     !与 AP 相连的接口,把接口划到 AP 的 vlan 中
```

(6) 在 AC 上配置连接 AP 设备的 DCHP,用户的 DHCP 信息。

```
Ruijie(config) # service dhcp                           !开启 DHCP 服务
Ruijie(config) # ip dhcp pool ap-rui40                  !创建 DHCP 地址池
Ruijie(config-dhcp) # option 138 ip 1.1.1.1
     !配置 option 字段,指定 AC 的地址,即 AC 的 loopback 0 地址
Ruijie(config-dhcp) # network 172.16.1.0 255.255.255.0  !分配给 AP 的地址
Ruijie(config-dhcp) # default-route 172.16.1.1          !分配给 AP 的网关地址
```

注意:AP 的 DHCP 中的 option 字段和网段、网关要配置正确,否则会出现 AP 获取不到 DHCP 信息,导致无法建立隧道

```
Ruijie(config) # ip dhcp pool user-rui40                !配置用户的 DHCP 地址池名称
Ruijie(config-dhcp) # network 172.16.2.0 255.255.255.0  !分配给无线用户的地址
Ruijie(config-dhcp) # default-route 172.16.2.1          !分给无线用户的网关
```

(7) 在 AC 上查看 AP 设备地址获取信息。

```
Ruijie# Show ip dhcp binding
...
```

(8) 在 AC 上创建 WLAN 信息。

① 使用 Wlan-config 配置，创建 SSID。

```
Ruijie(config)#
Ruijie(config)# wlan-config 1 ruijie40
                                        !配置 wlan-config,id 是 1,SSID(无线信号)是 Ruijie40
```

② ap-group 配置，关联 wlan-config 和用户 vlan。

```
Ruijie(config)#ap-group abc              !创建 abc 组
Ruijie(config-ap-group)#interface-mapping 1 2
                                        !把 wlan-config 1 和 vlan 2 进行关联
```

(9) 把 AC 上的配置分配到 AP 上。

```
Ruijie(config)#ap-config 5869.6c84.1274       !把 AP 组的配置关联到 AP 上(XXX 为某个 AP 的
!名称时,表示只在该 AP 下应用ap-group; 第一次部署时,默认 XXX 实际是 AP 的 MAC 地址)。或
!者通过如下代码进行配置:
ap-config 5869.6c84.1274
Ap-name AP1
```

```
Ruijie(config-ap-config)#ap-group abc
!注意: ap-group Ruijie_group 要配置正确,否则会出现无线用户搜索不到 SSID。
```

(10) 在 AC 上查看 AC 和 AP 的隧道建立信息。

```
Ruijie# Show ap-config summary          !查看 AP 的配置信息
...
Ruijie# Show capwap state               !查看 AC 和 AP 的隧道信息
...
Ruijie# show running-config             !查看 AC 的配置信息
...
```

12.5　组建 WEP 加密无线局域网络

无线局域网组网中使用 WEP 加密方式，该种类型的无线局域网络加密方式是采用共享密钥形式的接入、加密方式，即在 AP 上设置相应 WEP 密钥，在客户端也需要输入和 AP 端一样的密钥，才可以正常接入，并且 AP 与无线客户端的通信也通过了 WEP 加密。这样，即使空中有人抓取到无线数据包，也看不到里面相应的内容。

【实验目的】

搭建采用 WEP 加密方式无线网络，掌握 WEP 加密方式无线网络的概念及搭建方法。

【实验拓扑】

按图12.33所示的网络拓扑,组建无线局域网,注意接口标识,保持后续配置一致。

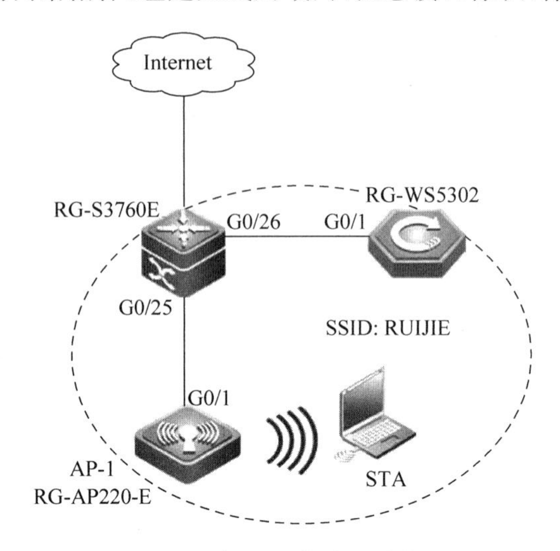

图12.33 组建WEP加密无线接入服务

【实验设备】

无线控制器(1台)、无线AP(1台)、三层交换机(1台)、POE电源模块RG-E-130(1台)、无线网卡(1块,可选)、测试笔记本或PC(2台)、网络(若干)。

【实验原理】

由于WLAN采用公共的电磁波作为载体,无线数据是在空中自由传播,这些数据可以被任何合适的接收装置获取,任何人都有条件窃听或干扰信息,所以WLAN的安全性一直备受关注,无线网络的安全性也成为无线局域网建设和规则中重要的考虑要素之一。

为了保护数据的安全,必须对信息进行加密。IEEE 802.11无线局域网一般作为连接到有线网络的入口,为了保证无线局域网的入口安全,必须采用合适的安全认证解决方案。

在IEEE 802.11中,有一个对数据基于共享密钥的加密机制,称为"有线对等保密"(Wired Equivalent Privacy,WEP)技术。WEP是一种基于RC-4算法的40bit或128bit加密技术。通过在移动终端设备和AP设备上配置4组WEP密钥,加密传输数据时可以轮流使用,允许加密密钥动态改变。

WEP在链路层采用RC4对称加密技术,用户的加密密钥必须与AP的密钥相同时,才能接入到网络并访问网络资源。WEP提供了40位(有时也称为64位)和128位长度的密钥机制,但是它仍然存在许多缺陷。如一个服务区内所有用户都共享一个密钥,如果一个用户密钥泄露,将会影响到整个网络的安全;而且40位的密钥在今天很容易被破解;WEP中使用静态的密钥,需要手工维护,扩展能力差。

由于WEP机制中使用密钥只能是4组中的一个,其实质上还是静态WEP加密。

同时,AP设备和它所连接的所有移动终端,都只能使用相同的加密密钥,因此可能会带来如下问题:一旦其中一个用户的密钥泄漏,其他用户的密钥也无法保密了。

使用WEP加密方式的无线局域网络是采用共享密钥形式的接入、加密方式,即在AP

上设置相应 WEP 密钥，在客户端也需要输入和 AP 端一样的密钥，才可以正常接入，并且 AP 与无线客户端的通信也通过了 WEP 加密。这样，即使空中有人抓取到无线数据包，也看不到里面相应的内容。

但是，WEP 加密方式存在漏洞，现在有些软件可以对此密钥进行破解，所以它不是最安全的加密方式。但是，由于大部分的客户端都支持 WEP，所以现在 WEP 的应用场合还很多。采用 WEP 加密的无线接入服务，能够保证无线网络的安全性。用户连接该无线网络，需要输入预先设定的加密密钥，若不输入密钥或者输入错误的密钥，则用户不能接入网络。

【实验步骤】

(1) 基本拓扑连接。

根据图 12.33 所示的拓扑图，将设备连接起来，并注意设备状态灯是否正常。

(2) 配置 3 层交换机设备基本信息。

```
Switch (config) # hostname RG-3760E        !为交换机命名
RG-3760E (config) # vlan 10                !创建 vlan 10
RG-3760E (config) # vlan 20
RG-3760E (config) # vlan 100

RG-3760E (config) # interface VLAN 10
RG-3760E (config-VLAN 10) # ip address 192.168.10.254 255.255.255.0
RG-3760E (config) # interface VLAN 20
RG-3760E (config-VLAN 20) # ip address 192.168.11.2 255.255.255.0
RG-3760E (config) # interface VLAN 100
RG-3760E (config-VLAN 100) # ip address 192.168.100.254 255.255.255.0
```

(3) 配置 3 层交换机 DHCP 信息。

```
RG-3760E (config) # service dhcp               !启用 DHCP 服务
RG-3760E (config) # ip dhcp pool ap-pool       !创建地址池，为 AP 分配 IP 地址
RG-3760E (dhcp-config) # option 138 ip 9.9.9.9
                                               !配置 DHCP138 选项，地址为 AC 的环回接口地址
RG-3760E (dhcp-config) # network 192.168.10.0 255.255.255.0
RG-3760E (dhcp-config) # default-router 192.168.10.254
```

```
RG-3760E (config) # ip dhcp pool vlan100       !创建地址池，为用户分配 IP 地址
RG-3760E (dhcp-config) # network 192.168.100.0 255.255.255.0
RG-3760E (dhcp-config) # default-router 192.168.100.254
```

```
RG-3760E (config) # interface GigabitEthernet 0/25
RG-3760E (config-if- GigabitEthernet 0/25) # switchport access vlan 10
                                                  !将接口加入到 vlan 10
RG-3760E (config) # interface GigabitEthernet 0/26
RG-3760E (config-if- GigabitEthernet 0/26) # switchport mode trunk
                                                  !将接口设置为 trunk 模式
RG-3760E (config) # ip route 9.9.9.9 255.255.255.255 192.168.11.1
                                                  !配置静态路由
```

(4) 配置无线控制器 AC。

```
Ruijie(config)#hostname AC           !命名无线控制器
AC(config)#vlan 10                   !创建 vlan 10
AC(config)#vlan 20
AC(config)#vlan 100

AC(config)#wlan-config 1 RUIJIE  !创建 WLAN,SSID 为 RUIJIE
AC(config)#ap-group default          !提供 WLAN 服务
AC(config-ap-group)#interface-mapping 1 100
                                     !配置 AP 提供 WLAN 1 接入服务,配置用户的 VLAN 为 100
```

```
AC(config)#ap-config 001a.a979.40e8       !登录 AP
AC(config-AP)#ap-name AP-1                !命名 AP
AC(config)#interface GigabitEthernet 0/1
AC(config-if-GigabitEthernet 0/1)switchport mode trunk
                                          !定义接口为 trunk 模式
```

```
AC(config)#interface Loopback 0
AC(config-if- Loopback 0)#ip address 9.9.9.9 255.255.255.255
                                          !为环回接口配置 IP 地址
```

```
AC(config)#interface VLAN 10
AC(config)#interface VLAN 20
AC(config-vlan 20)#ip address 192.168.11.1 255.255.255.252
AC(config)#interface VLAN 100
AC(config-vlan100)#ip route 0.0.0.0 0.0.0.0 192.168.11.2      !配置默认路由
```

(5) 配置无线 WEP 加密信息。

```
AC(config)#wlansec 1
AC(wlansec)#security static-wep-key encryption 40 ascii 1 12345
                                          !配置 WEP 加密,其口令为"12345"
```

(6) 在无线交换机 AC 上查看状态信息。

```
AC#show ap-config summary
...
AC#show ac-config client summary by-ap-name
...
AC#show capwap state
...
AC#sh wlan security 1
...

RG-3760E#show running-config
...
```

(7) 连接测试。

① 在 STA 上打开无线功能，这时会扫描到 RUIJIE 这个无线网络，如图 12.34 所示。

② 选择此无线网络，单击“连接”按钮，如图 12.35 所示。

无线网络连接 3
RUIJIE
公司无线
ruijie-guest
ruijie-leader
bioyear

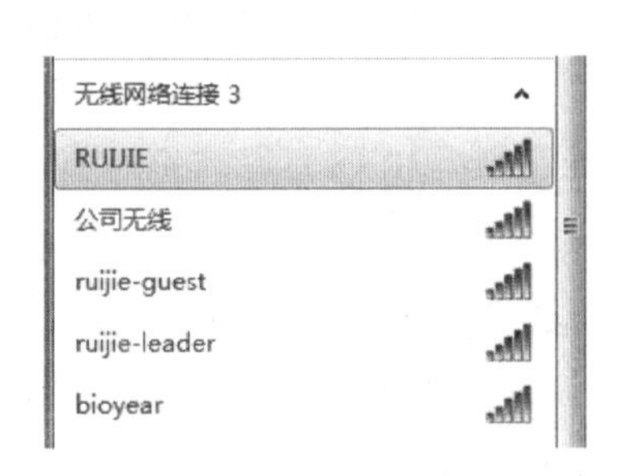

图 12.34 扫描 RUIJIE 无线网络

无线网络连接 3
公司无线
RUIJIE
自动连接
连接(C)
ruijie-guest
ruijie-leader
bioyear
TYZX-DB

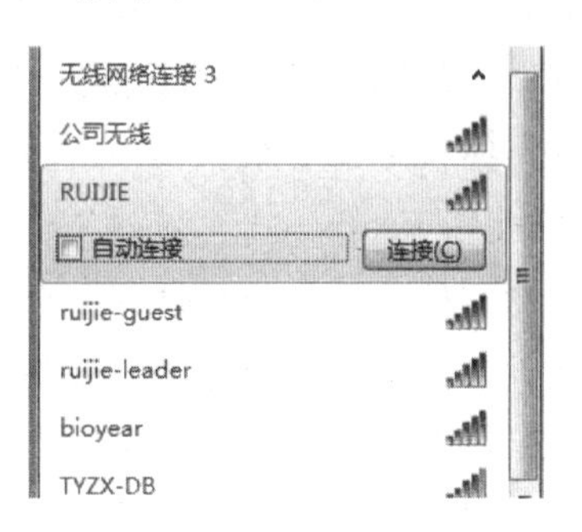

图 12.35 选择此无线网络连接

③ 输入口令，如图 12.36 所示。

④ 连接成功，如图 12.37 所示。

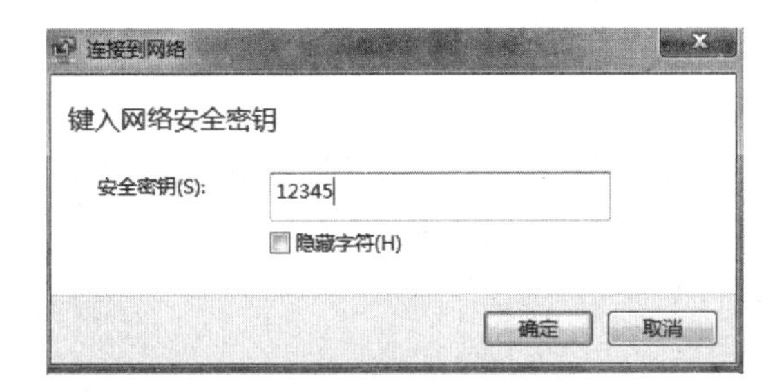

连接到网络
键入网络安全密钥
安全密钥(S):
12345
隐藏字符(H)
确定
取消

图 12.36 输入口令

无线网络连接 3
RUIJIE
已连接
公司无线
ruijie-guest
ruijie-leader
bioyear

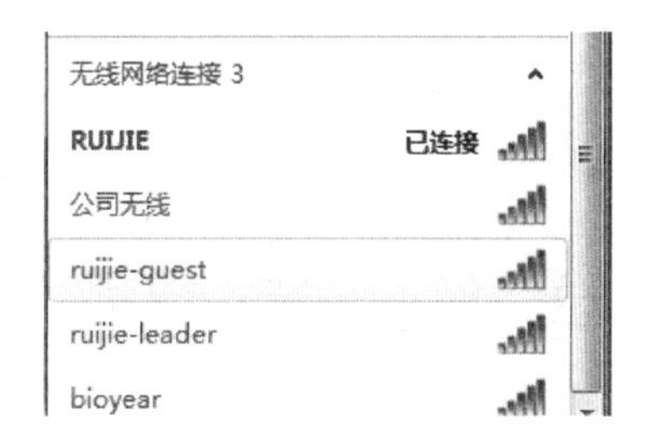

图 12.37 无线局域网连接成功

⑤ 打开命令窗口，使用 ipconfig 命令查看其获取的 IP 地址，如图 12.38 所示。

无线局域网适配器 无线网络连接 3:
连接特定的 DNS 后缀 . . . . : 202.106.0.20
本地链接 IPv6 地址. . . . . : fe80::88bd:25b7:5a0f:b3a%19
IPv4 地址 . . . . : 192.168.100.1
子网掩码 . . . . : 255.255.255.0
默认网关. . . . . : 192.168.100.254

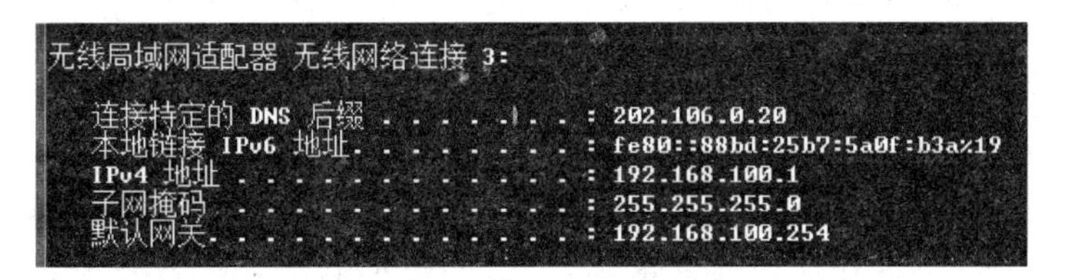

图 12.38 查看其获取的 IP 地址

⑥ 在命令窗口使用 ping 命令测试其与网关的连通性，如图 12.39 所示。

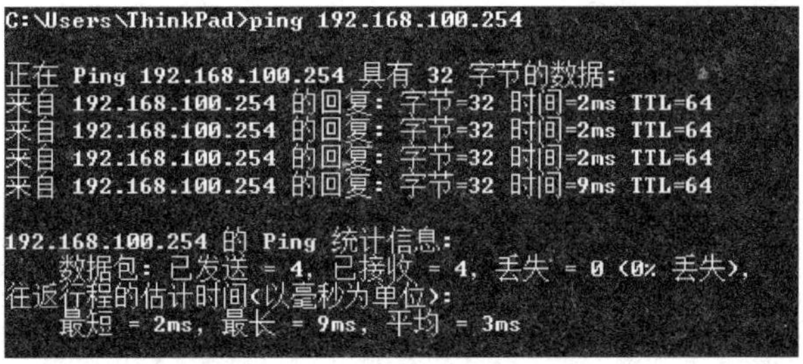

C:\Users\ThinkPad>ping 192.168.100.254
正在 Ping 192.168.100.254 具有 32 字节的数据:
来自 192.168.100.254 的回复: 字节=32 时间=2ms TTL=64
来自 192.168.100.254 的回复: 字节=32 时间=2ms TTL=64
来自 192.168.100.254 的回复: 字节=32 时间=2ms TTL=64
来自 192.168.100.254 的回复: 字节=32 时间=9ms TTL=64
192.168.100.254 的 Ping 统计信息:
数据包: 已发送 = 4, 已接收 = 4, 丢失 = 0 (0% 丢失),
往返行程的估计时间(以毫秒为单位):
最短 = 2ms, 最长 = 9ms, 平均 = 3ms

图 12.39 测试其与网关的连通性

【注意事项】

无线安全协议发展到现在,有了很大的进步。加密技术从传统的 WEP 加密技术发展到 WPA 技术、IEEE 802.11i 的 AES-CCMP 加密技术;认证方式从早期的 WEP 共享密钥认证到 IEEE 802.1x 安全认证。新协议、新技术的加入,同原有 IEEE 802.11 混合在一起,使得整个网络结构更加复杂。其中:

WPA(Wi-Fi Protected Access,Wi-Fi 保护访问)是 Wi-Fi 商业联盟在 IEEE 802.11i 草案的基础上制定的一项无线局域网安全技术,其目的在于代替传统的 WEP 安全技术,为无线局域网硬件产品提供一个过渡性的高安全解决方案,同时保持与未来安全协议向前兼容。可以把 WPA 看作是 IEEE 802.11i 的一个子集,其核心是 IEEE 802.1x 和 TKIP。

现有的 WPA 安全技术允许采用更多样的认证和加密方法,来实现 WLAN 的访问控制、密钥管理与数据加密。例如,接入认证方式可采用预共享密钥(PSK 认证)或 IEEE 802.1x 认证,加密方法可采用 TKIP 或 AES。WPA 同这些加密、认证方法一起保证了数据链路层的安全,同时保证了只有授权用户,才可以访问无线网络 WLAN。

如果需要搭建采用 WPA 加密方式的无线网络,可以实施如下步骤。

(1) 基本的网络拓扑如图 12.33 所示。

(2) 3 层交换机的基本配置也与本实验的"配置 3 层交换机设备基本信息"步骤相同。

(3) 无线交换机配置的配置过程和本实验"配置无线交换机"步骤相同。

(4) 在无线 AC 设备上,通过如下命名,配置 WPA 加密。

```
AC(config)#
AC(config)#wlansec 1
AC(wlansec)#security wpa enable
AC(wlansec)#security wpa ciphers aes enable
AC(wlansec)#security wpa akm psk enable
AC(wlansec)#security wpa akm psk set-key ascii 0123456789
```

(5) 在测算过程中,在 STA 上打开无线功能,这时会扫描到 RUIJIE 这个无线网络,选择此无线网络,右击,在打开的快捷菜单中选择"属性",打开"RUIJIE 无线网络属性"对话框,选择"安全"选项卡,如图 12.40 所示。

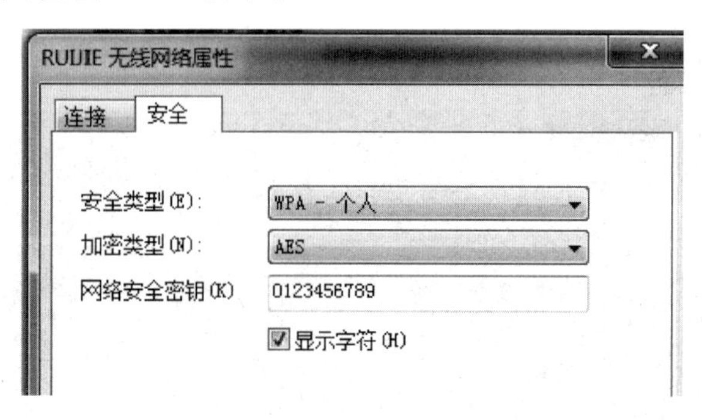

图 12.40 配置 WPA 加密

12.6 在无线局域网中实施 WPA2 PSK 认证+AES 数据加密

无线局域网组网中用到的 RSN(Robust Secure Network,强健安全网络)安全技术,即通常所说的 WPA2 安全模式,是 WPA 的第二个版本。它是在 IEEE 802.11i 标准正式发布之后,Wi-Fi 商业联盟制定的。RSN 支持 AES 高级加密算法,理论上提供了比 WPA 更优的安全性。

【实验目的】

掌握 WLAN 网络中的 WPA2 PSK +AES 认证加密技术。

【实验拓扑】

按图 12.41 所示的网络拓扑组建无线局域网,注意接口标识,保持后续配置一致。

该实验模拟单核心二层结构网络无线部署环境,AC 通过双线连到核心交换机 SW2,AP 连接在接入交换机 SW1 上,AP 通过 DHCP 获取地址,DHCP 服务器部署在核心交换机上,如图 12.41 所示。

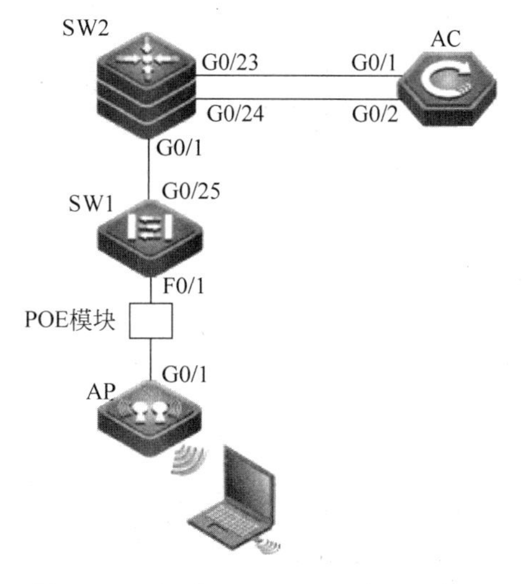

图 12.41 组建 WPA2 PSK +AES 认证加密无线局域网

【实验设备】

三层交换机(1 台)、二层交换机(1 台)、FAT AP(1 台)、AP 供电模块 E130(1 套)、测试笔记本电脑(2 台)。

【实验原理】

WLAN 网络中,用户的管理比有线网络中用户的管理难度更大。因为在无线网络中,无论用户具体位置在哪,只有能收到无线信号,就可以连到网络中,这样会有很大的安全隐患。常见的安全策略除了隐藏 SSID 外,普遍使用的有认证和加密。所谓加密,是让 STA 和 AP 之间通过密文传数据。就算数据即使被截获,也无法读懂内容。所谓认证,是保证连入网络的用户是合法的。

在无线局域网中配置的认证方式是 RSN 的 PSK 认证(预共享密钥),需要提前在无线设备上配置一个 Key,用户连入网络时需要输入 Key,如果能和无线设备相符,则允许用户连接。加密方式 AES 加密,保证数据的安全性。

相对于有线网络,无线网络存在更大的数据安全隐患。在一个区域内的所有的 WLAN 设备共享一个传输媒介,任何一个设备可以接收到其他所有设备的数据,这个特性直接威胁到 WLAN 接入数据的安全。IEEE 802.11 提供 3 种加密算法:有线等效加密(WEP)、暂时密钥集成协议(TKIP)和高级加密标准 AES-CCMP。其中,RSN(Robust Secure Network,强健安全网络),即通常所说的 WPA2 安全模式,是 WPA 的第二个版本。它是在 IEEE 802.11i 标准正式发布之后 Wi-Fi 商业联盟制定的。RSN 支持 AES 高级加密算法,理论上提供了比WPA更优的安全性。

同WPA类似,现有的RSN安全技术也可同多种认证、加密方法结合,打造一个更加安全的无线局域网。同WPA不同的是,在安全能力通告协商过程中,WPA采用Wi-Fi扩展的IE(Information Element,信息元素)标识安全配置信息,而RSN采用标准RSN IE。

高级加密标准(Advanced Encryption Standard,AES)在密码学中又称Rijndael加密法,是美国联邦政府采用的一种区块加密标准。这个标准用来替代原先的DES,已经被多方分析且广为全世界所使用。

1997年4月15日,美国ANSI发起征集AES的活动,并为此成立了AES工作小组。1997年9月12日,美国联邦登记处公布了正式征集AES候选算法的通告。对AES的基本要求是:比三重DES快、至少与三重DES一样安全、数据分组长度为128bit、密钥长度为128/192/256bit。经过5年的甄选流程,高级加密标准由美国国家标准与技术研究院(NIST)于2001年11月26日发布于FIPS PUB 197,并在2002年5月26日成为有效的标准。2006年,高级加密标准已然成为对称密钥加密中最流行的算法之一。

【实验规划】

具体IP及VLAN的规划为:

AP设备上的VLAN 10地址是:172.16.10.1/24,网关是172.16.10.254(部署在SW2上)。

无线用户VLAN 20的IP是172.16.20.0/24,网关是172.16.20.254(通过DHCP上网,DHCP服务器和网关都部署在SW2上)。

接入交换机VLAN 100管理IP是172.16.100.1/24,网关是172.16.100.254(部署在SW2上)。

核心交换机与AC互连IP为:172.16.200.1/30、172.16.200.2/30。

【实验步骤】

配置用户加密认证是在用户可正常连接无线网络上网的基础上,在AC wlansec模式下配置算法、加密及认证方式及加密密钥,具体配置如下:

(1) 配置核心交换机基本信息。

```
Ruijie# configure terminal
Ruijie(config)# hostname SW2
```

```
SW2(config)# vlan 10                      !创建AP的VLAN
SW2(config-vlan)# name ap
SW2(config)# vlan 20                      !创建无线用户VLAN
SW2(config-vlan)# name yonghu

SW2(config-vlan)# vlan 100                !创建接入交换机管理VLAN(可选)
SW2(config-vlan)# name guanli
SW2(config-vlan)# exit
```

```
SW2(config)#interface vlan 10              !创建 SVI,配置 IP 充当 AP 网关
SW2(config-if-VLAN 10)#ip address 172.16.10.254 255.255.255.0
SW2(config-if-VLAN 10)#exit
SW2(config)#interface vlan 20              !创建 SVI,配置 IP 充当无线用户网关
SW2(config-if-VLAN 20)#ip address 172.16.20.254 255.255.255.0
SW2(config-if-VLAN 20)#exit
SW2(config)#interface vlan 100             !创建 SVI,配置 IP 充当接入交换机网关(可选)
SW2(config-if-VLAN 100)#ip address 172.16.100.254 255.255.255.0
SW2(config-if-VLAN 100)#exit
```

```
SW2(config)#interface gigabitEthernet 0/1
SW2(config-if-GigabitEthernet 0/1)#switchport mode trunk
SW2(config-if-GigabitEthernet 0/1)#description TO-[SW1]-G0/25
SW2(config-if-GigabitEthernet 0/1)#exit

SW2(config)#interface gigabitEthernet 0/23
                                           !和 AC 互连接口,AP 通过该接口与 AC 建立连接
SW2(config-if-GigabitEthernet 0/23)#no switchport
SW2(config-if-GigabitEthernet 0/23)#ip address 172.16.200.1 255.255.255.252
SW2(config-if-GigabitEthernet 0/23)#description TO-[AC]-G0/1
SW2(config-if-GigabitEthernet 0/23)#exit
```

```
SW2(config)#interface gigabitEthernet 0/24
!该接口主要转发无线用户数据,本实验非必须设置,但为更好开展后续实验,保障兼容,保留该接口
SW2(config-if-GigabitEthernet 0/24)#switchport mode trunk
SW2(config-if-GigabitEthernet 0/24)#description TO-[AC]-G0/2
SW2(config-if-GigabitEthernet 0/24)#exit
```

(2) 配置核心交换机 DHCP 服务,须配置 AP 和无线用户两个地址池。

```
SW2(config)#service dhcp             !开启 DHCP 服务
SW2(config)#ip dhcp pool ap-ip       !创建 AP 地址池
SW2(dhcp-config)#network 172.16.10.0 255.255.255.0
SW2(dhcp-config)#default-router 172.16.10.254
SW2(dhcp-config)#option 138 ip 1.1.1.1
                                     !AP 获得该信息后,得知 AC 的地址,主动和 AC 建立隧道
SW2(dhcp-config)#exit
```

```
SW2(config)#ip dhcp pool yonghu-ip !配置无线用户地址池
SW2(dhcp-config)#network 172.16.20.0 255.255.255.0
SW2(dhcp-config)#default-router 172.16.20.254
SW2(dhcp-config)#exit
```

(3)配置核心交换机路由。

```
SW2(config)#ip route 1.1.1.1 255.255.255.255 172.16.200.2
                                              !配置路由,保证AP的数据能顺利到AC
```

(4)配置接入交换机基本信息。

```
Ruijie#configure terminal
Ruijie(config)#hostname SW1
```

```
SW1(config)#vlan 10
SW1(config-vlan)#name ap
SW1(config)#vlan 20                   !创建无线用户VLAN,集中转发无须创建
SW1(config-vlan)#name yonghu
SW1(config-vlan)#exit
SW1(config-vlan)#vlan 100
SW1(config-vlan)#name guanli
SW1(config-vlan)#exit
```

```
SW1(config)#interface fastEthernet 0/1
SW1(config-if-FastEthernet 0/1)#switchport mode trunk
                                  !将接口设为Trunk,集中转发可以是ACCESS
SW1(config-if-FastEthernet 0/1)#switchport trunk native vlan 10
                                  !将接口Native vlan设为AP VLAN,否则AP无法和AC通信
SW1(config-if-FastEthernet 0/1)#description TO-[AP]-G0/1
SW1(config-if-FastEthernet 0/1)#exit
```

```
SW1(config)#interface gigabitEthernet 0/25
SW1(config-if-GigabitEthernet 0/25)#switchport mode trunk
SW1(config-if-GigabitEthernet 0/25)#description TO-[SW2]-F0/1
SW1(config-if-GigabitEthernet 0/25)#exit
```

(5)配置接入交换机管理信息(可选)。

```
SW1(config)#interface vlan 100
                                      !创建SVI,配置地址充当接入交换机管理地址(可选)
SW1(config-if-VLAN 100)#ip address 172.16.100.1 255.255.255.0
SW1(config-if-VLAN 100)#exit
SW1(config)#ip route 0.0.0.0 0.0.0.0 172.16.100.254
!配置接入交换机网关,由于RG-S2628G-I为弱3层设备,所以网关建议使用默认路由表示
```

(6)配置无线AP设备。

FIT AP无需配置,只需确认模式为瘦模式即可,如图12.42所示。

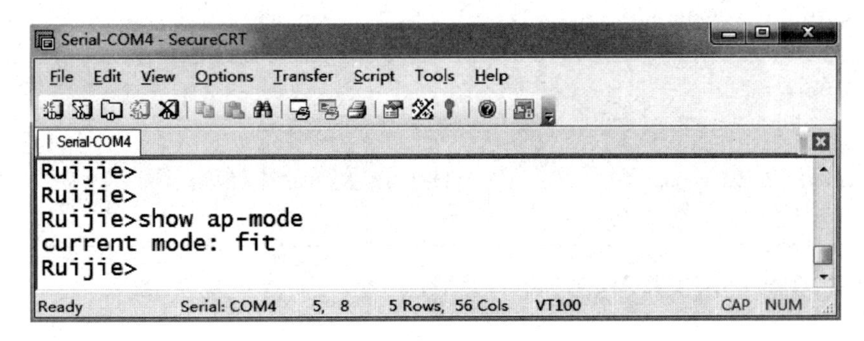

图 12.42 修改 AP 模式为 FIT

(7) 配置无线 AC 设备基本信息。

```
Ruijie# configure terminal
Ruijie(config)# hostname AC
AC(config)# interface loopback 0
!配置 Loopback 0 地址,与 DHCP 地址池中的 option 138 字段的地址相同,AP 获取地址后主动和
!该 IP 建立隧道
AC(config-if-Loopback 0)# ip address 1.1.1.1 255.255.255.255
!loopback 接口地址对应的掩码建议设为 32 位
AC(config-if-Loopback 0)# exit
```

```
AC(config)# interface gigabitEthernet 0/1
!与核心交换机互连,配置互连地址和路由,保证 AC 和 AP 能正常通信
AC(config-if-GigabitEthernet 0/1)# no switchport
AC(config-if-GigabitEthernet 0/1)# ip address 172.16.200.2 255.255.255.252
AC(config-if-GigabitEthernet 0/1)# description TO-[SW2]-F0/23
AC(config-if-GigabitEthernet 0/1)# exit
```

```
AC(config)# interface gigabitEthernet 0/2
AC(config-if-GigabitEthernet 0/2)# switchport mode trunk
AC(config-if-GigabitEthernet 0/2)# description TO-[SW2]-F0/24
AC(config-if-GigabitEthernet 0/2)# exit
AC(config)# ip route 0.0.0.0 0.0.0.0 172.16.200.1
!配置路由,保证 AC 和 AP 能正常建立隧道
```

(8) 配置 AC 设备的 WLAN 基本信息。

① 配置 WLAN。

```
AC(config)# wlan-config 1 test ruijie-test
                                 !SSID 为 ruijie-test,test 为描述信息(可选)
AC(config-wlan)# enable-broad-ssid   !广播 SSID(默认开启)
AC(config-wlan)# tunnel local        !配置本地转发模式,集中转发无须配置
AC(config-wlan)# exit
```

② 创建用户 VLAN。

```
AC(config)#vlan 20
AC(config-vlan)#name yonghu
AC(config-vlan)#exit
AC(config)#interface vlan 20                !如果不配置,用户无法连接
AC(config-if-VLAN 20)#exit
```

③ 创建 AP group,关联 WLAN 和 VLAN。

```
AC(config)#ap-group ruijie
AC(config-ap-group)#interface-mapping 1 20
!如果之前使用集中转发配置该命令,则在改为本地转发后重新关闭,并打开该命令
```

④ 查看 AP 名称。

如图 12.43 所示,AP 默认名称是其 MAC 地址,为方便管理,建议对 AP 重新命名。

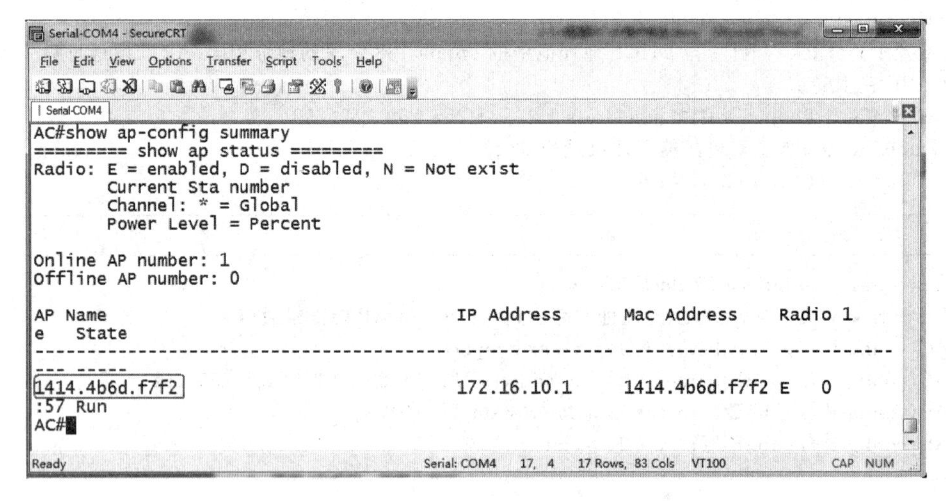

图 12.43 查看 AP 名称

⑤ 将 AP 加入 ap-group。

```
AC(config)#ap-config 1414.4b6d.f7f2
AC(config-ap)#ap-name ap
!修改 AP 名称,下次进入配置 AP,名称已从 MAC 地址改为 AP(可选)
AC(config-ap)#ap-group ruijie !将 AP 加入 ap-group
```

(9) 配置 WLAN 设备安全信息。

```
AC(config)#wlansec 1                                   !配置 WLAN 1 安全功能
AC(config-wlansec)#security rsn enable                 !开启 RSN 方式
AC(config-wlansec)#security rsn ciphers aes enable     !指定加密算法为 AES
AC(config-wlansec)#security rsn akm psk enable         !指定认证方式为 psk
AC(config-wlansec)#security rsn akm psk set-key ascii ruijieuniversity
AC(config-wlansec)#exit
```

(10) 无线网络的测试和验证

① 查看 STA 无线信号，如图 12.44 所示

② 连接无线网络(如果之前手工添加过，先删除)，输入密钥，单击“确定”，如图 12.45 所示。

图 12.44 查看 STA 无线信号

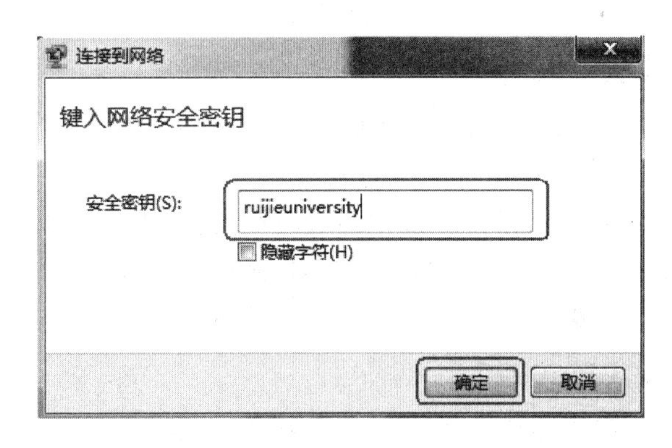

图 12.45 输入 STA 密钥

测试用户是否能 ping 通网关，如图 12.46 所示。

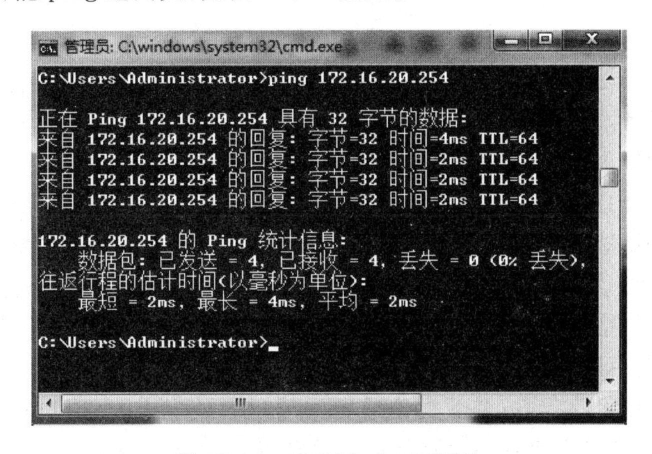

图 12.46 用户可 ping 通网关

12.7 组建本地转发 FIT AP 无线局域网

在中型以上规模的网络中部署 WLAN 方案，由于 AP 设备的数量较多，如果使用 FAT AP 组网，每台 FAT AP 设备都需要独立配置，这样工作量会非常大。因此多使用 FIT AP+AC 方式，通过核心机房的 AC 控制 WLAN 网络中所有的 FIT AP 设备，由 AC 设备给无线网络中的所有的 AP 设备下发配置，这样就只需要配置 AC 即可。这种组网方式无论是从配置的难度，还是从维护的方便程度，都优于放装型的 FAT AP 设备组网方式。

在 FIT AP+AC 模式的组网中,首先要研究的是 AP 是如何接入网络的;然后需要了解 AP 在网络中是如何找到 AC 的?如何与 AC 直接建立隧道?AP 只有与 AC 建立隧道后,通过配置才可实现 AC 给 AP 下发配置。无线用户可连接到 AP 进行数据通信。

但如果使用集中转发,所有数据都从 AC 转发,AC 及核心设备的压力会增大。因此,在实际网络中,大多使用本地转发,这样除了一些特殊数据到 AC 外,大部分数据都从 AP 直接转发,无须经过 AC,这样就提高了转发效率。

【实验目的】

掌握 FIT AP 设备本地转发工作原理及 FIT AP+AC 组网过程。

【实验拓扑】

按图 12.47 所示的网络拓扑,组建本地转发 FIT AP +AC 模式无线局域网。

其中,AC 通过双线连到核心交换机 SW2;AP 连接在接入交换机 SW1 上;AP 通过 DHCP 获取地址,DHCP 服务器部署在核心交换机上。

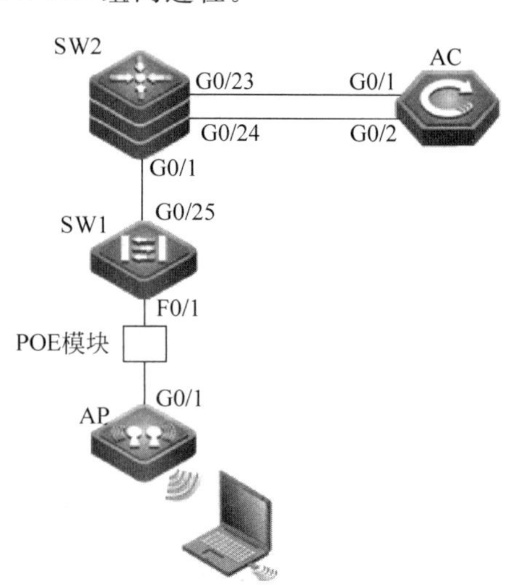

图 12.47 组建本地转发 FIT AP +AC 模式无线局域网

【实验设备】

三层交换机(1 台)、二层交换机(1 台)、无线控制器(1 台)、FAT AP(1 台)、AP 供电模块 E130(1 套)、测试笔记本电脑(2 台)。

【实验原理】

目前,随着 WLAN 在大中型企业、园区、运营商等地逐渐规模部署,AC+FIT AP 架构已经被广泛应用。但是,传统 AC+FIT AP 架构采用的集中式转发,要求用户的所有流量均通过 AC 进行处理,对 AC 性能要求比较高,同时也对 AC 和 AP 之间的网络带宽造成压力。尤其是在 IEEE 802.11n 技术逐渐成熟,无线接入点的处理能力越来越强的背景下,单一的集中式转发往往不能满足无线数据高速处理的要求。

为了适应无线网络高带宽化的发展趋势,无线本地转发技术以 AC+FIT AP 架构为基础,实现无线数据在 AP 本地的转发,突破了传统集中式转发的性能瓶颈。

通过本地转发技术,控制流和数据流采用了不同的处理方式,用户和 AP 的管理由 AC 处理,而用户的数据转发则直接由 AP 处理。该技术有效地缓解了 AC+FIT AP 组网方式下 AC 和 CAPWAP 隧道的压力,并减小了数据的传输延迟。同时,相对于 FAT AP 架构,以 AC+FIT AP 架构为基础的本地转发模型保持了 AC+FIT AP 架构在安全、管理等方面的优势。

本地转发模型处理方式主要有以下几种:

(1) 用户的管理帧,如 IEEE 802.11 管理、控制报文和 IEEE 802.1x 协议报文等,通过 CAPWAP 隧道传递给 AC 集中处理,以实现用户的认证、授权等。

(2) 用户的数据帧,包括 IEEE 802.11 数据和来自有线的 IEEE 802.3 数据报文,在 AP 本地进行解析、封装等处理,并直接由 AP 进行转发,实现数据的高速处理。同时,用户流量信息将通过 CAPWAP 隧道以管理帧的方式通报给 AC,以实现计费、负载均衡等应用。

【地址规划】

本地转发 AC+FIT AP 架构无线网络组建中，具体 IP 及 VLAN 的规划为：

AP 的 VLAN 10，IP 是 172.16.10.1/24，网关是 172.16.10.254（部署在 SW2 上）。

无线用户 VLAN 20，IP 是 172.16.20.0/24，网关是 172.16.20.254（通过 DHCP 上网，DHCP 服务器和网关都部署在 SW2 上）。

接入交换机管理 VLAN 100，IP 是 172.16.100.1/24，网关是 172.16.100.254（部署在 SW2 上）。

核心交换机与 AC 互连 IP：172.16.200.1/30、172.16.200.2/30。

【实验步骤】

（1）配置核心交换机基本信息。

```
Ruijie# configure terminal
Ruijie(config)# hostname SW2
SW2(config)# vlan 10                       !创建 AP 的 VLAN
SW2(config-vlan)# name ap-vlan

SW2(config)# vlan 20                       !创建无线用户 VLAN
SW2(config-vlan)# name yonghu-vlan
SW2(config-vlan)# exit

SW2(config-vlan)# vlan 100                 !创建接入交换机管理 VLAN(可选)
SW2(config-vlan)# name guanli-vlan
SW2(config-vlan)# exit

SW2(config)# interface vlan 10             !创建 SVI,配置 IP 充当 AP 网关
SW2(config-if- vlan 10)# ip address 172.16.10.254 255.255.255.0
SW2(config-if- vlan 10)# exit

SW2(config)# interface vlan 20             !创建 SVI,配置 IP 充当无线用户网关
SW2(config-if- vlan 20)# ip address 172.16.20.254 255.255.255.0
SW2(config-if- vlan 20)# exit

SW2(config)# interface vlan 100            !创建 SVI,配置 IP 充当接入交换机网关(可选)
SW2(config-if- vlan 100)# ip address 172.16.100.254 255.255.255.0
SW2(config-if- vlan 100)# exit

SW2(config)# interface gigabitEthernet 0/1
SW2(config-if-GigabitEthernet 0/1)# switchport mode trunk
SW2(config-if-GigabitEthernet 0/1)# description TO-[SW1]-G0/25
SW2(config-if-GigabitEthernet 0/1)# exit

SW2(config)# interface gigabitEthernet 0/23
                                           !和 AC 互连接口,AP 通过该接口与 AC 建立连接
SW2(config-if-GigabitEthernet 0/23)# no switchport
SW2(config-if-GigabitEthernet 0/23)# ip address 172.16.200.1 255.255.255.252
SW2(config-if-GigabitEthernet 0/23)# description TO-[AC]-G0/1
```

```
SW2(config-if-GigabitEthernet 0/23)# exit

SW2(config)# interface gigabitEthernet 0/24
                    !该接口转发无线用户数据,非必须设置,为了便于后续实验兼容,保留该接口
SW2(config-if-GigabitEthernet 0/24)# switchport mode trunk
SW2(config-if-GigabitEthernet 0/24)# description TO-[AC]-G0/2
SW2(config-if-GigabitEthernet 0/24)# exit
```

(2) 配置核心交换机 DHCP 服务。

```
SW2(config)# service dhcp                !开启 DHCP 服务
SW2(config)# ip dhcp pool ap-ip          !创建 AP 地址池
SW2(dhcp-config)# network 172.16.10.0 255.255.255.0
SW2(dhcp-config)# default-router 172.16.10.254
SW2(dhcp-config)# option 138 ip 1.1.1.1
                                         !AP 获得该信息后,得知 AC 的地址,主动和 AC 建立隧道
SW2(dhcp-config)# exit

SW2(config)# ip dhcp pool yonghu-ip     !配置无线用户地址池
SW2(dhcp-config)# network 172.16.20.0 255.255.255.0
SW2(dhcp-config)# default-router 172.16.20.254
SW2(dhcp-config)# exit
```

(3) 配置核心交换机路由。

```
SW2(config)# ip route 1.1.1.1 255.255.255.255 172.16.200.2
                                         !配置路由,保证 AP 的数据能顺利到 AC
```

(4) 配置接入交换机基本信息。

```
Ruijie# configure terminal
Ruijie(config)# hostname SW1
SW1(config)# vlan 10
SW1(config-vlan)# name ap-vlan

SW1(config)# vlan 20      !创建无线用户 VLAN,集中转发无须创建
SW1(config-vlan)# name yonghu-vlan
SW1(config-vlan)# exit

SW1(config-vlan)# vlan 100
SW1(config-vlan)# name guanli-vlan
SW1(config-vlan)# exit

SW1(config)# interface fastEthernet 0/1
SW1(config-if-FastEthernet 0/1)# switchport mode trunk
                          !将接口设为 Trunk,集中转发可以是 ACCESS
```

```
SW1(config-if-FastEthernet 0/1)# switchport trunk native vlan 10
!将接口 Native vlan 设为 AP VLAN,否则 AP 无法和 AC 通信
SW1(config-if-FastEthernet 0/1)# description TO-[AP]-G0/1
SW1(config-if-FastEthernet 0/1)# exit

SW1(config)# interface gigabitEthernet 0/25
SW1(config-if-GigabitEthernet 0/25)# switchport mode trunk
SW1(config-if-GigabitEthernet 0/25)# description TO-[SW2]-F0/1
SW1(config-if-GigabitEthernet 0/25)# exit
```

(5) 配置接入交换机管理信息(可选)。

```
SW1(config)# interface vlan 100
!创建 SVI,配置地址充当接入交换机管理地址(可选)
SW1(config-if-VLAN 100)# ip address 172.16.100.1 255.255.255.0
SW1(config-if-VLAN 100)# exit

SW1(config)# ip route 0.0.0.0 0.0.0.0 172.16.100.254
!配置接入交换机网关,由于 RG-S2628G-I 为弱 3 层设备,所以网关建议使用默认路由表示
```

(6) 配置 FIT AP 设备。

FIT AP 无须配置,只须确认模式为 FIT 模式即可,如图 12.48 所示。

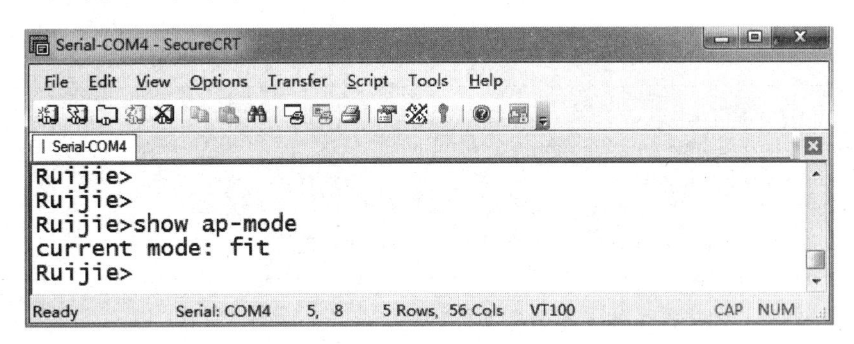

图 12.48 AP 模式为 FIT

(7) 配置 AC 设备基本信息。

```
Ruijie# configure terminal
Ruijie(config)# hostname AC

AC(config)# interface loopback 0
!配置 Loopback 0 地址,与 DHCP 地址池中的 option 138 字段的地址相同,AP 获取地址后主动和
该 IP 建立隧道
AC(config-if-Loopback 0)# ip address 1.1.1.1 255.255.255.255
!loopback 接口地址对应的掩码建议设为 32 位
AC(config-if-Loopback 0)# exit

AC(config)# interface gigabitEthernet 0/1
                    !与核心交换机互连,配置互连地址和路由,保证 AC 与 AP 能正常通信
```

```
AC(config-if-GigabitEthernet 0/1)#no switchport
AC(config-if-GigabitEthernet 0/1)#ip address 172.16.200.2 255.255.255.252
AC(config-if-GigabitEthernet 0/1)#description TO-[SW2]-F0/23
AC(config-if-GigabitEthernet 0/1)#exit

AC(config)#interface gigabitEthernet 0/2
AC(config-if-GigabitEthernet 0/2)#switchport mode trunk
AC(config-if-GigabitEthernet 0/2)#description TO-[SW2]-F0/24
AC(config-if-GigabitEthernet 0/2)#exit

AC(config)#ip route 0.0.0.0 0.0.0.0 172.16.200.1
!配置路由,保证 AC 和 AP 能正常建立隧道
```

(8) 配置 AC 设备。

① 配置 WLAN 信息。

```
AC(config)#wlan-config 1 test ruijie-test
                                !SSID 为 ruijie-test,test 为描述信息(可选)
AC(config-wlan)#tunnel local    !配置本地转发模式,集中转发无须配置
```

② 创建用户 VLAN。

```
AC(config)#vlan 20
AC(config-vlan)#name yonghu-vlan
AC(config-vlan)#exit

AC(config)#interface vlan 20     !如果不配置,用户无法连接
```

③ 创建 AP group,关联 WLAN 和 VLAN。

```
AC(config)#ap-group ruijie
AC(config-ap-group)#interface-mapping 1 20
!如果之前使用集中转发配置该命令,则在改为本地转发后重新关闭,并打开该命令
```

④ 查看 AP 名称。

如图 12.49 所示,AP 默认名称是其 MAC 地址,为了方便管理,一般建议对 AP 重新命名。

⑤ 将 AP 加入 ap-group。

```
AC(config)#ap-config 1414.4b6d.f7f2
AC(config-ap)#ap-name ap
                    !修改 AP 名称,下次进入配置 AP,名称已从 MAC 地址改为 AP(可选)
AC(config-ap)#ap-group ruijie      !将 AP 加入 ap-group
```

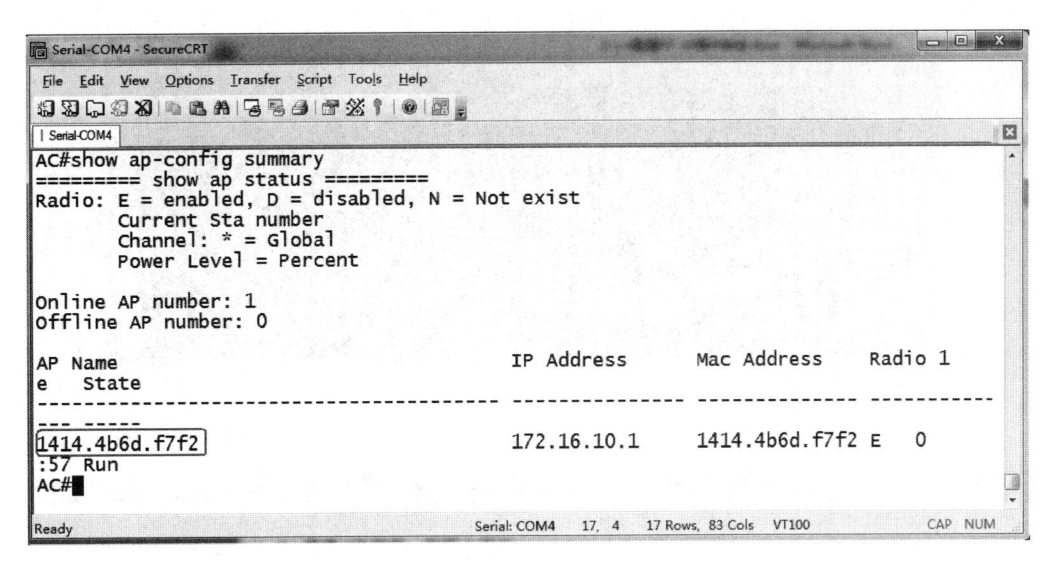

图 12.49　查看 AP 名称

(9) 网络测试和验证。

① 查看 STA 无线信号并连接，如图 12.50 所示。

② 测试用户是否能 ping 通网关，如图 12.51 所示。

图 12.50　STA 无线信号

图 12.51　用户可 ping 通网关

③ 测试用户数据走向。

a. 将装有抓包软件的 PC 通过双绞线连到接入交换机 F0/7 口。

b. 在接入交换机上配置端口镜像。

```
SW1(config)# monitor session 2 source interface fastEthernet 0/1
SW1(config)# monitor session 2 destination interface fastEthernet 0/7
```

c. 在装有抓包软件的 PC 上抓包，再到 STA 上 ping 网关，如图 12.52 所示。

d. 在抓包软件上过滤数据，抓 IP 地址中包含 172.16.20.254 的包时看到 172.16.20.2 的 ICMP 报文，如图 12.53 所示。

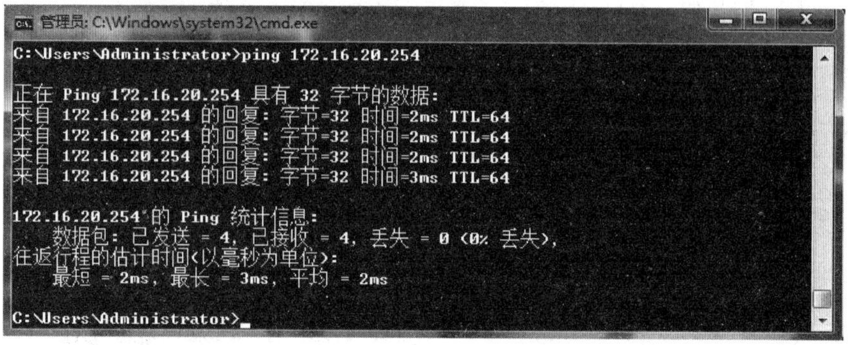

```
管理员: C:\Windows\system32\cmd.exe
C:\Users\Administrator>ping 172.16.20.254

正在 Ping 172.16.20.254 具有 32 字节的数据:
来自 172.16.20.254 的回复: 字节=32 时间=2ms TTL=64
来自 172.16.20.254 的回复: 字节=32 时间=2ms TTL=64
来自 172.16.20.254 的回复: 字节=32 时间=2ms TTL=64
来自 172.16.20.254 的回复: 字节=32 时间=3ms TTL=64

172.16.20.254 的 Ping 统计信息:
    数据包: 已发送 = 4, 已接收 = 4, 丢失 = 0 (0% 丢失),
往返行程的估计时间(以毫秒为单位):
    最短 = 2ms, 最长 = 3ms, 平均 = 2ms

C:\Users\Administrator>_
```

图 12.52 STA ping 网关

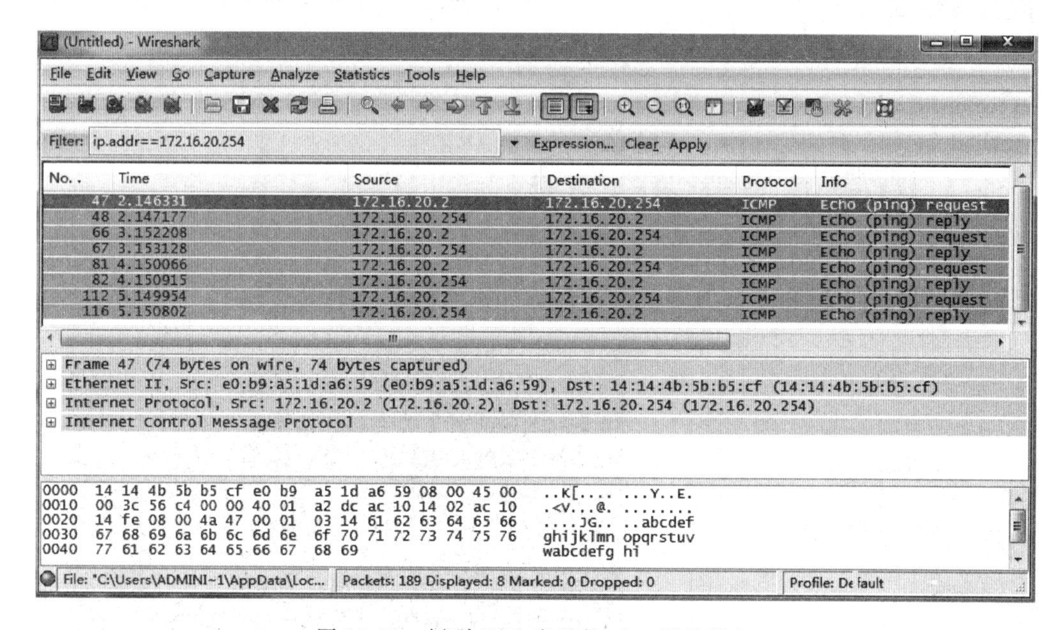

图 12.53 抓到 STA 发送的 ping 网关报文

12.8 组建跨 AP 二层漫游无线局域网

无线局域网组网中用到的无线漫游是指 STA(Station,无线工作站)移动到两个 AP 覆盖范围的临界区域时,STA 与新的 AP 进行关联并与原有 AP 断开关联,且在此过程中保持不间断的网络连接。简单说,如同手机的移动通话功能,手机从一个基站的覆盖范围移动到另一个基站的覆盖范围时,具有提供不间断、无缝的通话能力。

【实验目的】

搭建跨 AP 的二层漫游无线局域网,掌握跨 AP 的二层漫游无线局域网的工作原理。

【实验拓扑】

按图 12.54 所示的网络拓扑组建无线局域网,注意接口标识,保持后续配置一致。

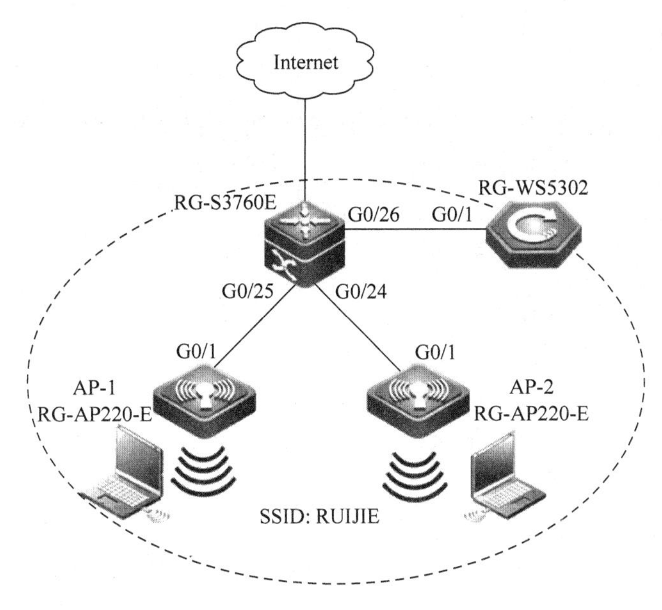

图 12.54 组建跨 AP 的二层漫游无线局域网

【实验设备】

无线控制器(1 台)、无线 AP(2 台)、3 层交换机(1 台)、POE 电源模块 RG-E-130(2 台)、无线网卡(2 块,可选)、测试笔记本或 PC(2 台)、网络(若干)。

【实验原理】

在无线网络中,终端用户具备移动通信能力,但由于单个 AP(Access Point,无线访问接入点)设备的信号覆盖范围都是有限的,终端用户在移动过程中往往会出现从一个 AP 服务区跨越到另一个 AP 服务区的情况。为了避免移动用户在不同的 AP 之间切换时,网络通信中断,就引入了"无线漫游"的概念。

无线漫游是指 STA(Station,无线工作站)移动到两个 AP 覆盖范围的临界区域时,STA 与新的 AP 进行关联并与原有 AP 断开关联,且在此过程中保持不间断的网络连接。简单说,如同手机的移动通话功能,手机从一个基站的覆盖范围移动到另一个基站的覆盖范围时,具有提供不间断、无缝的通话能力。

对于用户来说,漫游的行为是透明的无缝漫游,即用户在漫游过程中,不会感知到漫游的发生。这同手机类似,手机在移动通话过程中可能变换了不同的基站,而我们感觉不到,也不必去关心。WLAN 漫游过程中,STA 的 IP 地址始终保持不变。

配置两台 AP,同时广播同一个 SSID,并且属于同一个 VLAN,将无线客户端关联上其中一个 AP,并长 ping 网关。然后,移动 STA 从 AP1 移向 AP2,由于漫游是由 STA 主动发起,所以两个 AP 需要距离 20m 以上;否则,如果 AP 离得太近,就很难产生漫游。

另外,可以关闭该 AP 的射频口(或者直接给该 AP 断电)来模拟漫游场景,STA 应该会丢 1~2 个 ping 包,并且 IP 地址没有发生变化,即完成了漫游过程。

【实验步骤】

(1) 基本拓扑连接。

根据图12.54所示的拓扑图,将设备连接起来,并注意设备状态灯是否正常。

(2) 配置3层交换机设备基本信息。

```
Switch (config)# hostname RG-3760E            !为交换机命名
RG-3760E (config)# vlan 10                    !创建 VLAN
RG-3760E (config)# vlan 20
RG-3760E (config)# vlan 100

RG-3760E (config)# interface VLAN 10          !配置 VLAN10 地址
RG-3760E (config-VLAN 10)# ip address 192.168.10.254 255.255.255.0
RG-3760E (config)# interface VLAN 20
RG-3760E (config-VLAN 20)# ip address 192.168.11.2 255.255.255.0
RG-3760E (config)# interface VLAN 100
RG-3760E (config-VLAN 100)# ip address 192.168.100.254 255.255.255.0
```

```
RG-3760E (config)# service dhcp               !启用 DHCP 服务
RG-3760E (config)# ip dhcp pool ap-pool       !创建地址池,为 AP 分配 IP 地址
RG-3760E (dhcp-config)# option 138 ip 9.9.9.9
                                              !配置 DHCP138 选项,地址为 AC 的环回接口地址
RG-3760E (dhcp-config)# network 192.168.10.0 255.255.255.0     !指定地址池
RG-3760E (dhcp-config)# default-router 192.168.10.254          !指定默认网关
```

```
RG-3760E (config)# ip dhcp pool vlan100       !创建地址池,为用户分配 IP 地址
RG-3760E (dhcp-config)# network 192.168.100.0 255.255.255.0    !指定地址池
RG-3760E (dhcp-config)# default-router 192.168.100.254         !指定默认网关
```

```
RG-3760E (config)# interface FastEthernet 0/24
RG-3760E (config-if- FastEthernet 0/24)# switchport access vlan 10
RG-3760E (config)# interface GigabitEthernet 0/25
RG-3760E (config-if- GigabitEthernet 0/25)# switchport access vlan 10
RG-3760E (config)# interface GigabitEthernet 0/26
RG-3760E (config-if- GigabitEthernet 0/26)# switchport mode trunk
                                         !将接口设置为 trunk 模式
RG-3760E (config)# ip route 9.9.9.9 255.255.255.255 192.168.11.1
                                         !配置静态路由
```

(3) 无线交换机 AC 配置。

```
Ruijie (config)# hostname AC             !命名无线交换机
AC(config)# vlan 10                      !创建 VLAN
AC(config)# vlan 20
AC(config)# vlan 100
```

```
AC(config)#wlan-config 1 RUIJIE        !创建 WLAN,SSID 为 RUIJIE
AC(config)#ap-group default            !提供 WLAN 服务
AC(config-ap-group)#interface-mapping 1 100
                     !配置 AP 提供 WLAN 1 接入服务,配置用户的 VLAN 为 100
```

```
AC(config)#ap-config 001a.a979.40e8     !登录 AP
AC(config-AP)#ap-name AP-1              !命名 AP
AC(config)#ap-config 001a.a979.5fd2     !登录 AP
AC(config-AP)#ap-nameAP-2               !命名 AP
```

```
AC(config)#interface GigabitEthernet 0/1
AC(config-if-GigabitEthernet 0/1)switchport mode trunk
                                  !定义接口为 trunk 模式
AC(config)#interface Loopback 0   !为环回接口配置 IP 地址
AC(config-if- Loopback 0)#ip address 9.9.9.9 255.255.255.255
```

```
AC(config)#interface VLAN 10        !激活 VLAN10 接口
AC(config)#interface VLAN 20
AC(config-vlan 20)#ip address 192.168.11.1 255.255.255.252
                                    !配置 VLAN20 接口 IP 地址
```

```
AC(config)#interface VLAN 100                          !激活 VLAN10 接口
AC(config)#ip route 0.0.0.0 0.0.0.0 192.168.11.2      !配置默认路由
```

(4) 配置 AC 设备的 WPA2 加密。

```
AC(config)#wlansec 1
AC(wlansec)#security rsn enable AC(wlansec)#security rsn ciphers aes enable AC(wlansec)#
security rsn akm psk enable AC(wlansec)#security rsn akm psk set-key ascii 0123456789
```

(5) 在无线交换机上查看状态信息。

```
AC#show ap-config summary
…
AC#show capwap state
…
AC#show wlan security 1
…
RG-3760E#show running-config
…
```

(6) 连接测试。

① 在 STA 上打开无线功能,这时会扫描到 RUIJIE 这个无线网络,如图 12.55 所示。

② 选择此无线网络,右击,在弹出的快捷菜单中选择“属性”,如图 12.56 所示。

无线网络连接 3
RUIJIE
公司无线
ruijie-guest
ruijie-leader
bioyear

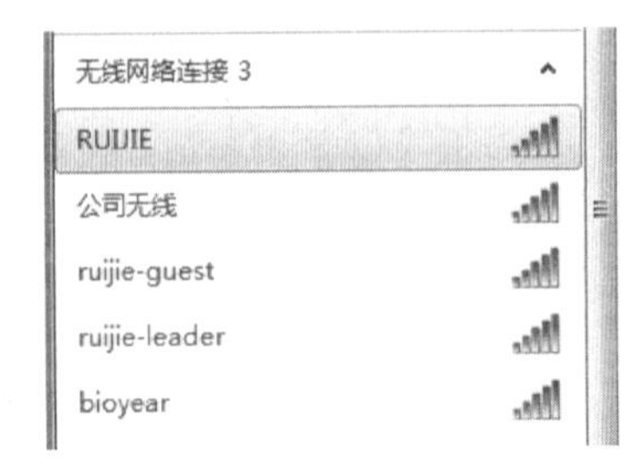

图 12.55 扫描 RUIJIE 无线网络

断开
状态
属性

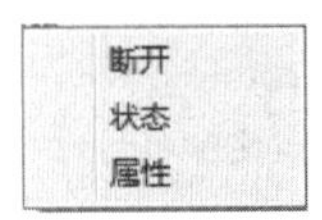

图 12.56 选择“属性”

③ 打开“RUIJIE 无线网络属性”对话框,选择“安全”选项卡,如图 12.57 所示。

④ 选择此无线网络,单击“连接”按钮,如图 12.58 所示。

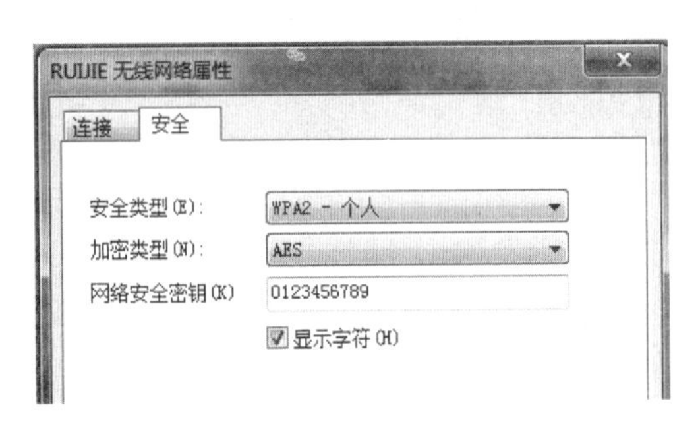

RUIJIE 无线网络属性
连接
安全
安全类型(E):
WPA2 - 个人
加密类型(N):
AES
网络安全密钥(K)
0123456789
显示字符(H)

图 12.57 打开“安全”选项卡

无线网络连接 3
公司无线
RUIJIE
自动连接
连接(C)
ruijie-guest
ruijie-leader
bioyear
TYZX-DB

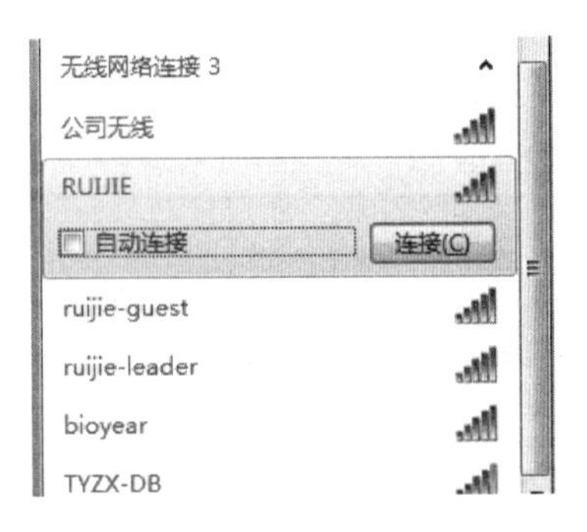

图 12.58 选择无线网络连接

⑤ 打开命令窗口,使用 ipconfig 命令查看获取的 IP 地址,如图 12.59 所示。

无线局域网适配器 无线网络连接 3:
连接特定的 DNS 后缀 . . . . : 202.106.0.20
本地链接 IPv6 地址. . . . . : fe80::88bd:25b7:5a0f:b3a%19
IPv4 地址 . . . . : 192.168.100.1
子网掩码 . . . . : 255.255.255.0
默认网关. . . . . : 192.168.100.254

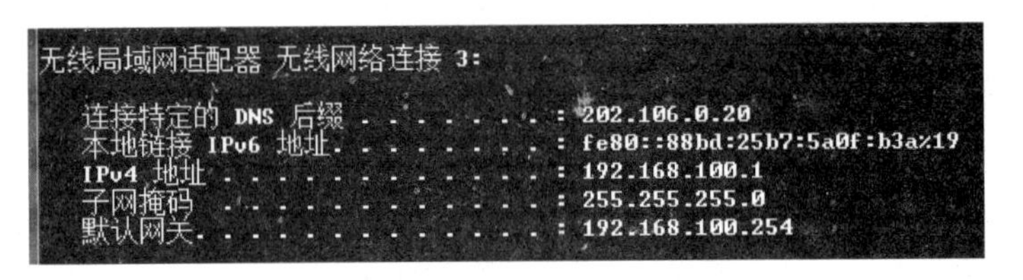

图 12.59 查看获取的 IP 地址

⑥ 在命令窗口使用 ping 命令测试其与网关的连通性,如图 12.60 所示。

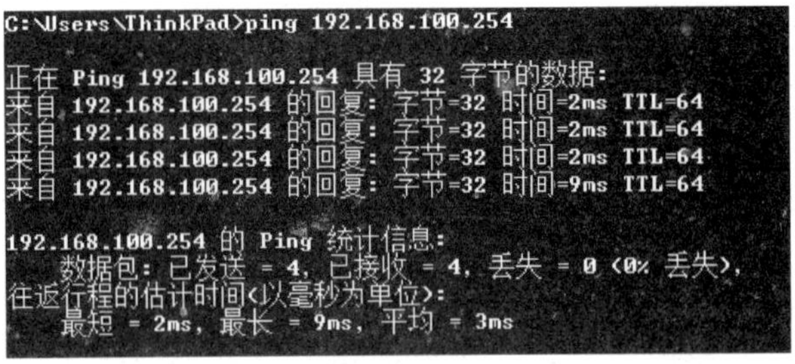

C:\Users\ThinkPad>ping 192.168.100.254
正在 Ping 192.168.100.254 具有 32 字节的数据:
来自 192.168.100.254 的回复: 字节=32 时间=2ms TTL=64
来自 192.168.100.254 的回复: 字节=32 时间=2ms TTL=64
来自 192.168.100.254 的回复: 字节=32 时间=2ms TTL=64
来自 192.168.100.254 的回复: 字节=32 时间=9ms TTL=64
192.168.100.254 的 Ping 统计信息:
数据包: 已发送 = 4, 已接收 = 4, 丢失 = 0 (0% 丢失),
往返行程的估计时间(以毫秒为单位):
最短 = 2ms, 最长 = 9ms, 平均 = 3ms

图 12.60 测试与网关的连通

（7）漫游测试。

漫游可以通过以下几种方式测试。

① 将无线客户端关联上其中一台 AP，并测试 ping 网关。然后，STA 从 AP1 移向 AP2。由于漫游是由 STA 主动发起，所以两台 AP 的间距需要在 20m 以上。

② 另外，可以关闭该 AP 射频口（或者直接给该 AP 断电）来模拟漫游场景，STA 应该会丢 1～2 个 ping 包，并且 IP 地址没有发生变化，即完成了漫游过程。

下面使用方式②进行漫游测试。

① 在 STA 上打开命令窗口，使用 ping 命令与网关进行控制报文协议测试。这时断开这台 AP 的电源，则丢弃 1～2 包后，就会正常通信，如图 12.61 所示。

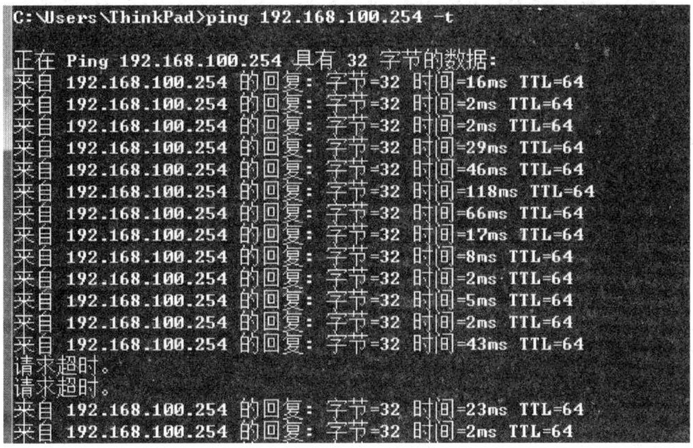

```
C:\Users\ThinkPad>ping 192.168.100.254 -t

正在 Ping 192.168.100.254 具有 32 字节的数据:
来自 192.168.100.254 的回复: 字节=32 时间=16ms TTL=64
来自 192.168.100.254 的回复: 字节=32 时间=2ms TTL=64
来自 192.168.100.254 的回复: 字节=32 时间=2ms TTL=64
来自 192.168.100.254 的回复: 字节=32 时间=29ms TTL=64
来自 192.168.100.254 的回复: 字节=32 时间=46ms TTL=64
来自 192.168.100.254 的回复: 字节=32 时间=118ms TTL=64
来自 192.168.100.254 的回复: 字节=32 时间=66ms TTL=64
来自 192.168.100.254 的回复: 字节=32 时间=17ms TTL=64
来自 192.168.100.254 的回复: 字节=32 时间=8ms TTL=64
来自 192.168.100.254 的回复: 字节=32 时间=2ms TTL=64
来自 192.168.100.254 的回复: 字节=32 时间=5ms TTL=64
来自 192.168.100.254 的回复: 字节=32 时间=2ms TTL=64
来自 192.168.100.254 的回复: 字节=32 时间=43ms TTL=64
请求超时。
请求超时。
来自 192.168.100.254 的回复: 字节=32 时间=23ms TTL=64
来自 192.168.100.254 的回复: 字节=32 时间=2ms TTL=64
```

图 12.61 进行漫游测试

② 在无线交换机上，使用命令查看其状态，如下所示。

```
AC# show ac-config client summary by-ap-name
```

上述命令执行后的显示结果如下：

```
Total Sta Num : 1
Cnt    STA MAC     AP NAME        Wlan Id     Radio Id     Vlan Id    Valid
------ ----------- -------------- ---------  -----------  --------  ----------
1  f07b.cb9f.3af4AP-2  1  1  100  1
AC# * Mar - 24 -13:10:04: -%APMG-6-ROAM_STA_DEAL: -Client(f07b.cb9f.3af4) - notify - :
Roaming out AP (AP-2).
* Mar 24 13:10:07: %CAPWAP-7-ADDR: My address is 9.9.9.9.
* Mar 24 13:10:07: %APMG-6-STA_ADD_RESP: Client(f07b.cb9f.3af4) roaming to ap(AP-1)
success.
```

```
AC# show ac-config client summary by-ap-name
```

上述命令执行后的显示结果如下：

```
Total Sta Num : 1
Cnt     STA MAC      AP NAME      Wlan Id     Radio Id     Vlan Id     Valid
------  -----------  -----------  ---------  -----------  --------  ----------
1  f07b.cb9f.3af4AP-1  1  1  100  1
```

```
RG-3760E# show running-config
...
```

12.9 组建不同网段 FAT AP 桥接无线局域网

无线局域网组网中用到的无线漫游是指 STA(Station,无线工作站)移动到两个 AP 覆盖范围的临界区域时,STA 与新的 AP 进行关联并与原有 AP 断开关联,且在此过程中保持不间断的网络连接。

简单说,如同手机的移动通话功能,手机从一个基站的覆盖范围移动到另一个基站的覆盖范围时,具有能提供不间断、无缝的通话能力。

【实验目的】

掌握 AP 桥接的相关部署与配置。

【实验拓扑】

按图 12.62 所示的网络拓扑,组建不同网段 FAT AP 桥接无线局域网。该实验模拟两个会议室开会场景,会议室 1 和会议室 2 分别部署 1 个 AP,两个办公室内用户分别连到对应的 AP 上,使用的网段分别为 172.16.10.0/24 和 172.16.20.0/24,网关分别为 172.16.10.254 和 172.16.20.254(部署在 AP 上)。

目前两会议室需要互连,但由于条件限制,无法布线,因此采用 AP 桥接方式,AP1 和 AP2 的互连地址分别为 172.16.200.1/30 和 172.16.200.2/30,如图 12.62 所示。

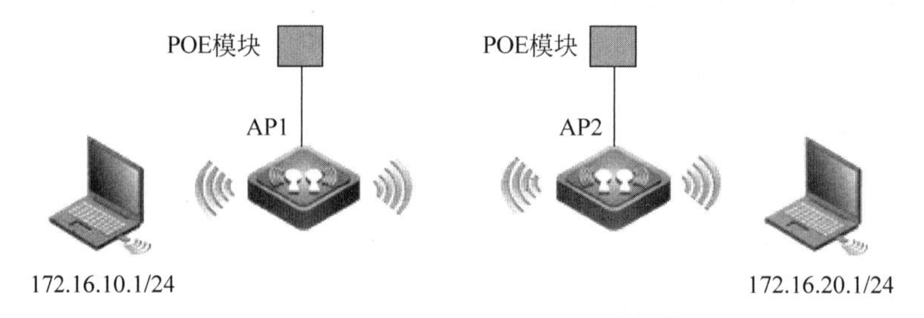

图 12.62 组建不同网段 FAT AP 桥接无线局域网

【实验设备】

FAT AP(1 台)、AP 供电模块 E130(1 套)、测试笔记本电脑(2 台)。

【实验原理】

无线分布式系统(Wireless Distribution System,WDS),是无线连接两个无线接入点(AP)的协议。在整个 WDS 中,把多个 AP 通过桥接或中继器的方式连接起来,使整个局域网络以无线的方式为主。WDS 的主要作用有：连接分布网络和扩展无线信号。

WDS 功能的应用场景之一是连接两个分离的网络。在很多情况下，架设有线电缆、使用固定的网络，一来可能没有办法满足使用者的需求，二来可能相对而言使用有线固定网络的代价太大；例如在大型的校园或者厂区中。

通常，建筑物和建筑物之间的距离比较远，往往超过 100m，一般都需要铺设光缆进行连接，对于一些已经建成的校园或厂区来说，开挖道路或者架设架空线都是费钱、费力的事情，采用无线网桥来实现网络互联既经济，实施起来也简单、方便。连接一些相邻的城区、乡镇的不同分支机构，以前的做法往往是采用租用专线的形式来实现，这种做法每个月都要支付昂贵的专线租用费，而且带宽有限。

采用无线桥接的方案，不仅节省了经常性的开支，还大幅度地把速率提高到了几兆到几十兆。在一些临时场所进行的临时网络传输，如体育场赛事的覆盖工程等，只须在现场通过架设无线网桥构建临时网络连接，就可实施现场网上直播。对于新闻网络直播这样大型的户外活动，由于场所的临时性和不固定性，若采用传统有线的方式在直播现场布置网线，不仅布线、维护很困难，而且会给现场网络管理带来很多麻烦。应用无线网络在这些场合就体现出了无可替代的优势。

【实验步骤】

配置 AP 桥接，主要是用 AP 的一个射频口（建议使用 5G）和另一个 AP 桥接。桥接过程中一个 AP 指定为根桥，根桥广播 SSID（配置与用户覆盖类似），另一台指定为非根桥，用其主动连接根桥 SSID（需要先查到根桥的 MAC），两 AP 开启广播功能即可。如果两端用户在不同的子网，则需要在 AP 上配置路由。

建议将根桥的信道和频宽设成特定值，具体配置如下。

(1) 配置 AP1 覆盖模式连接用户。

```
Ruijie# configure terminal
Ruijie(config)# hostname AP1
AP1(dot12-wlan-config)# vlan 10
AP1(dot12-wlan-config)# exit
```

```
AP1(config)# dot11 wlan 1
AP1(dot12-wlan-config)# ssid ruijie-yonghu1
```

```
AP1(config)# interface dot11radio 1/0
AP1(config-if-Dot11radio 1/0)# encapsulation dot1q 10
AP1(config-if-Dot11radio 1/0)# wlan 1
```

```
AP1(config)# int bvi 10        !配置用户网关
AP1(config-if-BVI 10)# ip address 172.16.10.254 255.255.255.0
AP1(config-if-BVI 10)# exit
```

(2) 配置桥接。

```
AP1(dot12-wlan-config)# vlan 200
AP1(dot12-wlan-config)# exit
```

```
AP1(config)# dot11 wlan 2
AP1(dot12-wlan-config)# ssid ruijie-bridge
```

```
AP1(config)# interface dot11radio 2/0
AP1(config-if-Dot11radio 2/0)# encapsulation dot1q 200
AP1(config-if-Dot11radio 2/0)# wlan 2
```

```
AP1(config-if-Dot11radio 2/0)# channel 149                 !设置信道(可选)
AP1(config-if-Dot11radio 2/0)# chan-width 40               !设置频段宽度为40MHz(可选)
AP1(config-if-Dot11radio 2/0)# station-role root-bridge    !配置为根桥模式
AP1(config-if-Dot11radio 2/0)# exit
```

```
AP1(config)# data-plane wireless-broadcast enable     !开启广播功能
```

```
AP1(config)# int bvi 200      !配置互连地址
AP1(config-if-BVI 200)# ip address 172.16.200.1 255.255.255.252
```

(3) 查看桥接设备BSSID。

如图12.63所示,查看桥接设备BSSID。

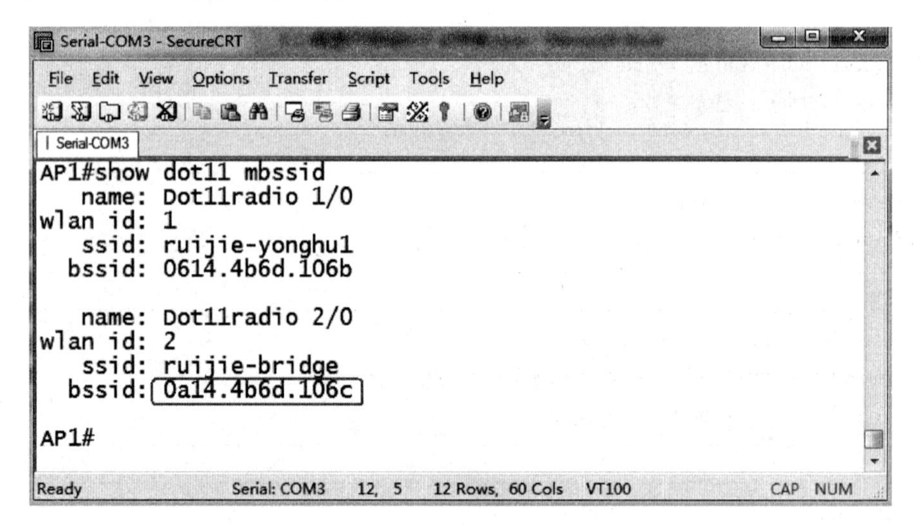

图12.63 查看AP1 BSSID

(4) 配置桥接 AP 设备的路由。

```
AP1(config)#ip route 172.16.20.0 255.255.255.0 172.16.200.2
```

(5) 配置桥接 AP2 覆盖模式连接用户。

```
Ruijie# configure terminal
Ruijie(config)#hostname AP2
AP2(dot12-wlan-config)#vlan 20
AP2(dot12-wlan-config)#exit
```

```
AP2(config)#dot11 wlan 1
AP2(dot12-wlan-config)#ssid ruijie-yonghu2
```

```
AP2(config)#interface dot11radio 1/0
AP2(config-if-Dot11radio 1/0)#encapsulation dot1q 20
AP2(config-if-Dot11radio 1/0)#wlan 1
```

```
AP2(config)#int bvi 20
AP2(config-if-BVI 20)#ip address 172.16.20.254 255.255.255.0
```

(6) 配置桥接。

```
AP2(config)#interface dot11radio 2/0
AP2(config-if-Dot11radio 2/0)#encapsulation dot1q 200
```

```
AP2(config-if-Dot11radio 2/0)#station-role non-root-bridge      !设置非根桥模式
AP2(config-if-Dot11radio 2/0)#parent mac-address 0a14.4b6d.106c 0
                                                                !设置根桥 BSSID,在 AP1 上查看
```

```
AP2(config)#int bvi 200
AP2(config-if-BVI 200)#ip address 172.16.200.2 255.255.255.252
AP2(config)#ip route 172.16.10.0 255.255.255.0 172.16.200.1
```

(7) 验证测试。

查看用户是否连接成功,如图 12.64 所示。

查看用户是否可以通信,用户地址为 172.16.20.1/24,如图 12.65 所示。

当前连接到:
ruijie-yonghu2
无 Internet 访问
无线网络连接
ruijie-yonghu2 已连接
ProphetLAB
sx-yy
ruijie-yonghu1
gehua01141310150095236
talei
home
打开网络和共享中心

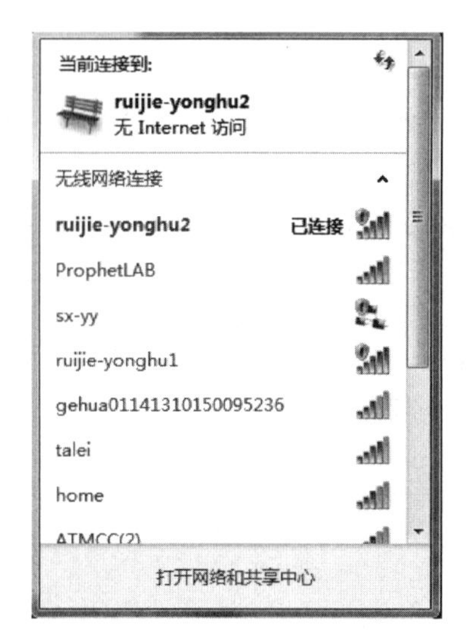

图 12.64　用户成功连接到无线设备

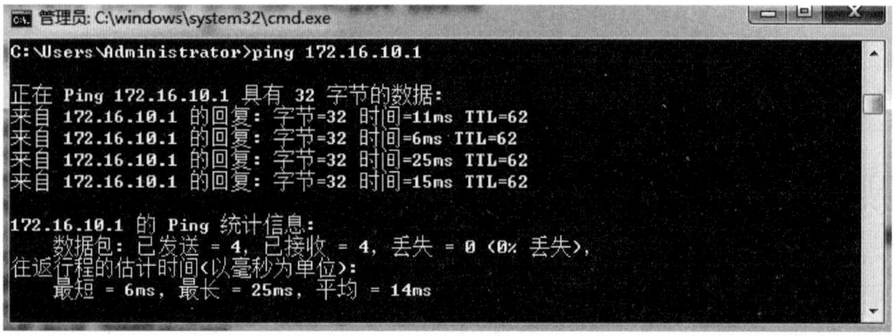
管理员: C:\windows\system32\cmd.exe
C:\Users\Administrator>ping 172.16.10.1
正在 Ping 172.16.10.1 具有 32 字节的数据:
来自 172.16.10.1 的回复: 字节=32 时间=11ms TTL=62
来自 172.16.10.1 的回复: 字节=32 时间=6ms TTL=62
来自 172.16.10.1 的回复: 字节=32 时间=25ms TTL=62
来自 172.16.10.1 的回复: 字节=32 时间=15ms TTL=62
172.16.10.1 的 Ping 统计信息:
数据包: 已发送 = 4, 已接收 = 4, 丢失 = 0 (0% 丢失),
往返行程的估计时间(以毫秒为单位):
最短 = 6ms, 最长 = 25ms, 平均 = 14ms

图 12.65　用户之间可以正常通信

12.10　在无线局域网实施 AP 负载均衡

在无线局域网组网中,如果有多台 AP,并且信号相互覆盖,由于无线用户接入都是随机的,因此有可能会出现某台 AP 负载较重的、网络利用率较差的情况。通过将同一区域的 AP 都划到同一个负载均衡组,协同控制无线用户的接入,可以起到负载均衡的作用。

【实验目的】

掌握 AP 负载均衡的配置。

【实验拓扑】

按图 12.66 所示的网络拓扑,组建负载均衡无线局域网,注意接口标识,保持后续配置一致。

该实验模拟单核心二层结构网络无线部署环境,AC 通过双线连到核心交换机 SW2,AP 连接在接入交换机 SW1 上,AP 通过 DHCP 获取地址,DHCP 服务器部署在核心交换机上,如图 12.66 所示。

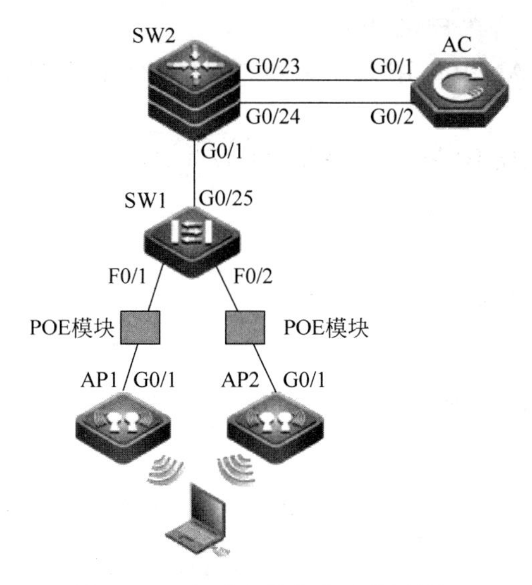

图 12.66 组建负载均衡无线局域网

【实验设备】

3 层交换机(1 台)、二层交换机(1 台)、FAT AP(1 台)、AP 供电模块 E130(1 套)、测试笔记本电脑(2 台)。

【实验原理】

无线网络缓慢,有时候是因为一个 AP 上面的用户过多而造成的。那么,我们可以通过负载均衡设置来限制用户的数量,达到优化带宽的效果。WLAN 负载均衡可以准确地在 WLAN 网络中平衡客户端的负载,充分保证每个客户端的性能和带宽。WLAN 负载均衡适用于高密度无线网络环境,用来达到有效保证该环境中客户端的合理接入。

在 STA 接入 AP 连接过程中,AC 负责执行负载均衡。AP 周期性地向 AC 发送与其关联的 STA 的信息,AC 根据这些信息执行负载均衡过程。

当 STA 发送关联请求时,AC 检查 AP 上连接的 STA 是否达到设定负载的阈值。如果小于该阈值,则当前请求的连接将被接受;否则,将基于负载均衡的配置,决定当前连接是否被接受。

AP 上运行的负载均衡取决于 AC 配置的模式,包括基于流量和会话两种模式,都是以百分比来表示组内各射频间的负载差值。

流量模式:各射频的流量(上下行之和)差值。差值超过门限时,认为组内射频间出现负载不均衡。

会话模式:各射频下的无线客户端数目差值。差值超过门限时,认为组内射频间出现负载不均衡。

【网络规划】

具体 IP 及 VLAN 的规划为:

AP 的 VLAN 10,IP 是 172.16.10.0/24,网关是 172.16.10.254(部署在 SW2 上)。

无线用户 VLAN 20,IP 是 172.16.20.0/24,网关是 172.16.20.254(通过 DHCP 上网,

DHCP 服务器和网关都部署在 SW2 上)。

接入交换机管理 VLAN 100,IP 是 172.16.100.1/24,网关是 172.16.100.254(部署在 SW2 上)。

核心交换机与 AC 互连 IP 为:172.16.200.1/30、172.16.200.2/30。

SSID:ruijie-test。

【实验步骤】

(1) 配置核心交换机基本信息。

```
Ruijie# configure terminal
Ruijie(config)# hostname SW2
```

```
SW2(config)# vlan 10                     !创建 AP 的 VLAN
SW2(config-vlan)# name ap- vlan
SW2(config)# vlan 20                     !创建无线用户 VLAN
SW2(config-vlan)# name yonghu-vlan
SW2(config-vlan)# exit

SW2(config-vlan)# vlan 100               !创建接入交换机管理 VLAN(可选)
SW2(config-vlan)# name guanli-vlan
SW2(config-vlan)# exit
```

```
SW2(config)# interface vlan 10           !创建 SVI,配置 IP 充当 AP 网关
SW2(config-if-VLAN 10)# ip address 172.16.10.254 255.255.255.0
SW2(config-if-VLAN 10)# exit

SW2(config)# interface vlan 20           !创建 SVI,配置 IP 充当无线用户网关
SW2(config-if-VLAN 20)# ip address 172.16.20.254 255.255.255.0
SW2(config-if-VLAN 20)# exit

SW2(config)# interface vlan 100          !创建 SVI,配置 IP 充当接入交换机网关(可选)
SW2(config-if-VLAN 100)# ip address 172.16.100.254 255.255.255.0
SW2(config-if-VLAN 100)# exit
```

```
SW2(config)# interface gigabitEthernet 0/1
SW2(config-if-GigabitEthernet 0/1)# switchport mode trunk
SW2(config-if-GigabitEthernet 0/1)# description TO-[SW1]-G0/25
SW2(config-if-GigabitEthernet 0/1)# exit
```

```
SW2(config)# interface gigabitEthernet 0/23
                                    !和 AC 互连接口,AP 通过该接口与 AC 建立连接
SW2(config-if-GigabitEthernet 0/23)# no switchport
SW2(config-if-GigabitEthernet 0/23)# ip address 172.16.200.1 255.255.255.252
SW2(config-if-GigabitEthernet 0/23)# description TO-[AC]-G0/1
SW2(config-if-GigabitEthernet 0/23)# exit
```

```
SW2(config)#interface gigabitEthernet 0/24
                    !该接口转发无线用户数据,必须设置,但为了便于后续实验兼容,保留该接口
SW2(config-if-GigabitEthernet 0/24)#switchport mode trunk
SW2(config-if-GigabitEthernet 0/24)#description TO-[AC]-G0/2
SW2(config-if-GigabitEthernet 0/24)#exit
```

(2) 配置交换机的 DHCP 服务,须配置 AP 和无线用户两个地址池。

```
SW2(config)#service dhcp              !开启 DHCP 服务
SW2(config)#ip dhcp pool ap-ip        !创建 AP 地址池
SW2(dhcp-config)#network 172.16.10.0 255.255.255.0
SW2(dhcp-config)#default-router 172.16.10.254
SW2(dhcp-config)#option 138 ip 1.1.1.1
                                      !AP 获得该信息后,得知 AC 的地址,主动和 AC 建立隧道
SW2(dhcp-config)#exit

SW2(config)#ip dhcp pool yonghu-ip   !配置无线用户地址池
SW2(dhcp-config)#network 172.16.20.0 255.255.255.0
SW2(dhcp-config)#default-router 172.16.20.254
SW2(dhcp-config)#exit
```

(2) 配置交换机的路由。

```
SW2(config)#ip route 1.1.1.1 255.255.255.255 172.16.200.2
                                      !配置路由,保证 AP 的数据能顺利到 AC
```

(3) 配置接入交换机基本信息。

```
Ruijie#configure terminal
Ruijie(config)#hostname SW1
```

```
SW1(config)#vlan 10
SW1(config-vlan)#name ap-vlan
SW1(config-vlan)#vlan 100
SW1(config-vlan)#name guanli-vlan
SW1(config-vlan)#exit
```

```
SW1(config)#interface fastEthernet 0/1
SW1(config-if-FastEthernet 0/1)#switchport access vlan 10
SW1(config-if-FastEthernet 0/1)#description TO-[AP1]-G0/1
SW1(config-if-FastEthernet 0/1)#exit
```

```
SW1(config)#interface fastEthernet 0/2
SW1(config-if-FastEthernet 0/2)#switchport access vlan 10
SW1(config-if-FastEthernet 0/2)#description TO-[AP2]-G0/1
SW1(config-if-FastEthernet 0/2)#exit
```

```
SW1(config)#interface gigabitEthernet 0/25
SW1(config-if-GigabitEthernet 0/25)#switchport mode trunk
SW1(config-if-GigabitEthernet 0/25)#description TO-[SW2]-F0/1
SW1(config-if-GigabitEthernet 0/25)#exit
```

(5) 配置接入交换机管理信息(可选)。

```
SW1(config)#interface vlan 100
                              !创建 SVI,配置地址充当接入交换机管理地址(可选)
SW1(config-if-VLAN 100)#ip address 172.16.100.1 255.255.255.0
SW1(config-if-VLAN 100)#exit
```

```
SW1(config)#ip route 0.0.0.0 0.0.0.0 172.16.100.254
      !配置接入交换机网关,由于 RG-S2628G-I 为弱 3 层设备,所以网关建议使用默认路由表示
```

(6) 配置 AC 设备基本信息。

```
Ruijie#configure terminal
Ruijie(config)#hostname AC
```

```
AC(config)#interface loopback 0
!配置 Loopback 0 地址,与 DHCP 地址池中的 option 138 字段的地址相同,AP 获取地址后主动和
!该 IP 建立隧道
AC(config-if-Loopback 0)#ip address 1.1.1.1 255.255.255.255
!loopback 接口地址对应的掩码建议设为 32 位
AC(config-if-Loopback 0)#exit
```

```
AC(config)#interface gigabitEthernet 0/1
!与核心交换机互连,配置互连地址和路由,保证 AC 与 AP 能正常通信
AC(config-if-GigabitEthernet 0/1)#no switchport
AC(config-if-GigabitEthernet 0/1)#ip address 172.16.200.2 255.255.255.252
AC(config-if-GigabitEthernet 0/1)#description TO-[SW2]-F0/23
AC(config-if-GigabitEthernet 0/1)#exit
```

```
AC(config)#interface gigabitEthernet 0/2
AC(config-if-GigabitEthernet 0/2)#switchport mode trunk
AC(config-if-GigabitEthernet 0/2)#description TO-[SW2]-F0/24
AC(config-if-GigabitEthernet 0/2)#exit
AC(config)#ip route 0.0.0.0 0.0.0.0 172.16.200.1
                                        !配置路由,保证 AC 和 AP 能正常建立隧道
```

(7) 配置 WLAN 信息。

① 配置 WLAN。

```
AC(config)# wlan-config 1 test ruijie-test      !SSID 为 ruijie-test, test 为描述信息(可选)
AC(config-wlan)# enable-broad-ssid              !广播 SSID(默认开启)
AC(config-wlan)# exit
```

② 创建用户 VLAN。

```
AC(config)# vlan 20
AC(config-vlan)# name yonghu-vlan
AC(config-vlan)# exit
```

```
AC(config)# interface vlan 20        !如果不配置,用户无法连接
AC(config-if- vlan 20)# exit
```

③ 创建 AP group,关联 WLAN 和 VLAN。

```
AC(config)# ap-group ruijie
AC(config-ap-group)# interface-mapPING 1 20
AC(config-ap-group)# exit
```

④ 查看 AP 名称。

注意: 由于此次实验使用 2 个 AP,为了区分 AP,建议将两个 AP 分批连入网络。

先将 AP1 连入交换机的 F0/1 口,查看 AP 名称,如图 12.67 所示。

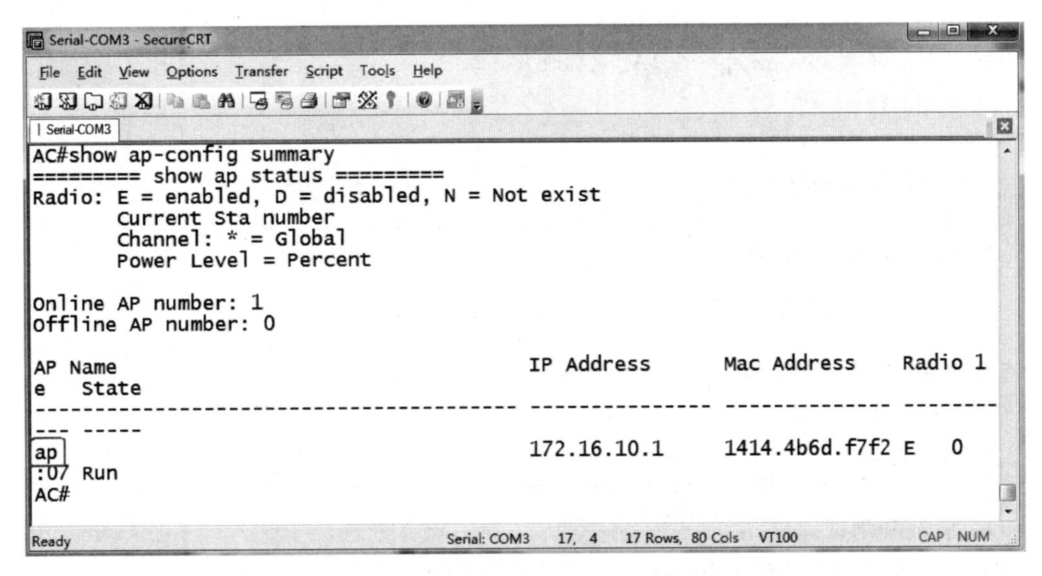

图 12.67　查看 AP 名称 1

```
AC(config)#ap-config ap
AC(config-ap)#ap-name ap1      !AP名称改为ap1
AC(config-ap)#exit
```

⑤ 再将AP2连入网络,查看AP←名称,如图12.68所示。

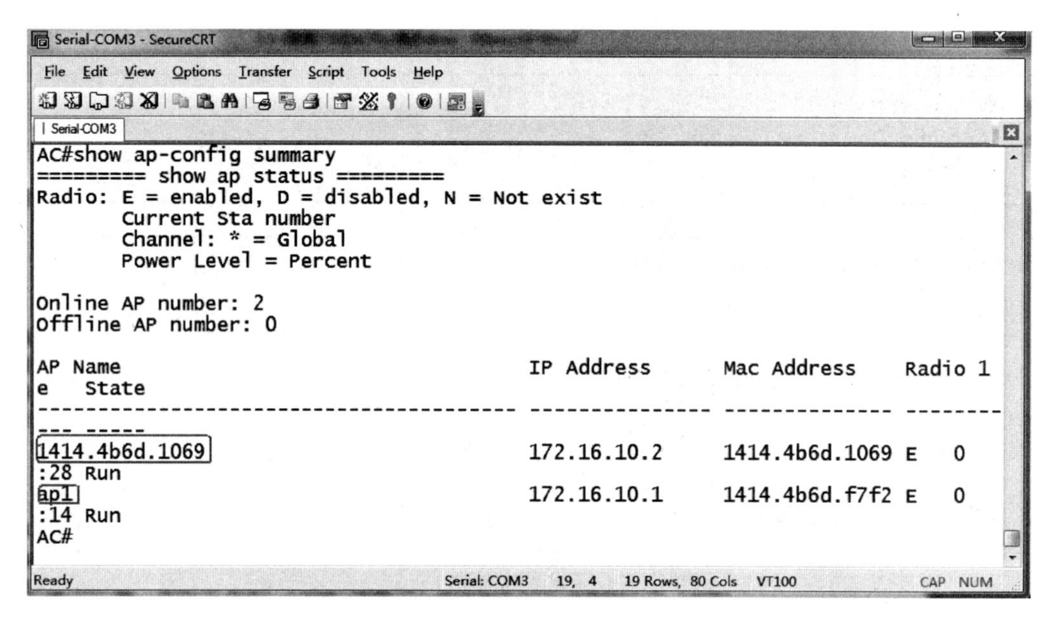

图12.68 查看AP名称2

```
AC(config)#ap-config 1414.4b6d.1069
AC(config-ap)#ap-name ap2      !AP名称改为ap2
AC(config-ap)#exit
```

⑥ 将AP加入ap-group。

```
AC(config)#ap-config ap1
AC(config-ap)#ap-group ruijie

AC(config)#ap-config ap2
AC(config-ap)#ap-group ruijie
AC(config-ap)#exit
```

(8) 验证和测试。

两台STA分别连接到ruijie-test,在AC上查看用户信息,如图12.69所示。

两用户都连接到ap1上。

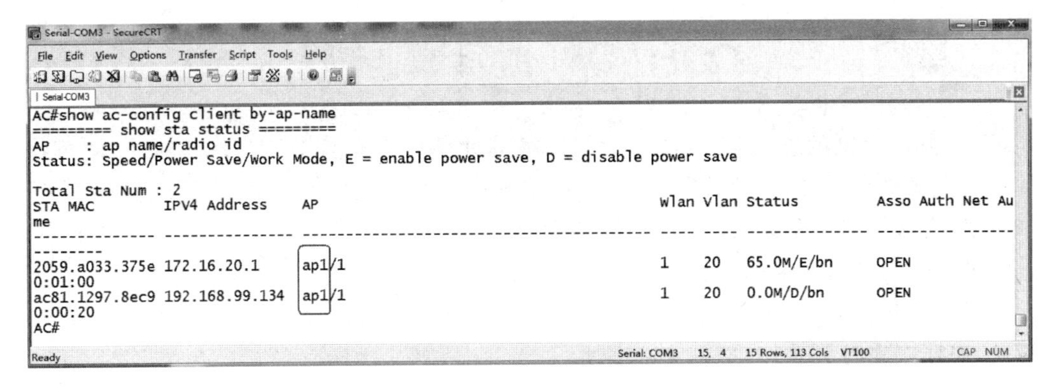

图 12.69 STA 信息

(9) 配置 AP 设备的负载均衡(基于用户数负载均衡)。

① 创建负载均衡组。

```
AC (config) # ac-controller
AC (config-ac) # num-balance-group create ruijie
```

② 配置负载均衡阈值(可选)。

```
AC (config-ac) # num-balance-group num ruijie 1
                    !AP 间用户数相差 1 时,较多用户的 AP 不响应用户接入请求
```

③ 添加 AP 到负载均衡组内。

```
AC (config-ac) # num-balance-group add ruijie ap1
AC (config-ac) # num-balance-group add ruijie ap2
```

(10) 测试和验证。

重新连接到 ruijie-test,在 AC 上查看用户信息,如图 12.70 所示。

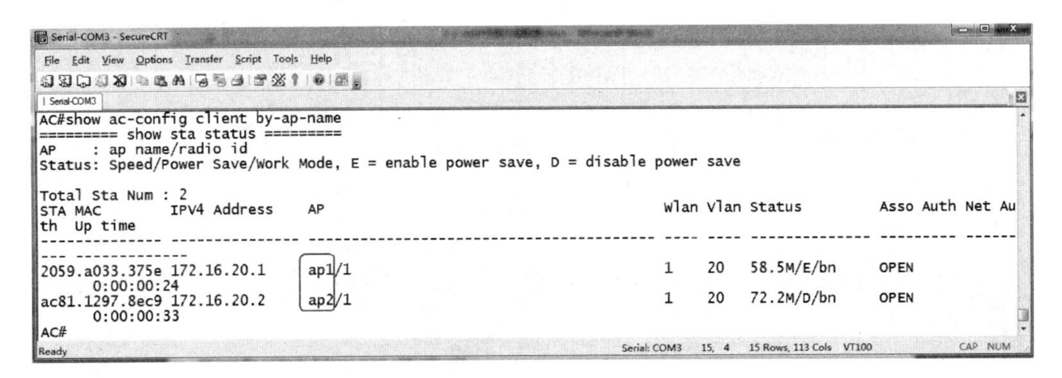

图 12.70 查看用户信息

STA 分别连接到不同的 AP 上。

12.11 Wi-Fi 共享上网

Wi-Fi 共享上网的思想是，在支持无线网络的计算机中安装 Wi-Fi 共享软件，即可将计算机变成无线路由器，给其他智能手机、笔记本等无线设备提供无线上网服务。目前有很多简单易用、支持快速组建无线网络的 Wi-Fi 共享软件，如 Wi-Fi 共享精灵、360 共享上网等。这里以 Wi-Fi 共享精灵为例，演示实现 Wi-Fi 共享上网。

从网上下载安装 Wi-Fi 共享精灵后，桌面上出现其桌面快捷方式，首先双击“Wi-Fi 共享精灵”快捷方式打开软件，如图 12.71 所示。

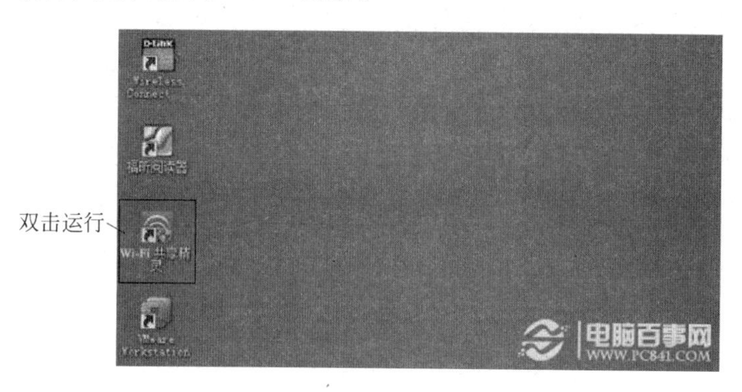

图 12.71 双击桌面快捷方式打开 Wi-Fi 共享精灵

随后，弹出“Wi-Fi 共享精灵”对话框，可以在这里设置 Wi-Fi 网络名称及密码，建议尽量将密码设置复杂一些，防止他人蹭网，如图 12.72 所示。

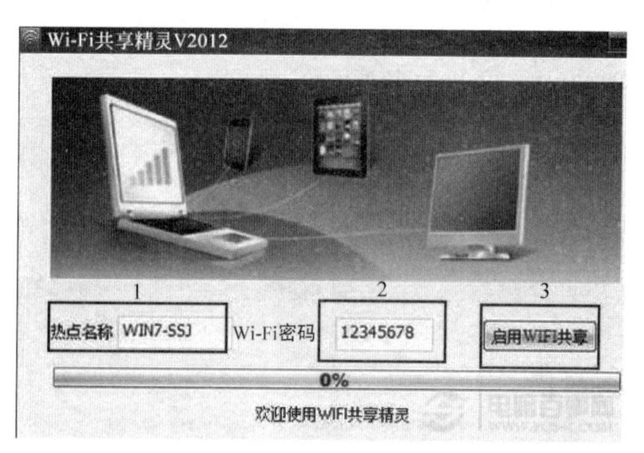

图 12.72 配置 Wi-Fi 热点

设置完成后，单击最右边的“启用 Wi-Fi 共享”，即可看到 Wi-Fi 共享启用成功提示，如图 12.73 所示。

至此，Wi-Fi 共享网络创建成功，之后使用智能手机或其他支持无线网络的设备在计算机附近搜索无线网络即可搜索到刚才创建的热点，输入密码进行连接，从而实现 Wi-Fi 无线上网。可见，Wi-Fi 共享精灵非常方便实用，不需要无线路由器，只需要一台支持无线上网的计算机即可轻松地将计算机中的网络无线共享出去。

图 12.73 Wi-Fi 共享启用成功提示

图书资源支持

感谢您一直以来对清华版图书的支持和爱护。为了配合本书的使用，本书提供配套的资源，有需求的读者请扫描下方的“书圈”微信公众号二维码，在图书专区下载，也可以拨打电话或发送电子邮件咨询。

如果您在使用本书的过程中遇到了什么问题，或者有相关图书出版计划，也请您发邮件告诉我们，以便我们更好地为您服务。

我们的联系方式：

地　　址：北京海淀区双清路学研大厦 A 座 707

邮　　编：100084

电　　话：010－62770175－4604

资源下载：http://www.tup.com.cn

电子邮件：weijj@tup.tsinghua.edu.cn

QQ：883604（请写明您的单位和姓名）

资源下载、样书申请

书圈

用微信扫一扫右边的二维码，即可关注清华大学出版社公众号“书圈”。